新世纪应用型高等教育数学类规划教材

高等数学简明教程

张 娇 尤福财 林洪生 刘 楠 / 主 编

大连理工大学出版社
Dalian University of Technology Press

图书在版编目(CIP)数据

高等数学简明教程 / 张娇等主编. -- 大连 ：大连理工大学出版社，2025. 3. -- ISBN 978-7-5685-5247-9

Ⅰ. O13

中国国家版本馆 CIP 数据核字第 20240LR885 号

GAODENG SHUXUE JIANMING JIAOCHENG

大连理工大学出版社出版

地址：大连市软件园路 80 号　邮政编码：116023

营销中心：0411-84707410　84708842　邮购及零售：0411-84706041

E-mail：dutp@dutp. cn　URL：https://www. dutp. cn

大连雪莲彩印有限公司印刷　　大连理工大学出版社发行

幅面尺寸：185mm×260mm　　印张：18. 75　　字数：456 千字

2025 年 3 月第 1 版　　2025 年 3 月第 1 次印刷

责任编辑：孙兴乐　　责任校对：齐　欣

封面设计：张　莹

ISBN 978-7-5685-5247-9　　定　价：99. 00 元

前言

2021年，教育部启动实施了“101计划”，推进基础学科建设，全面深化“四新”建设，这对高等院校的教学改革提出了更加迫切、更高标准的要求。对于应用型院校，基础课程如何为“新工科”的建设夯实好基础，成为高校教育工作者必须思考和解决的问题。在此背景下，编者编写了此教材。

本教材依据高等学校大学数学课程教学基本要求编写，面向应用型本科院校及职业本科院校工科各专业。应用型本科院校虽然积极选用精品教材，但在教学实践中大都会做删减，从而导致知识点支离破碎，进一步增加了教和学的难度。为了使本教材能够更好地满足应用型本科院校的教学需求，编者对全国多所院校进行了调研，深入了解应用型本科院校高等数学课程教学现状，并认真听取专家及优秀教师的意见和建议，在此基础上，根据应用型本科人才的培养目标及学生的学习特点，确定了教材内容的选取原则与组织形式。

本教材的主要特点如下：

(1)重组内容，优化编排

本教材在概念的引入和解题方法讲解方面，注重从特殊到一般，从具体到抽象，由浅入深、通俗易懂。难点和重点之处均有提示，主要解题方法均有归纳总结。在知识体系和内容上，对有关内容进行了整合，调整了一些内容的先后顺序。每章前几节内容为基本概念、基本理论和基本方法，最后一节为知识拓展，其内容为本章知识的综合运用及重要理论精讲，充分体现“以用为先，以需为度”的原则，以便满足不同读者的需求。

(2)引入应用，培养能力

本教材结合“新工科”的特点，在引例或知识拓展中引入了与“新工科”专业背景相关的应用型例题，培养学生利用高等数学知识解决实际问题的能力，减少基础课程和专业课程之间的断带，提高内容的实用性和前沿性。

(3)融入思政，立德树人

本教材在介绍重要概念、重要定理、重要方法时，介绍了历史上对此做出突出贡献的数学家，旨在培养学生崇尚科学、追求真理、勇于创新的精神。

(4)精设习题，广纳题型

本教材在每章和每节结束时均设置练习题，用以帮助读者理解和巩固基本知识；每章的总习题在题型上更为多样，用以帮助读者提升学习效果。同时在习题的编排上分为A、B两个不同层次，A层次注重基础性，B层次注重综合性，并编入了部分考研试题，层次分明，难易结合。

本教材的指导思想是“变减法为加法”，在系统介绍基本概念、基础理论、基本方法之后，再进行知识拓展(相对集中地进行重点理论讲解和综合训练)。不同学校、不同专业在完成教学基本要求后,可以根据各自需要,自主选学知识拓展内容,从而更易于实现教学目标。本教材与市面大多数教材相比,基本做到了降低教学难度而不降低教学要求。因此,本教材也可以作为普通高校经济类、管理类等专业的教材,或作为科技工作者自学高等数学的入门教材。

本教材由沈阳工程学院张娇、尤福财、林洪生、刘楠任主编。具体编写分工如下:第1章至第4章由张娇编写,第5章、第6章由尤福财编写,第7章、第8章由林洪生编写,第9章由刘楠编写。全书由张娇统稿并定稿。

在编写本教材的过程中,编者参考、引用和改编了国内外出版物中的相关资料及网络资源,在此表示深深的谢意!相关著作权人看到本教材后,请与出版社联系,出版社将按照相关法律的规定支付稿酬。

限于水平,书中仍有疏漏和不妥之处,敬请专家和读者批评指正,以使教材日臻完善。

编　者

2025年3月

所有意见和建议请发往:dutpbk@163.com

欢迎访问高教数字化服务平台:https://www.dutp.cn/hep/

联系电话:0411-84708445　84708462

目录

第 1 章　函数与极限 …… 1
第 1 节　函　数 …… 1
习题 1-1 …… 7
第 2 节　数列的极限 …… 8
习题 1-2 …… 10
第 3 节　函数的极限 …… 11
习题 1-3 …… 14
第 4 节　极限运算法则和两个重要极限 …… 14
习题 1-4 …… 19
第 5 节　无穷小与无穷大 …… 20
习题 1-5 …… 23
第 6 节　函数的连续性 …… 24
习题 1-6 …… 29
第 7 节　闭区间上连续函数的性质 …… 30
习题 1-7 …… 32
第 8 节　函数与极限知识拓展 …… 32
总习题 1 …… 41

第 2 章　一元函数微分学 …… 44
第 1 节　导数概念 …… 44
习题 2-1 …… 50
第 2 节　函数的求导法则 …… 51
习题 2-2 …… 57
第 3 节　隐函数及由参数方程所确定的函数的导数 …… 58
习题 2-3 …… 62
第 4 节　函数的微分 …… 63
习题 2-4 …… 66
第 5 节　一元函数微分学知识拓展 …… 67
总习题 2 …… 73

第 3 章　微分中值定理与导数的应用 …… 76
第 1 节　微分中值定理 …… 76
习题 3-1 …… 79
第 2 节　洛必达法则 …… 80
习题 3-2 …… 84
第 3 节　函数的单调性与曲线的凹凸性 …… 85
习题 3-3 …… 90
第 4 节　函数的极值与最大值最小值 …… 91
习题 3-4 …… 96
第 5 节　微分中值定理与导数的应用知识拓展 …… 96
总习题 3 …… 109

第 4 章　不定积分 …… 112
第 1 节　不定积分的概念与性质 …… 112
习题 4-1 …… 116
第 2 节　换元积分法 …… 117
习题 4-2 …… 126
第 3 节　分部积分法 …… 128
习题 4-3 …… 131
第 4 节　不定积分知识拓展 …… 131
总习题 4 …… 135

第 5 章　定积分 …… 138
第 1 节　定积分的概念和性质 …… 138
习题 5-1 …… 143
第 2 节　微积分基本公式 …… 143
习题 5-2 …… 147
第 3 节　定积分的换元积分法及分部积分法 …… 148

习题 5-3 …… 151
第 4 节　反常积分 …… 152
习题 5-4 …… 156
第 5 节　定积分的应用 …… 157
习题 5-5 …… 168
第 6 节　定积分知识拓展 …… 169
总习题 5 …… 178

第 6 章　微分方程与差分方程 …… 183
第 1 节　微分方程的基本概念 …… 183
习题 6-1 …… 186
第 2 节　可分离变量的微分方程 …… 187
习题 6-2 …… 190
第 3 节　齐次方程 …… 191
习题 6-3 …… 192
第 4 节　一阶线性微分方程 …… 193
习题 6-4 …… 195
第 5 节　二阶线性微分方程 …… 196
习题 6-5 …… 202
第 6 节　差分方程 …… 202
习题 6-6 …… 207
第 7 节　微分方程与差分方程知识拓展 …… 207
总习题 6 …… 213

第 7 章　多元函数微分学 …… 216
第 1 节　多元函数 …… 216
习题 7-1 …… 219
第 2 节　偏导数 …… 219
习题 7-2 …… 222
第 3 节　全微分及其应用 …… 223
习题 7-3 …… 225
第 4 节　多元复合函数微分法 …… 226
习题 7-4 …… 229
第 5 节　隐函数的微分法 …… 229
习题 7-5 …… 231
第 6 节　偏导数的应用 …… 231
习题 7-6 …… 236
第 7 节　多元函数微分学知识拓展 …… 237
总习题 7 …… 242

第 8 章　二重积分 …… 245
第 1 节　二重积分的概念 …… 245
习题 8-1 …… 247
第 2 节　二重积分的计算 …… 248
习题 8-2 …… 253
第 3 节　二重积分知识拓展 …… 255
总习题 8 …… 260

第 9 章　无穷级数 …… 263
第 1 节　常数项级数的概念和性质 …… 263
习题 9-1 …… 268
第 2 节　常数项级数的审敛法 …… 268
习题 9-2 …… 274
第 3 节　幂级数 …… 275
习题 9-3 …… 280
第 4 节　函数展开成幂级数 …… 281
习题 9-4 …… 285
第 5 节　无穷级数知识拓展 …… 286
总习题 9 …… 291

参考文献 …… 294

第1章

函数与极限

函数是客观世界中量与量之间相依关系的一种数学抽象，高等数学的主要研究对象是函数，研究问题的基本工具是极限.

在古代，我国数学家和希腊数学家在对圆的周长、面积、锥体体积等进行近似计算时就蕴含了极限的思想萌芽. 到了 17 世纪，牛顿和莱布尼茨创立了微积分，使用了"无限小量"的概念，但这种表述在逻辑上并不严密. 18 世纪，尽管微积分在解决实际问题中取得了巨大成功，但由于极限概念的模糊，引发了许多争议. 直到 19 世纪，法国数学家柯西通过一系列定义，如"变量的极限"等，对极限进行了较为严格的阐述，他引入了"ε-δ"语言来描述极限，使得极限的定义更加精确和严密. 此后，德国数学家魏尔斯特拉斯进一步完善了极限的理论，提出了以"ε-N"语言为核心的极限定义，彻底解决了微积分基础的逻辑漏洞. 极限理论的不断完善，不仅使微积分建立在坚实的逻辑基础之上，也为数学分析的发展奠定了基础，对现代数学的许多分支都产生了深远的影响.

本章将对函数概念进行复习和补充，学习如何利用极限思想研究函数，讨论函数的连续性. 极限理论的学习与讨论，将为我们奠定学习高等数学的基础.

第 1 节　函　数

一、复习与回顾

1. 函数的定义

首先我们来复习在中学学过的函数的概念：

定义 1　设 x 和 y 是两个变量，D 是一个给定的非空数集，如果对于每个数 $x\in D$，变量 y 按照一定法则总有唯一确定的数值和它对应，则称 y 是 x 的函数，记作 $y=f(x)$，数集 D 叫作这个函数的定义域. x 叫作自变量，y 叫作因变量. y 的取值范围叫作函数的值域，记为 W，$W=\{y\mid y=f(x),x\in D\}$.

函数的两要素：定义域与对应法则.

例 1　脉冲发生器产生一个单三角脉冲，其波形如图 1-1-1 所示，写出电压 U 与时

间 $t(t\geqslant 0)$ 的函数关系式.

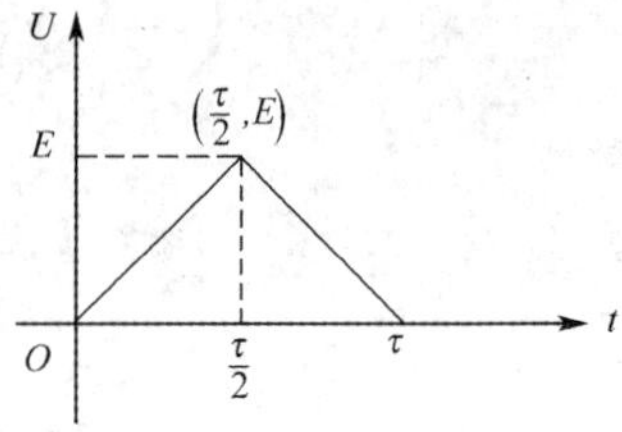

图 1-1-1

解 当 $t\in\left[0,\frac{\tau}{2}\right]$ 时，$U=\frac{E}{\frac{\tau}{2}}t=\frac{2E}{\tau}t$；当 $t\in\left(\frac{\tau}{2},\tau\right]$ 时，$U-0=\frac{E-0}{\frac{\tau}{2}-\tau}\cdot(t-\tau)$，即 $U=-\frac{2E}{\tau}(t-\tau)$；当 $t\in(\tau,+\infty)$ 时，$U=0$.

所以 $U=U(t)$ 是一个分段函数，其表达式为 $U(t)=\begin{cases}\frac{2E}{\tau}t, & t\in\left[0,\frac{\tau}{2}\right]\\ -\frac{2E}{\tau}(t-\tau), & t\in\left(\frac{\tau}{2},\tau\right]\\ 0, & t\in(\tau,+\infty)\end{cases}$.

像这种在自变量的不同变化范围中，对应法则用不同的式子来表示的函数，称为**分段函数**.

下面再介绍几个特殊的函数：

(1)符号函数：$y=\operatorname{sgn}x=\begin{cases}1, & 当\ x>0\\ 0, & 当\ x=0\\ -1, & 当\ x<0\end{cases}$，其定义域为全体实数，函数值是一个有限集 $\{-1,0,1\}$.

(2)取整函数：$y=[x]$，$[x]$ 表示不超过 x 的最大整数.

(3)狄利克雷函数：$y=D(x)=\begin{cases}1, & 当\ x\ 是有理数时\\ 0, & 当\ x\ 是无理数时\end{cases}$. 它的图形由分布在 x 轴及直线 $y=1$ 上的“密密麻麻”的点所组成，而不是一条曲线.

(4)最值函数：$y=\max\{f(x),g(x)\}$ $y=\min\{f(x),g(x)\}$，分别表示取 $f(x)$、$g(x)$ 中的最大者和最小者.

2. 函数常见的表示形式

(1)显式表示

例如：$y=\sqrt{a^2-x^2}$.

(2)隐式表示

例如：$x^2+y^2=a^2(y\geqslant 0)$.

(3)参数方程表示

例如：$\begin{cases}x=a\cos t\\ y=a\sin t\end{cases}(t\in[0,\pi])$.

(4)极坐标方程表示

例如：$\rho=a(0\leqslant\theta\leqslant\pi)$.

极坐标：在平面内取一定点 O，叫作极点；从极点 O 引一条射线 Ox，叫作极轴；再选定一个长度单位、一个角度单位(通常取弧度)及其正方向(通常取逆时针方向)，这样就建立了一个极坐标系，如图 1-1-2.

设 M 是平面内一点，极点 O 与点 M 的距离 $|OM|$ 叫作点 M 的**极径**，记为 ρ；以极轴 Ox 为始边，射线 OM 为终边的角 $\angle xOM$ 叫作点 M 的**极角**，记为 θ. 有序数对 (ρ,θ) 叫作点 M 的极坐标，记为 $M(\rho,\theta)$.

如果我们把直角坐标系的原点作为极点，x 轴正半轴为极轴，并在两种坐标系中取相同的长度单位，则同一个点的极坐标与直角坐标可以相互转换，同一条曲线的极坐标方程与直角坐标方程也可以相互转换，如图 1-1-3.

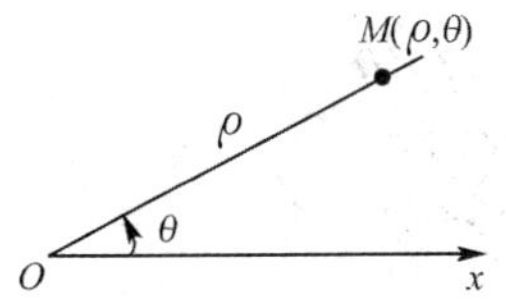

图 1-1-2

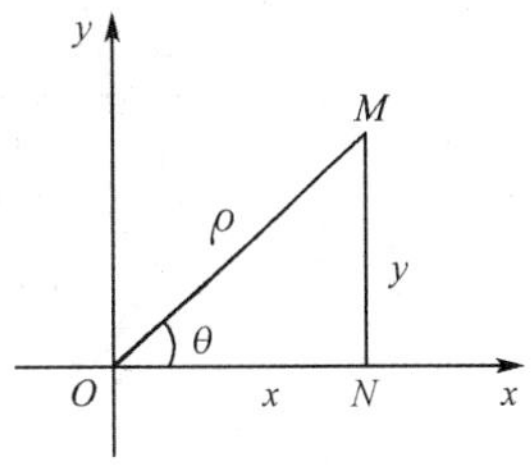

图 1-1-3

设点 M 的直角坐标是 (x,y)，极坐标是 (ρ,θ)，则这两种坐标间的关系是：

$$\begin{cases} x=\rho\cos\theta \\ y=\rho\sin\theta \end{cases} \quad (0\leqslant\rho<+\infty, 0\leqslant\theta<2\pi).$$

$$\begin{cases} x^2+y^2=\rho^2 \\ \dfrac{y}{x}=\tan\theta \end{cases}.$$

特别地，在极坐标系中，$\rho=$常数与 $\theta=$常数分别表示以极点为圆心，半径为 ρ 的圆周和以极点为起点，极角为 θ 的射线.

下面我们介绍在高等数学常用的一些曲线的极坐标方程及图形.

(1) 圆 $\rho=a$，如图 1-1-4.

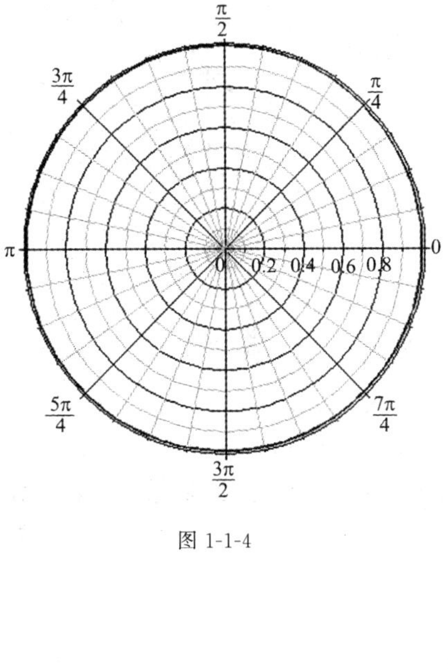

图 1-1-4

(2)阿基米德螺线 $\rho=a\theta$，如图 1-1-5.

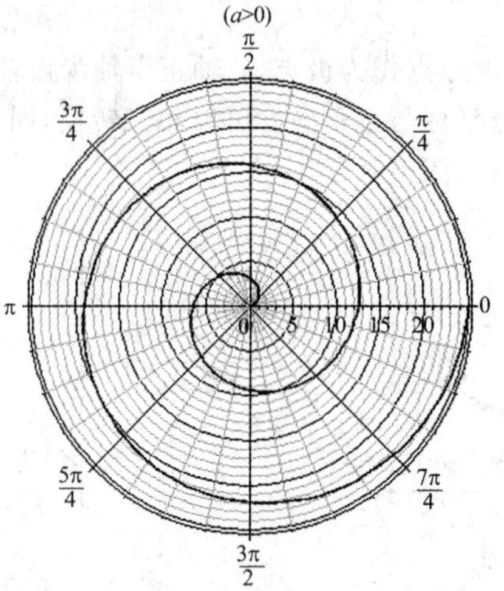

图 1-1-5

(3)心形线 $\rho=a(1-\cos\theta)$，如图 1-1-6.

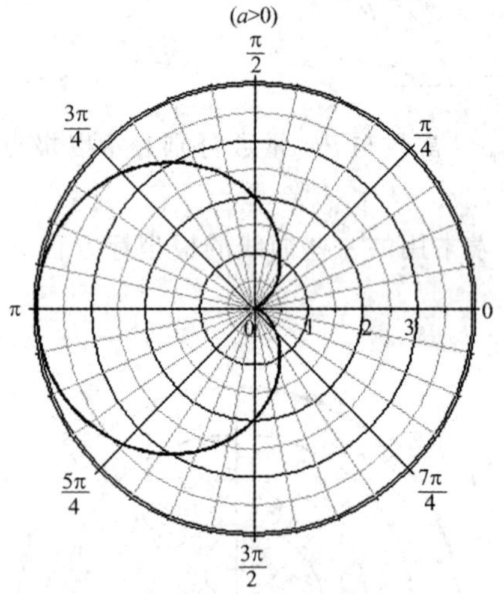

图 1-1-6

二、初等函数

1. 基本初等函数

我们将中学学过的幂函数、指数函数、对数函数、三角函数和反三角函数统称为基本初等函数，常用的基本初等函数的定义域、值域、图像和性质见表 1-1.

表 1-1-1

函　　数	定义域和值域	图　　像	性　　质
幂函数 $y=x^{\mu}$		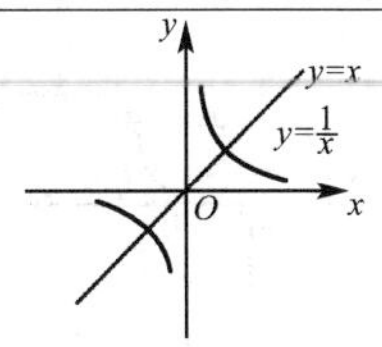	当 $\mu>0$ 时，函数在第一象限单调增 当 $\mu<0$ 时，函数在第一象限单调减
指数函数 $y=a^{x}$ $(a>0,a\neq1)$	$x\in(-\infty,+\infty)$ $y\in(0,+\infty)$	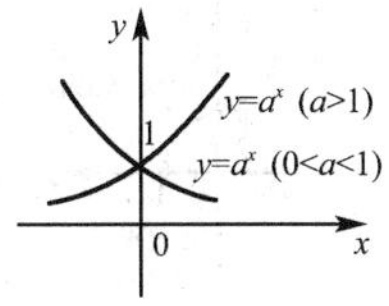	过点(0,1) 当 $a>1$ 时，单调增 当 $0<a<1$ 时，单调减
对数函数 $y=\log_a x$ $(a>0,a\neq1)$	$x\in(0,+\infty)$ $y\in(-\infty,+\infty)$	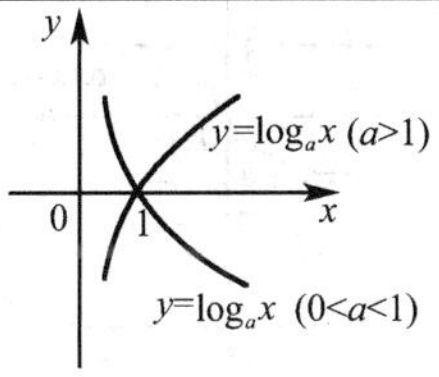	过点(1,0) 当 $a>1$ 时，单调增 当 $0<a<1$ 时，单调减
三角函数：正弦函数 $y=\sin x$	$x\in(-\infty,+\infty)$ $y\in[-1,1]$	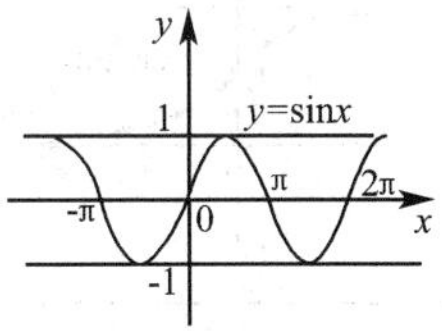	奇函数，周期为 2π，有界 在 $\left[2k\pi-\frac{\pi}{2},2k\pi+\frac{\pi}{2}\right]$ $(k\in\mathbf{Z})$ 单调增 在 $\left[2k\pi+\frac{\pi}{2},2k\pi+\frac{3\pi}{2}\right]$ $(k\in\mathbf{Z})$ 单调减
三角函数：余弦函数 $y=\cos x$	$x\in(-\infty,+\infty)$ $y\in[-1,1]$	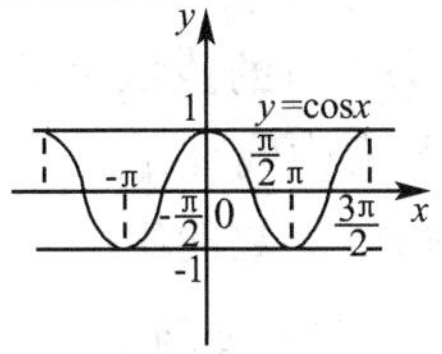	偶函数，周期为 2π，有界 在 $[2k\pi,2k\pi+\pi]$ $(k\in\mathbf{Z})$ 单调减 在 $[2k\pi-\pi,2k\pi]$ $(k\in\mathbf{Z})$ 单调增
三角函数：正切函数 $y=\tan x$	$x\neq k\pi+\frac{\pi}{2}$ $(k\in\mathbf{Z})$ $y\in(-\infty,+\infty)$	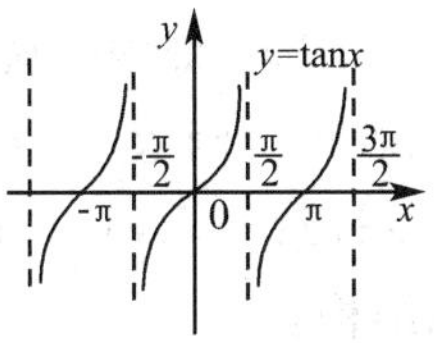	奇函数，周期为 π 在 $\left(k\pi-\frac{\pi}{2},k\pi+\frac{\pi}{2}\right)$ $(k\in\mathbf{Z})$ 单调增
三角函数：余切函数 $y=\cot x$	$x\neq k\pi$ $(k\in\mathbf{Z})$ $y\in(-\infty,+\infty)$	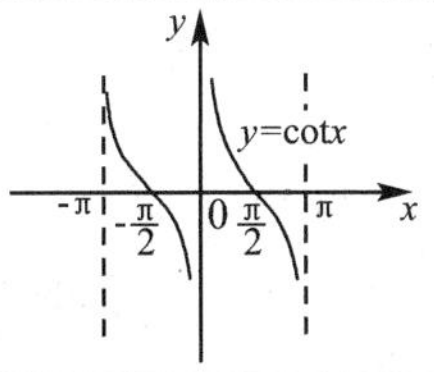	奇函数，周期为 π 在 $(k\pi,(k+1)\pi)$ $(k\in\mathbf{Z})$ 单调减

（续表）

函　　数		定义域和值域	图　　像	性　　质
反三角函数	反正弦函数 $y=\arcsin x$	$x\in[-1,1]$ $y\in\left[-\frac{\pi}{2},\frac{\pi}{2}\right]$	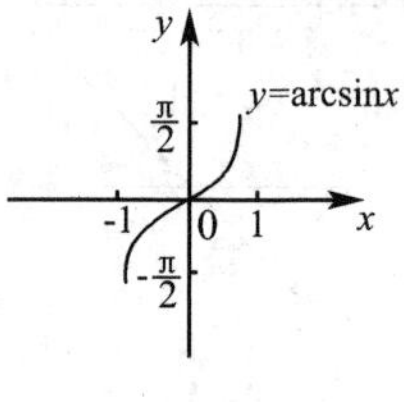	奇函数，有界 单调增
	反余弦函数 $y=\arccos x$	$x\in[-1,1]$ $y\in[0,\pi]$	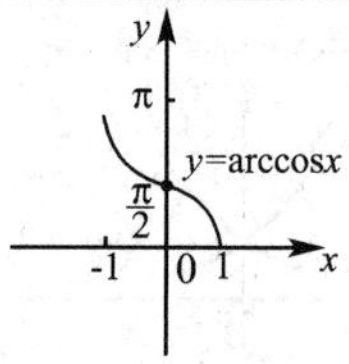	有界 单调减
	反正切函数 $y=\arctan x$	$x\in(-\infty,+\infty)$ $y\in\left(-\frac{\pi}{2},\frac{\pi}{2}\right)$	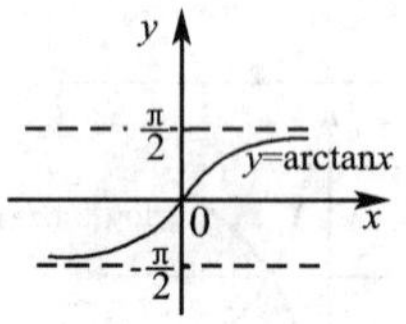	奇函数，有界 单调增
	反余切函数 $y=\text{arccot}\, x$	$x\in(-\infty,+\infty)$ $y\in(0,\pi)$	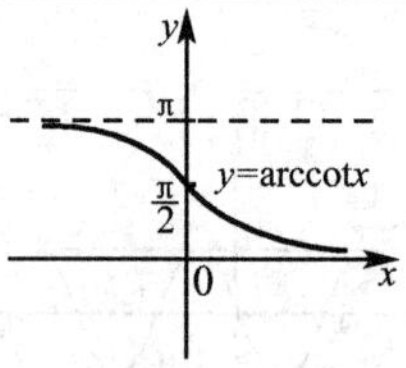	有界 单调减

2. 复合函数

定义 2　设 $y=f(u)$，$u=\varphi(x)$，$\varphi(x)$的值域全部或部分落在 $f(u)$的定义域内，则称 $y=f[\varphi(x)]$为 x 的复合函数，而 u 称为中间变量.

简单说：复合函数就是几个基本初等函数的组合.

例 2　若 $y=\sqrt{u}$，$u=\sin x$，能复合成函数 $y=\sqrt{\sin x}$，要求 $u=\sin x$ 的值域落在 $y=\sqrt{u}$ 的定义域中，即要求 $u\geqslant 0$，则 $\sin x\geqslant 0$，即定义域为 $x\in[2k\pi,2k\pi+\pi]$.

关于复合函数我们不仅要学会把若干个函数“复合”成一个函数，而且更要掌握把一个复合函数“分解”成若干个简单函数，掌握这一点，对以后复合函数的求导是非常重要的.

例 3　分析下列复合函数的结构：

(1) $y=\sqrt{\cot\frac{x}{2}}$；　(2) $y=e^{\sin\sqrt{x^2+1}}$.

解　(1) $y=\sqrt{u}$，$u=\cot v$，$v=\frac{x}{2}$.

(2) $y=e^u$，$u=\sin v$，$v=\sqrt{t}$，$t=x^2+1$.

3. 初等函数

通常把由常数和基本初等函数经过有限次的四则运算和有限次的复合运算所构成的并

能用一个解析式表达的函数,称为初等函数.

例如,$y=\ln(\sin x+4)$,$y=e^{2x}\sin(3x+1)$,$y=\sqrt[3]{\sin x}$,…,都是初等函数.

今后我们所讨论的函数,绝大多数都是初等函数.在微积分运算中,常把一个初等函数分解为基本初等函数来研究,学会分析初等函数的结构是十分必要的.

习题 1-1

A 组

1.求下列函数的自然定义域.

(1)$y=\sqrt{3x+2}$;　　(2)$y=\dfrac{1}{1-x^2}$;

(3)$y=\ln(x+1)$;　　(4)$y=e^{\frac{1}{x}}$;

(5)$y=\sin\sqrt{x}$;　　(6)$y=\tan(x+1)$;

(7)$y=\arcsin(x-3)$;　　(8)$y=\sqrt{3-x}+\arctan\dfrac{1}{x}$.

2.判断下列各组函数是否相同?并说明理由.

(1)$f(x)=\lg x^2$,$g(x)=2\lg x$;　　(2)$f(x)=x$,$g(x)=\sqrt{x^2}$.

3.设 $\varphi(x)=\begin{cases}\sin x & |x|\leqslant\pi\\ \sqrt{1+x^2} & \pi<|x|\leqslant 10\end{cases}$ 求 $\varphi(-4)$,$\varphi(0)$,$\varphi(2)$,$\varphi(\pi)$.

4.指出下列复合函数的结构:

(1)$y=\sqrt{x^2-4}$;　　(2)$y=\cos^2 x$;

(3)$y=\ln\sin\dfrac{1}{x}$;　　(4)$y=e^{\sin(2x-1)}$.

5.求出由所给函数复合而成的函数:

(1)$y=\cos u$,$u=2x+1$;　　(2)$y=u^2$,$u=\sin x$;

(3)$y=e^u$,$u=\sin v$,$v=\dfrac{1}{x}$;　　(4)$y=\lg u$,$u=3^v$,$v=\cos x$.

B 组

1.已知 $f(x)=\sin x$,$f[\varphi(x)]=1-x^2$,求 $\varphi(x)$的定义域.

2.已知 $f\left(x+\dfrac{1}{x}\right)=\dfrac{x^2}{1+x^4}$,求 $f(x)$.

3.收音机每台售价为 90 元,成本为 60 元.厂方为鼓励销售商大量采购,决定凡是订购量超过 100 台以上的,每多订购 1 台,售价就降低 1 分,但最低价为每台 75 元;

(1)将每台的实际售价 p 表示为订购量 x 的函数;

(2)将厂方所获的利润 P 表示为订购量 x 的函数;

(3)某一商行订购了 1000 台,厂方可获利润多少?

第2节 数列的极限

极限概念是由于求某些实际问题的精确解而产生的. 例如,我国古代数学家刘徽(公元3世纪)利用圆内接正多边形来推算圆面积的方法——割圆术,就是极限思想在几何学上的应用.

设有一圆,首先做内接正六边形,把它的面积记为 A_1;再做内接正十二边形,其面积记为 A_2;再做内接正二十四边形,其面积记为 A_3;循此下去,每次边数加倍,一般地把内接正 $6\times 2^{n-1}$ 边形的面积记为 $A_n(n\in \mathbf{N})$. 这样,就得到一系列内接正多边形的面积:

$$A_1,A_2,A_3,\cdots,A_n,\cdots,$$

它们构成一列有次序的数. 当 n 越大,内接正多边形与圆的差别就越小,从而以 A_n 作为圆面积的近似值也越精确. 但是无论 n 取多大,只要 n 取定了,A_n 终究只是多边形的面积,而还不是圆的面积. 因此,设想 n 无限增大(记为 $n\to\infty$,读作 n 趋于无穷大),即内接正多边形的边数无限增加,在这个过程中,内接正多边形无限接近于圆,同时 A_n 也无限接近于某一确定的数值,这个确定的数值就理解为圆的面积. 这个确定的数值在数学上称为上面这列有次序的数(所谓数列)$A_1,A_2,A_3,\cdots,A_n,\cdots$,当 $n\to\infty$ 时的极限. 在圆面积问题中我们看到,正是这个数列的极限才精确地表达了圆的面积.

在解决实际问题中逐渐形成的这种极限方法,已成为高等数学中的一种基本方法,下面我们就来学习它.

一、数列的概念

1. 数列

定义1 如果按照某一法则,对每个 $n\in \mathbf{N}^+$,对应着一个确定的实数 x_n,这些实数 x_n 按照下标 n 从小到大排列得到的一个序列

$$x_1,x_2,x_3,\cdots,x_n,\cdots$$

就叫作数列,简记为数列 $\{x_n\}$.

数列中的每一个数叫作数列的项,第 n 项 x_n 叫作数列的通项或一般项. 例如:

$$\frac{1}{2},\frac{2}{3},\frac{3}{4},\cdots,\frac{n}{n+1},\cdots;$$

$$2,4,8,\cdots 2^n,\cdots;$$

$$\frac{1}{2},\frac{1}{4},\frac{1}{8},\cdots,\frac{1}{2^n},\cdots;$$

$$1,-1,1,\cdots,(-1)^{n+1},\cdots;$$

$$2,\frac{1}{2},\frac{4}{3},\cdots,\frac{n+(-1)^{n-1}}{n},\cdots$$

都是数列的例子,它们的一般项依次为

$$\frac{n}{n+1},2^n,\frac{1}{2^n},(-1)^{n+1},\frac{n+(-1)^{n-1}}{n}.$$

注意：①数列对应着数轴上一个点列，可看作一动点在数轴上依次取值，如图 1-2-1.

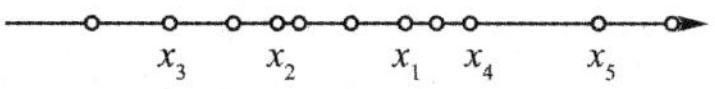

图 1-2-1

②数列可看作自变量为正整数 n 的函数：

$$x_n=f(n),n\in\mathbf{N}^+.$$

2. 子数列

定义 2　在数列$\{x_n\}$中任意抽取无限多项并保持这些项在原数列$\{x_n\}$中的先后次序，这样得到的一个数列称为原数列$\{x_n\}$的子数列（或子列）.

设在数列$\{x_n\}$中，第一次抽取 x_{n_1}，第二次抽取 x_{n_2}，$(n_2>n_1)$，…，第 k 次抽取 x_{n_k}，…得新数列

$$x_{n_1},x_{n_2},\cdots,x_{n_k},\cdots$$

称为数列$\{x_n\}$的子（数）列$\{x_{n_k}\}$.

二、极限的概念

观察数列$\left\{\frac{1}{n}\right\}$当 n 无限增大时，数列的项的变化趋势. 具体写出来是：

$$1,\frac{1}{2},\frac{1}{3},\frac{1}{4},\frac{1}{5},\cdots,\frac{1}{n},\cdots$$

当 n 无限增大（要多大就有多大）时，一般项$\frac{1}{n}$无限接近（要多近就有多近）于常数 $a=0$，此时称数列$\left\{\frac{1}{n}\right\}$的极限为零，或数列$\left\{\frac{1}{n}\right\}$收敛于零. 由此有如下定义.

定义 3（描述性定义）

当 n 无限增大时，数列$\{x_n\}$与常数 a 无限接近，称数 a 为数列$\{x_n\}$的极限，或称数列$\{x_n\}$收敛于 a. 记作$\lim\limits_{n\to\infty}x_n=a$，或 $x_n\to a(n\to\infty)$.

例 1　观察下列数列的极限：

(1) $\{u_n\}=\{C\}$（C 为常数）；　(2) $\{u_n\}=\left\{\frac{n}{n+1}\right\}$；

(3) $\{u_n\}=\left\{\frac{1}{2^n}\right\}$（等比数列）；　(4) $\{u_n\}=\{(-1)^{n+1}\}$.

解　观察数列在 $n\to\infty$时的变化趋势，得

(1) $\lim\limits_{n\to\infty}C=C$；　(2) $\lim\limits_{n\to\infty}\frac{n}{n+1}=1$；

(3) $\lim\limits_{n\to\infty}\frac{1}{2^n}=0$；　(4) $\lim\limits_{n\to\infty}(-1)^{n+1}$ 不存在.

注意：一般地，对于等比数列 $\{aq^n\}$，$a\neq 0, q\neq 0$ 有 $\lim\limits_{n\to\infty} aq^n=\begin{cases}0, & |q|<1\\ \infty, & |q|>1\\ a, & q=1\\ \text{不存在}, & q=-1\end{cases}$.

三、收敛数列的性质

定理 1（极限唯一性定理） 如果数列 $\{x_n\}$ 收敛，那么它的极限唯一.

定理 2（收敛数列的有界性） 如果数列 $\{x_n\}$ 收敛，那么数列 $\{x_n\}$ 一定有界.

注意：有界数列不一定收敛. 例如数列 $\{(-1)^{n-1}\}$.

定理 3（收敛数列的保号性） 如果 $\lim\limits_{n\to\infty} x_n=a$，而且 $a>0$（或 $a<0$），那么就存在着正整数 $N>0$，当 $n>N$ 时，都有 $x_n>0$（或 $x_n<0$）.

推论 如果数列 $\{x_n\}$ 从某项起有 $x_n\geqslant 0$（或 $x_n\leqslant 0$），且 $\lim\limits_{n\to\infty} x_n=a$，那么 $a\geqslant 0$（或 $a\leqslant 0$）.

定理 4（收敛数列与其子数列间的关系） 如果数列 $\{x_n\}$ 收敛于 a，那么它的任一子数列也收敛，且极限也是 a.

例 2 证明数列 $\{(-1)^{n-1}\}$ 是发散的.

证明 取两个子列：

奇子列：$\{(-1)^{2k+1}\}$，显然 $\lim\limits_{k\to\infty}(-1)^{2k+1}=-1$. 又

偶子列：$\{(-1)^{2k}\}$，显然 $\lim\limits_{k\to\infty}(-1)^{2k}=1$.

因为 $\lim\limits_{k\to\infty}(-1)^{2k+1}=-1\neq\lim\limits_{k\to\infty}(-1)^{2k}=1$，$\lim\limits_{n\to\infty}(-1)^{n-1}$ 不存在，所以数列 $\{(-1)^{n-1}\}$ 是发散的.

注意：如果数列 $\{x_n\}$ 收敛，其任何子数列必然都收敛于同一个常数；反之，若数列的两个子数列不能收敛于同一个常数，则此数列就一定没有极限.

习题 1-2

A 组

观察数列 $\{x_n\}$ 一般项 x_n 的变化趋势，写出它们的极限：

(1) $x_n=\dfrac{1}{3^n}$；

(2) $x_n=(-1)^n\dfrac{1}{n}$；

(3) $x_n=2+\dfrac{1}{n^2}$；

(4) $x_n=\dfrac{n-1}{n+1}$；

(5) $x_n=(-1)^n n$；

(6) $x_n=\underbrace{0.999\cdots 9}_{n\text{个}}$.

B 组

若 $\lim\limits_{n\to\infty} u_n=a$，则 $\lim\limits_{n\to\infty}|u_n|=|a|$. 请举例说明：如果数列 $\{|x_n|\}$ 有极限，但数列 $\{x_n\}$ 未必有极限.

第3节　函数的极限

上节我们学习了特殊的函数 $x_n=f(n)(n\in\mathbf{N}^+)$ 数列的极限，那么对于一般的函数 $y=f(x)$ 的极限又是如何定义的呢？我们观察 $y=\dfrac{1}{x}(x\neq 0)$ 函数图像，如图 1-3-1 所示.

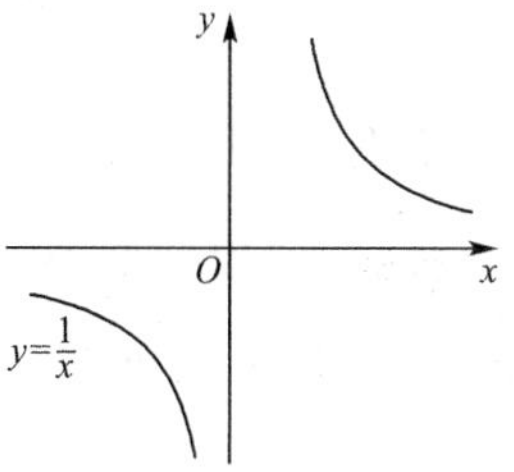

图 1-3-1

当 x 趋于 1 时，对应的函数值趋于 1；而当 x 趋于 ∞ 时，对应的函数值趋于 0. 可见由于自变量的变化过程不同，函数的变化趋势就不同. 换句话说，函数的极限是与自变量的变化过程密切相关的. 一般函数自变量 x 的变化过程分为：$x\to x_0$，$x\to\infty$. 下面我们就分别从这两种变化过程中讨论函数的极限.

一、$x\to x_0$ 时，$f(x)$ 的极限

1. 邻域

设 a 与 δ 是两个实数，且 $\delta>0$. 数集 $\{x\,|\,|x-a|<\delta\}$ 称为点 a 的 δ 邻域，点 a 叫作这邻域的中心，δ 叫作这邻域的半径，如图 1-3-2 所示.

$$U(a,\delta)=\{x\,|\,a-\delta<x<a+\delta\}.$$

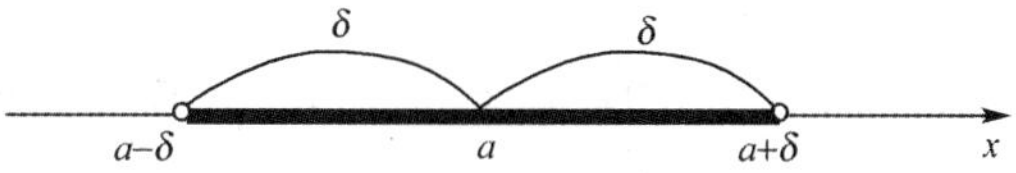

图 1-3-2

点 a 的去心 δ 邻域，记作 $\mathring{U}(a,\delta)$，即 $\mathring{U}(a,\delta)=\{x\,|\,0<|x-a|<\delta\}$.

2. 定义（描述性定义）

定义 1　设函数 $f(x)$ 在 x_0 的某一去心邻域 $\mathring{U}(x_0,\delta)$ 内有定义，当自变量 x 在 $\mathring{U}(x_0,\delta)$ 内无限接近于 x_0 时，相应的函数值无限接近于确定的常数 A，则称 A 为 $x\to x_0$ 时函数 $f(x)$ 的极限，记作 $\lim\limits_{x\to x_0}f(x)=A$ 或 $f(x)\to A\ (x\to x_0)$.

注意：(1) $x\to x_0$ 意味着 x 无限靠近 x_0，但 $x\neq x_0$；

(2) 由极限的定义知，当 $x\to x_0$ 时，$f(x)$ 是否有极限，与 $f(x)$ 在 x_0 处是否有定义无关；

(3) $x\to x_0$ 有两个方向趋于 x_0，x 从 x_0 右侧趋于 x_0，记作 $x\to x_0^+$；x 从 x_0 左侧趋于 x_0，记作 $x\to x_0^-$.

例 1　求极限 $\lim\limits_{x\to x_0}C$ 和 $\lim\limits_{x\to x_0}x$.

解　因为无论 x 取何值函数 $y=C$ 恒为常数 C，所以 $\lim\limits_{x\to x_0}C=C$.

因为函数 $y=x$ 的函数值与自变量相等，所以 $\lim\limits_{x\to x_0}x=x_0$.

3. 单侧极限

如果 $x \to x_0^+$（或 $x \to x_0^-$）时，函数 $f(x)$ 无限接近于一个确定的常数 A，则称 A 为 x 趋近于 x_0 时函数 $f(x)$ 的右（左）极限，记作

$$\lim_{x \to x_0^+} f(x) = A \quad (\lim_{x \to x_0^-} f(x) = A)$$

或

$$\text{或 } f(x_0^+) = A \quad ((f(x_0^-) = A).$$

定理 1 $\lim\limits_{x \to x_0} f(x) = A$ 的充要条件是 $\lim\limits_{x \to x_0^+} f(x) = \lim\limits_{x \to x_0^-} f(x) = A$.

注意：如果 $f(x)$ 在 x_0 处的左、右极限至少有一个不存在或都存在但不相等，则 $\lim\limits_{x \to x_0} f(x)$ 不存在. 该定理经常用来讨论分段函数在分段点的极限是否存在.

例 2 设 $f(x) = \begin{cases} -x, & x < 0 \\ 1, & x = 0. \\ x, & x > 0 \end{cases}$

画出该函数的图像，并讨论 $\lim\limits_{x \to 0^+} f(x)$，$\lim\limits_{x \to 0^-} f(x)$，$\lim\limits_{x \to 0} f(x)$ 是否存在.

解 图像如图 1-3-3. 由图像可以看出

$$\lim_{x \to 0^+} f(x) = 0, \lim_{x \to 0^-} f(x) = 0$$

由定理 1 可知

$$\lim_{x \to 0} f(x) = 0.$$

例 3 讨论函数

$$f(x) = \begin{cases} x-1, & x < 0 \\ 0, & x = 0 \text{，当 } x \to 0 \text{ 时 } f(x) \text{ 的极限不存在.} \\ x+1, & x > 0 \end{cases}$$

解 由图 1-3-4 可以看出 $\lim\limits_{x \to 0^+} f(x) = 1$，$\lim\limits_{x \to 0^-} f(x) = -1$，则

$$\lim_{x \to 0^+} f(x) \neq \lim_{x \to 0^-} f(x)$$

由定理 1 知 $\lim\limits_{x \to 0} f(x)$ 不存在.

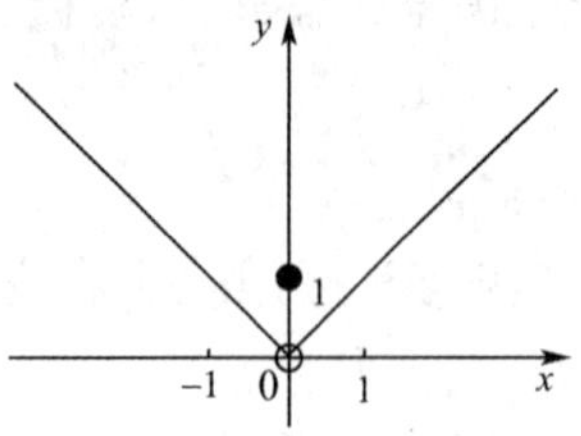

图 1-3-3

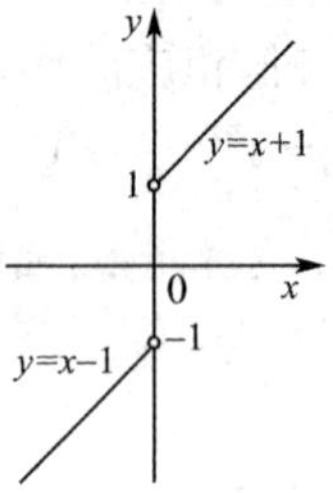

图 1-3-4

二、$x \to \infty$ 时，$f(x)$ 的极限

考察当 $x \to \infty$ 时函数 $y = \dfrac{1}{x}$ 的变化趋势. 通过观察图 1-3-1 可以看出：当 $x \to \infty$ 时

(包括 $x\to+\infty$,$x\to-\infty$),函数趋近于确定的常数 0,那么 0 就称为 $y=\dfrac{1}{x}$ 当 $x\to\infty$ 时的极限.

定义 2 设函数 $f(x)$ 当 $|x|$ 大于某一正数时有定义.如果 $|x|$ 无限增大时,函数 $f(x)$ 无限趋近于确定的常数 A,则称 A 为 $x\to\infty$ 时函数 $f(x)$ 的极限,记作

$$\lim_{x\to\infty}f(x)=A \text{ 或 } f(x)\to A\ (x\to\infty).$$

若只当 $x\to+\infty$ 时(或 $x\to-\infty$)时,函数趋近于确定的常数 A,记为

$$\lim_{x\to+\infty}f(x)=A \text{ 或 } \lim_{x\to-\infty}f(x)=A.$$

定理 2 $\lim\limits_{x\to\infty}f(x)=A$ 的充要条件是 $\lim\limits_{x\to+\infty}f(x)=\lim\limits_{x\to-\infty}f(x)=A$.

例 4 观察下列函数的图像,并填空:

(1) $\lim\limits_{x\to(\ )}e^x=0$; (2) $\lim\limits_{x\to+\infty}e^{-x}=(\quad)$;

(3) $\lim\limits_{x\to(\ )}\arctan x=\dfrac{\pi}{2}$; (4) $\lim\limits_{x\to-\infty}\arctan x=(\quad)$.

解 从图 1-3-5、图 1-3-6 上可以看出:

(1) $\lim\limits_{x\to-\infty}e^x=0$; (2) $\lim\limits_{x\to+\infty}e^{-x}=0$;

(3) $\lim\limits_{x\to+\infty}\arctan x=\dfrac{\pi}{2}$; (4) $\lim\limits_{x\to-\infty}\arctan x=-\dfrac{\pi}{2}$.

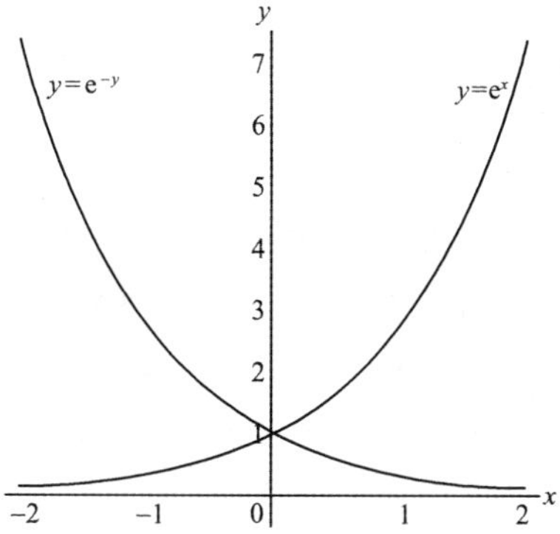

图 1-3-5

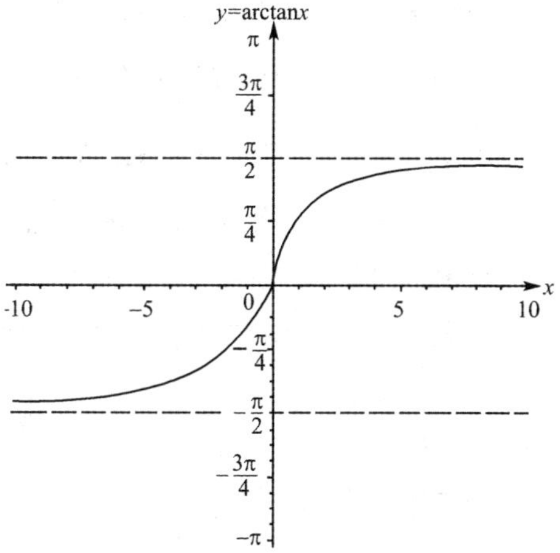

图 1-3-6

例 5 求 $\lim\limits_{x\to\infty}\arctan x$.

解 由例 4 可知 $\lim\limits_{x\to+\infty}\arctan x=\dfrac{\pi}{2}$,$\lim\limits_{x\to-\infty}\arctan x=-\dfrac{\pi}{2}$,所以 $\lim\limits_{x\to\infty}\arctan x$ 不存在.

同理 $\lim\limits_{x\to+\infty}\text{arccot}\,x=0$,$\lim\limits_{x\to-\infty}\text{arccot}\,x=\pi$,所以 $\lim\limits_{x\to\infty}\text{arccot}\,x$ 不存在.

注意:$\lim\limits_{x\to\infty}\sin x$,$\lim\limits_{x\to\infty}\cos x$ 均不存在.

三、函数极限的性质

定理 3(函数极限的唯一性) 如果 $\lim\limits_{x\to x_0}f(x)$ 存在,那么这极限唯一.

定理 4(**函数极限的局部有界性**)　如果 $\lim\limits_{x\to x_0} f(x)=A$,那么存在常数 $M>0,\delta>0$,使得当 $0<|x-x_0|<\delta$ 时,有 $|f(x)|\leqslant M$.

定理 5(**函数极限的局部保号性**)　如果 $\lim\limits_{x\to x_0} f(x)=A$,而且 $A>0$(或 $A<0$),那么就存在着常数 $\delta>0$,使得当 $0<|x-x_0|<\delta$ 时,有 $f(x)>0$(或 $f(x)<0$).

定理 5′　如果 $\lim\limits_{x\to x_0} f(x)=A(A\neq 0)$,那么就存在着 x_0 的某一去心邻域 $\mathring{U}(x_0)$,当 $x\in\mathring{U}(x_0)$ 时,就有 $|f(x)|>\dfrac{|A|}{2}$.

推论　如果在 x_0 的某一去心邻域内 $f(x)\geqslant 0$(或 $f(x)\leqslant 0$),而且 $\lim\limits_{x\to x_0} f(x)=A$,那么 $A\geqslant 0$(或 $A\leqslant 0$).

习题 1-3

A 组

1. 设函数 $f(x)=\begin{cases} x^2, & x>0 \\ x, & x\leqslant 0 \end{cases}$,

(1)做出函数 $f(x)$ 的图像;

(2)求 $\lim\limits_{x\to 0^+} f(x)$ 及 $\lim\limits_{x\to 0^-} f(x)$;

(3)$x\to 0$ 时,$f(x)$ 的极限存在吗?

2. 求 $\varphi(x)=\dfrac{|x|}{x}$ 当 $x\to 0$ 时的左、右极限,并说明它们在 $x\to 0$ 时的极限是否存在.

3. 设函数 $f(x)=\begin{cases} 3x-1, & -1<x<1 \\ 1, & x=1 \\ 3-x, & 1<x<2 \end{cases}$,求 $\lim\limits_{x\to \frac{3}{2}} f(x)$,$\lim\limits_{x\to 0} f(x)$,$\lim\limits_{x\to 1} f(x)$.

B 组

1. 设函数 $f(x)=\begin{cases} x, & |x|<1 \\ x-2, & |x|\geqslant 1 \end{cases}$,试讨论 $\lim\limits_{x\to 1} f(x)$ 及 $\lim\limits_{x\to -1} f(x)$.

2. 设 $f(x)=\dfrac{1-a^{\frac{1}{x}}}{1+a^{\frac{1}{x}}}(a>1)$,试求 $\lim\limits_{x\to 0} f(x)$.

第 4 节　极限运算法则和两个重要极限

一、极限的运算法则

定理 1　如果 $\lim f(x)=A$,$\lim g(x)=B$,那么

1. $\lim[f(x)\pm g(x)]=\lim f(x)\pm\lim g(x)=A\pm B$；

注意：(1)运用该公式时 $f(x)$ 与 $g(x)$ 的极限必须同时存在，否则出现错误.

如 $\lim\limits_{x\to+\infty} e^x=+\infty$，$\lim\limits_{x\to+\infty} x=+\infty$，但 $\lim\limits_{x\to+\infty}(e^x-x)=\lim\limits_{x\to+\infty} e^x-\lim\limits_{x\to+\infty} x=+\infty-(+\infty)=+\infty$ 虽然结论是正确的，但运算过程是错误的.

(2)该结论可推广到有限个函数的情形，即

$$\begin{aligned}&\lim[f_1(x)\pm f_2(x)\pm\cdots\pm f_m(x)]\\=&\lim f_1(x)\pm\lim f_2(x)\pm\cdots\pm\lim f_m(x).\end{aligned}$$

2. $\lim[f(x)g(x)]=\lim f(x)\cdot\lim g(x)=A\cdot B$.

注意：(1)必须注意定理的条件. 如 $\lim\limits_{x\to+\infty}\dfrac{e^x}{x}=\lim\limits_{x\to+\infty}e^x\cdot\lim\limits_{x\to+\infty}\dfrac{1}{x}=+\infty\cdot 0=0$ 是错误的，结果应为 $+\infty$.

(2)该结论也可推广到有限个函数的情形，即

$$\lim[f_1(x)f_2(x)\cdots f_m(x)]=\lim f_1(x)\lim f_2(x)\cdots\lim f_m(x).$$

(3)特殊情形：

$$\lim[Cf(x)]=C\cdot\lim f(x)\ (C\text{ 为常数}),$$
$$\lim[f(x)]^n=[\lim f(x)]^n\ (n\text{ 为正整数}).$$

3. 若又有 $B\neq 0$，则 $\lim\dfrac{f(x)}{g(x)}=\dfrac{\lim f(x)}{\lim g(x)}=\dfrac{A}{B}$.

注意：对 $x\to x_0$，$x\to\infty$，$n\to\infty$ 等情形，法则都成立.

二、极限运算举例

例 1　求 $\lim\limits_{x\to4}(x^2-3x+1)$.

解　$\lim\limits_{x\to4}(x^2-3x+1)=\lim\limits_{x\to4}x^2-\lim\limits_{x\to4}3x+\lim\limits_{x\to4}1=5$.

例 2　求 $\lim\limits_{x\to2}\dfrac{x^2-2}{x^2-5x+3}$.

解　$\lim\limits_{x\to2}\dfrac{x^2-2}{x^2-5x+3}=\dfrac{\lim\limits_{x\to2}(x^2-2)}{\lim\limits_{x\to2}(x^2-5x+3)}=-\dfrac{2}{3}$.

例 3　求 $\lim\limits_{x\to1}\dfrac{2x-3}{x^2-5x+4}$.

解　因为 $\lim\limits_{x\to1}\dfrac{x^2-5x+4}{2x-3}=0$，根据无穷大与无穷小的关系，有

$$\lim_{x\to1}\frac{2x-3}{x^2-5x+4}=\infty.$$

例 4　求 $\lim\limits_{x\to3}\dfrac{x-3}{x^2-9}$.

解　$\lim\limits_{x\to3}\dfrac{x-3}{x^2-9}=\lim\limits_{x\to3}\dfrac{x-3}{(x-3)(x+3)}=\lim\limits_{x\to3}\dfrac{1}{x+3}=\dfrac{\lim\limits_{x\to3}1}{\lim\limits_{x\to3}(x+3)}=\dfrac{1}{6}$.

小结：有理分式函数 $f(x)=\dfrac{P_n(x)}{Q_m(x)}$ 的极限

$$Q_m(x)=b_mx^m+b_{m-1}x^{m-1}+\cdots+b_1x+b_0,b_m\neq 0.$$

则
$$\lim_{x\to x_0}f(x)=\lim_{x\to x_0}\frac{P_n(x)}{Q_m(x)}$$

由于 $\lim\limits_{x\to x_0}P_n(x)=P_n(x_0)$，$\lim\limits_{x\to x_0}Q_m(x)=Q_m(x_0)$，由商的极限知

(1)当 $Q_m(x_0)\neq 0$ 时，$\lim\limits_{x\to x_0}f(x)=\lim\limits_{x\to x_0}\dfrac{P_n(x)}{Q_m(x)}=\dfrac{P_n(x_0)}{Q_m(x_0)}$.

(2)当 $P_n(x_0)\neq 0,Q_m(x_0)=0$ 时，因为 $\lim\limits_{x\to x_0}\dfrac{Q_m(x)}{P_n(x)}=\dfrac{Q_m(x_0)}{P_n(x_0)}=0$，所以

$$\lim_{x\to x_0}\frac{P_n(x)}{Q_m(x)}=\infty.$$

(3)当 $P_n(x_0)=0,Q_m(x_0)=0$ 时，如能分解因式先分解因式，约去极限为零的公因子，再根据(1)、(2)两种情形求极限.

例 5 求 $\lim\limits_{x\to\infty}\dfrac{3x^3+2x^2-1}{4x^3-x^2+3}$.

解 当 $x\to\infty$ 时，分子、分母都趋于无穷大，不能用商的极限运算法则，用其中次数最高的幂除分子、分母，则极限容易求出.

此题用 x^3 除分子、分母，再求极限，即

$$\lim_{x\to\infty}\frac{3x^3+2x^2-1}{4x^3-x^2+3}=\lim_{x\to\infty}\frac{3+\dfrac{2}{x}-\dfrac{1}{x^3}}{4-\dfrac{1}{x}+\dfrac{3}{x^3}}=\frac{3}{4}.$$

例 6 求 $\lim\limits_{x\to\infty}\dfrac{x^2+1}{2x^3+x+3}$.

解 $\lim\limits_{x\to\infty}\dfrac{x^2+1}{2x^3+x+3}=\lim\limits_{x\to\infty}\dfrac{\dfrac{1}{x}+\dfrac{1}{x^3}}{2+\dfrac{1}{x^2}+\dfrac{3}{x^3}}=0.$

例 7 求 $\lim\limits_{x\to\infty}\dfrac{2x^3+x+3}{x^2+1}$.

解 因为 $\lim\limits_{x\to\infty}\dfrac{x^2+1}{2x^3+x+3}=0$，所以 $\lim\limits_{x\to\infty}\dfrac{2x^3+x+3}{x^2+1}=\infty$.

小结：当 $a_0\neq 0,b_0\neq 0,m$ 和 n 为非负整数时有

$$\lim_{x\to\infty}\frac{a_0x^m+a_1x^{m-1}+\cdots+a_m}{b_0x^n+b_1x^{n-1}+\cdots+b_n}=\begin{cases}\dfrac{a_0}{b_0}, & 当\ n=m\\ 0, & 当\ n>m\\ \infty, & 当\ n<m\end{cases}.$$

例 8 求 $\lim\limits_{x\to 2}\dfrac{\sqrt{x^2+5}-3}{\sqrt{2x+1}-\sqrt{5}}$.

解 $\lim\limits_{x\to 2}\dfrac{\sqrt{x^2+5}-3}{\sqrt{2x+1}-\sqrt{5}}=\lim\limits_{x\to 2}\dfrac{(\sqrt{x^2+5}-3)(\sqrt{x^2+5}+3)(\sqrt{2x+1}+\sqrt{5})}{(\sqrt{2x+1}-\sqrt{5})(\sqrt{2x+1}+\sqrt{5})(\sqrt{x^2+5}+3)}$

$=\lim\limits_{x\to 2}\dfrac{(x^2-4)2\sqrt{5}}{(2x-4)6}=\dfrac{\sqrt{5}}{3}\lim\limits_{x\to 2}\dfrac{(x+2)(x-2)}{2(x-2)}=\dfrac{2\sqrt{5}}{3}.$

三、复合函数的极限运算法则

定理 2 设函数 $y=f[g(x)]$ 是由函数 $u=g(x)$ 与函数 $y=f(u)$ 复合而成，$f[g(x)]$ 在点 x_0 的某去心邻域内有定义，若 $\lim\limits_{x\to x_0}g(x)=u_0$，$\lim\limits_{u\to u_0}f(u)=A$，且存在 $\delta_0>0$，当 $x\in\mathring{U}(x_0,\delta_0)$ 时，有 $g(x)\neq u_0$，则

$$\lim_{x\to x_0}f[g(x)]=\lim_{u\to u_0}f(u)=A.$$

注意：(1)此定理中极限过程 $x\to x_0$ 可换成其他极限过程，结论仍成立.

(2)此定理中若把 $\lim\limits_{x\to x_0}g(x)=u_0$ 换成 $\lim\limits_{x\to x_0}g(x)=\infty$，$\lim\limits_{u\to\infty}f(u)=A$ 仍有类似的结论.

例 9 求极限 $\lim\limits_{x\to+\infty}\ln(\arctan x)$.

解 令 $f(u)=\ln u$，$u=\arctan x$，当 $x\to+\infty$ 时，$u\to\dfrac{\pi}{2}$，故

$$\lim_{x\to+\infty}\ln(\arctan x)=\lim_{u\to\frac{\pi}{2}}\ln u=\ln\frac{\pi}{2}.$$

此运算法则表明，若 $f(u)$ 和 $g(x)$ 满足条件，那么做代换 $u=g(x)$ 可把求 $\lim\limits_{x\to x_0}f[g(x)]$ 转化为求 $\lim\limits_{u\to u_0}f(u)$.

四、两个重要极限

1. $\lim\limits_{x\to 0}\dfrac{\sin x}{x}=1$

函数 $\dfrac{\sin x}{x}$ 的定义域为 $x\neq 0$ 的全体实数，当 $x\to 0$ 时，观察其变化趋势(表 1-4-1).

表 1-4-1

x	±1.00	±0.100	±0.010	±0.001	…
$\dfrac{\sin x}{x}$	0.84147098	0.99833417	0.99998334	0.99999984	…

由表可知，当 $x\to 0$ 时，$\dfrac{\sin x}{x}\to 1$，根据极限的定义有

$$\lim_{x\to 0}\frac{\sin x}{x}=1.$$

注意：为了更好地利用此极限，应掌握好如下模型：

$$\lim_{\mu(x)\to 0}\frac{\sin\mu(x)}{\mu(x)}=1.$$

例 10 求下列函数的极限：

(1)$\lim\limits_{x\to 0}\dfrac{\sin 2x}{x}$；　　(2)$\lim\limits_{x\to\infty}x\sin\dfrac{1}{x}$；　　(3)$\lim\limits_{x\to 0}\dfrac{1-\cos x}{x^2}$.

解 (1)$\lim\limits_{x\to 0}\dfrac{\sin 2x}{x}=2\cdot\lim\limits_{x\to 0}\dfrac{\sin 2x}{2x}=2\cdot 1=2$；

(2)$\lim\limits_{x\to\infty}x\sin\dfrac{1}{x}=\lim\limits_{\frac{1}{x}\to 0}\dfrac{\sin\dfrac{1}{x}}{\dfrac{1}{x}}=1$；

(3)$\lim\limits_{x\to 0}\dfrac{1-\cos x}{x^2}=\lim\limits_{x\to 0}\dfrac{2\sin^2\dfrac{x}{2}}{x^2}=\dfrac{2}{4}\cdot\lim\limits_{x\to 0}\left[\dfrac{\sin\dfrac{x}{2}}{\dfrac{x}{2}}\right]^2=\dfrac{1}{2}$.

例 11 求$\lim\limits_{x\to 0}\dfrac{\sin ax}{\sin bx}$.

解 $\lim\limits_{x\to 0}\dfrac{\sin ax}{\sin bx}=\dfrac{a}{b}\cdot\lim\limits_{x\to 0}\left(\dfrac{bx}{ax}\cdot\dfrac{\sin ax}{\sin bx}\right)=\dfrac{a}{b}\cdot\lim\limits_{x\to 0}\left(\dfrac{\sin ax}{ax}\cdot\dfrac{bx}{\sin bx}\right)$

$$=\frac{a}{b}\cdot\lim_{x\to 0}\frac{\sin ax}{ax}\cdot\lim_{x\to 0}\frac{bx}{\sin bx}=\frac{a}{b}\cdot 1\cdot 1=\frac{a}{b}.$$

2. $\lim\limits_{x\to\infty}\left(1+\dfrac{1}{x}\right)^x=\mathrm{e}$

当 $x\to\infty$时，列出$\left(1+\dfrac{1}{x}\right)^x$ 的数值，观察其变化趋势(表 1-4-2).

表 1-4-2

x	…	10	100	1000	10000	100000	…
$\left(1+\frac{1}{x}\right)^x$	…	2.5973	2.70418	2.71692	2.71815	2.71827	…
x	…	-10	-100	-1000	-10000	-100000	…
$\left(1+\frac{1}{x}\right)^x$	…	2.86979	2.73200	2.71694	2.7184	2.71830	…

可见，当 $x\to+\infty$或 $x\to-\infty$时，$\left(1+\dfrac{1}{x}\right)^x\to\mathrm{e}$，根据极限定义有

$$\lim_{x\to\infty}\left(1+\frac{1}{x}\right)^x=\mathrm{e}.\ 令 t=\frac{1}{x},\lim_{x\to 0}(1+x)^{\frac{1}{x}}=\lim_{t\to\infty}\left(1+\frac{1}{t}\right)^t=\mathrm{e}.$$

即$\lim\limits_{x\to 0}(1+x)^{\frac{1}{x}}=\mathrm{e}$.

注意：上述形式也可统一为模型

$$\lim_{\mu(x)\to\infty}\left(1+\frac{1}{\mu(x)}\right)^{\mu(x)}=\mathrm{e}$$

$$\lim_{\mu(x)\to 0}(1+\mu(x))^{\frac{1}{\mu(x)}}=\mathrm{e}.$$

例 12 求下列极限.

(1) $\lim\limits_{x\to\infty}\left(1+\dfrac{1}{x}\right)^{2x}$； (2) $\lim\limits_{x\to 0}\left(1+\dfrac{x}{2}\right)^{\frac{1}{x}}$； (3) $\lim\limits_{x\to\infty}\left(1-\dfrac{1}{x}\right)^{x}$.

解 (1) $\lim\limits_{x\to\infty}\left(1+\dfrac{1}{x}\right)^{2x}=\lim\limits_{x\to\infty}\left[\left(1+\dfrac{1}{x}\right)^{x}\right]^{2}=\left[\lim\limits_{x\to\infty}\left(1+\dfrac{1}{x}\right)^{x}\right]^{2}=e^{2}$；

(2) $\lim\limits_{x\to 0}\left(1+\dfrac{x}{2}\right)^{\frac{1}{x}}=\lim\limits_{x\to 0}\left[\left(1+\dfrac{x}{2}\right)^{\frac{2}{x}}\right]^{\frac{1}{2}}=\left[\lim\limits_{x\to 0}\left(1+\dfrac{x}{2}\right)^{\frac{2}{x}}\right]^{\frac{1}{2}}=e^{\frac{1}{2}}$；

(3) $\lim\limits_{x\to\infty}\left(1-\dfrac{1}{x}\right)^{x}=\lim\limits_{x\to\infty}\left[\left(1-\dfrac{1}{x}\right)^{-x}\right]^{-1}=\left[\lim\limits_{x\to\infty}\left(1-\dfrac{1}{x}\right)^{-x}\right]^{-1}=e^{-1}$.

注意：对"1^{∞}"型，可用下面简便方法计算：

设 $\lim u(x)=1,\lim v(x)=\infty$，则

$$\lim u(x)^{v(x)}=e^{\lim(u(x)-1)v(x)}.$$

例 13 求 $\lim\limits_{x\to\infty}\left(1+\dfrac{1}{x}+\dfrac{1}{x^{2}}\right)^{x}$.

解 $\lim\limits_{x\to\infty}\left(1+\dfrac{1}{x}+\dfrac{1}{x^{2}}\right)^{x}=e^{\lim\limits_{x\to\infty}\left(1+\frac{1}{x}+\frac{1}{x^{2}}-1\right)x}=e^{\lim\limits_{x\to\infty}\left(\frac{1}{x}+\frac{1}{x^{2}}\right)x}=e^{\lim\limits_{x\to\infty}\left(1+\frac{1}{x}\right)}=e^{1}=e$.

例 14 求 $\lim\limits_{x\to\infty}\left(\dfrac{x^{2}+1}{x^{2}-1}\right)^{x^{2}}$.

解 $\lim\limits_{x\to\infty}\left(\dfrac{x^{2}+1}{x^{2}-1}\right)^{x^{2}}=e^{\lim\limits_{x\to\infty}x^{2}\left(\frac{x^{2}+1}{x^{2}-1}-1\right)}=e^{\lim\limits_{x\to\infty}\frac{2x^{2}}{x^{2}-1}}=e^{2}$.

习题 1-4

A 组

1. 计算下列极限.

(1) $\lim\limits_{x\to 2}\dfrac{x^{2}+5}{x-3}$； (2) $\lim\limits_{x\to\sqrt{3}}\dfrac{x^{2}-3}{x^{2}+1}$；

(3) $\lim\limits_{x\to 1}\dfrac{x^{2}-2x+1}{x^{2}-1}$； (4) $\lim\limits_{x\to 4}\dfrac{x^{2}-6x+8}{x^{2}-3x-4}$；

(5) $\lim\limits_{h\to 0}\dfrac{(x+h)^{2}-x^{2}}{h}$； (6) $\lim\limits_{x\to\infty}\left(2-\dfrac{1}{x}+\dfrac{1}{x^{2}}\right)$.

2. 计算下列极限.

(1) $\lim\limits_{x\to\infty}\dfrac{x^{2}-1}{2x^{2}-x-1}$； (2) $\lim\limits_{x\to\infty}\dfrac{x^{2}+x}{x^{4}-3x^{2}-1}$；

(3) $\lim\limits_{x\to\infty}\dfrac{x^{3}+2x}{(x-2)^{2}}$； (4) $\lim\limits_{n\to\infty}\dfrac{(n+1)(n+2)(n+3)}{5n^{3}}$；

(5) $\lim\limits_{x\to 1}\left(\dfrac{1}{1-x}-\dfrac{3}{1-x^{3}}\right)$； (6) $\lim\limits_{x\to 1}\dfrac{\sqrt{x+2}-\sqrt{3}}{x-1}$.

3. 计算下列极限.

(1) $\lim\limits_{x\to 0}\dfrac{\sin 3x}{2x}$；　　(2) $\lim\limits_{x\to 0}\dfrac{\tan 5x}{x}$；

(3) $\lim\limits_{x\to 0}\dfrac{\sin 2x}{\sin 5x}$；　　(4) $\lim\limits_{x\to 0}(1+x)^{-\frac{1}{x}}$；

(5) $\lim\limits_{x\to 0}(1+2x)^{\frac{1}{x}}$；　　(6) $\lim\limits_{x\to\infty}\left(\dfrac{1+x}{x}\right)^{2x+1}$.

B 组

1. 计算下列极限.

(1) $\lim\limits_{x\to\infty}\dfrac{(4x-2)^{20}(9x+1)^{30}}{(6x+3)^{50}}$；　　(2) $\lim\limits_{n\to\infty}\dfrac{1+2+3+\cdots+(n-1)}{n^2}$；

(3) $\lim\limits_{n\to\infty}\left(1+\dfrac{1}{2}+\dfrac{1}{4}+\cdots+\dfrac{1}{2^n}\right)$.

2. 求 $\lim\limits_{x\to 0}\cos x^{\frac{1}{x^2}}$.

3. 若 $\lim\limits_{x\to 0}\dfrac{\sin x(\cos x-b)}{e^x-a}=5$，求 a 与 b 的值.

第5节　无穷小与无穷大

一、无穷小的定义

1. 定义 1

如果函数 $f(x)$ 当 $x\to x_0$（或 $x\to\infty$）时的极限为零，那么称函数 $f(x)$ 为当 $x\to x_0$（或 $x\to\infty$）时的无穷小量. 简称为无穷小，记作 $\lim\limits_{x\to x_0}f(x)=0$（或 $\lim\limits_{x\to\infty}f(x)=0$）.

例如，函数 $y=3x-6$ 是 $x\to 2$ 时的无穷小，而函数 $y=\dfrac{1}{2x}$ 是 $x\to\infty$ 时的无穷小.

注意：(1) 无穷小是变量，不能与很小的数混淆；

(2) 零是可以作为无穷小的唯一的数；

(3) 无穷小量必须指明自变量的变化趋势.

例 1　自变量在怎样的变化过程中，下列函数为无穷小？

(1) $y=\dfrac{1}{x-1}$；　(2) $y=2x-4$；　(3) $y=2^x$；　(4) $y=\left(\dfrac{1}{4}\right)^x$.

解　(1) 因为 $\lim\limits_{x\to\infty}\dfrac{1}{x-1}=0$，所以当 $x\to\infty$ 时，$\dfrac{1}{x-1}$ 为无穷小；

(2) 因为 $\lim\limits_{x\to 2}(2x-4)=0$，所以当 $x\to 2$ 时，$2x-4$ 为无穷小；

(3)因为 $\lim\limits_{x\to-\infty} 2^x=0$,所以当 $x\to-\infty$ 时,2^x 为无穷小;

(4)因为 $\lim\limits_{x\to+\infty}\left(\frac{1}{4}\right)^x=0$,所以当 $x\to+\infty$ 时,$\left(\frac{1}{4}\right)^x$ 为无穷小.

2. 函数、极限与无穷小的关系

定理 1 $\lim\limits_{x\to x_0} f(x)=A$ 充分必要条件是 $f(x)=A+\alpha(x)$,其中 $\alpha(x)$ 是当 $x\to x_0$ 时的无穷小.

注意:定理 1 在 $x\to x_0^+$,$x\to x_0^-$,$x\to\infty$,$x\to+\infty$,$x\to-\infty$ 时仍然成立.

二、无穷大的定义

定义 2 如果当 $x\to x_0$(或 $x\to\infty$)时,$|f(x)|$ 无限增大,则称 $f(x)$ 为当 $x\to x_0$(或 $x\to\infty$)时的无穷大量,简称无穷大,记作 $\lim\limits_{x\to x_0} f(x)=\infty$(或 $\lim\limits_{x\to\infty} f(x)=\infty$).

特殊情形:正无穷大,负无穷大.

$$\lim_{\substack{x\to x_0\\(x\to\infty)}} f(x)=+\infty\text{(或}\lim_{\substack{x\to x_0\\(x\to\infty)}} f(x)=-\infty\text{)}.$$

注意:(1)无穷大不是很大的数,它是描述在自变量某一变化过程中,函数的一种状态(绝对值越来越大,亦即在自变量某一变化过程中,函数绝对值始终越来越大);

(2)切勿将 $\lim\limits_{x\to x_0} f(x)=\infty$ 认为极限存在;

(3)当 $x\to x_0^+$,$x\to x_0^-$,$x\to+\infty$,$x\to-\infty$ 时可得到相应的无穷大的定义.

三、无穷大与无穷小之间的关系

定理 2 在自变量的同一变化过程中,如果 $f(x)$ 为无穷大,则 $\frac{1}{f(x)}$ 为无穷小;反之,如果 $f(x)$ 为无穷小,且 $f(x)\neq 0$,则 $\frac{1}{f(x)}$ 为无穷大.

注意:此定理说明关于无穷大的问题可以转化为无穷小处理.

四、无穷小的性质

定理 3 有限个无穷小的代数和仍是无穷小.

定理 4 有界函数与无穷小的乘积仍是无穷小.

推论 1 常数与无穷小的乘积是无穷小.

推论 2 有限个无穷小的乘积仍是无穷小.

例 2 求 $\lim\limits_{x\to\infty}\frac{\sin x}{x}$.

解 当 $x\to\infty$ 时,$|\sin x|\leqslant 1$,所以 $\sin x$ 是有界函数. 又因为 $\lim\limits_{x\to\infty}\frac{1}{x}=0$,根据定理 4 可

得，$\lim\limits_{x\to\infty}\dfrac{\sin x}{x}=0$.

五、无穷小的比较

例如，当 $x\to 0$ 时，x，x^2，$\sin x$ 都是无穷小.

观察以下各极限：

$\lim\limits_{x\to 0}\dfrac{x^2}{3x}=0$，$x^2$ 趋于 0 的速度比 $3x$ 要快得多；

$\lim\limits_{x\to 0}\dfrac{\sin x}{x}=1$，$\sin x$ 与 x 趋于 0 的速度大致相同；

极限不同，反映了趋向于零的“快慢”程度不同. 为了比较无穷小趋于零的快慢，我们给出如下定义.

定义 3 设 $\lim\alpha=0$，$\lim\beta=0$，

(1)如果 $\lim\dfrac{\beta}{\alpha}=0$，称 β 是比 α 高阶的无穷小，记作 $\beta=o(\alpha)$；

(2)如果 $\lim\dfrac{\beta}{\alpha}=\infty$，称 β 是比 α 低阶的无穷小；

(3)如果 $\lim\dfrac{\beta}{\alpha}=c\neq 0$，称 β 与 α 是同阶的无穷小；

(4)如果 $\lim\dfrac{\beta}{\alpha^k}=c\neq 0$，称 β 是 α 的 k 阶无穷小；

(5)如果 $\lim\dfrac{\beta}{\alpha}=1$，称 β 与 α 是等价无穷小，记作 $\alpha\sim\beta$.

如：$\lim\limits_{x\to 0}\dfrac{\sin x}{x}=1$，则当 $x\to 0$ 时，$\sin x\sim x$.

$\lim\limits_{x\to 0}\dfrac{1-\cos x}{x^2}=\dfrac{1}{2}$，则当 $x\to 0$ 时，$1-\cos x$ 与 x^2 是同阶无穷小，且有 $1-\cos x\sim\dfrac{1}{2}x^2$.

$\lim\limits_{x\to 0}\dfrac{1-\cos x}{x}=0$，当 $x\to 0$ 时，$1-\cos x$ 是 x 的高阶无穷小.

定理 5 设 $\alpha\sim\alpha'$，$\beta\sim\beta'$，且 $\lim\dfrac{\beta'}{\alpha'}$存在，则 $\lim\dfrac{\beta}{\alpha}=\lim\dfrac{\beta'}{\alpha'}$.

注意：(1)当无穷小量是积商因子时可用其等价无穷小代替，加减时替换有条件；

(2)当 $u\to 0$ 时，常见的等价无穷小有

$$u\sim\sin u\sim\tan u\sim\arcsin u\sim\arctan u\sim e^u-1\sim\ln(1+u),$$

$$1-\cos u\sim\frac{1}{2}u^2,\ \sqrt[n]{1+u}-1\sim\frac{1}{n}u,\ a^x-1\sim x\ln a,\ \log_a(1+x)\sim\frac{x}{\ln a}.$$

例 3 求下列极限.

(1)$\lim\limits_{x\to 0}\dfrac{\tan 2x}{\sin 5x}$；　(2)$\lim\limits_{x\to 0}\dfrac{\sin x}{x^3+3x}$；　(3)$\lim\limits_{x\to 0}\dfrac{(1+x^2)^{\frac{1}{3}}-1}{\cos x-1}$.

解　(1)当 $x\to 0$ 时，$\tan 2x\sim 2x$，$\sin 5x\sim 5x$，所以

$$\lim_{x\to 0}\frac{\tan 2x}{\sin 5x}=\lim_{x\to 0}\frac{2x}{5x}=\frac{2}{5};$$

(2)当 $x\to 0$ 时，$\sin x\sim x$，所以

$$\lim_{x\to 0}\frac{\sin x}{x^3+3x}=\lim_{x\to 0}\frac{x}{x^3+3x}=\lim_{x\to 0}\frac{1}{x^2+3}=\frac{1}{3};$$

(3)当 $x\to 0$ 时，$(1+x^2)^{\frac{1}{3}}-1\sim\frac{1}{3}x^2$，$\cos x-1\sim-\frac{1}{2}x^2$，所以

$$\lim_{x\to 0}\frac{(1+x^2)^{\frac{1}{3}}-1}{\cos x-1}=\lim_{x\to 0}\frac{\frac{1}{3}x^2}{-\frac{1}{2}x^2}=-\frac{2}{3}.$$

习题 1-5

A 组

1. 当 $x\to 0$ 时，$2x-x^2$ 与 x^2-x^3 相比，哪一个是高阶无穷小？

2. 当 $x\to 1$ 时，无穷小 $1-x$ 和(1)$1-x^3$，(2)$\frac{1}{2}(1-x^2)$是否同阶，是否等价？

3. 计算下列极限.

(1)$\lim\limits_{x\to 0}x^2\sin\frac{1}{x}$；　　(2)$\lim\limits_{x\to\infty}\frac{\arctan x}{x}$；

(3)$\lim\limits_{x\to\infty}\frac{\cos x}{\sqrt{1+x^2}}$；　　(4)$\lim\limits_{x\to 0}\frac{\tan 3x}{2x}$；

(5)$\lim\limits_{x\to 0}\frac{1-\cos x}{\sin^2 x}$；　　(6)$\lim\limits_{x\to 0}\frac{\ln(1+2x)}{\sin x}$；

(7)$\lim\limits_{x\to 0}\frac{x\arcsin x}{1-e^{x^2}}$；　　(8)$\lim\limits_{x\to 0}\frac{\sqrt{1+x^2}-1}{1-\cos x}$.

B 组

1. 计算下列极限.

(1)$\lim\limits_{x\to 0}\frac{\tan x-\sin x}{\ln(1+x^3)}$；　　(2)$\lim\limits_{x\to 0}\frac{\sin x-\tan x}{(\sqrt[3]{1+x^2}-1)(\sqrt{1+\sin x}-1)}$；

(3)$\lim\limits_{x\to 0}\frac{1}{x}\left(\frac{1}{\sin x}-\frac{1}{\tan x}\right)$；　　(4)$\lim\limits_{x\to 0}\frac{\sqrt{1+\tan x}-\sqrt{1+\sin x}}{x\sqrt{1+\sin^2 x}-x}$.

2. 求极限$\lim\limits_{x\to 0}\frac{1}{x^3}\left[\left(\frac{2+\cos x}{3}\right)^x-1\right]$.

第6节 函数的连续性

一、函数的连续性概念

1. 增量

设变量 u 从它的一个初值 u_1 变到终值 u_2，终值与初值的差 u_2-u_1 称为变量 u 的增量，记为 Δu，即 $\Delta u=u_2-u_1$.

设函数 $f(x)$ 在 $U(x_0,\delta)$ 内有定义，$\forall x\in \mathring{U}(x_0,\delta)$，$\Delta x=x-x_0$，称为自变量在点 x_0 的增量.

$\Delta y=f(x)-f(x_0)$，称为函数 $f(x)$ 相应于 Δx 的增量.

2. 连续

(1)定义

定义1 设函数 $f(x)$ 在 $U(x_0,\delta)$ 内有定义，如果 $\lim\limits_{\Delta x\to 0}\Delta y=0$ 或 $\lim\limits_{\Delta x\to 0}[f(x_0+\Delta x)-f(x_0)]=0$，如图1-6-1所示，那么就称函数 $f(x)$ 在点 x_0 连续，x_0 称为 $f(x)$ 的连续点.

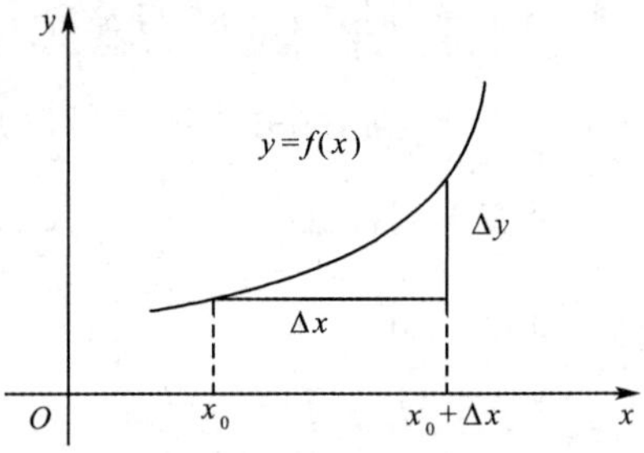

图 1-6-1

设 $x=x_0+\Delta x$，$\Delta y=f(x)-f(x_0)$，$\Delta x\to 0$ 就是 $x\to x_0$，$\Delta y\to 0$ 就是 $f(x)\to f(x_0)$，为此又有下面的等价定义：

定义2 设函数 $f(x)$ 在 $U(x_0,\delta)$ 内有定义，如果 $\lim\limits_{x\to x_0}f(x)=f(x_0)$，那么就称函数 $f(x)$ 在点 x_0 连续.

(2)单侧连续

若 $\lim\limits_{x\to x_0^-}f(x)=f(x_0^-)=f(x_0)$，则称函数 $y=f(x)$ 在点 x_0 左连续；若 $\lim\limits_{x\to x_0^+}f(x)=f(x_0^+)=f(x_0)$，则称函数 $y=f(x)$ 在点 x_0 右连续.

定理1 $f(x)$ 在点 x_0 连续的充分必要条件是 $f(x_0^-)=f(x_0)=f(x_0^+)$.

注意：分段函数分段点的连续性通常用此定理判定.

(3)连续的三要素

$f(x)$ 在点 x_0 连续三要素：

① $f(x)$ 在点 x_0 有定义；

② $\lim\limits_{x\to x_0}f(x)$ 存在；

③ $\lim\limits_{x\to x_0}f(x)=f(x_0)$.

例1 考察函数 $f(x)=|x|=\begin{cases}-x, & x\leqslant 0\\ x, & x>0\end{cases}$ 在点 $x=0$ 处是否连续？

分析 $f(x)$ 是分段函数，且在点 $x=0$ 两侧 $f(x)$ 表达式不一致，因此要考察 $x=0$ 两侧的左右连续性.

解　因为 $\lim\limits_{x\to0^+}f(x)=\lim\limits_{x\to0^+}x=0$，$\lim\limits_{x\to0^-}f(x)=\lim\limits_{x\to0^-}(-x)=0$，且 $f(0)=0$，则 $\lim\limits_{x\to0^-}f(x)=\lim\limits_{x\to0^+}f(x)=f(0)$，所以 $f(x)$ 在 $x=0$ 处连续.

例 2　函数 $f(x)=\begin{cases}x\sin\dfrac{1}{x}, & x\neq0,\\ 0, & x=0,\end{cases}$ 在 $x=0$ 处是否连续.

分析　虽然 $f(x)$ 是分段函数，但点 $x=0$ 两侧 $f(x)$ 表达式一致，因此只需讨论此点处的极限与函数值是否相等.

解　因为 $\lim\limits_{x\to0}x\sin\dfrac{1}{x}=0$，又 $f(0)=0$，则 $\lim\limits_{x\to0}f(x)=f(0)$，所以函数 $f(x)$ 在 $x=0$ 处连续.

(4)连续函数与连续区间

在区间上每一点都连续的函数，叫作在该区间上的连续函数，或者说函数在该区间上连续.

如果函数在开区间 (a,b) 内连续，并且在左端点 $x=a$ 处右连续，在右端点 $x=b$ 处左连续，则称函数 $f(x)$ 在闭区间 $[a,b]$ 上连续.

连续函数的图形是一条连续而不间断的曲线.

二、函数的间断点

设函数 $f(x)$ 在点 x_0 的某去心邻域内有定义. 在此前提下，如果函数 $f(x)$ 在点 x_0 不满足连续三要素之一，即有下列三种情形之一：

(1)在 $x=x_0$ 处没有定义；

(2)虽在 $x=x_0$ 处有定义，但 $\lim\limits_{x\to x_0}f(x)$ 不存在；

(3)虽在 $x=x_0$ 处有定义，且 $\lim\limits_{x\to x_0}f(x)$ 存在，但 $\lim\limits_{x\to x_0}f(x)\neq f(x_0)$，

则函数 $f(x)$ 在点 x_0 不连续，而点 x_0 称为函数 $f(x)$ 的不连续点或间断点.

就一般情况而言，通常把间断点分为两大类：如果 x_0 是函数 $f(x)$ 的间断点，但左极限 $f(x_0^-)$ 及右极限 $f(x_0^+)$ 都存在，那么 x_0 称为函数 $f(x)$ 的第一类间断点. 不是第一类间断点的任何间断点，称为第二类间断点. 在第一类间断点中，左、右极限相等者称为可去间断点，不相等者称为跳跃间断点. 无穷间断点和振荡间断点是常见的第二类间断点.

例 3　讨论函数 $f(x)=\dfrac{x^2-1}{x-1}$ 的间断点.

解　函数 $y=\dfrac{x^2-1}{x-1}$ 在点 $x=1$ 没有定义，所以函数在点 $x=1$ 处不连续，如图 1-6-2 所示.

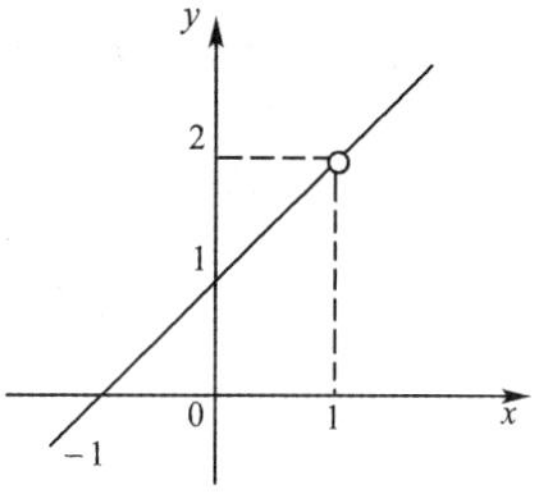

图 1-6-2

但 $\lim\limits_{x\to1}\dfrac{x^2-1}{x-1}=\lim\limits_{x\to1}(x+1)=2$，所以 $x=1$ 为可去间断点.

如果补充定义:$x=1$ 时,$y=2$,即令 $y=\begin{cases}\dfrac{x^2+1}{x-1}, & x\neq 1\\ 2, & x=1\end{cases}$,那么 y 在点 $x=1$ 处就连续了.

例 4 讨论函数 $f(x)=\begin{cases}x+1, & x\neq 1\\ 1, & x=1\end{cases}$ 的间断点.

解 函数 $f(x)$ 在点 $x=1$ 有定义,但 $\lim\limits_{x\to 1}(x+1)=2\neq f(1)$,如图 1-6-3 所示,所以 $x=1$ 为可去间断点.

如果修改定义:$x=1$ 时,$y=2$,即令 $y=\begin{cases}x+1, & x\neq 1\\ 2, & x=1\end{cases}$,那么 $f(x)$ 在点 $x=1$ 处就连续了.

例 5 讨论函数 $f(x)=\begin{cases}x+1, & x<1\\ x, & x\geqslant 1\end{cases}$ 的间断点.

解 函数在点 $x=1$ 处虽有定义,但 $f(1^+)=1$,$f(1^-)=2$,如图 1-6-4 所示,所以 $x=1$ 为跳跃间断点.显然跳跃间断点不能通过补充或修改定义变为连续点.

例 6 讨论函数 $f(x)=\dfrac{1}{x-1}$ 的间断点.

解 函数在点 $x=1$ 处没有定义,所以 $x=1$ 为间断点.

又 $\lim\limits_{x\to 1}\dfrac{1}{x-1}=\infty$,如图 1-6-5 所示,因此,$x=1$ 是第二类间断点,也为无穷间断点.

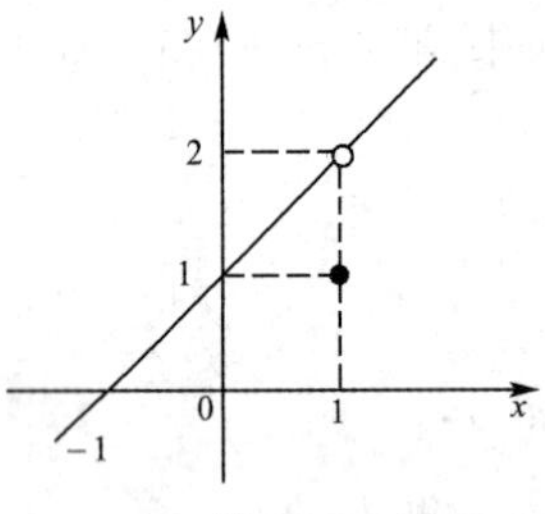

图 1-6-3

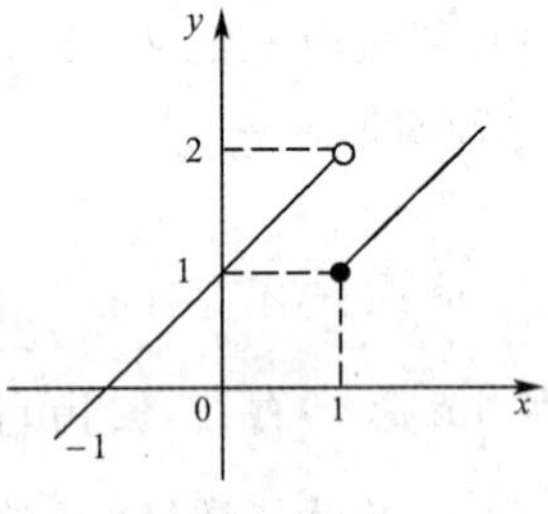

图 1-6-4

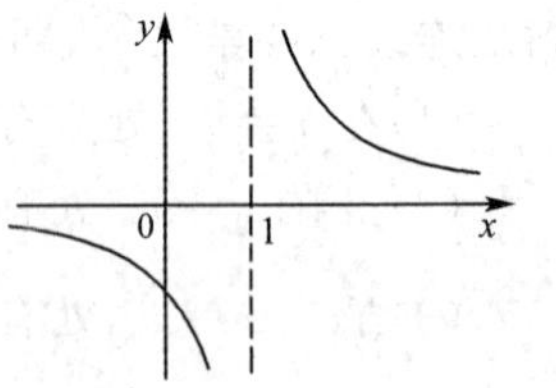

图 1-6-5

例 7 讨论函数 $f(x)=\sin\dfrac{1}{x}$ 的间断点.

解 函数在点 $x=0$ 处没有定义,所以 $x=0$ 为间断点.当 $x\to 0$ 时,函数值在 -1 与 $+1$ 之间变动无限多次,如图 1-6-6 所示,所以点 $x=0$ 称为函数 $f(x)=\sin\dfrac{1}{x}$ 的第二类间断点,也为振荡间断点.

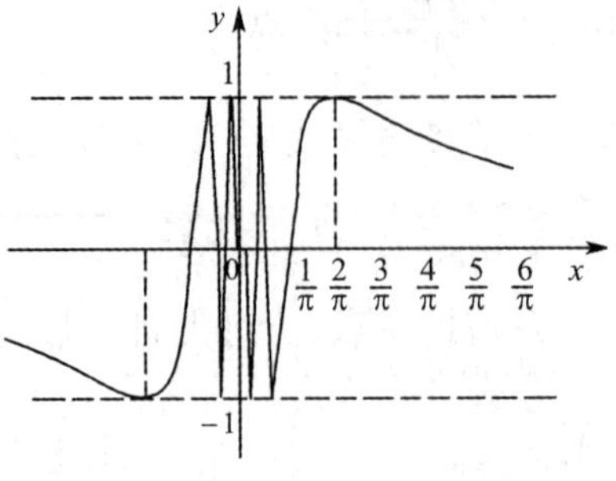

图 1-6-6

三、连续函数的运算

由极限四则运算法则及连续定义，自然可得连续函数的四则运算法则.

定理2(四则运算的连续性)　如果 $f(x)$，$g(x)$ 在 x_0 处连续，则函数 $f(x)\pm g(x)$，$f(x)g(x)$，$\dfrac{f(x)}{g(x)}(g(x)\neq 0)$ 也在 x_0 处连续.

例8　因 $\tan x=\dfrac{\sin x}{\cos x}$，$\cot x=\dfrac{\cos x}{\sin x}$，而 $\sin x$ 和 $\cos x$ 都在区间 $(-\infty,+\infty)$ 内连续，故由定理2知 $\tan x$ 和 $\cot x$ 在它们的定义域内是连续的.

定理3(反函数的连续性)　如果 $y=f(x)$ 在区间 I_x 上单调且连续，则其反函数 $x=f^{-1}(y)$ 也在对应的区间 $I_y=\{y\mid y=f(x),x\in I_x\}$ 上单调且连续.

例9　由 $y=\sin x$ 在闭区间 $\left[-\dfrac{\pi}{2},\dfrac{\pi}{2}\right]$ 上单调增加且连续，所以它的反函数 $y=\arcsin x$ 在闭区间 $[-1,1]$ 上也是单调增加且连续的.

同样可证 $y=\arccos x$ 在闭区间 $[-1,1]$ 上是单调减少且连续；$y=\arctan x$ 在区间 $(-\infty,+\infty)$ 内单调增加且连续；$y=\operatorname{arccot} x$ 在区间 $(-\infty,+\infty)$ 内单调减少且连续.

总之，反三角函数 $\arcsin x$，$\arccos x$，$\arctan x$，$\operatorname{arccot} x$ 在它们的定义域内都是连续的.

定理4(复合函数的连续性)　设函数 $y=f[g(x)]$ 由函数 $u=g(x)$ 与函数 $y=f(u)$ 复合而成，$U(x_0)\subset D_{f\circ g}$. 若函数 $u=g(x)$ 在 $x=x_0$ 连续，且 $g(x_0)=u_0$，而函数 $y=f(u)$ 在 $u=u_0$ 连续，则复合函数 $y=f[g(x)]$ 在 $x=x_0$ 也连续.

注意：(1)弱化定理4的条件，有下面的结论：设函数 $y=f[g(x)]$ 由函数 $u=g(x)$ 与函数 $y=f(u)$ 复合而成，$\mathring{U}(x_0)\subset D_{f\circ g}$. 若 $\lim\limits_{x\to x_0}g(x)=u_0$(不要求它连续)，而函数 $y=f(u)$ 在 $u=u_0$ 连续，则

$$\lim_{x\to x_0}f[g(x)]=\lim_{u\to u_0}f(u)=f(u_0).$$

这表明当满足定理条件时，极限运算 lim 与连续函数 f 的复合可以交换顺序，求复合函数的极限时，经常用到这个结论. 例如

$$\lim_{x\to 3}\sqrt{\frac{x-3}{x^2-9}}=\sqrt{\lim_{x\to 3}\frac{x-3}{x^2-9}}=\sqrt{\frac{1}{6}}=\frac{\sqrt{6}}{6}.$$

(2)定理4中的 $x\to x_0$ 换成 $x\to\infty$，可得类似的定理.

例10　讨论函数 $y=\sin\dfrac{1}{x}$ 的连续性.

解　函数 $y=\sin\dfrac{1}{x}$ 可看作是由 $u=\dfrac{1}{x}$ 及 $y=\sin u$ 复合而成的. $u=\dfrac{1}{x}$ 当 $-\infty<x<0$ 和 $0<x<+\infty$ 时是连续的，$y=\sin u$ 当 $-\infty<u<+\infty$ 时是连续的. 根据定理4，函数 $\sin\dfrac{1}{x}$ 在无限区间 $(-\infty,0)$ 和 $(0,+\infty)$ 内是连续的.

四、初等函数的连续性

由前面已证明三角函数及反三角函数在它们的定义域内是连续的.

我们指出(但不详细讨论),指数函数 $a^x(a>0,a\neq1)$对于一切实数 x 都有定义,且在区间$(-\infty,+\infty)$内是单调和连续的,它的值域为$(0,+\infty)$.

由指数函数的单调性和连续性,应用定理 3 可得:对数函数 $\log_a x(a>0,a\neq1)$在区间$(0,+\infty)$内单调且连续.

幂函数 $y=x^\mu$ 的定义域随 μ 的值而异,但无论 μ 为何值,在区间$(0,+\infty)$内幂函数总是有定义的. 下面我们来证明,在$(0,+\infty)$内幂函数是连续的. 事实上,设 $x>0$,则 $y=x^\mu=a^{\mu\log_a x}$,因此,幂函数 x^μ 可看作是由 $y=a^u$,$u=u\log_a x$ 复合而成的,由此根据定理 4,它在$(0,+\infty)$内连续. 如果对于 μ 取各种不同值加以分别讨论,可以证明(证明从略)幂函数在它的定义域内是连续的.

综合以上可以得出结论:基本初等函数在其定义域内都是连续的.

由基本初等函数的连续性、四则运算及复合函数的连续性易知:初等函数在其定义区间上都是连续的.

在这里,我们没说初等函数"在其定义域里都是连续的",而是说"在其定义区间上都是连续的",是因为存在这样的初等函数,如 $f(x)=\sqrt{-x^2}$,仅在 $x=0$ 的"孤立"点有定义,不能产生增量,进而 $f(x)$在 $x=0$ 点不连续.

初等函数连续性的结论又为我们提供了一个求极限的方法:设 x_0 是初等函数 $f(x)$在其定义区间内的一点,则有 $\lim\limits_{x\to x_0}f(x)=f(x_0)$.

例 11 求 $\lim\limits_{x\to0}\dfrac{\sqrt{1+x^2}-1}{x}$.

解 $$\lim_{x\to0}\frac{\sqrt{1+x^2}-1}{x}=\lim_{x\to0}\frac{(\sqrt{1+x^2}-1)(\sqrt{1+x^2}+1)}{x(\sqrt{1+x^2}+1)}$$

$$=\lim_{x\to0}\frac{x}{\sqrt{1+x^2}+1}=0.$$

例 12 求 $\lim\limits_{x\to0}\dfrac{\log_a(1+x)}{x}$.

解 $$\lim_{x\to0}\frac{\log_a(1+x)}{x}=\lim_{x\to0}\log_a(1+x)^{\frac{1}{x}}=\log_a \mathrm{e}=\frac{1}{\ln a}.$$

例 13 求 $\lim\limits_{x\to0}\dfrac{a^x-1}{x}$.

解 $$\lim_{x\to0}\frac{a^x-1}{x}\xlongequal{t=a^x-1}\lim_{t\to0}\frac{t}{\log_a(1+t)}=\lim_{t\to0}\frac{1}{\log_a(1+t)^{\frac{1}{t}}}$$

$$=\frac{1}{\log_a\lim\limits_{t\to0}(1+t)^{\frac{1}{t}}}=\ln a.$$

例 14　求$\lim\limits_{x\to 0}(1+2x)^{\frac{3}{\sin x}}$.

解　$\lim\limits_{x\to 0}(1+2x)^{\frac{3}{\sin x}}=\lim\limits_{x\to 0}e^{\ln(1+2x)^{\frac{3}{\sin x}}}=e^{\lim\limits_{x\to 0}\frac{3}{\sin x}\ln(1+2x)}=e^{\lim\limits_{x\to 0}\frac{3\cdot 2x}{x}}=e^6$.

一般地，对于形如$u(x)^{v(x)}$（$u(x)>0, u(x)\neq 1$）的函数（通常称为幂指函数），如果$\lim u(x)=a>0, \lim v(x)=b$，则$\lim u(x)^{v(x)}=a^b$.

注意：这里三个 lim 都表示在同一自变量变化过程中的极限.

习题 1-6

A 组

1. 求下列极限.

(1) $\lim\limits_{x\to 0}\sqrt{x^2-2x+5}$；　(2) $\lim\limits_{x\to\frac{\pi}{6}}\ln(2\cos 2x)$；

(3) $\lim\limits_{x\to 1}\dfrac{\sqrt{5x-4}-\sqrt{x}}{x-1}$；　(4) $\lim\limits_{x\to+\infty}(\sqrt{x^2+x}-\sqrt{x^2-x})$.

2. 求下列极限.

(1) $\lim\limits_{x\to\infty}e^{\frac{1}{x}}$；　(2) $\lim\limits_{x\to 0}\ln\dfrac{\sin x}{x}$；

(3) $\lim\limits_{x\to\infty}\ln\left(1+\dfrac{1}{x}\right)^{\frac{x}{2}}$；　(4) $\lim\limits_{x\to\infty}\left(\dfrac{3+x}{6+x}\right)^{\frac{x-1}{2}}$.

3. 设函数$f(x)=\begin{cases}x, & x\leqslant 1\\ 6x-5, & x>1\end{cases}$，试讨论$f(x)$在$x=1$处的连续性，并写出$f(x)$的连续区间.

4. 求函数$f(x)=\dfrac{x^3+3x^2-x-3}{x^2+x-6}$的连续区间，并求极限$\lim\limits_{x\to 0}f(x)$，$\lim\limits_{x\to -3}f(x)$及$\lim\limits_{x\to 2}f(x)$.

5. 设函数$f(x)=\begin{cases}e^x, & x<0\\ a+x, & x\geqslant 0\end{cases}$，应当如何选择数$a$，使得$f(x)$成为在$(-\infty,+\infty)$内的连续函数？

6. 指出下列函数的间断点，说明这些间断点属于哪一类，如果是可去间断点，则补充或改变函数的定义使它连续.

(1) $y=\dfrac{x^2-1}{x^2-3x+2}$；　(2) $y=\dfrac{x}{\tan x}$；

(3) $y=\cos^2\dfrac{1}{x}$；　(4) $y=\begin{cases}x-1, & x\leqslant 1\\ 3-x, & x>1\end{cases}$.

B 组

1. 设$f(x)$在$x=2$处连续，且$\lim\limits_{x\to 2}\dfrac{f(x)-3}{x-2}$存在，则$f(2)=$（　　）.

2. 已知 $f(x)=\begin{cases}\dfrac{x^2\sin\dfrac{1}{x}}{e^{ax}}, & x<0\\ b, & x=0\\ \dfrac{\ln(1+2x)}{x}, & x>0\end{cases}$，在$(-\infty,+\infty)$内的连续，求 a 与 b 的值.

3. 设 $f(x)=\lim\limits_{t\to x}\left(\dfrac{\sin t}{\sin x}\right)^{\frac{x}{\sin t-\sin x}}$，求(1) $f(x)$的表达式；(2) $f(x)$的间断点并讨论其类型.

第 7 节　闭区间上连续函数的性质

在有限闭区间$[a,b]$上连续的函数有许多重要的、表达了连续函数特征的性质，由此可以得到连续函数的许多结论，使我们进一步弄清楚连续函数的特性，从而更好地认识和解释自然界的很多现象. 这里我们介绍在有限闭区间$[a,b]$上连续函数的几个常见性质. 这些性质的几何意义非常明显，但其证明需要运用较深的数学理论，故此我们略去严格的证明.

设 $f(x)$在区间 I 上有定义. $\forall x\in I$，$\exists x_0\in I$，有

$$f(x)\leqslant f(x_0)\quad (\text{或 } f(x)\geqslant f(x_0))$$

则称 $f(x_0)$为 $f(x)$在区间 I 上的最大值(或最小值).

一、有界性与最大值和最小值定理

定理 1(有界性与最大值和最小值定理)　在闭区间上连续的函数在该区间上有界且一定能取得它的最大值和最小值，如图 1-7-1、图 1-7-2 所示.

注意： 如果 $f(x)$不是闭区间上的连续函数，则结论不一定成立.

如：$y=\dfrac{1}{x}$在$(0,1)$内连续，但 $y=\dfrac{1}{x}$在$(0,1)$内无最值.

如：$y=f(x)=\begin{cases}-x+1, & 0\leqslant x<1\\ 1, & x=1\\ -x+3, & 1<x\leqslant 2\end{cases}$. 在$[0,2]$上不连续，$f(x)$在$[0,2]$上既无最大值也无最小值，如图 1-7-3 所示.

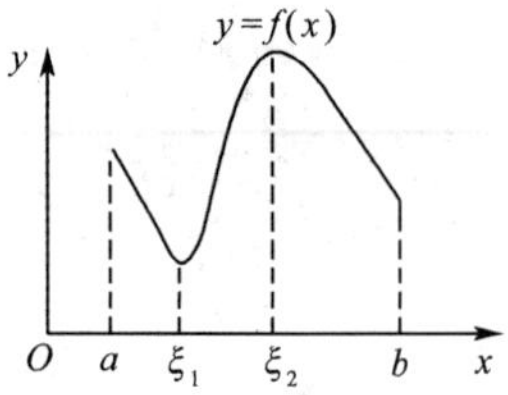

图 1-7-1

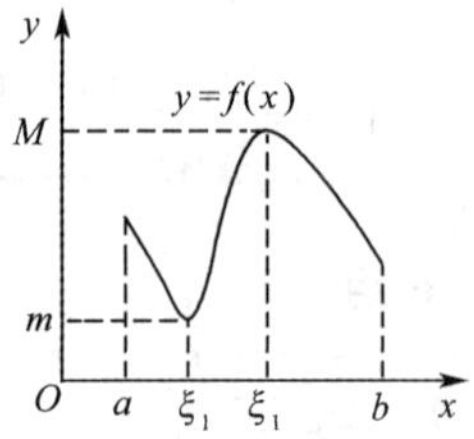

图 1-7-2

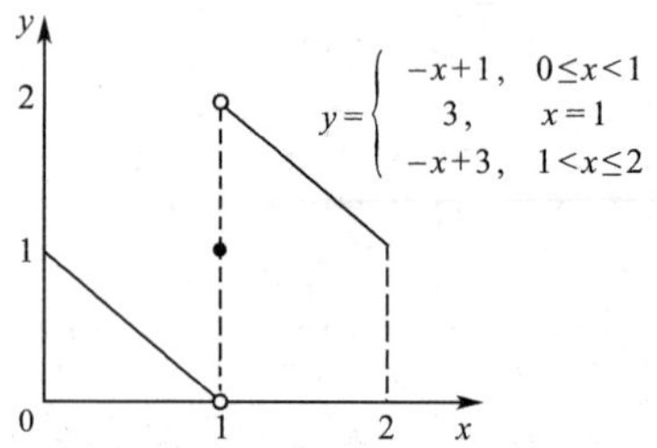

图 1-7-3

二、零点定理与介值定理

如果 $f(x_0)=0$，则 x_0 称为 $f(x)$ 的零点.

定理 2（零点定理） 设 $f(x)$ 在闭区间 $[a,b]$ 上连续，且 $f(a)\cdot f(b)<0$，则在开区间 (a,b) 内至少有一点 ξ，使得 $f(\xi)=0$.

几何上表示 x 轴与曲线 $y=f(x)$ 至少有一个交点，如图 1-7-4 所示.

定理 3（介值定理） 设 $f(x)$ 在闭区间 $[a,b]$ 上连续，$f(a)=A$，$f(b)=B$，$A\neq B$，则 $\forall C\in(A,B)$，在开区间 (a,b) 内至少有一点 ξ，使得 $f(\xi)=C$.

几何上表示水平直线 $y=C$ 与曲线 $y=f(x)$ 至少有一个交点，如图 1-7-5 所示.

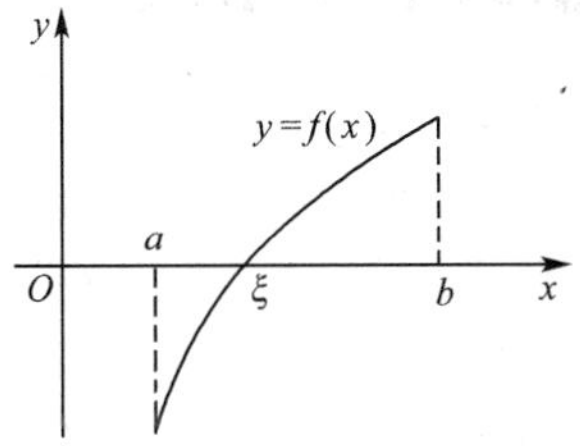

图 1-7-4

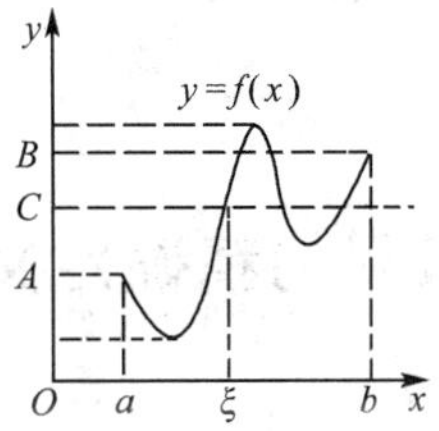

图 1-7-5

推论 闭区间上的连续函数必取得介于最大值 M 与最小值 m 之间的任何值.

例 1 证明方程 $x^3=4x^2-1$ 在 $(0,1)$ 内至少有一个根.

分析 实质上是证明函数 $f(x)=x^3-4x^2+1$ 在 $(0,1)$ 内至少有一个零点.

证明 令 $f(x)=x^3-4x^2+1$，显然 $f(x)$ 在 $[0,1]$ 上连续，且

$$f(0)=1>0,f(1)=-2<0.$$

由零点定理可知，在 $(0,1)$ 内至少有一点 ξ，使得 $f(\xi)=\xi^3-4\xi^2+1=0$，即 $\xi^3=4\xi^2-1$，所以结论真.

注意： 要证明方程 $f(x)=g(x)$ 在 (a,b) 内有根只需证函数 $F(x)=f(x)-g(x)$ 在 (a,b) 内有零点. 用闭区间上的连续函数的零点定理是基本方法之一.

例 2 设 $f(x)$ 在 $[0,1]$ 上连续，且 $0\leqslant f(x)\leqslant 1$，$x\in[0,1]$. 证明在 $[0,1]$ 上至少存在一点 ξ，使得 $f(\xi)=\xi$.

分析 问题归结为证明方程 $f(x)=x$ 在 $[0,1]$ 上至少有一根，即 $f(x)-x$ 在 $[0,1]$ 上至少有一个零点.

证明 令 $F(x)=f(x)-x$，显然 $F(x)$ 在 $[0,1]$ 上连续，又

$$F(0)=f(0)-0=f(0)\geqslant 0,F(1)=f(1)-1\leqslant 0.$$

(1) 如果 $F(0)=0$ 或 $F(1)=0$，则取 $\xi=0$ 或 1，有 $f(\xi)=\xi$.

(2) 如果 $F(0)>0$，$F(1)<0$，由零点定理，在 $(0,1)$ 内至少有一点 ξ，使得 $F(\xi)=f(\xi)-\xi=0$，即 $f(\xi)=\xi$.

习题 1-7

A 组

1. 证明 $x=\cos x$ 在 $\left(0,\dfrac{\pi}{2}\right)$ 内至少有一个实根.

2. 证明方程 $x^5-3x=1$ 至少有一个根介于 1 和 2 之间.

B 组

证明方程 $x^3-9x=1$ 恰好有 3 个实根.

第 8 节 函数与极限知识拓展

一、数列极限的精确定义

下面我们对数列 $\left\{\dfrac{1}{n}\right\}$ 来具体分析.

要使 $\dfrac{1}{n}$ 与 $a=0$ 的距离小于 $\varepsilon=\dfrac{1}{10}$,即

$$\left|\frac{1}{n}-a\right|=\left|\frac{1}{n}-0\right|=\frac{1}{n}<\varepsilon=\frac{1}{10}.$$

则 $n>\dfrac{1}{\varepsilon}=10$,取 $N=10$,当 $n>10$ 时,$\left|\dfrac{1}{n}-0\right|<\varepsilon=\dfrac{1}{10}$,即从第 11 项开始,所有项与 $a=0$ 的距离小于 $\dfrac{1}{10}$.

取 $\varepsilon=\dfrac{1}{100}$,要使 $\left|\dfrac{1}{n}-a\right|=\left|\dfrac{1}{n}-0\right|=\dfrac{1}{n}<\varepsilon=\dfrac{1}{100}$,则 $n>100$. 取 $N=100$,则当 $n>N=100$ 时,$\left|\dfrac{1}{n}-0\right|<\varepsilon=\dfrac{1}{100}$,即从第 101 项开始,所有项与 $a=0$ 的距离小于 $\dfrac{1}{100}$.

一般地,不论给定的正数 ε 多么小,要使 $\left|\dfrac{1}{n}-a\right|<\varepsilon\Rightarrow n>\dfrac{1}{\varepsilon}$. 取 $N=\left[\dfrac{1}{\varepsilon}\right]$,则当 $n>N=\left[\dfrac{1}{\varepsilon}\right]$ 时,$\left|\dfrac{1}{n}-0\right|<\varepsilon$. 即从 $N+1$ 项开始,所有项与 $a=0$ 的距离小于 ε.

用精确的数学语言,有

定义 1 设 $\{x_n\}$ 为一数列,如果存在常数 a, $\forall\varepsilon>0$, $\exists N\in\mathbf{N}^+$,当 $n>N$ 时,有

$$|x_n-a|<\varepsilon$$

成立,则称常数 a 为数列 $\{x_n\}$ 的极限,或称数列 $\{x_n\}$ 收敛于常数 a,记为

$$\lim_{n\to\infty}x_n=a,\text{或 } x_n\to a\ (n\to\infty).$$

如果数列没有极限,则称数列是发散的.

注意：(1)ε 反映了数列 $\{x_n\}$ 中项 x_n 与常数 a 的接近程度. 由于 ε 可以任意小，此时 $|x_n-a|<\varepsilon$ 反映了 x_n 与常数 a 无限接近(要多近就有多近)，不是越来越近.

(2)$N=N(\varepsilon)$ 反映了数列 $\{x_n\}$ 中与常数 a 接近的项的范围，即从 $N+1$ 项 x_{N+1} 开始，所有项与 a 的距离小于 ε. 因此 N 是 ε 的函数. 一般地，ε 越小，则 N 越大.

(3)$\lim\limits_{n\to\infty}x_n=a$ 主要是对于给定的 ε，能够找到一个 N，使得 $x_{N+1},x_{N+2},\cdots,x_n,\cdots$ 与 a 的距离小于 ε，而前 N 项 $x_1,x_2,\cdots,x_N$ 是否与 a 的距离小于 ε 没有任何影响.

(4)N 是否存在才是关键，不必找最小的 N.

(5)$\lim\limits_{n\to\infty}x_n=a$ 的几何意义：将常数 a 及数列 $x_1,x_2,\cdots,x_n,\cdots$ 在数轴上用它们的对应点表示出来，再在数轴上做点 a 的 ε 邻域即开区间 $(a-\varepsilon,a+\varepsilon)$，如图 1-8-1 所示.

因不等式 $|x_n-a|<\varepsilon$ 与不等式 $a-\varepsilon<x_n<a+\varepsilon$ 等价，所以当 $n>N$ 时，所有的点 x_n 都落在开区间 $(a-\varepsilon,a+\varepsilon)$ 内，而只有有限个(至多只有 N 个)在这区间以外.

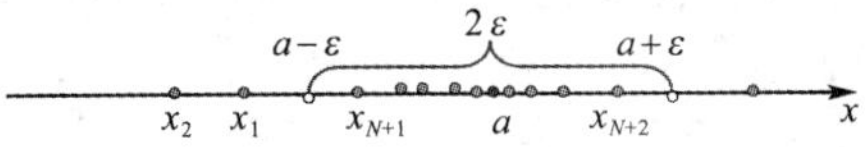

图 1-8-1

例 1　证明 $\lim\limits_{n\to\infty}\dfrac{n+(-1)^{n-1}}{n}=1$.

分析　由注意(3)的思路：$\forall\varepsilon>0$ 从不等式 $|x_n-a|<\varepsilon$ 解出 n，从而确定 N.

证明　$\forall\varepsilon>0$，要使

$$|x_n-a|=\left|\frac{n+(-1)^{n-1}}{n}-1\right|=\frac{1}{n}<\varepsilon$$

则 $n>\dfrac{1}{\varepsilon}$. 取 $N=\left[\dfrac{1}{\varepsilon}\right]$，则当 $n>N$ 时，有

$$|x_n-a|<\varepsilon$$

所以

$$\lim_{n\to\infty}\frac{n+(-1)^{n-1}}{n}=1.$$

二、函数极限精确定义

定义 2　设 $f(x)$ 在 $\mathring{U}(x_0)$ 内有定义. $\forall\varepsilon>0$，$\exists\delta>0$，当 $x\in\mathring{U}(x_0,\delta)$ 时，有

$$|f(x)-A|<\varepsilon$$

成立，则 A 称为 $f(x)$ 当 $x\to x_0$ 时的极限，记作

$$\lim_{x\to x_0}f(x)=A \text{ 或 } f(x)\to A(\text{当 } x\to x_0).$$

注意：(1)由极限的定义知，$f(x)$ 当 $x\to x_0$ 时是否有极限与 $f(x)$ 在 x_0 处是否有定义无关.

(2)ε 反映了 $f(x)$ 与 A 的接近程度. 由于 $\varepsilon>0$ 可以任意小，故 $f(x)$ 与 A 可无限接近.

(3)$\delta=\delta(\varepsilon)>0$ 反映了自变量 x 与 x_0 的接近程度.

(4)给定 $\varepsilon>0$，是否存在 $\delta=\delta(\varepsilon)>0$. 如果 δ 存在，则当 $x\to x_0$ 时 $f(x)$ 以 A 为极限；否

则，$f(x)$的极限不存在.因此，只要确定一个δ，而不必找出最大的δ.一般地，如果ε越小，则δ也越小.

(5)几何意义：任意给定一个正数ε，做平行于x轴的两条直线$y=A-\varepsilon$和$y=A+\varepsilon$，界于这两条直线之间是一横条区域.根据定义2，对于给定的ε，存在着点x_0的一个δ邻域，当横坐标x满足$0<|x-x_0|<\delta$，即$x\in \mathring{U}(x_0,\delta)$时，这些点的纵坐标$f(x)$满足不等式

$$|f(x)-A|<\varepsilon \Leftrightarrow A-\varepsilon<f(x)<A+\varepsilon.$$

即这些点落在下面所做的横条区域内，如图1-8-2所示.

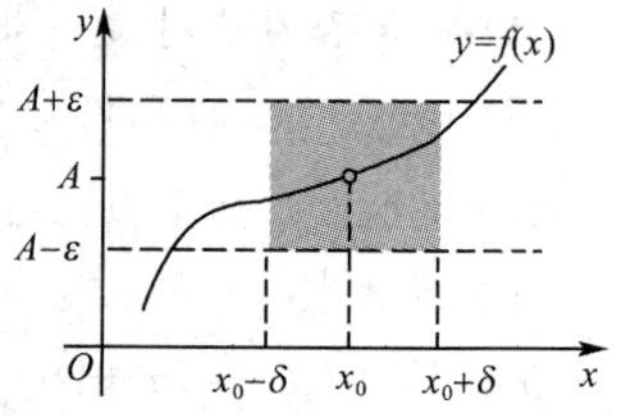

图1-8-2

例2 证明$\lim\limits_{x\to 1}\dfrac{x^2-1}{x-1}=2$.

证明 $\forall\varepsilon>0$，要使

$$|f(x)-A|=\left|\frac{x^2-1}{x-1}-2\right|=|(x+1)-2|=|x-1|<\varepsilon$$

取$\delta=\varepsilon$，当$0<|x-1|<\delta$时，有

$$\left|\frac{x^2-1}{x-1}-2\right|<\varepsilon$$

即$\lim\limits_{x\to 1}\dfrac{x^2-1}{x-1}=2$.

定义3 (1)设当$|x|>M$时有定义.$\forall\varepsilon>0$，$\exists X>0$，当$|x|>X$时，有

$$|f(x)-A|<\varepsilon$$

成立，则A称为$f(x)$当$x\to\infty$的极限，记为$\lim\limits_{x\to\infty}f(x)=A$或$f(x)\to A(x\to\infty)$.

(2)设当$x>M$时有定义.$\forall\varepsilon>0$，$\exists X>0$，当$x>X$时，有$|f(x)-A|<\varepsilon$成立，则A称为$f(x)$当$x\to+\infty$时的极限，记为$\lim\limits_{x\to+\infty}f(x)=A$或$f(x)\to A(x\to+\infty)$.

(3)设当$x<-M$时有定义.$\forall\varepsilon>0$，$\exists X>0$，当$x<-X$时，有$|f(x)-A|<\varepsilon$成立，则A称为$f(x)$当$x\to-\infty$时的极限，记为$\lim\limits_{x\to-\infty}f(x)=A$或$f(x)\to A(x\to-\infty)$.

$\lim\limits_{x\to\infty}f(x)=A$几何意义：做直线$y=A-\varepsilon$和$y=A+\varepsilon$，则总有一个正数$X$存在，使得当$x<-X$或$x>X$时，函数$y=f(x)$的图形位于这两条直线之间，如图1-8-3所示.

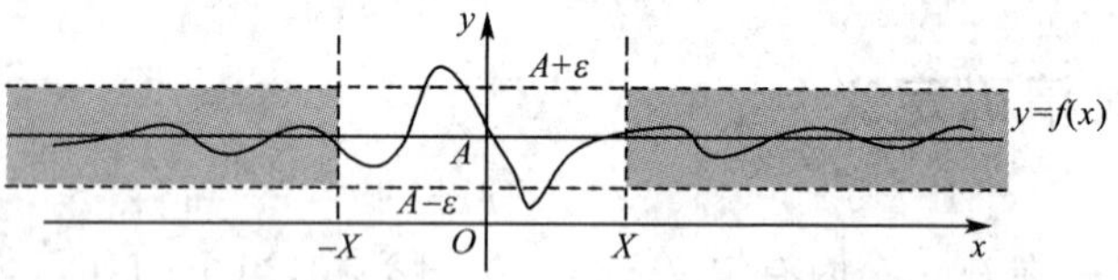

图1-8-3

例3 证明$\lim\limits_{x\to\infty}\dfrac{1}{x}=0$.

证明 $\forall\varepsilon>0$，要使

$$|f(x)-A|=\left|\frac{1}{x}-0\right|<\varepsilon$$

则$|x|>\dfrac{1}{\varepsilon}$.取$X=\dfrac{1}{\varepsilon}$，则当$|x|>X$时，有$\left|\dfrac{1}{x}-0\right|<\varepsilon$，即$\lim\limits_{x\to\infty}\dfrac{1}{x}=0$.

三、极限的存在准则

1. 夹逼准则

准则Ⅰ　如果数列$\{x_n\}$、$\{y_n\}$及$\{z_n\}$满足下列条件：

(1)从某项起，即$\exists n_0\in\mathbf{N}$，当$n>n_0$时，有$y_n\leqslant x_n\leqslant z_n$；

(2)$\lim\limits_{n\to\infty}y_n=a$，$\lim\limits_{n\to\infty}z_n=a$，那么数列$\{x_n\}$的极限存在，且$\lim\limits_{n\to\infty}x_n=a$.

上述数列极限存在的准则可以推广到函数的极限.

准则Ⅰ′　设$f(x)$，$g(x)$，$h(x)$满足：

(1)当$x\in\mathring{U}(x_0)$(或$|x|>M$)时，$g(x)\leqslant f(x)\leqslant h(x)$；

(2)$\lim\limits_{\substack{x\to x_0\\(x\to\infty)}}g(x)=\lim\limits_{\substack{x\to x_0\\(x\to\infty)}}h(x)=A$.

那么$\lim\limits_{\substack{x\to x_0\\(x\to\infty)}}f(x)$存在，且等于$A$.

准则Ⅰ及准则Ⅰ′称为夹逼准则.

注意：利用夹逼准则求极限的关键是构造出y_n与z_n，并且y_n与z_n的极限是容易求的.

例4　求$\lim\limits_{n\to\infty}\left(\dfrac{1}{\sqrt{n^2+1}}+\dfrac{1}{\sqrt{n^2+2}}+\cdots+\dfrac{1}{\sqrt{n^2+n}}\right)$.

解　因为

$$\frac{n}{\sqrt{n^2+n}}<\frac{1}{\sqrt{n^2+1}}+\cdots+\frac{1}{\sqrt{n^2+n}}<\frac{n}{\sqrt{n^2+1}},$$

又

$$\lim_{n\to\infty}\frac{n}{\sqrt{n^2+n}}=\lim_{n\to\infty}\frac{1}{\sqrt{1+\frac{1}{n}}}=1,\lim_{n\to\infty}\frac{n}{\sqrt{n^2+1}}=\lim_{n\to\infty}\frac{1}{\sqrt{1+\frac{1}{n^2}}}=1,$$

由夹逼定理得：$\lim\limits_{n\to\infty}\left(\dfrac{1}{\sqrt{n^2+1}}+\dfrac{1}{\sqrt{n^2+2}}+\cdots+\dfrac{1}{\sqrt{n^2+n}}\right)=1$.

注意：夹逼准则应恰当结合“放缩法”使用.

2. 单调有界准则

准则Ⅱ　单调有界数列必有极限.

如果数列$\{x_n\}$满足条件$x_1\leqslant x_2\leqslant x_3\leqslant\cdots\leqslant x_n\leqslant x_{n+1}\leqslant\cdots$，就称数列$\{x_n\}$是单调增加的；如果数列$\{x_n\}$满足条件$x_1\geqslant x_2\geqslant x_3\geqslant\cdots\geqslant x_n\geqslant x_{n+1}\geqslant\cdots$，就称数列$\{x_n\}$是单调减少的.单调增加和单调减少的数列统称为单调数列.

几何解释：在数轴上看，如图1-8-4所示.由于数列$\{x_n\}$为单调的，故对应数列的点x_n只可能向一个方向移动(单调增加数列只向右方移动，单调减少数列只向左方移动)，所以只有两种可能：点x_n或移向无穷远处，或趋于某个确定的值.但又由于数列有界，因此数列不能趋于无穷.这样，只能使数列$\{x_n\}$趋于某个确定的值，也就是数列的极限.

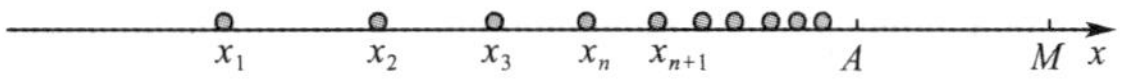

图1-8-4

例 5 证明数列 $x_n=\sqrt{2+\sqrt{2+\sqrt{\cdots+\sqrt{2}}}}$（$n$ 重根式）的极限存在.

分析 已知 $x_{n+1}=\sqrt{2+x_n}$，$x_1=\sqrt{2}$，求 $\lim\limits_{n\to\infty}x_n$. 首先证明数列是有界的，然后证明是单调的，从而得出结论.

证明 (1)证明极限存在

a. 证明有上界

$x_1=\sqrt{2}<2$，设 $x_n=\sqrt{2+x_{n-1}}<2$，则 $x_{n+1}=\sqrt{2+x_n}<\sqrt{2+2}=2$，所以对任意的 n，有 $x_n<2$.

b. 证明单调增加

$$\begin{aligned}x_{n+1}-x_n&=\sqrt{2+x_n}-x_n>\sqrt{x_n+x_n}-x_n\\&=\sqrt{2x_n}-x_n>\sqrt{x_n\cdot x_n}-x_n=0\end{aligned}$$

所以 $\lim\limits_{n\to\infty}x_n$ 存在.

(2)求极限

设 $\lim\limits_{n\to\infty}x_n=l$，则 $l=\sqrt{2+l}$，解得 $l=2$（$l=-1$ 舍去），所以 $\lim\limits_{n\to\infty}x_n=2$.

3. 重要极限 $\lim\limits_{x\to 0}\dfrac{\sin x}{x}=1$ 的证明

如图 1-8-5 所示，设单位圆 O，圆心角 $\angle AOB=x\left(0<x<\dfrac{\pi}{2}\right)$，做单位圆的切线，得 ΔACO. 扇形 OAB 的圆心角为 x，ΔOAB 的高为 BD，于是有 $\sin x=DB$，$x=\overset{\frown}{AB}$，$\tan x=AC$，所以 $\sin x<x<\tan x$，即 $\cos x<\dfrac{\sin x}{x}<1$，上式对于 $-\dfrac{\pi}{2}<x<0$ 也成立. 当 $0<|x|<\dfrac{\pi}{2}$ 时，$0<|\cos x-1|=1-\cos x=2\sin^2\dfrac{x}{2}<2\left(\dfrac{x}{2}\right)^2=\dfrac{x^2}{2}$，因为 $\lim\limits_{x\to 0}\dfrac{x^2}{2}=0$，所以 $\lim\limits_{x\to 0}(1-\cos x)=0$，所以 $\lim\limits_{x\to 0}\cos x=1$，又因为 $\lim\limits_{x\to 0}1=1$，所以 $\lim\limits_{x\to 0}\dfrac{\sin x}{x}=1$.

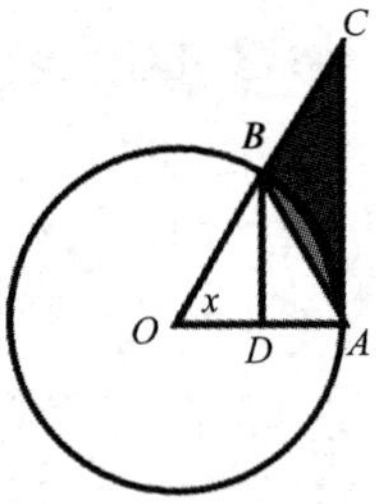

图 1-8-5

四、函数在一点连续的“ε-δ”定义

$f(x)$ 在点 x_0 连续 $\Leftrightarrow \forall\varepsilon>0,\exists\delta>0$，当 $|x-x_0|<\delta$ 时，有 $|f(x)-f(x_0)|<\varepsilon$.

五、双曲函数

双曲函数是在工程技术中有着广泛应用的一类初等函数，它们具有类似三角函数的某些性质，具体见表 1-8-1.

表 1-8-1

函数的名称	函数的表达式	函的图形	函数的性质
双曲正弦	$\text{sh}x=\frac{e^x-e^{-x}}{2}$	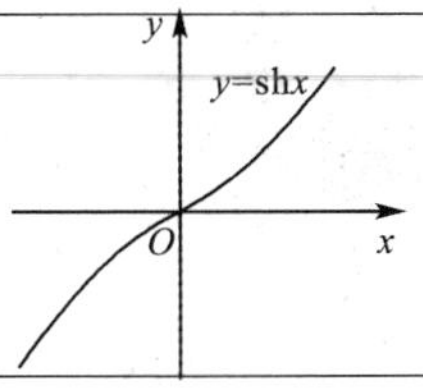	(a)其定义域为:$(-\infty,+\infty)$ (b)是奇函数 (c)在定义域内是单调增
双曲余弦	$\text{ch}x=\frac{e^x+e^{-x}}{2}$	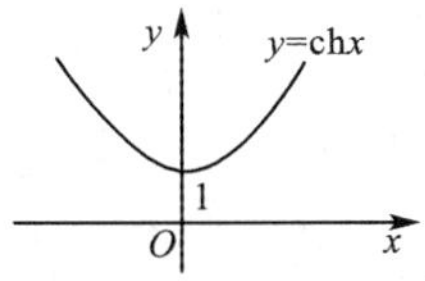	(a)其定义域为$(-\infty,+\infty)$ (b)是偶函数 (c)其图像过点(0,1)
双曲正切	$\text{th}x\ \frac{e^x-e^{-x}}{e^x+e^{-x}}$	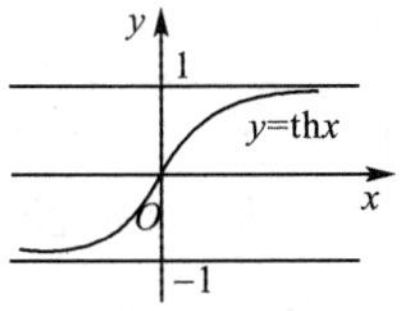	(a)其定义域为$(-\infty,+\infty)$ (b)是奇函数 (c)其图形夹在水平直线 $y=1$ 及 $y=-1$ 之间;在定域内单调增

在街道旁或铁路沿线,常能看见成排电线杆之间两两连接的电线,这些自然下垂的电线形状是什么曲线呢?在历史上,很多著名的数学家都误认为电线的曲线是抛物线.后来,由德国数学家莱布尼茨正确地给出了电线的曲线方程,这是一条双曲余弦曲线,这样才成功地解决了悬链线问题.

六、典型题选讲

例 6　求$\lim\limits_{x\to0}\frac{\tan x-\sin x}{\sin^3x}$.

分析　有的同学认为 $\sin x\sim x$,$\tan x\sim x$,所以有 $\lim\limits_{x\to0}\frac{\tan x-\sin x}{\sin^3x}=\lim\limits_{x\to0}\frac{x-x}{x^3}=0$,结果是错误的.利用等价无穷小代换求极限时应注意,加减替换有条件.

解　$\lim\limits_{x\to0}\frac{\tan x-\sin x}{\sin^3x}=\lim\limits_{x\to0}\frac{\tan x(1-\cos x)}{x^3}=\lim\limits_{x\to0}\frac{x\cdot\frac{1}{2}x^2}{x^3}=\frac{1}{2}$.

例 7　求 $\lim\limits_{x\to+\infty}(\sqrt{x^2+x}-\sqrt{x^2-x})$.

分析　有的同学认为 $\lim\limits_{x\to+\infty}(\sqrt{x^2+x}-\sqrt{x^2-x})=\infty-\infty=0$,这是错误的,因为它不满足极限四则运算法则的条件.此题含有根式,我们可以通过分子有理化来求解.

解
$$\lim_{x\to+\infty}(\sqrt{x^2+x}-\sqrt{x^2-x})=\lim_{x\to+\infty}\frac{(\sqrt{x^2+x}-\sqrt{x^2-x})(\sqrt{x^2+x}+\sqrt{x^2-x})}{(\sqrt{x^2+x}+\sqrt{x^2-x})}$$
$$=\lim_{x\to+\infty}\frac{2x}{(\sqrt{x^2+x}+\sqrt{x^2-x})}$$

$$=\lim_{x\to+\infty}\frac{2}{\left(\sqrt{1+\frac{1}{x}}+\sqrt{1-\frac{1}{x}}\right)}=1.$$

例 8 已知$\lim\limits_{x\to1}\dfrac{x^2+ax+b}{x-1}=3$,求 a 和b.

分析 当 $x\to1$ 时,分母 $x-1\to0$,极限又存在,所以必有分子的极限

$$\lim_{x\to1}(x^2+ax+b)=\lim_{x\to1}\frac{(x^2+ax+b)}{(x-1)}(x-1)=\lim_{x\to1}\frac{(x^2+ax+b)}{(x-1)}\lim_{x\to1}(x-1)=0.$$

解 当 $x\to1$ 时,分母 $x-1\to0$,必有分子的极限$\lim\limits_{x\to1}(x^2+ax+b)=0$,即有 $a+b+1=0$. $b=-a-1$ 代入原式,得

$$\lim_{x\to1}\frac{x^2+ax-a-1}{x-1}=\lim_{x\to1}\frac{(x-1)(x+1+a)}{x-1}=\lim_{x\to1}(x+1+a)=a+2=3$$

所以 $a=1,b=-2$.

例 9 设 $f(x)=\dfrac{1+e^{\frac{1}{x}}}{2+3e^{\frac{1}{x}}}$,则 $x=0$ 是 $f(x)$的________.

A. 可去间断点　　B. 跳跃间断点

C. 无穷间断点　　D. 振荡间断点

分析 虽然在 $x=0$ 左右两侧 $e^{\frac{1}{x}}$ 的表达式是一个,但极限却完全不同,因此要分左右极限分别讨论.

解 因为 $\lim\limits_{x\to0^+}\dfrac{1}{x}=+\infty$,则 $\lim\limits_{x\to0^+}e^{\frac{1}{x}}=+\infty$,所以

$$\lim_{x\to0^+}f(x)=\lim_{x\to0^+}\frac{1+e^{\frac{1}{x}}}{2+3e^{\frac{1}{x}}}=\lim_{x\to0^+}\frac{\frac{1}{e^{\frac{1}{x}}}+1}{\frac{2}{e^{\frac{1}{x}}}+3}=\frac{1}{3}.$$

又因为 $\lim\limits_{x\to0^-}\dfrac{1}{x}=-\infty$,则 $\lim\limits_{x\to0^-}e^{\frac{1}{x}}=0$,所以

$$\lim_{x\to0^-}f(x)=\lim_{x\to0^-}\frac{1+e^{\frac{1}{x}}}{2+3e^{\frac{1}{x}}}=\lim_{x\to0^-}\frac{1+0}{2+0}=\frac{1}{2}.$$

因此 $x=0$ 是 $f(x)$的跳跃间断点,应选(B).

例 10 讨论函数 $f(x)=\lim\limits_{n\to\infty}\dfrac{1-x^{2n}}{1+x^{2n}}x$ 的连续性,若有间断点,判别其类型.

分析 要讨论函数 $f(x)$的连续性,首先要写出 $f(x)$的表达式. 注意此题极限的自变量变化过程是 $n\to\infty$,n 在变,x 是参数. 当 $n\to\infty$时,$|x|>1$ 或$|x|<1$,x^{2n} 的极限完全不同,因此要对参数 x 分类讨论.

解 $f(x)=\lim\limits_{n\to\infty}\dfrac{1-x^{2n}}{1+x^{2n}}x=\begin{cases}-x, & |x|>1\\ 0, & |x|=1.\\ x, & |x|<1\end{cases}$

在分段点 $x=-1$ 处，因为 $\lim\limits_{x\to -1^-} f(x)=\lim\limits_{x\to -1^-}(-x)=1$，$\lim\limits_{x\to -1^+} f(x)=\lim\limits_{x\to -1^+} x=-1$，所以 $x=-1$ 为函数的第一类跳跃间断点.

在分段点 $x=1$ 处，因为 $\lim\limits_{x\to 1^-} f(x)=\lim\limits_{x\to 1^-} x=1$，$\lim\limits_{x\to 1^+} f(x)=\lim\limits_{x\to 1^+}(-x)=-1$，所以 $x=1$ 也为函数的第一类跳跃间断点.

七、应用举例

例 11【药物含量衰减】 某患者每日需注射一次某种药物，每次注射 10 个单位，药物在人体内发生化学变化，其含量不断衰减，半衰期(药物含量减少到半数的时间)约为 6 小时，问(1)n 日之后，在注射之前，人体内的药物含量为多少？(2)对(1)的结果进行分析.

解　(1)由于药物含量的半衰期为 6 小时，即在注射 6 小时之后，人体内的药物含量为 $\frac{1}{2}\cdot 10$，12 小时之后，人体内的药物含量为 $\frac{1}{2^2}\cdot 10$，…，因此在 1 日之后，人体内的药物含量为 $a_1=\left(\frac{1}{2}\right)^4\cdot 10$，此时，又注射一次，人体内的药物含量为 $b_1=10+a_1=10+\left(\frac{1}{2}\right)^4\cdot 10$.

设 $n-1$ 日($n>1$)后，在注射之前，人体内的药物含量为 a_{n-1}，则注射之后的药物含量为 $b_{n-1}=10+a_{n-1}$，n 日之后，在注射之前，人体内的药物含量为

$$a_n=\left(\frac{1}{2}\right)^4\cdot b_{n-1}=\left(\frac{1}{2}\right)^4\cdot a_{n-1}+\left(\frac{1}{2}\right)^4\cdot 10$$

利用中学学过的有关数列的知识，不难得出数列 $\{a_n\}$ 的通项为

$$a_n=\frac{\left(\frac{1}{2}\right)^4\cdot 10\cdot\left[1-\left(\frac{1}{2}\right)^{4n}\right]}{1-\left(\frac{1}{2}\right)^4}.$$

(2)对(1)进行分析，由于 $\left(\frac{1}{2}\right)^{4n}>0$，所以无论 n 取何值，总有 $a_n<\frac{\left(\frac{1}{2}\right)^4\cdot 10}{1-\left(\frac{1}{2}\right)^4}=\frac{10}{15}$，又由于 $1-\left(\frac{1}{2}\right)^{4n}\geqslant 1-\left(\frac{1}{2}\right)^4$，所以无论 n 取何值，总有 $a_n\geqslant\left(\frac{1}{2}\right)^4\cdot 10=\frac{10}{16}$. 因此，在每日注射之前，人体内的药物含量总是在 $\frac{10}{16}$ 与 $\frac{10}{15}$ 之间. 而且当 n 的值越来越大时，$\left(\frac{1}{2}\right)^{4n}$ 越来越接近于 0，于是 a_n 的值越来越接近于 $\frac{10}{15}$，也就是说，当 n 的值无限增大时，数列 $\{a_n\}$ 以常数 $\frac{10}{15}$ 为极限.

例 12【圆的周长】 我国古代数学家刘徽采用"无限逼近"的思想，提出用割圆术来计算圆的周长和面积. 割圆术的要旨是用圆内接正多边形去逼近圆，刘徽从圆内接正六边形出发，将边数逐次加倍，并计算逐次得到的正多边形周长和面积，他指出："割之弥细，所失弥少，割之又割，以至于不可割，则与圆合体而无所失矣". 由于圆内接正 n 边形的边长为 $2R$

$\left(\sin\dfrac{2\pi}{2n}\right)=2R\sin\dfrac{\pi}{n}$,因此其周长为

$$L_n=2nR\sin\frac{\pi}{n},$$

所以圆的周长为

$$L=\lim_{n\to\infty}L_n=\lim_{n\to\infty}2nR\sin\frac{\pi}{n}=2R\lim_{n\to\infty}\frac{\sin\frac{\pi}{n}}{\frac{1}{n}}=2\pi R.$$

刘徽利用割圆术求出圆周率 $\pi=3.14$ 的结果,南北朝数学家祖冲之在其基础上将圆周率计算到了小数点后 7 位,这一结果领先国外 1000 多年,体现了我国数学家的聪明才智和追求卓越的精神.

例 13【连续复利】 设有一笔本金 A_0 存入银行,年利率为 r,若以复利计算,到第 t 年末将增值到 A_t,求 A_t.若每时每刻都计算利息,则 A_t 又是多少呢?

分析 若以一年为期计算利息,则一年末本利和为 $A_1=A_0+A_0r=A_0(1+r)$,两年末本利和为 $A_2=A_0(1+r)+A_0(1+r)r=A_0(1+r)^2$.以此类推,$t$ 年末本利和为 $A_t=A_0(1+r)^t$.如果把一年均分为 n 期计算利息,这样每期利息可以认为是$\dfrac{r}{n}$,用上述方法可以推得第 t 年末本利和为 $A_t=A_0\left(1+\dfrac{r}{n}\right)^{nt}$,如果计息的"期"无限缩短,从而计息次数 $n\to\infty$,则第 t 年末本利和$\lim\limits_{n\to\infty}A_t=\lim\limits_{n\to\infty}A_0\left(1+\dfrac{r}{n}\right)^{nt}=A_0e^{rt}$.

例 14【黄山旅游】 一个旅游者,某日早上 7 点钟离开安徽黄山脚下的旅馆,沿着一条上山的路,当天下午 7 点钟走到黄山顶上的旅馆.第二天早上 7 点钟,他从山顶沿原路下山,在当天下午 7 点钟回到黄山脚下的旅馆.试证明在这条路上存在这样的一个点,旅游者在两天的同一时刻都经过此点.

解 设两个旅馆之间的路程为 L,以 $f(t)$表示在时刻 $t(\in[7,19])$该旅游者离开黄山脚下旅馆的路程,则可知 $f(t)$是区间$[7,19]$上的连续函数,且有 $f(7)=0,f(19)=L$.

以 $g(t)$表示该旅游者在第二天下山时在与前一天相同时刻尚未走完的路程,则可知 $g(t)$是区间$[7,19]$上的连续函数,且有 $g(7)=L,g(19)=0$.

于是原问题转化为:证明存在 $\xi\in[7,19]$,使得 $f(\xi)=g(\xi)$,做辅助函数 $\varphi(t)=f(t)-g(t)$,则 $\varphi(t)$在区间$[7,19]$上连续,且有

$$\varphi(7)\varphi(19)=[f(7)-f(19)][g(7)-g(19)]=-L^2<0.$$

根据闭区间上连续函数的零点定理知,一定存在 $\xi\in(7,19)$,使得 $\varphi(\xi)=0$ 即 $f(\xi)=g(\xi)$,就得到了要证明的结论.

总习题 1

A 组

一、填空题

1. $\lim\limits_{x\to\infty}\dfrac{x^2+x-1}{2x^2+3x-7}=$________.

2. $\lim\limits_{x\to 4}\dfrac{x^2-6x+8}{x^2-5x+4}=$________.

3. $\lim\limits_{x\to\infty}\dfrac{\sin x}{x}=$________.

4. 当 $x\to 0$ 时，$e^{x^2}-1$ 是 $\sin 2x$ 的________无穷小.

5. $x=0$ 是函数 $f(x)=\dfrac{\sin x}{x}$ 的________间断点.

二、选择题

1. 下列各式正确的是(　　).

A. $\lim\limits_{x\to\infty}\left(1+\dfrac{1}{x}\right)^{\frac{1}{x}}=e$　　B. $\lim\limits_{x\to 0}\left(1+\dfrac{1}{x}\right)^{x}=e$

C. $\lim\limits_{x\to 0}(1+x)^{\frac{1}{x}}=e$　　D. $\lim\limits_{x\to\infty}(1+x)^{\frac{1}{x}}=e$

2. $\lim\limits_{x\to\infty}\dfrac{x+\arctan x}{x}=$(　　).

A. 0　　B. 1　　C. 2　　D. ∞

3. 当 $x\to 0$ 时，下列函数哪一个是其他三个的高阶无穷小(　　).

A. $\sin 2x$　　B. $1-\cos x$　　C. $e^{x^3}-1$　　D. $\ln(1-2x)$

4. 当 $x\to 0^+$ 时，为无穷小量的是(　　).

A. $x\sin\dfrac{1}{x}$　　B. $e^{\frac{1}{x}}$　　C. $\ln x$　　D. $\dfrac{1}{x}\sin x$

5. 设 $f(x)=\begin{cases} e^x, & x<0 \\ a+x, & x\geqslant 0 \end{cases}$，要使 $f(x)$ 在 $x=0$ 处连续，则 $a=$(　　).

A. -2　　B. -1　　C. 0　　D. 1

三、计算题

1. $\lim\limits_{x\to 0}\dfrac{\ln(1-2x)}{3x}$.

2. $\lim\limits_{x\to\infty}\left(1+\dfrac{1}{x}\right)^{\frac{x}{2}}$.

3. $\lim\limits_{x\to 0}\dfrac{\arctan x}{\ln(1+\sin x)}$.

4. $\lim\limits_{x\to 3}\dfrac{x-3}{\sqrt{1+x}-2}$.

5. $\lim\limits_{n\to\infty}\left(\dfrac{1}{1\cdot 2}+\dfrac{1}{2\cdot 3}+\cdots+\dfrac{1}{n(n+1)}\right)$.

6. $\lim\limits_{x\to 1}\left(\dfrac{1}{x-1}-\dfrac{2}{x^2-1}\right)$.

7. $\lim\limits_{x\to+\infty} x(\sqrt{x^2+1}-x)$.　　　　8. $\lim\limits_{x\to\infty}\left(\dfrac{x+2}{x+1}\right)^x$.

9. 已知$\lim\limits_{x\to\infty}\left(\dfrac{x+a}{x-a}\right)^x=9$，求常数 a.

10. 已知 $f(x)=\begin{cases} x\sin\dfrac{1}{x}, & x>0 \\ a+x^2, & x\leqslant 0 \end{cases}$，确定 a 的值使函数 $f(x)$ 在 $(-\infty,\infty)$ 内连续.

11. 设 $f(x)=\begin{cases} e^{x-2}, & x<2 \\ k, & x=2 \\ ax+4, & x>2 \end{cases}$，(1) a 为何值时，$f(x)$ 在 $x=2$ 处的极限存在？(2) k 为何值时，$f(x)$ 在 $x=2$ 处连续？

四、证明题

证明方程 $x^5-3x=1$ 至少有一个实根介于 1 和 2 之间.

B 组

一、填空题

1. 设 $f(x)=e^x+3^x-2$，当 $x\to 0$ 时，$f(x)$ 是 x 的________无穷小.

2. $\lim\limits_{n\to\infty}\left(1+\dfrac{3}{n}\right)^{kn}=e^{-3}$，则 $k=$________.

3. $\lim\limits_{x\to 0^+}\dfrac{2^{\frac{1}{x}}+1}{2^{\frac{1}{x}}-1}=$________.

4. 函数 $y=\dfrac{1}{\sqrt{-x^2+3x-2}}$ 的连续区间是________.

5. 设 $f(x)=\dfrac{\sin 2x}{|x|}$，则 $x=0$ 是 $f(x)$ 的________间断点.

二、选择题

1. 已知$\lim\limits_{x\to\infty}\left(\dfrac{x^2}{x+1}-ax-b\right)=0$，其中 a,b 是常数，则(　　).

A. $a=1,b=1$　　　　B. $a=-1,b=1$

C. $a=1,b=-1$　　　　D. $a=-1,b=-1$

2. 设 $f(x)=\begin{cases} x+\dfrac{\tan x}{x}, & x<0 \\ 0, & x=0 \\ x\cos\dfrac{1}{x}, & x>0 \end{cases}$，则 $x=0$ 是 $f(x)$ 的(　　).

A. 连续点　　B. 可去间断点　　C. 跳跃间断点　　D. 振荡间断点

3. 设 $\alpha_1=x(\cos\sqrt{x}-1)$，$\alpha_2=\sqrt{x}\ln(1+\sqrt[3]{x})$，$\alpha_3=\sqrt[3]{x+1}-1$，当 $x\to 0^+$ 时，以上 3 个无穷小量按照从低到高阶的排序是(　　).

A. $\alpha_1,\alpha_2,\alpha_3$　　　　B. $\alpha_2,\alpha_3,\alpha_1$

C. $\alpha_2,\alpha_1,\alpha_3$　　　　D. $\alpha_3,\alpha_2,\alpha_1$

4. 若函数 $f(x)=\begin{cases}\dfrac{1-\cos\sqrt{x}}{ax}, & x>0\\ b, & x\leqslant 0\end{cases}$ 在 $x=0$ 处连续，则(　　).

A. $ab=\dfrac{1}{2}$　　B. $ab=-\dfrac{1}{2}$　　C. $ab=0$　　D. $ab=2$

5. 设数列 x_n 与 y_n 满足 $\lim\limits_{n\to\infty}x_ny_n=0$，则下列结论正确的是(　　).

A. 若 x_n 发散，则 y_n 必发散　　B. 若 x_n 无界，则 y_n 必无界

C. 若 x_n 有界，则 y_n 必为无穷小　　D. 若 $\dfrac{1}{x_n}$ 为无穷小，则 y_n 必为无穷小

三、计算题

1. 求 $\lim\limits_{x\to 0}\dfrac{\sin^2 x}{\sqrt{1+x\sin x}-1}$.　　2. 求 $\lim\limits_{n\to\infty}\left(1-\dfrac{1}{2^2}\right)\left(1-\dfrac{1}{3^2}\right)\cdots\left(1-\dfrac{1}{n^2}\right)$.

3. $\lim\limits_{x\to\infty}\left(1-\dfrac{2}{3x}\right)^{2x-1}$.　　4. $\lim\limits_{x\to 0}(1+\tan x)^{\frac{1}{x}}$.

5. $\lim\limits_{x\to+\infty}(\sqrt{x^2+x+1}-\sqrt{x^2-x+1})$.　　6. $\lim\limits_{n\to\infty}\dfrac{\sqrt[3]{n^2}}{n+1}\sin n!$.

7. $\lim\limits_{n\to\infty}(1+x)(1+x^2)\cdots(1+x^{2^n})(|x|<1)$.

8. $\lim\limits_{n\to\infty}n(\sqrt[n]{a}-1)(a>0)$.

9. 讨论函数 $y=\dfrac{1}{1-\dfrac{1}{x}}$ 的间断点的类型.

10. 设 $f(x)=\begin{cases}e^{\frac{1}{x-1}}, & x>0\\ \ln(1+x), & -1<x\leqslant 0\end{cases}$，求 $f(x)$ 的间断点，并说明间断点所属类型.

四、证明题

1. 证明 $\lim\limits_{n\to\infty}\left(\dfrac{1}{n^2+n+1}+\dfrac{2}{n^2+n+2}+\cdots+\dfrac{n}{n^2+n+n}\right)=\dfrac{1}{2}$.

2. 设函数 $f(x)$ 在 $[0,2a]$ 上连续，$f(0)=f(2a)$，证明在 $[0,a]$ 上至少存在一点 ξ 使得 $f(\xi)=f(\xi+a)$.

第2章

一元函数微分学

文艺复兴曾使欧洲的生产力得到迅速发展,同时自然科学也进入了一个崭新的时期,一些微分学的基本问题受到人们空前的关注.例如:确定非匀速运动物体的速度与加速度,即瞬时变化率,使导数问题的研究成为当务之急;望远镜的光程设计需要确定透镜曲面上任一点的法线,这又使求曲线的切线和法线问题变得不可回避.因此,在17世纪上半叶,几乎所有的科学大师都致力于寻求解决这些难题的方法.在此背景下,到17世纪后期,微积分学应运而生.微分学是微积分的重要组成部分,导数与微分是微分学的两个基本概念,它们在科学技术、工程建设领域中有着极为广泛的应用.导数反映实际问题中的变化率,即函数相对自变量的变化快慢程度,如物体运动的速度、电流、线密度、化学反应速度以及生物繁殖率等;而微分反映当自变量有微小变化时,函数的变化幅度大小,即函数相对于自变量的变量很小时,其改变量的近似值.本章主要讨论导数和微分的概念以及它们的计算方法.

第1节 导数概念

一、引例

在历史上,导数的概念主要起源于两个著名的问题:一个是求变速运动质点的瞬时速度问题;一个是求平面曲线的切线斜率问题.本节就从这两个经典引例的研究出发,从而归纳出导数的概念.

1. 变速直线运动的瞬时速度

一个质点在一条直线上运动,所经过的路程 s 是时间 t 的函数 $s=f(t)$.

如果质点是做匀速直线运动,质点的运动速度 v 等于路程 s 与时间 t 之比,即 $v=\frac{s}{t}$.

如果质点是做变速直线运动,它的速度随时间变化而变化.现讨论质点在某一时刻 $t=t_0$ 时的速度 $v(t_0)$,即瞬时速度.

质点从时刻 t_0 到 $t_0+\Delta t$ 这段时间间隔内,质点从位置 $s_0=f(t_0)$ 移动到 $s=f(t_0+\Delta t)$,质点经过的路程为:

$$\Delta s=f(t_0+\Delta t)-f(t_0)$$

质点的平均速度为：$\overline{v}=\dfrac{f(t_0+\Delta t)-f(t_0)}{\Delta t}$.

当 Δt 较小时，平均速度 $\overline{v}$ 可近似地表示质点在时刻 t_0 的速度. 且 Δt 越小，这种近似程度也越好.

令 $\Delta t\to 0$，如果 $\lim\limits_{\Delta t\to 0}=\dfrac{f(t_0+\Delta t)-f(t_0)}{\Delta t}$ 存在，则称平均速度 $\overline{v}$ 的极限为质点在时刻 t_0 的瞬时速度，即 $v(t_0)=\lim\limits_{\Delta t\to 0}\dfrac{f(t_0+\Delta t)-f(t_0)}{\Delta t}$.

2. 切线问题

在中学数学中，圆的切线可以定义为“与圆只有一个交点的直线”，如图 2-1-1 所示. 但对于一般曲线，这样的定义是不合适的. 例如，直线 $x=1$ 与抛物线 $y=x^2$ 只有一个交点，如图 2-1-2 所示. 但显然不是实际意义下的切线. 下面我们用极限的思想给出一般曲线的切线定义.

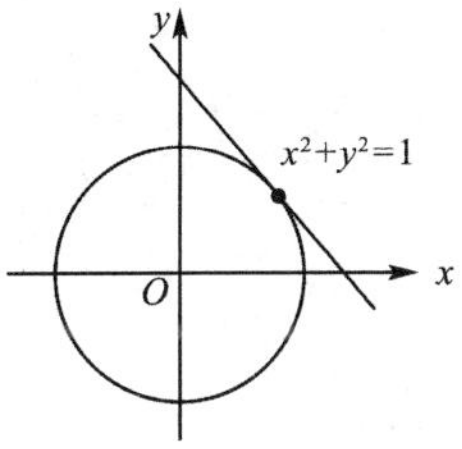

图 2-1-1

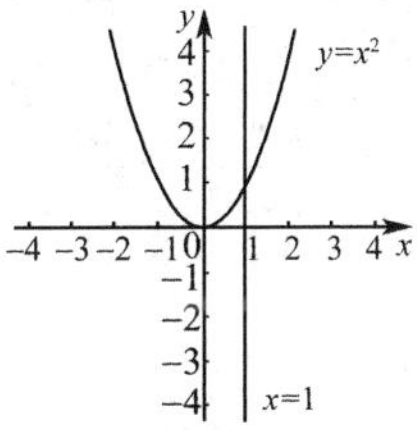

图 2-1-2

设有曲线 C：$y=f(x)$ 及 C 上的一点 M，如图 2-1-3 所示. 在点 M 外另取 C 上一点 N，做割线 MN，当点 N 沿曲线 C 逐渐趋于点 M 时，割线 MN 绕点 M 旋转，而逐渐趋于极限位置 MT，直线 MT 就称为曲线 C 在点 M 处的切线. 这里极限位置的含义：只要弦长 $|MN|$ 趋于零，$\angle NMT$ 也趋于零.

现在就曲线 C 为函数 $y=f(x)$ 的图形的情形来讨论切线问题. 设 $M(x_0,y_0)$ 是曲线 C 上的一点，如图 2-1-4 所示，则有 $y_0=f(x_0)$. 在点 M 外另取 C 上一点 $N(x,y)$，割线 MN 的斜率为：$\tan\varphi=\dfrac{y-y_0}{x-x_0}=\dfrac{f(x)-f(x_0)}{x-x_0}$，其中 φ 为割线 MN 的倾角，当点 N 沿曲线 C 趋于点 M 时，则 $x\to x_0$，如果 $\lim\limits_{x\to x_0}\dfrac{f(x)-f(x_0)}{x-x_0}$ 存在，则此极限就是切线 MT 的斜率 $k=\tan\alpha$，其中 α 是切线 MT 的倾角.

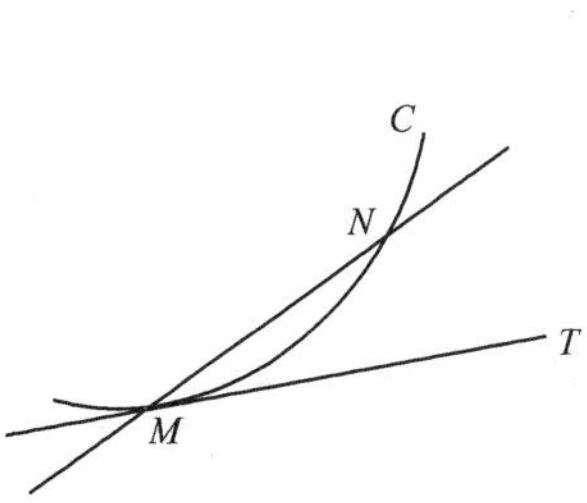

图 2-1-3

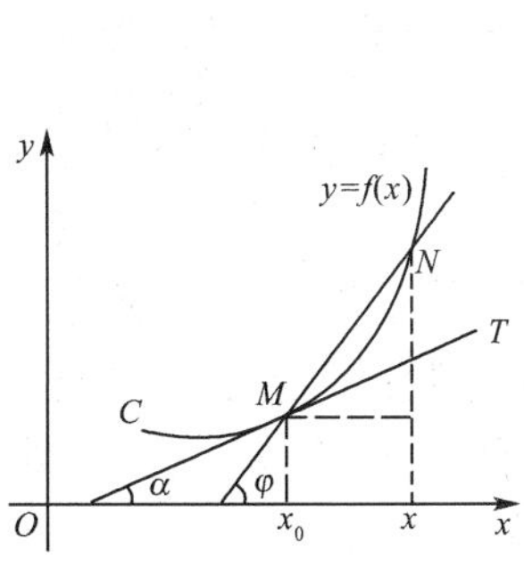

图 2-1-4

上面两个实际问题，虽然其实际意义不同，但解决问题的方法相同. 都归结为求函数增量与自变量增量之比的极限.

$$\lim_{x \to x_0} \frac{f(x)-f(x_0)}{x-x_0} \text{ 或 } \lim_{\Delta x \to 0} = \frac{f(x_0+\Delta x)-f(x_0)}{\Delta x},$$

在自然科学和工程技术领域中，另外在经济领域和社会科学的研究中，还有许多实际问题会用到如上的极限形式，例如求线密度、电流、反应速度、边际成本等. 抛开这些实际问题的具体背景，抓住它们数量关系上的共性——求增量比的极限，由此抽象出导数的概念.

二、导数的定义

1. 定义

设函数 $y=f(x)$ 在 x_0 的某个邻域内有定义，当自变量 x 在 x_0 处取得增量 Δx（点 $x_0+\Delta x$ 仍在该邻域内）时，相应的函数取得增量 $\Delta y=f(x_0+\Delta x)-f(x_0)$；如果当 $\Delta x \to 0$ 时 Δy 与 Δx 之比的极限存在，则称函数 $y=f(x)$ 在点 x_0 处可导，并称这个极限为函数 $y=f(x)$ 在点 x_0 处的导数，记为 $f'(x_0)$，即

$$f'(x_0)=\lim_{\Delta x \to 0} \frac{\Delta y}{\Delta x}=\lim_{\Delta x \to 0} \frac{f(x_0+\Delta x)-f(x_0)}{\Delta x},$$

也可记作

$$y'\Big|_{x=x_0}, \frac{\mathrm{d}y}{\mathrm{d}x}\Big|_{x=x_0} \text{ 或 } \frac{\mathrm{d}f(x)}{\mathrm{d}x}\Big|_{x=x_0},$$

导数的定义也可以写成

$$f'(x_0)=\lim_{h \to 0} \frac{f(x_0+h)-f(x_0)}{h} \text{或 } f'(x_0)=\lim_{x \to x_0} \frac{f(x)-f(x_0)}{x-x_0}.$$

注意：(1)在点 x_0 的导数是因变量在点 x_0 处的变化率，它反映了因变量随自变量的变化而变化的快慢程度.

(2)如果极限不存在，就说函数 $y=f(x)$ 在点 x_0 处不可导. 如果 $\lim\limits_{\Delta x \to 0} \dfrac{\Delta y}{\Delta x}=\infty$，往往也说 $y=f(x)$ 在 x_0 的导数为无穷大.

(3)如果函数 $y=f(x)$ 在开区间 I 内的每点都可导，就称函数 $f(x)$ 在开区间 I 内可导.

(4)对于任一 $x \in I$，都对应着 $f(x)$ 的一个确定的导数值，这个新的函数就叫作原来函数 $y=f(x)$ 的导函数，记作 y'，$f'(x)$，$\dfrac{\mathrm{d}y}{\mathrm{d}x}$或$\dfrac{\mathrm{d}f(x)}{\mathrm{d}x}$. 即

$$y'=\lim_{\Delta x \to 0} \frac{f(x+\Delta x)-f(x)}{\Delta x} \text{ 或 } f'(x)=\lim_{h \to 0} \frac{f(x+h)-f(x)}{h}.$$

在不会发生混淆的情况下，导函数也简称为导数.

显然，函数 $y=f(x)$ 在 x_0 处的导数，就是导函数 $f'(x)$ 在 x_0 处的函数值 $f'(x_0)=f'(x)\big|_{x=x_0}$.

根据导数的定义，变速直线运动的瞬时速度 $v(t_0)$，就是路程函数 $s=s(t)$ 在 t_0 处时对时间 t 的导数，即 $v(t_0)=s'(t_0)$.

曲线在点 $M(x_0,y_0)$处的切线斜率 k,就是曲线方程 $y=f(x)$在点 x_0 处对横坐标 x 的导数,即 $k=f'(x_0)$.

2. 单侧导数

根据函数 $f(x)$在点 x_0 处的导数 $f'(x_0)$的定义,导数

$$f'(x_0)=\lim_{\Delta x\to 0}\frac{f(x_0+\Delta x)-f(x_0)}{\Delta x}$$

是用极限表示,而极限存在的充分必要条件是左、右极限都存在且相等,因此 $f'(x_0)$存在即 $f(x)$在点 x_0 处可导的充分必要条件是左、右极限都存在且相等.

这两个极限分别称为函数 $f(x)$在点 x_0 处的左导数和右导数,记作 $f'_-(x_0)$及 $f'_+(x_0)$,即

$$f'_-(x_0)=\lim_{\Delta x\to 0^-}\frac{f(x_0+\Delta x)-f(x_0)}{\Delta x};$$

$$f'_+(x_0)=\lim_{\Delta x\to 0^+}\frac{f(x_0+\Delta x)-f(x_0)}{\Delta x}.$$

结论:函数 $f(x)$在点 x_0 处可导的充分必要条件是左导数 $f'_-(x_0)$和右导数 $f'_+(x_0)$都存在且相等,即 $f'(x_0)=A\Leftrightarrow f'_-(x_0)=f'_+(x_0)=A$.

如果 $f(x)$在开区间 (a,b)内可导,且 $f'_+(a)$及 $f'_-(b)$都存在,那么就说 $f(x)$在闭区间 $[a,b]$上可导.

三、求导数举例

由导数定义可知,求函数 $y=f(x)$的导数可以分为以下三个步骤:

(1)求增量:$\Delta y=f(x+\Delta x)-f(x)$;

(2)算比值:$\dfrac{\Delta y}{\Delta x}=\dfrac{f(x+\Delta x)-f(x)}{\Delta x}$;

(3)取极限:$y'=\lim\limits_{\Delta x\to 0}\dfrac{\Delta y}{\Delta x}$.

例 1 求函数 $f(x)=C$(C 为常数)的导数.

解 $f'(x)=\lim\limits_{h\to 0}\dfrac{f(x+h)-f(x)}{h}=\lim\limits_{h\to 0}\dfrac{C-C}{h}=0$.

即 $(C)'=0$.

例 2 设 $f(x)=\sin x$,求 $(\sin x)'$及 $(\sin x)'\Big|_{x=\frac{\pi}{4}}$.

解 $(\sin x)'=\lim\limits_{h\to 0}\dfrac{\sin(x+h)-\sin x}{h}=\lim\limits_{h\to 0}\cos\left(x+\dfrac{h}{2}\right)\cdot\dfrac{\sin\dfrac{h}{2}}{\dfrac{h}{2}}=\cos x$.

即 $(\sin x)'=\cos x$. 所以

$$(\sin x)'\Big|_{x=\frac{\pi}{4}}=\cos x\Big|_{x=\frac{\pi}{4}}=\frac{\sqrt{2}}{2}.$$

例 3 求函数 $y=x^n$(n 为正整数)的导数.

解 $(x^n)'=\lim\limits_{h\to 0}\dfrac{(x+h)^n-x^n}{h}=\lim\limits_{h\to 0}\left[nx^{n-1}+\dfrac{n(n-1)}{2!}x^{n-2}h+\cdots+h^{n-1}\right]=nx^{n-1}$

即 $(x^n)'=nx^{n-1}$.

更一般地,$(x^\mu)'=\mu x^{\mu-1}$. $(\mu\in\mathbf{R})$

例如,$(\sqrt{x})'=\dfrac{1}{2}x^{\frac{1}{2}-1}=\dfrac{1}{2\sqrt{x}}$,$(x^{-1})'=(-1)x^{-1-1}=-\dfrac{1}{x^2}$.

例 4 求函数 $f(x)=a^x(a>0,a\neq 1)$的导数.

解 $(a^x)'=\lim\limits_{h\to 0}\dfrac{a^{x+h}-a^x}{h}=a^x\lim\limits_{h\to 0}\dfrac{a^h-1}{h}=a^x\lim\limits_{h\to 0}\dfrac{h\ln a}{h}=a^x\ln a$.

即 $(a^x)'=a^x\ln a$.

特别地,当 $a=\mathrm{e}$ 时,有 $(\mathrm{e}^x)'=\mathrm{e}^x\ln\mathrm{e}=\mathrm{e}^x$.

例 5 求函数 $y=\log_a x(a>0,a\neq 1)$的导数.

解 $y'=\lim\limits_{h\to 0}\dfrac{\log_a(x+h)-\log_a x}{h}=\lim\limits_{h\to 0}\dfrac{\log_a\left(1+\dfrac{h}{x}\right)}{h}=\lim\limits_{h\to 0}\dfrac{\dfrac{\frac{h}{x}}{\ln a}}{h}=\dfrac{1}{x\ln a}$.

即 $(\log_a x)'=\dfrac{1}{x\ln a}$.

特别地,$(\ln x)'=\dfrac{1}{x}$.

例 6 讨论函数 $f(x)=|x|$在 $x=0$ 处的可导性.

解 因为$\dfrac{f(0+h)-f(0)}{h}=\dfrac{|h|}{h}$,

$$\lim_{h\to 0^+}\frac{f(0+h)-f(0)}{h}=\lim_{h\to 0^+}\frac{h}{h}=1$$

$$\lim_{h\to 0^-}\frac{f(0+h)-f(0)}{h}=\lim_{h\to 0^-}\frac{-h}{h}=-1.$$

即 $f'_+(0)\neq f'_-(0)$,所以函数 $y=f(x)$在 $x=0$ 点不可导(图 2-1-5).

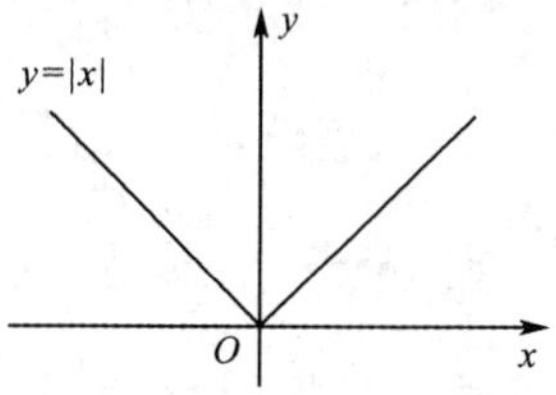

图 2-1-5

四、导数的几何意义

由前面讨论可知 $y=f(x)$在 x_0 的导数 $f'(x_0)$,在几何上表示曲线 $y=f(x)$在点 $M(x_0,f(x_0))$处的切线的斜率,即

$$k=f'(x_0)=\tan\alpha(\alpha\text{ 为倾角})$$

由直线的点斜式方程知曲线 $y=f(x)$在点 $M(x_0,y_0)$处的切线方程为 $y-y_0=f'(x_0)(x-x_0)$.

过切点 $M(x_0,y_0)$且与切线垂直的直线叫作曲线 $y=f(x)$在点 $M(x_0,y_0)$处的法线.

如果 $f'(x_0)\neq 0$，法线的斜率为 $-\dfrac{1}{f'(x_0)}$，从而法线方程为

$$y-y_0=-\frac{1}{f'(x_0)}(x-x_0).$$

注意：(1)当 $f'(x_0)=0$ 时，曲线 $y=f(x)$ 在点 $M(x_0,y_0)$ 处的切线平行于 x 轴，即 $y=y_0$.

(2)如果 $y=f(x)$ 在点 x_0 处的导数不存在但为无穷大，这时曲线 $y=f(x)$ 在点 $M(x_0,y_0)$ 处具有垂直于 x 轴的切线 $x=x_0$.

例7　求等边双曲线 $y=\dfrac{1}{x}$ 在点 $\left(\dfrac{1}{2},2\right)$ 处的切线的斜率，并写出在该点处的切线方程和法线方程.

解　由导数的几何意义，得切线斜率为

$$k=y'\Big|_{x=\frac{1}{2}}=\left(\frac{1}{x}\right)'\Big|_{x=\frac{1}{2}}=-\frac{1}{x^2}\Big|_{x=\frac{1}{2}}=-4.$$

所求切线方程为 $y-2=-4\left(x-\dfrac{1}{2}\right)$，即 $4x+y-4=0$.

法线方程为 $y-2=\dfrac{1}{4}\left(x-\dfrac{1}{2}\right)$，即 $2x-8y+15=0$.

五、函数的可导性与连续性的关系

定理　如果函数 $y=f(x)$ 在 $x=x_0$ 点可导，那么在该点必连续.

证明　设函数 $f(x)$ 在点 x_0 可导，即 $\lim\limits_{\Delta x\to 0}\dfrac{\Delta y}{\Delta x}=f'(x_0)$ 存在，则，

$$\lim_{\Delta x\to 0}\Delta y=\lim_{\Delta x\to 0}\frac{\Delta y}{\Delta x}\cdot\Delta x=f'(x_0)\cdot 0=0$$

所以函数 $f(x)$ 在点 x_0 连续.

注意：该定理的逆命题不成立，即连续未必可导.

例如，函数 $f(x)=\sqrt[3]{x}$ 在 $(-\infty,+\infty)$ 上连续，但在点 $x=0$ 处不可导. 这是因为在点 $x=0$ 处有

$$\lim_{\Delta x\to 0}\frac{f(0+\Delta x)-f(0)}{\Delta x}=\lim_{\Delta x\to 0}(\Delta x)^{-\frac{2}{3}}=+\infty,$$

即导数为无穷大(导数不存在). 如图 2-1-6 所示，在该点处有与 x 轴垂直的切线 $x=0$.

再比如，$f(x)=\begin{cases}x\sin\dfrac{1}{x}, & x\neq 0\\ 0, & x=0\end{cases}$，因 $\sin\dfrac{1}{x}$ 是有界函数，所以 $\lim\limits_{x\to 0}x\sin\dfrac{1}{x}=0$.

因 $f(0)=\lim\limits_{x\to 0}f(x)=0$，所以 $f(x)$ 在 $x=0$ 处连续.

由 $\lim\limits_{\Delta x\to 0}\dfrac{f(x_0+\Delta x)-f(x_0)}{\Delta x}=\lim\limits_{\Delta x\to 0}\dfrac{(0+\Delta x)\sin\dfrac{1}{0+\Delta x}-0}{\Delta x}=\lim\limits_{\Delta x\to 0}\sin\dfrac{1}{\Delta x}$ 不存在，

可知 $f(x)$ 在 $x=0$ 处不可导. 如图 2-1-7 所示，曲线在 $x=0$ 附近无限次震荡.

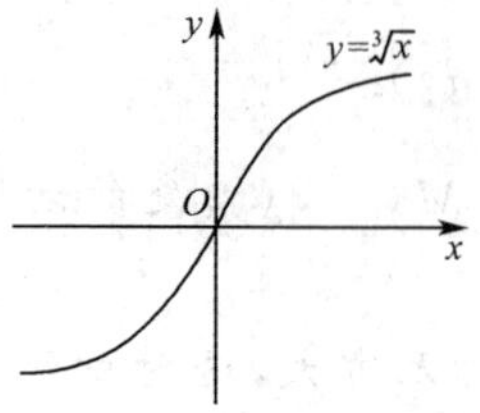

图 2-1-6

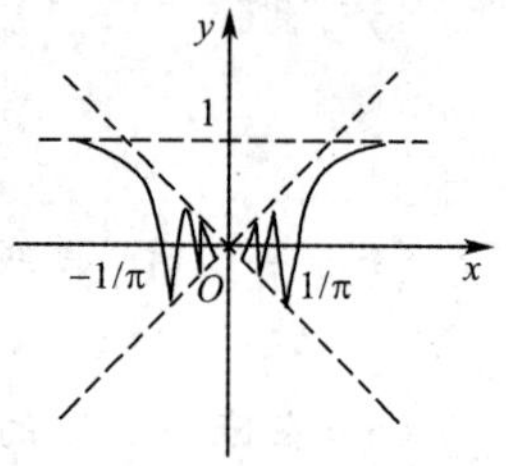

图 2-1-7

习题 2-1

A 组

1. 设物体绕定轴旋转，在时间间隔 $[0,t]$ 内转过的角度为 θ，从而转角 θ 是 t 的函数：$\theta=\theta(t)$. 如果旋转是匀速的，那么称 $\omega=\dfrac{\theta}{t}$ 为该物体旋转的角速度，如果旋转是非匀速的，应怎样确定该物体在时刻 t_0 的角速度？

2. 当物体的温度高于周围介质的温度时，物体就不断冷却，若物体的温度 T 与时间 t 的函数关系为 $T=T(t)$，应怎样确定该物体在时刻 t 的冷却速度？

3. 设某工厂生产 x 单位产品所花费的成本是 $f(x)$ 元，此函数 $f(x)$ 称为成本函数，成本函数 $f(x)$ 的导数 $f'(x)$ 在经济学中称为边际成本. 试说明边际成本 $f'(x)$ 的实际意义.

4. 设 $f(x)$ 在 $x=x_0$ 处可导，则(　　).

A. $f'(x_0)=\lim\limits_{\Delta x\to 0}\dfrac{f(x_0-\Delta x)-f(x_0)}{\Delta x}$　　B. $f'(x_0)=\lim\limits_{h\to 0}\dfrac{f(x_0+h)-f(x_0-h)}{2h}$

C. $f'(x_0)=\lim\limits_{x\to 0}\dfrac{f(x_0)-f(x_0+2x)}{2x}$　　D. $f'(x_0)=\lim\limits_{x\to 0}\dfrac{f(x)-f(0)}{x}$

5. 函数 $f(x)$ 在 $x=x_0$ 处连续是 $f(x)$ 在 $x=x_0$ 处可导的(　　).

A. 必要非充分条件　　B. 充分非必要条件

C. 充分必要条件　　D. 既非充分又非必要条件

6. 设 $f(x)$ 在 $x=x_0$ 处可导，则 $\lim\limits_{h\to 0}\dfrac{f(2h)-f(-3h)}{h}=$(　　).

A. $-f'(x_0)$　　B. $f'(x_0)$　　C. $5f'(x_0)$　　D. $2f'(x_0)$

7. 设 $f(x)=\begin{cases}\dfrac{2}{3}x^3, & x\leqslant 1\\ x^2, & x>1\end{cases}$，则 $f(x)$ 在 $x=1$ 处(　　).

A. 左、右导数都存在　　B. 左导数存在、右导数不存在

C. 左导数不存在、右导数存在　　D. 左、右导数都不存在

B 组

1. 设函数 $f(x)=x(x-1)(x-2)(x-3)$，则 $f'(0)=$________，$[f(0)]'=$________.

2. 过曲线 $y=x^2$ 上点(2,4)处的切线斜率为________.

3. 已知函数 $f(0)=0$ 且 $f'(0)=2$，求 $\lim\limits_{x\to 0}\dfrac{f(x)}{x}$，$\lim\limits_{x\to 0}\dfrac{f(x)}{\sin 3x}$.

4. 讨论下列函数在点 $x=0$ 处的可导性.

(1) $f(x)=\begin{cases}-x, & x<0\\ x^2, & x\geqslant 0\end{cases}$.　　(2) $f(x)=\begin{cases}e^x+1, & x\leqslant 0\\ x+2, & x>0\end{cases}$.

5. 求曲线 $y=\cos x$ 上点 $\left(\dfrac{\pi}{3},\dfrac{1}{2}\right)$ 处的切线方程和法线方程.

6. 设函数 $f(x)=\begin{cases}x^2, & x\leqslant 1\\ ax+b, & x>1\end{cases}$，为了使函数 $f(x)$ 在 $x=1$ 处连续且可导，a，b 应取什么值？

第 2 节　函数的求导法则

一、函数的和、差、积、商的求导法则

定理 1　如果函数 $u(x)$，$v(x)$ 都在点 x 可导，那么它们的和、差、积、商（除分母为零的点外）都在点 x 可导，且

(1) $[u(x)\pm v(x)]'=u'(x)\pm v'(x)$；

(2) $[u(x)\cdot v(x)]'=u'(x)v(x)+u(x)v'(x)$；

(3) $\left[\dfrac{u(x)}{v(x)}\right]'=\dfrac{u'(x)v(x)-u(x)v'(x)}{v^2(x)}$　$(v(x)\neq 0)$.

证明　我们仅证(3). 设 $f(x)=\dfrac{u(x)}{v(x)}$，$(v(x)\neq 0)$，

$$
\begin{aligned}
f'(x)&=\lim_{h\to 0}\frac{f(x+h)-f(x)}{h}=\lim_{h\to 0}\frac{\dfrac{u(x+h)}{v(x+h)}-\dfrac{u(x)}{v(x)}}{h}\\
&=\lim_{h\to 0}\frac{u(x+h)v(x)-u(x)v(x+h)}{v(x+h)v(x)h}\\
&=\lim_{h\to 0}\frac{[u(x+h)-u(x)]v(x)-u(x)[v(x+h)-v(x)]}{v(x+h)v(x)h}\\
&=\lim_{h\to 0}\frac{\dfrac{u(x+h)-u(x)}{h}\cdot v(x)-u(x)\cdot\dfrac{v(x+h)-v(x)}{h}}{v(x+h)v(x)}\\
&=\frac{u'(x)v(x)-u(x)v'(x)}{[v(x)]^2}.
\end{aligned}
$$

所以 $f(x)$ 在 x 处可导.

注意：1. 定理 1 中的(1)(2)可推广到任意有限个可导函数的情形，例如，设 $u=u(x)$，$v=v(x)$，$w=w(x)$ 均可导，则有

$$(u+v-w)'=u'+v'-w',$$
$$(uvw)'=u'vw+uv'w+uvw',$$

2.在定理1中的(2),如果 $v=C$(C 为常数),则有 $(Cu)'=Cu'$.

3.在定理1中的(3),特殊地,当 $u=1$ 时,$\left(\frac{1}{v}\right)'=-\frac{v'}{v^2}$.

例1 $y=x^3-2x^2+\sin x+\cos\frac{\pi}{2}+\ln 2$,求 y'.

解 $y'=3x^2-4x+\cos x$.

例2 $y=e^x(\sin x+\cos x)$,求 y'.

解
$$y'=(e^x)'(\sin x+\cos x)+(e^x)(\sin x+\cos x)'$$
$$=e^x(\sin x+\cos x)+e^x(\cos x-\sin x)=2e^x\cos x$$

例3 $y=\tan x$,求 y'.

解
$$y'=(\tan x)'=\left(\frac{\sin x}{\cos x}\right)'=\frac{(\sin x)'\cos x-\sin x(\cos x)'}{\cos^2 x}$$
$$=\frac{\cos^2 x+\sin^2 x}{\cos^2 x}=\frac{1}{\cos^2 x}=\sec^2 x$$

即 $(\tan x)'=\sec^2 x$.

同理可得 $(\cot x)'=-\csc^2 x$.

例4 $y=\sec x$,求 y'.

解
$$y'=(\sec x)'=\left(\frac{1}{\cos x}\right)'=\frac{-(\cos x)'}{\cos^2 x}=\frac{\sin x}{\cos^2 x}=\sec x\tan x.$$

同理可得 $(\csc x)'=-\csc x\cot x$.

二、反函数的求导法则

定理2 如果函数 $x=f(y)$ 在区间 I_y 内单调、可导且 $f'(y)\neq 0$,则它的反函数 $y=f^{-1}(x)$ 在区间 $I_x=\{x\mid x=f(y),y\in I_y\}$ 内也可导,且

$$[f^{-1}(x)]'=\frac{1}{f'(y)}\text{或}\frac{dy}{dx}=\frac{1}{\frac{dx}{dy}}.$$

即反函数的导数等于直接函数导数的倒数.

证明 由于 $x=f(y)$ 在区间 I_y 内单调、可导(从而连续),$x=f(y)$ 的反函数 $y=f^{-1}(x)$ 存在、且 $f^{-1}(x)$ 在 I_x 内也单调、连续.

任取 $x\in I_x$,给 x 以增量 $\Delta x(\Delta x\neq 0,x+\Delta x\in I_x)$,由 $y=f^{-1}(x)$ 的单调性可知 $\Delta y\neq 0$,于是有

$$\frac{\Delta y}{\Delta x}=\frac{1}{\frac{\Delta x}{\Delta y}},$$

又因 $y=f^{-1}(x)$ 连续,所以 $\Delta y\to 0(\Delta x\to 0)$,又知 $f'(y)\neq 0$,所以

$$[f^{-1}(x)]'=\lim_{\Delta x\to 0}\frac{\Delta y}{\Delta x}=\lim_{\Delta y\to 0}\frac{1}{\frac{\Delta x}{\Delta y}}=\frac{1}{f'(y)}.$$

例 5　$y=\arcsin x$，求 y'.

解　因为 $x=\sin y$ 在 $I_y\in\left(-\frac{\pi}{2},\frac{\pi}{2}\right)$ 内单调、可导，且 $(\sin y)'=\cos y>0$，所以在 $I_x\in(-1,1)$ 内有

$$(\arcsin x)'=\frac{1}{(\sin y)'}=\frac{1}{\cos y}=\frac{1}{\sqrt{1-\sin^2 y}}=\frac{1}{\sqrt{1-x^2}}.$$

同理可得 $(\arccos x)'=-\frac{1}{\sqrt{1-x^2}}$.

例 6　$y=\arctan x$，求 y'.

解　因为 $x=\tan y$ 在 $I_y\in\left(-\frac{\pi}{2},\frac{\pi}{2}\right)$ 内单调、可导，且 $(\tan y)'=\sec^2 y\neq 0$，所以在 $I_x\in(-\infty,+\infty)$ 内有

$$(\arctan x)'=\frac{1}{(\tan y)'}=\frac{1}{\sec^2 y}=\frac{1}{1+(\tan y)^2}=\frac{1}{1+x^2};$$

同理可得 $(\text{arccot}\,x)'=-\frac{1}{1+x^2}$.

例 7　$y=\log_a x$，求 y'.

解　因为 $x=a^y$ 在 $I_y\in(-\infty,+\infty)$ 内单调、可导，且 $(a^y)'=a^y\ln a\neq 0$，所以在 $I_x\in(0,+\infty)$ 内有

$$(\log_a x)'=\frac{1}{(a^y)'}=\frac{1}{a^y\ln a}=\frac{1}{x\ln a}.$$

特别地，$(\ln x)'=\frac{1}{x}$.

三、复合函数的求导法则

定理 3　如果 $u=g(x)$ 在点 x 可导，而 $y=f(u)$ 在点 $u=g(x)$ 可导，则复合函数 $y=f[g(x)]$ 在点 x 可导，且其导数为

$$\frac{\mathrm{d}y}{\mathrm{d}x}=f'(u)\cdot g'(x)\text{或}\frac{\mathrm{d}y}{\mathrm{d}x}=\frac{\mathrm{d}y}{\mathrm{d}u}\cdot\frac{\mathrm{d}u}{\mathrm{d}x}.$$

***证明**　当 $u=g(x)$ 在 x 的某邻域内为常数时，$y=f[g(x)]$ 也是常数，此时导数为零，结论自然成立.

当 $u=g(x)$ 在 x 的某邻域内不为常数时，$\Delta u\neq 0$，此时有

$$\frac{\Delta y}{\Delta x}=\frac{f[g(x+\Delta x)]-f[g(x)]}{\Delta x}=\frac{f[g(x+\Delta x)]-f[g(x)]}{g(x+\Delta x)-g(x)}\cdot\frac{g(x+\Delta x)-g(x)}{\Delta x}$$

$$=\frac{f(u+\Delta u)-f(u)}{\Delta u}\cdot\frac{g(x+\Delta x)-g(x)}{\Delta x}$$

$$\frac{dy}{dx}=\lim_{\Delta x\to 0}\frac{\Delta y}{\Delta x}=\lim_{\Delta x\to 0}\frac{f(u+\Delta u)-f(u)}{\Delta u}\cdot\lim_{\Delta x\to 0}\frac{g(x+\Delta x)-g(x)}{\Delta x}$$
$$=f'(u)\cdot g'(x)$$

即因变量对自变量求导,等于因变量对中间变量求导,乘以中间变量对自变量求导(链式法则).

推广 设 $y=f(u)$,$u=\varphi(v)$,$v=\psi(x)$可导,则复合函数 $y=f\{\varphi[\psi(x)]\}$可导,且导数为

$$\frac{dy}{dx}=\frac{dy}{du}\cdot\frac{du}{dv}\cdot\frac{dv}{dx}=f'(u)\cdot\varphi'(v)\cdot\psi'(x).$$

例 8 $y=e^{x^3}$,求$\frac{dy}{dx}$.

解 因为 $y=e^u$,$u=x^3$,所以

$$\frac{dy}{dx}=\frac{dy}{du}\cdot\frac{du}{dx}=e^u\cdot 3x^2=3x^2e^u=3x^2e^{x^3}.$$

例 9 $y=\sin\frac{2x}{1+x^2}$,求$\frac{dy}{dx}$.

解 因为

$$y=\sin u,u=\frac{2x}{1+x^2}$$

所以

$$\frac{dy}{dx}=\frac{dy}{du}\cdot\frac{du}{dx}=\cos u\cdot\frac{2(1+x^2)-(2x)^2}{(1+x^2)^2}$$
$$=\cos u\cdot\frac{2(1-x^2)}{(1+x^2)^2}=\cos\frac{2x}{1+x^2}\cdot\frac{2(1-x^2)}{(1+x^2)^2}.$$

例 10 $y=\ln\sin x$,求$\frac{dy}{dx}$.

解 因为 $y=\ln u$,$u=\sin x$. 所以

$$\frac{dy}{dx}=\frac{dy}{du}\cdot\frac{du}{dx}=\frac{1}{u}\cdot\cos x=\frac{\cos x}{\sin x}=\cot x.$$

例 11 $y=\sqrt[3]{1-2x^2}$,求$\frac{dy}{dx}$.

解 $\frac{dy}{dx}=[(1-2x^2)^{\frac{1}{3}}]'=\frac{1}{3}(1-2x^2)^{-\frac{2}{3}}\cdot(1-2x^2)'=\frac{-4x}{3\sqrt[3]{(1-2x^2)^2}}.$

例 12 $y=\ln\cos(e^x)$,求$\frac{dy}{dx}$.

解 $y'=\frac{1}{\cos(e^x)}[\cos(e^x)]'=\frac{1}{\cos(e^x)}[-\sin(e^x)](e^x)'=-e^x\tan(e^x).$

例 13 $y=e^{\sin\frac{1}{x}}$,求$\frac{dy}{dx}$.

解 $y'=e^{\sin\frac{1}{x}}\left(\sin\frac{1}{x}\right)'=e^{\sin\frac{1}{x}}\cdot\cos\frac{1}{x}\cdot\left(\frac{1}{x}\right)'=-\frac{1}{x^2}e^{\sin\frac{1}{x}}\cdot\cos\frac{1}{x}.$

例 14 $y=\ln\frac{\sqrt{x^2+1}}{\sqrt[3]{x-2}}(x>2)$,求$\frac{dy}{dx}$.

解 因为
$$y=\frac{1}{2}\ln(x^2+1)-\frac{1}{3}\ln(x-2),$$
所以
$$y'=\frac{1}{2}\cdot\frac{1}{x^2+1}\cdot 2x-\frac{1}{3(x-2)}=\frac{x}{x^2+1}-\frac{1}{3(x-2)}.$$

例 15 设 $f(x)=\begin{cases}x, & x<0\\ \ln(1+x), & x\geqslant 0\end{cases}$，求 $f'(x)$.

解 当 $x<0$ 时，$f'(x)=1$；当 $x>0$ 时，$f'(x)=\dfrac{1}{1+x}$；当 $x=0$ 时，
$$f'_-(0)=\lim_{h\to 0^-}\frac{(0+h)-\ln(1+0)}{h}=1$$
$$f'_+(0)=\lim_{h\to 0^+}\frac{\ln[1+(0+h)]-\ln(1+0)}{h}=1$$
所以 $f'(0)=1$. 所以
$$f'(x)=\begin{cases}1, & x\leqslant 0\\ \dfrac{1}{1+x}, & x>0\end{cases}.$$

四、基本求导法则与导数公式

1. 常数和基本初等函数的导数公式

$(C)'=0$　　$(x^\mu)'=\mu x^{\mu-1}$

$(\sin x)'=\cos x$　　$(\cos x)'=-\sin x$

$(\tan x)'=\sec^2 x$　　$(\cot x)'=-\csc^2 x$

$(\sec x)'=\sec x\tan x$　　$(\csc x)'=-\csc x\cot x$

$(a^x)'=a^x\ln a$　　$(\mathrm{e}^x)'=\mathrm{e}^x$

$(\log_a x)'=\dfrac{1}{x\ln a}$　　$(\ln x)'=\dfrac{1}{x}$

$(\arcsin x)'=\dfrac{1}{\sqrt{1-x^2}}$　　$(\arccos x)'=-\dfrac{1}{\sqrt{1-x^2}}$

$(\arctan x)'=\dfrac{1}{1+x^2}$　　$(\mathrm{arccot}\, x)'=-\dfrac{1}{1+x^2}$

2. 函数的和、差、积、商的求导法则

设 $u=u(x)$，$v=v(x)$ 可导，则

(1) $(u\pm v)'=u'\pm v'$；(2) $(cu)'=cu'$ （c 是常数）

(3) $(uv)'=u'v+uv'$；(4) $\left(\dfrac{u}{v}\right)'=\dfrac{u'v-uv'}{v^2}$ （$v\neq 0$）.

3. 反函数的求导法则

设函数 $x=f(y)$ 在区间 I_y 内单调、可导且 $f'(y)\neq 0$，则它的反函数 $y=f^{-1}(x)$ 在区间 I_x 内也可导，且

$$[f^{-1}(x)]'=\frac{1}{f'(y)}或\frac{\mathrm{d}y}{\mathrm{d}x}=\frac{1}{\frac{\mathrm{d}x}{\mathrm{d}y}}.$$

4. 复合函数的求导法则

设 $y=f(u)$，而 $u=g(x)$ 且 $y=f(u)$ 及 $u=g(x)$ 都可导，则复合函数 $y=f[g(x)]$ 的导数为

$$y'(x)=f'(u)\cdot g'(x)或\frac{\mathrm{d}y}{\mathrm{d}x}=\frac{\mathrm{d}y}{\mathrm{d}u}\cdot\frac{\mathrm{d}u}{\mathrm{d}x}.$$

五、高阶导数

1. 高阶导数定义

定义 如果函数 $f(x)$ 的导数 $f'(x)$ 在点 x 处可导，即

$$\lim_{\Delta x\to 0}\frac{f'(x+\Delta x)-f'(x)}{\Delta x}$$

存在，则称此极限为函数 $f(x)$ 在点 x 处的二阶导数. 记作

$$f''(x),y'',\frac{\mathrm{d}^2y}{\mathrm{d}x^2}或\frac{\mathrm{d}^2f(x)}{\mathrm{d}x^2}.$$

二阶导数的导数称为三阶导数，记作 $f'''(x),y''',\frac{\mathrm{d}^3y}{\mathrm{d}x^3}$.

三阶导数的导数称为四阶导数，记作 $f^{(4)}(x),y^{(4)},\frac{\mathrm{d}^4y}{\mathrm{d}x^4}$.

一般地，函数 $f(x)$ 的 $n-1$ 阶导数的导数称为函数 $f(x)$ 的 n 阶导数，记作

$$f^{(n)}(x),y^{(n)},\frac{\mathrm{d}^ny}{\mathrm{d}x^n}或\frac{\mathrm{d}^nf(x)}{\mathrm{d}x^n}.$$

二阶和二阶以上的导数统称为高阶导数.

注意：如果函数 $f(x)$ 在点 x 处具有 n 阶导数，那么函数 $f(x)$ 在点 x 的某一邻域内必定具有一切低于 n 阶的导数.

2. 高阶导数求法举例

直接法：由高阶导数的定义逐步求导.

例 16 $s=\sin\omega t$，求 s''.

解 $s'=\omega\cos\omega t, s''=-\omega^2\sin\omega t$.

例 17 设 $y=\mathrm{e}^{ax}$（a 为常数），求 $y^{(n)}$.

解 $y'=a\mathrm{e}^{ax}, y''=a^2\mathrm{e}^{ax},\cdots,y^{(n)}=a^n\mathrm{e}^{ax}$.

特别地，若 $y=\mathrm{e}^x$，则 $y'=y''=\cdots=y^{(n)}=\mathrm{e}^x$.

例 18 设 $y=\sin x$，求 $y^{(n)}$.

解 $y'=\cos x=\sin\left(x+\frac{\pi}{2}\right)$

$$y''=\cos\left(x+\frac{\pi}{2}\right)=\sin\left(x+\frac{\pi}{2}+\frac{\pi}{2}\right)=\sin\left(x+2\cdot\frac{\pi}{2}\right)$$

$$y'''=\cos\left(x+2\cdot\frac{\pi}{2}\right)=\sin\left(x+3\cdot\frac{\pi}{2}\right)$$

…

$$y^{(n)}=\sin\left(x+n\cdot\frac{\pi}{2}\right)$$

同理可得$(\cos x)^{(n)}=\cos\left(x+n\cdot\frac{\pi}{2}\right)$.

例 19 设 $y=\ln(1+x)$，求 $y^{(n)}$.

解 $y'=\dfrac{1}{1+x}, y''=-\dfrac{1}{(1+x)^2}, y'''=\dfrac{2!}{(1+x)^3}$,

$$y^{(4)}=-\frac{3!}{(1+x)^4},\cdots,y^{(n)}=(-1)^{n-1}\frac{(n-1)!}{(1+x)^n}\quad(n\geqslant1,0!=1).$$

例 20 设 $y=x^{\mu}(\mu\in\mathbf{R})$，求 $y^{(n)}$.

解 $y'=\mu x^{\mu-1}$

$y''=(\mu x^{\mu-1})'=\mu(\mu-1)x^{\mu-2}$

$y'''=(\mu(\mu-1)x^{\mu-2})'=\mu(\mu-1)(\mu-2)x^{\mu-3}$

…

$y^{(n)}=\mu(\mu-1)\cdots(\mu-n+1)x^{\mu-n}\quad(n\geqslant1)$

若 μ 为自然数 n，则

$$y^{(n)}=(x^n)^{(n)}=n!,y^{(n+1)}=(n!)'=0.$$

注意：求 n 阶导数时，求出 1 至 3 或 4 阶后，不要急于合并，分析结果的规律性，写出 n 阶导数.(数学归纳法证明)

间接法(见本章第 5 节).

习题 2-2

A 组

1. 求下列函数的导数.

(1) $y=\dfrac{4}{x^5}+\dfrac{7}{x^4}-\dfrac{2}{x}+12$； (2) $y=5x^3-2^x+3e^x+3$；

(3) $y=2\tan x+\sec x-e^2$； (4) $y=x^2\ln x$；

(5) $y=x^2\ln x\cos x$； (6) $y=\dfrac{\ln x}{x}$；

(7) $y=\dfrac{e^x}{x^2}+\ln 3$； (8) $s=\dfrac{1+\sin t}{1+\cos t}$.

2. 求下列函数在给定点处的导数.

(1) $y=\sin x-\cos x$，求 $y'\big|_{x=\frac{\pi}{6}}$ 和 $y'\big|_{x=\frac{\pi}{4}}$；

(2) $\rho=\theta\sin\theta+\dfrac{1}{2}\cos\theta$，求 $\dfrac{d\rho}{d\theta}\Big|_{\theta=\frac{\pi}{4}}$；

(3) $f(x)=\dfrac{3}{5-x}+\dfrac{x^2}{5}$，求 $f'(0),f'(2)$.

3. 求下列函数的导数.

(1) $y=\ln(1-3x)$；

(2) $y=\ln\ln x$；

(3) $y=\mathrm{e}^{\cos x+x}$；

(4) $y=2^{\sin x}$；

(5) $y=\operatorname{arccot}2x$；

(6) $y=\ln\tan\dfrac{x}{2}$.

4. 求下列函数的二阶导数.

(1) $y=2x^3+4x+\sin x$；

(2) $y=\mathrm{e}^{3x+2}$；

(3) $y=x\cos x$；

(4) $y=x\ln x$.

B 组

1. 求下列函数的导数$\dfrac{\mathrm{d}y}{\mathrm{d}x}$.

(1) $y=\mathrm{e}^{-x}(x^2-2x)$；

(2) $y=\ln(x+\sqrt{1+x^2})$；

(3) $y=(1+x^2)\arctan x$；

(4) $y=\cos^2 x\ln x$；

(5) $y=\left(\arctan\dfrac{x}{2}\right)^2$；

(6) $y=\sqrt{x+\sqrt{x}}$.

2. 设 $f(u)$ 可导，求下列函数的导数$\dfrac{\mathrm{d}y}{\mathrm{d}x}$.

(1) $y=f(\mathrm{e}^{x^2})$；

(2) $y=\arctan f(x)$.

3. 若 $f(t)=\lim\limits_{x\to\infty}t\left(1+\dfrac{1}{x}\right)^{2tx}$，求 $f'(t)$.

4. 求下列函数的二阶导数.

(1) $y=\mathrm{e}^{2x-1}\sin x$；

(2) $y=\dfrac{1}{x^3+1}$；

(3) $y=\tan x$；

(4) $y=\ln(\sqrt{2+x^2}-x)$.

5. 设 $y=\ln\sqrt{\dfrac{1-x}{1+x}}$，求 $y''|_{x=0}$.

第 3 节 隐函数及由参数方程所确定的函数的导数

一、隐函数的导数

在第一章中我们知道函数的表示形式除了显式表示形式 $y=f(x)$，还有隐式表示形式 $F(x,y)=0$ 及参数方程表示形式 $\begin{cases}x=\varphi(t)\\y=\psi(t)\end{cases}$.

把一个隐函数化成显函数，叫作隐函数的显化. 隐函数的显化有时是困难的，甚至是不可能的. 如由 $y=x+3\sin y$ 是无法得到 $y=f(x)$ 显式形式的. 所以我们希望能够避免隐函数是否能显化的困扰而直接对隐函数进行求导，下面介绍对隐函数求导的方法(以求 y' 为例).

(1)对方程 $F(x,y)=0$ 的两边同时关于 x 求导，将 y 看成 x 的函数；

(2)从求导后的等式中解出 y'.

例 1　求由方程 $xy-e^x+e^y=0$ 所确定的隐函数的导数 $\frac{dy}{dx}$，$\frac{dx}{dy}$.

解　方程两边同时对 x 求导，

$$y+x\frac{dy}{dx}-e^x+e^y\frac{dy}{dx}=0$$

解得

$$\frac{dy}{dx}=\frac{e^x-y}{x+e^y}.$$

方程两边同时对 y 求导，

$$y\frac{dx}{dy}+x-e^x\frac{dx}{dy}+e^y=0$$

解得

$$\frac{dx}{dy}=\frac{x+e^y}{e^x-y}.$$

例 2　求由方程 $y^5+2y-x-3x^7=0$ 所确定的隐函数在 $x=0$ 的导数 $\left.\frac{dy}{dx}\right|_{x=0}$.

解　方程两边同时对 x 求导，

$$5y^4\frac{dy}{dx}+2\frac{dy}{dx}-1-21x^6=0$$

解得 $\frac{dy}{dx}=\frac{1+21x^6}{5y^4+2}$，由原方程知 $x=0$，$y=0$，$\left.\frac{dy}{dx}\right|_{\substack{x=0\\y=0}}=\frac{1}{2}$.

例 3　求椭圆 $\frac{x^2}{16}+\frac{y^2}{9}=1$ 在点 $\left(2,\frac{3}{2}\sqrt{3}\right)$ 处的切线方程.

解　方程两边同时对 x 求导，$\frac{x}{8}+\frac{2}{9}y\cdot\frac{dy}{dx}=0$，从而 $\frac{dy}{dx}=-\frac{9x}{16y}$.

$$\left.\frac{dy}{dx}\right|_{\substack{x=2\\y=\frac{3\sqrt{3}}{2}}}=-\frac{\sqrt{3}}{4}$$

所求切线方程为 $y-\frac{3}{2}\sqrt{3}=-\frac{\sqrt{3}}{4}(x-2)$，即 $\sqrt{3}x+4y-8\sqrt{3}=0$.

例 4　求由方程 $x-y+\frac{1}{2}\sin y=0$ 所确定的隐函数的二阶导数 $\frac{d^2y}{dx^2}$.

解　方程两边同时对 x 求导，得

$$1-\frac{dy}{dx}+\frac{1}{2}\cos y\cdot\frac{dy}{dx}=0,$$

从而

$$\frac{dy}{dx}=\frac{2}{2-\cos y},$$

上式两边再对 x 求导，得

$$\frac{d^2y}{dx^2}=\frac{-2\sin y\dfrac{dy}{dx}}{(2-\cos y)^2}=\frac{-4\sin y}{(2-\cos y)^3}.$$

二、对数求导法

观察函数 $y=\dfrac{(x+1)\sqrt[3]{x-1}}{(x+4)^2e^x}$，$y=x^{\sin x}$，发现按导数求导法则直接计算它们的导数非常麻烦，我们可以选用对数求导法，利用对数性质把其化简后再求导.

方法：先在方程两边取对数，然后利用隐函数的求导方法求出导数.

适用范围：多个函数积商和幂指函数 $u(x)^{v(x)}$ 求导的情形.

例 5 求 $y=x^{\sin x}(x>0)$ 的导数.

解 等式两边取对数得 $\ln y=\sin x\cdot\ln x$

上式两边对 x 求导，得 $\dfrac{1}{y}y'=\cos x\cdot\ln x+\sin x\cdot\dfrac{1}{x}$

所以 $$y'=y\left(\cos x\cdot\ln x+\sin x\cdot\frac{1}{x}\right)=x^{\sin x}\left(\cos x\cdot\ln x+\frac{\sin x}{x}\right).$$

一般地，$f(x)=u(x)^{v(x)}(u(x)>0)$，如果 $u(x)$. $v(x)$ 都可导，则可像例 5 那样利用对数求导法求出幂指函数的导数，也可把幂指函数表示为 $y=e^{v\ln u}$ 这样，直接求导得

$$y'=e^{v\ln u}\left(v'\cdot\ln u+v\cdot\frac{u'}{u}\right)=u^v\left(v'\cdot\ln u+v\cdot\frac{u'}{u}\right).$$

例 6 设 $y=\dfrac{(x+1)\sqrt[3]{x-1}}{(x+4)^2e^x}$，求 y'.

解 等式两边取对数得

$$\ln y=\ln|x+1|+\frac{1}{3}\ln|x-1|-2\ln|x+4|-x$$

上式两边对 x 求导，得

$$\frac{y'}{y}=\frac{1}{x+1}+\frac{1}{3(x-1)}-\frac{2}{x+4}-1$$

所以 $$y'=\frac{(x+1)\sqrt[3]{x-1}}{(x+4)^2e^x}\left[\frac{1}{x+1}+\frac{1}{3(x-1)}-\frac{2}{x+4}-1\right].$$

三、由参数方程所确定的函数的导数

若参数方程 $\begin{cases}x=\varphi(t)\\y=\psi(t)\end{cases}$ 确定 y 与 x 间的函数关系，则称此为由参数方程所确定的函数.

例如 $\begin{cases}x=2t\\y=t^2\end{cases}\Rightarrow t=\dfrac{x}{2}$ 消去参数 t，有 $y=t^2=\left(\dfrac{x}{2}\right)^2=\dfrac{x^2}{4}$，所以 $y'=\dfrac{1}{2}x$.

而有些方程消参困难或无法消参，能否直接由参数方程 $\begin{cases}x=\varphi(t)\\y=\psi(t)\end{cases}$ 算出它们所确定的函

数的导数呢？下面就来讨论这种求导数的方法.

在方程$\begin{cases}x=\varphi(t)\\y=\psi(t)\end{cases}$中,设函数$x=\varphi(t)$具有单调连续的反函数$t=\varphi^{-1}(x)$,所以$y=\psi[\varphi^{-1}(x)]$.再设函数$x=\varphi(t)$,$y=\psi(t)$都可导,且$\varphi(t)\neq 0$,由复合函数及反函数的求导法则得

$$\frac{\mathrm{d}y}{\mathrm{d}x}=\frac{\mathrm{d}y}{\mathrm{d}t}\cdot\frac{\mathrm{d}t}{\mathrm{d}x}=\frac{\mathrm{d}y}{\mathrm{d}t}\cdot\frac{1}{\frac{\mathrm{d}x}{\mathrm{d}t}}=\frac{\psi'(t)}{\varphi'(t)},$$

即

$$\frac{\mathrm{d}y}{\mathrm{d}x}=\frac{\frac{\mathrm{d}y}{\mathrm{d}t}}{\frac{\mathrm{d}x}{\mathrm{d}t}}.$$

若函数$\begin{cases}x=\varphi(t)\\y=\psi(t)\end{cases}$二阶可导,

$$\frac{\mathrm{d}^2y}{\mathrm{d}x^2}=\frac{\mathrm{d}}{\mathrm{d}x}\left(\frac{\mathrm{d}y}{\mathrm{d}x}\right)=\frac{\mathrm{d}}{\mathrm{d}t}\left(\frac{\psi'(t)}{\varphi'(t)}\right)\frac{\mathrm{d}t}{\mathrm{d}x}=\frac{\psi''(t)\varphi'(t)-\psi'(t)\varphi''(t)}{\varphi'^2(t)}\cdot\frac{1}{\varphi'(t)}$$

即

$$\frac{\mathrm{d}^2y}{\mathrm{d}x^2}=\frac{\psi''(t)\varphi'(t)-\psi'(t)\varphi''(t)}{\varphi'^3(t)}.$$

例 7　已知椭圆的参数方程为$\begin{cases}x=a\cos t\\y=b\sin t\end{cases}$,求椭圆在$t=\frac{\pi}{4}$相应点处的切线方程.

解　当$t=\frac{\pi}{4}$时,$x_0=a\cos\frac{\pi}{4}=\frac{\sqrt{2}}{2}a$,$y_0=b\sin\frac{\pi}{4}=\frac{\sqrt{2}}{2}b$.

$$\left.\frac{\mathrm{d}y}{\mathrm{d}x}\right|_{t=\frac{\pi}{4}}=\left.\frac{\frac{\mathrm{d}y}{\mathrm{d}t}}{\frac{\mathrm{d}x}{\mathrm{d}t}}\right|_{t=\frac{\pi}{4}}=\left.\frac{b\cos t}{-a\sin t}\right|_{t=\frac{\pi}{4}}=-\frac{b}{a}.$$

所求切线方程为$y-\frac{\sqrt{2}}{2}b=-\frac{b}{a}\left(x-\frac{\sqrt{2}}{2}a\right)$,即$bx+ay-\sqrt{2}ab=0$.

例 8　不计空气的阻力,以初速度v_0,发射角α发射炮弹,其运动方程为

$$\begin{cases}x=v_0t\cos\alpha\\y=v_0t\sin\alpha-\frac{1}{2}gt^2\end{cases}.$$

求:(1)炮弹在时刻t_0的运动方向;

(2)炮弹在时刻t_0的速度大小.

解

(1)在t_0时刻的运动方向即轨迹在t_0时刻的切线方向,可由切线的斜率来反映,如图2-3-1所示.设α是切线的倾角,则根据导数的几何意义,得

$$\tan\alpha=\frac{\mathrm{d}y}{\mathrm{d}x}=\frac{\frac{\mathrm{d}y}{\mathrm{d}t}}{\frac{\mathrm{d}x}{\mathrm{d}t}}=\frac{v_0\sin\alpha-gt}{v_0\cos\alpha}$$

所以 $\tan\alpha\Big|_{t=t_0}=\frac{\mathrm{d}y}{\mathrm{d}x}\Big|_{t=t_0}=\frac{v_0\sin\alpha-gt_0}{v_0\cos\alpha}.$

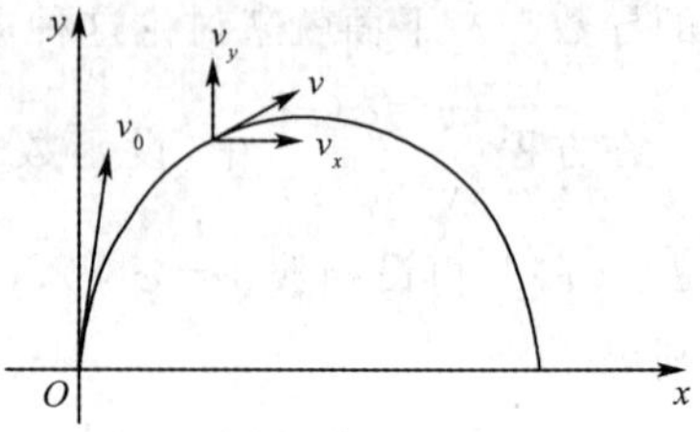

图 2-3-1

(2)炮弹在 t_0 时刻沿 x,y 轴方向的分速度为

$$v_x=\frac{\mathrm{d}x}{\mathrm{d}t}\Big|_{t=t_0}=(v_0t\cos\alpha)'\Big|_{t=t_0}=v_0\cos\alpha$$

$$v_y=\frac{\mathrm{d}y}{\mathrm{d}t}\Big|_{t=t_0}=\left(v_0t\sin\alpha-\frac{1}{2}gt^2\right)'\Big|_{t=t_0}=v_0\sin\alpha-gt_0$$

所以在 t_0 时刻炮弹的速度为

$$v=\sqrt{v_x^2+v_y^2}=\sqrt{v_0^2-2v_0gt_0\sin\alpha+g^2t_0^2}.$$

例 9 计算由摆线的参数方程 $\begin{cases}x=a(t-\sin t)\\y=a(1-\cos t)\end{cases}$ 所确定的函数 $y=y(x)$ 的二阶导数.

解 $\frac{\mathrm{d}y}{\mathrm{d}x}=\frac{\frac{\mathrm{d}y}{\mathrm{d}t}}{\frac{\mathrm{d}x}{\mathrm{d}t}}=\frac{a\sin t}{a-a\cos t}=\frac{\sin t}{1-\cos t}=\cot\frac{t}{2}\ (t\neq 2n\pi,n\in\mathbf{Z}).$

$$\frac{\mathrm{d}^2y}{\mathrm{d}x^2}=\frac{\mathrm{d}}{\mathrm{d}t}\left(\cot\frac{t}{2}\right)\cdot\frac{1}{\frac{\mathrm{d}x}{\mathrm{d}t}}=-\frac{1}{2\sin^2\frac{t}{2}}\cdot\frac{1}{a(1-\cos t)}=-\frac{1}{a(1-\cos t)^2}\quad(t\neq 2n\pi,n\in\mathbf{Z}).$$

习题 2-3

A 组

1. 求由下列方程所确定的隐函数的导数 $\frac{\mathrm{d}y}{\mathrm{d}x}$.

(1) $y^2-2xy+9=0$； (2) $x^3+y^3-3axy=0$；

(3) $xy=\mathrm{e}^{x+y}$； (4) $y=1-x\mathrm{e}^y$.

2. 求曲线 $x^{\frac{2}{3}}+y^{\frac{2}{3}}=a^{\frac{2}{3}}$ 在点 $\left(\frac{\sqrt{2}}{4}a,\frac{\sqrt{2}}{4}a\right)$ 处的切线方程和法线方程.

3. 求下列参数方程所确定的函数的导数 $\frac{\mathrm{d}y}{\mathrm{d}x}$.

(1) $\begin{cases}x=at^2\\y=bt^3\end{cases}$； (2) $\begin{cases}x=\theta(1-\sin\theta)\\y=\theta\cos\theta\end{cases}$.

4. 求下列曲线在所给参数值相应的点处的切线方程和法线方程.

(1) $\begin{cases}x=\sin t\\y=\cos 2t\end{cases}$，在 $t=\frac{\pi}{4}$ 处； (2) $\begin{cases}x=\frac{3at}{1+t^2}\\y=\frac{3at^2}{1+t^2}\end{cases}$，在 $t=2$ 处.

B 组

1. 求由下列方程所确定的隐函数的二阶导数$\frac{d^2y}{dx^2}$.

(1)$y=\tan(x+y)$； (2)$y=1+xe^y$.

2. 求下列参数方程所确定的函数的二阶导数$\frac{d^2y}{dx^2}$.

(1)$\begin{cases}x=\frac{t^2}{2}\\y=1-t.\end{cases}$； (2)$\begin{cases}x=a\cos t\\y=b\sin t\end{cases}$；

(3)$\begin{cases}x=3e^{-t}\\y=2e^t\end{cases}$； (4)$\begin{cases}x=\ln(1+t^2)\\y=t-\arctan t\end{cases}$.

3. 用对数求导法求下列函数的导数.

(1)$y=x^x$； (2)$y=\frac{\sqrt{x+1}(2-x)^3}{(x-1)^4}$.

第 4 节 函数的微分

一、问题的提出

实例 一块正方形金属薄片受温度变化的影响，其边长由 x_0 变到 $x_0+\Delta x$，问此薄片的面积改变了多少？

设正方形边长由 x_0 变到 $x_0+\Delta x$，因为正方形面积 $A=x_0^2$，所以

$$\Delta A=(x_0+\Delta x)^2-x_0^2=2x_0\cdot\Delta x+(\Delta x)^2.$$

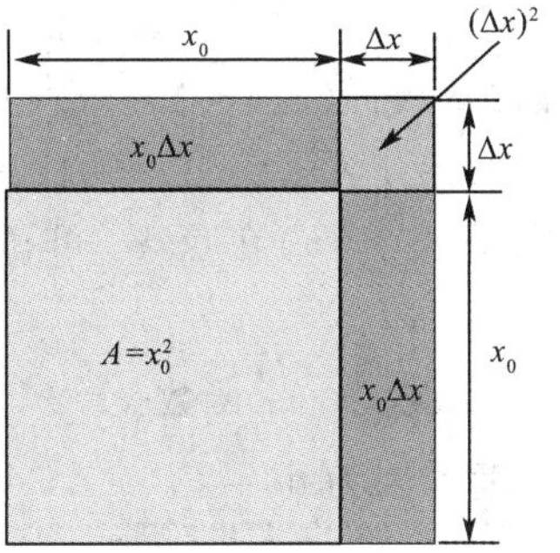

图 2-4-1

从上式可以看出，ΔA 由两部分组成，如图 2-4-1 所示：第一部分 $2x_0\cdot\Delta x$ 是 Δx 的线性函数，在图中是两个长为 x_0 宽为 Δx 的长方形面积之和；第二部分$(\Delta x)^2$ 表示边长为 Δx 的正方形面积. 当 $\Delta x\to 0$ 时，$(\Delta x)^2$ 是比 Δx 的高阶无穷小，即$(\Delta x)^2=o(\Delta x)(\Delta x\to 0)$. 由此可见，如果边长改变当$|\Delta x|$充分小，则面积的改变量 ΔA 可以近似地用第一部分来代替. 我们称具有这种性质的函数是可微的.

二、微分的定义

定义 设函数 $y=f(x)$在某区间内有定义，x_0 及 $x_0+\Delta x$ 在这区间内，如果 Δy 可表

示为 $\Delta y=f(x_0+\Delta x)-f(x_0)=A\cdot\Delta x+o(\Delta x)$(其中 A 是与 Δx 无关的常数),则称函数 $y=f(x)$ 在点 x_0 可微,并且称 $A\cdot\Delta x$ 为函数 $y=f(x)$ 在点 x_0 相应于自变量增量 Δx 的微分,记作 $\mathrm{d}y$,即 $\mathrm{d}y\big|_{x=x_0}=A\cdot\Delta x$.

注意:(1)$\mathrm{d}y$ 是自变量的改变量 Δx 的线性函数;

(2)$\Delta y-\mathrm{d}y=o(\Delta x)$ 是比 Δx 高阶无穷小;

(3)当 $A\neq0$ 时,$\mathrm{d}y$ 与 Δy 是等价无穷小;因为 $\dfrac{\Delta y}{\mathrm{d}y}=1+\dfrac{o(\Delta x)}{A\cdot\Delta x}\to1(\Delta x\to0)$.

(4)A 是与 Δx 无关的常数,但与 $f(x)$ 和 x_0 有关;

(5)当 $|\Delta x|$ 很小时,$\Delta y\approx\mathrm{d}y$(线性主部).

三、可微的条件

定理 函数 $f(x)$ 在点 x_0 可微的充要条件是函数 $f(x)$ 在点 x_0 处可导,且 $A=f'(x_0)$.

证明 (1)必要性

因为 $f(x)$ 在点 x_0 可微,所以 $\Delta y=A\cdot\Delta x+o(\Delta x)$,所以

$$\frac{\Delta y}{\Delta x}=A+\frac{o(\Delta x)}{\Delta x},$$

则

$$\lim_{\Delta x\to0}\frac{\Delta y}{\Delta x}=A+\lim_{\Delta x\to0}\frac{o(\Delta x)}{\Delta x}=A.$$

即函数 $f(x)$ 在点 x_0 可导,且 $A=f'(x_0)$.

(2)充分性

因为函数 $f(x)$ 在点 x_0 可导,所以

$$\lim_{\Delta x\to0}\frac{\Delta y}{\Delta x}=f'(x_0),\text{即}\frac{\Delta y}{\Delta x}=f'(x_0)+\alpha,$$

从而 $\Delta y=f'(x_0)\cdot\Delta x+\alpha\cdot(\Delta x)$,(当 $\alpha\to0$ 时 $\Delta x\to0$)

$\Delta y=f'(x_0)\cdot\Delta x+o(\Delta x)$,

所以函数 $f(x)$ 在点 x_0 可微,且 $f'(x_0)=A$. 所以可导⇔可微,且 $A=f'(x_0)$,即 $\mathrm{d}y=f'(x)\Delta x$.

例 1 求函数 $y=x^3$ 当 $x=2,\Delta x=0.02$ 时的微分.

解 因为 $\mathrm{d}y=(x^3)'\Delta x=3x^2\Delta x$. 所以

$$\mathrm{d}y\Big|_{\substack{x=2\\ \Delta x=0.02}}=3x^2\Delta x\Big|_{\substack{x=2\\ \Delta x=0.02}}=0.24$$

通常把自变量 x 的增量 Δx 称为自变量的微分,记作 $\mathrm{d}x$,即

$$\mathrm{d}x=\Delta x.$$

所以

$$\mathrm{d}y=f'(x)\mathrm{d}x.$$

从而有

$$\frac{\mathrm{d}y}{\mathrm{d}x}=f'(x).$$

即函数的微分 $\mathrm{d}y$ 与自变量的微分 $\mathrm{d}x$ 之商等于该函数的导数. 因此,导数也叫"微商".

四、微分的几何意义

在直角坐标系中，函数 $y=f(x)$ 的图形是一条曲线. 对于某一固定的 x_0 值，曲线上有一个确定的点 $M(x_0,y_0)$，当自变量 x 有微小增量 Δx 时，就得到曲线上另一点 $N(x_0+\Delta x,y_0+\Delta y)$. 从图 2-4-2 可知：

$$MQ=\Delta x, QN=\Delta y.$$

过点 M 做曲线的切线 MT，它的倾角为 α，则

$$QP=MQ\cdot\tan\alpha=\Delta x\cdot f'(x_0),$$

即 $\mathrm{d}y=QP$.

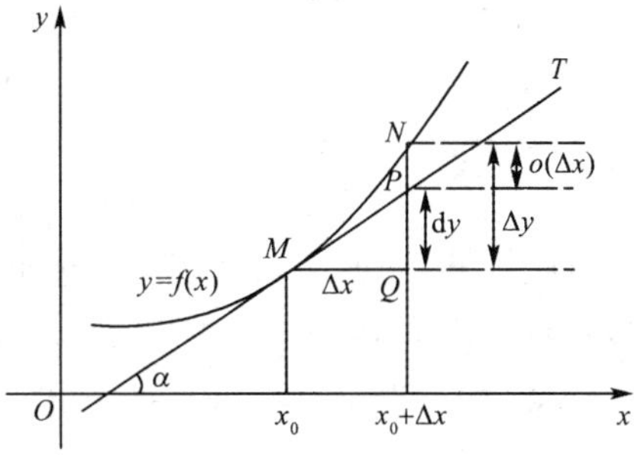

图 2-4-2

由此可见，对于可微函数 $y=f(x)$ 而言，当 Δy 是曲线 $y=f(x)$ 上的点的纵坐标增量时，$\mathrm{d}y$ 就是曲线的切线上点的纵坐标的相应增量. 当 $|\Delta x|$ 很小时，$|\Delta y-\mathrm{d}y|$ 比 $|\Delta x|$ 小得多，因此，在点 M 的附近，切线段 MP 可近似代替曲线段 MN.

在局部范围内用线性函数近似代替非线性函数，在几何上就是局部用切线段近似代替曲线段. 这在数学上称为非线性函数的局部线性化，这是微分学的基本思想方法之一. 这种思想方法在自然科学和工程问题的研究中是经常采用的.

五、微分的计算

从函数的微分表达式

$$\mathrm{d}y=f'(x)\mathrm{d}x$$

可以看出**微分求法**：计算函数的导数，乘自变量的微分.

因此，可得如下微分公式和微分运算法则.

1. 基本初等函数的微分公式

$\mathrm{d}(C)=0$　　$\mathrm{d}(x^{\mu})=\mu x^{\mu-1}\mathrm{d}x$

$\mathrm{d}(\sin x)=\cos x\,\mathrm{d}x$　　$\mathrm{d}(\cos x)=-\sin x\,\mathrm{d}x$

$\mathrm{d}(\tan x)=\sec^2 x\,\mathrm{d}x$　　$\mathrm{d}(\cot x)=-\csc^2 x\,\mathrm{d}x$

$\mathrm{d}(\sec x)=\sec x\tan x\,\mathrm{d}x$　　$\mathrm{d}(\csc x)=-\csc x\cot x\,\mathrm{d}x$

$\mathrm{d}(a^x)=a^x\ln a\,\mathrm{d}x$　　$\mathrm{d}(\mathrm{e}^x)=\mathrm{e}^x\mathrm{d}x$

$\mathrm{d}(\log_a x)=\dfrac{1}{x\ln a}\mathrm{d}x$　　$\mathrm{d}(\ln x)=\dfrac{1}{x}\mathrm{d}x$

$\mathrm{d}(\arcsin x)=\dfrac{1}{\sqrt{1-x^2}}\mathrm{d}x$　　$\mathrm{d}(\arccos x)=-\dfrac{1}{\sqrt{1-x^2}}\mathrm{d}x$

$\mathrm{d}(\arctan x)=\dfrac{1}{1+x^2}\mathrm{d}x$　　$\mathrm{d}(\mathrm{arccot}\,x)=-\dfrac{1}{1+x^2}\mathrm{d}x$

2. 函数和、差、积、商的微分法则

$\mathrm{d}(u\pm v)=\mathrm{d}u\pm\mathrm{d}v$　　$\mathrm{d}(Cu)=C\mathrm{d}u$

$d(uv)=v\mathrm{d}u+u\mathrm{d}v$ $\qquad$ $\mathrm{d}\left(\dfrac{u}{v}\right)=\dfrac{v\mathrm{d}u-u\mathrm{d}v}{v^2}$

3. 复合函数的微分法则

(1)设 $y=f(u)$ 可导,求 $\mathrm{d}y$.

$$\mathrm{d}y=f'(u)\mathrm{d}u.$$

(2)设 $y=f(u)$ 及 $u=g(x)$ 都可导,求复合函数 $y=f[g(x)]$ 的微分 $\mathrm{d}y$.

$$\mathrm{d}y=y'_x\mathrm{d}x=f'(u)\cdot g'(x)\mathrm{d}x$$

由于 $g'(x)\mathrm{d}x=\mathrm{d}u$,所以,复合函数 $y=f[g(x)]$ 的微分公式也可写成

$$\mathrm{d}y=f'(u)\mathrm{d}u \text{ 或 } \mathrm{d}y=y'_u\mathrm{d}u.$$

由此可见,无论 u 是自变量还是中间变量,微分形式 $\mathrm{d}y=f'(u)\mathrm{d}u$ 保持不变.这一性质称为**微分形式不变性**.这个性质表明,当变换自变量时,微分形式 $\mathrm{d}y=f'(u)\mathrm{d}u$ 并不改变.

例 2 设 $y=\sin(2x+1)$,求 $\mathrm{d}y$.

解 因为 $y=\sin u$,$u=2x+1$.

所以 $\mathrm{d}y=\cos u\,\mathrm{d}u=\cos(2x+1)d(2x+1)=\cos(2x+1)\cdot 2\mathrm{d}x=2\cos(2x+1)\mathrm{d}x$.

例 3 设 $y=\ln(x+\mathrm{e}^{x^2})$,求 $\mathrm{d}y$.

解 因为 $y'=\dfrac{1+2x\mathrm{e}^{x^2}}{x+\mathrm{e}^{x^2}}$,所以 $\mathrm{d}y=\dfrac{1+2x\mathrm{e}^{x^2}}{x+\mathrm{e}^{x^2}}\mathrm{d}x$.

例 4 设 $y=\mathrm{e}^{1-3x}\cos x$,求 $\mathrm{d}y$.

解 $\mathrm{d}y=\cos x\cdot d(\mathrm{e}^{1-3x})+\mathrm{e}^{1-3x}\cdot\mathrm{d}(\cos x)$

因为 $(\mathrm{e}^{1-3x})'=-3\mathrm{e}^{1-3x}$,$(\cos x)'=-\sin x$.

所以 $\mathrm{d}y=\cos x\cdot(-3\mathrm{e}^{1-3x})\mathrm{d}x+\mathrm{e}^{1-3x}\cdot(-\sin x)\mathrm{d}x=-\mathrm{e}^{1-3x}(3\cos x+\sin x)\mathrm{d}x$.

例 5 在下列等式左端的括号中填入适当的函数,使等式成立.

(1) $\mathrm{d}(\quad)=\cos\omega t\,\mathrm{d}t$; $\qquad$ (2) $\mathrm{d}(\sin x^2)=(\quad)\mathrm{d}(\sqrt{x})$.

解 (1)因为 $\mathrm{d}(\sin\omega t)=\omega\cos\omega t\,\mathrm{d}t$,所以

$$\cos\omega t\,\mathrm{d}t=\frac{1}{\omega}\mathrm{d}(\sin\omega t)=\mathrm{d}\left(\frac{1}{\omega}\sin\omega t\right);$$

所以
$$\mathrm{d}\left(\frac{1}{\omega}\sin\omega t+C\right)=\cos\omega t\,\mathrm{d}t.$$

(2)因为 $\dfrac{\mathrm{d}(\sin x^2)}{\mathrm{d}(\sqrt{x})}=\dfrac{2x\cos x^2\mathrm{d}x}{\dfrac{1}{2\sqrt{x}}\mathrm{d}x}=4x\sqrt{x}\cos x^2$,

所以
$$\mathrm{d}(\sin x^2)=(4x\sqrt{x}\cos x^2)\mathrm{d}(\sqrt{x}).$$

习题 2-4

A 组

1. $f(x)$ 在点 x_0 处可导是 $f(x)$ 在点 x_0 处可微的(　　).

A. 必要条件　　B. 充分条件　　C. 充要条件　　D. 无关条件

2. 设函数 $f(x)$ 可导，则当 x 在点 $x=1$ 处有微小增量 Δx 时，函数的增量约为（　　）.

A. $f'(1)$　　B. $\lim\limits_{x\to 1}f(x)$　　C. $f(1+\Delta x)$　　D. $f'(1)\Delta x$

3. 求下列函数的微分.

(1) $y=x\ln x-x^3$；　　(2) $y=\arcsin\sqrt{x}$；

(3) $y=x\arctan\sqrt{x}$；　　(4) $y=[\ln(1-x)]^2$；

(5) $y=x^2e^{2x}$；　　(6) $y=e^{-x}\cos(3-x)$.

4. 将适当函数填入括号，使等式成立.

(1) $d(\quad)=2x\,dx$；　　(2) $d(\quad)=\dfrac{1}{1+x^2}dx$；

(3) $d(\quad)=\dfrac{1}{\sqrt{x}}dx$；　　(4) $d(\quad)=e^{2x}dx$

B 组

1. 求下列函数微分.

(1) $\ln\sqrt{x^2+y^2}=\arctan\dfrac{y}{x}$；　　(2) $e^{\frac{x}{y}}-xy=0$.

2. 设函数 $y=y(x)$ 由方程 $2^{xy}=x+y$ 确定，求 $dy\big|_{x=0}$.

第 5 节　一元函数微分学知识拓展

一、高阶导数的运算法则

设函数 u 和 v 具有 n 阶导数，则

(1) $(u\pm v)^{(n)}=u^{(n)}\pm v^{(n)}$；

(2) $(Cu)^{(n)}=Cu^{(n)}$（C 为常数）；

(3)
$$(u\cdot v)^{(n)}=u^{(n)}v+nu^{(n-1)}v'+\frac{n(n-1)}{2!}u^{(n-2)}v''+\frac{n(n-1)\cdots(n-k+1)}{k!}u^{(n-k)}v^{(k)}+\cdots+uv^{(n)}$$
$$=\sum_{k=0}^{n}C_n^k u^{(n-k)}v^{(k)}.$$

上式称为**莱布尼茨公式**.

这个公式在形式上与二项式展开式相仿，可以这样来记：

在二项展开式 $(u+v)^n=\sum\limits_{k=0}^{n}C_n^k u^{n-k}v^k$ 中，把函数的幂改为导数的阶数，即得

$$(uv)^{(n)}=\sum_{k=0}^{n}C_n^k u^{(n-k)}v^{(k)}.$$

例 1 设 $y=x^2e^{2x}$,求 $y^{(20)}$.

解 设 $u=e^{2x}$,$v=x^2$,则由莱布尼茨公式知

$$y^{(20)}=(e^{2x})^{(20)}\cdot x^2+20(e^{2x})^{(19)}\cdot(x^2)'+\frac{20(20-1)}{2!}(e^{2x})^{(18)}\cdot(x^2)''+0$$

$$=2^{20}e^{2x}\cdot x^2+20\cdot 2^{19}e^{2x}\cdot 2x+\frac{20\cdot 19}{2!}2^{18}e^{2x}\cdot 2$$

$$=2^{20}e^{2x}(x^2+20x+95).$$

间接法求高阶导数:利用已知的高阶导数公式,通过四则运算,变量代换等方法,求出 n 阶导数.

常用高阶导数公式

(1)$(a^x)^{(n)}=a^x\cdot\ln^n a\quad(a>0)\qquad(e^x)^{(n)}=e^x$;

(2)$(\sin kx)^{(n)}=k^n\sin\left(kx+n\cdot\frac{\pi}{2}\right)$;

(3)$(\cos kx)^{(n)}=k^n\cos\left(kx+n\cdot\frac{\pi}{2}\right)$;

(4)$(x^\mu)^{(n)}=\mu(\mu-1)\cdots(\mu-n+1)x^{\mu-n}$;

(5)$(\ln x)^{(n)}=(-1)^{n-1}\frac{(n-1)!}{x^n}\qquad\left(\frac{1}{x}\right)^{(n)}=(-1)^n\frac{n!}{x^{n+1}}$.

例 2 设 $y=\frac{1}{x^2-1}$,求 $y^{(5)}$.

解 因为

$$y=\frac{1}{x^2-1}=\frac{1}{2}\left(\frac{1}{x-1}-\frac{1}{x+1}\right)$$

所以

$$y^{(5)}=\frac{1}{2}\left[\frac{-5!}{(x-1)^6}-\frac{-5!}{(x+1)^6}\right]=60\left[\frac{1}{(x+1)^6}-\frac{1}{(x-1)^6}\right].$$

二、相关变化率

设 $x=x(t)$ 及 $y=y(t)$ 都是可导函数,而变量 x 与 y 之间存在某种关系,从而它们的变化率 $\frac{dx}{dt}$ 与 $\frac{dy}{dt}$ 之间也存在一定关系,这样两个相互依赖的变化率称为相关变化率.我们研究这种关系,就是希望从一个已知的变化率求出另一个未知的变化率.

例 3 一气球从离开观察员 500 米处离地面铅直上升,其速率为 140 米/秒,当气球高度为 500 米时,观察员视线的仰角增加率是多少?

解 设气球上升 t 秒后,其高度为 h,观察员视线的仰角为 α,则

$$\tan\alpha=\frac{h}{500}$$

上式两边对 t 求导得

$$\sec^2\alpha\cdot\frac{d\alpha}{dt}=\frac{1}{500}\cdot\frac{dh}{dt}$$

因为$\frac{dh}{dt}=140$ 米/秒，当 $h=500$ 米时，$\sec^2\alpha=2$.

所以$\frac{d\alpha}{dt}=0.14$(弧度/秒).

例 4　河水以 8 米/秒的体流量流入水库中，水库形状是长为 4000 米，顶角为 120°的水槽，如图 2-5-1 所示，问水深 20 米时，水面每小时上升几米？

解　设时刻 t 水深为 $h(t)$，水库内水量为 $V(t)$，则

$$V(t)=4000\sqrt{3}h^2$$

上式两边对 t 求导得$\frac{dV}{dt}=8000\sqrt{3}h\cdot\frac{dh}{dt}$

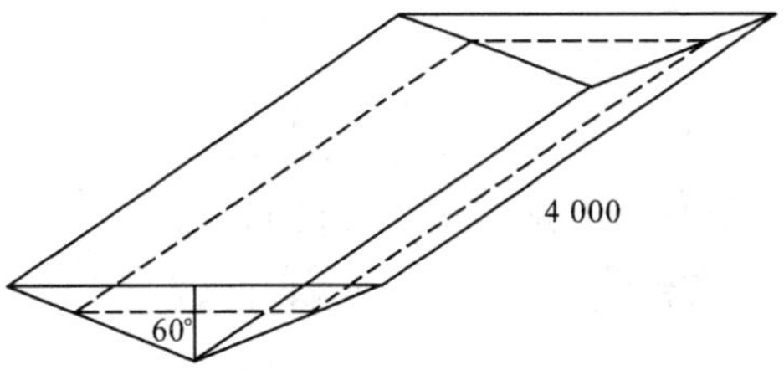

图 2-5-1

因为$\frac{dV}{dt}=28800$ 米^3/小时，所以当 $h=20$ 米时，$\frac{dh}{dt}\approx0.104$ 米/小时.

三、微分在近似计算中的应用

1. 计算函数增量的近似值

若 $y=f(x)$在点 x_0 处的导数 $f'(x_0)\neq0$，且$|\Delta x|$很小时，

$$\Delta y|_{x=x_0}\approx dy|_{x=x_0}=f'(x_0)\cdot\Delta x.$$

例 5　半径 10 厘米的金属圆片加热后，半径伸长了 0.05 厘米，问面积增大了多少？

解　设 $A=\pi r^2$，$r=10$ 厘米，$\Delta r=0.05$ 厘米. 所以

$$\Delta A\approx dA=2\pi r\cdot\Delta r=2\pi\times10\times0.05=\pi\text{(平方厘米)}.$$

2. 计算函数的近似值

(1)求 $f(x)$在点 $x=x_0$ 附近的近似值.

$$\Delta y=f(x_0+\Delta x)-f(x_0)\approx f'(x_0)\cdot\Delta x.$$

$$f(x_0+\Delta x)\approx f(x_0)+f'(x_0)\cdot\Delta x.\quad(|\Delta x|\text{很小时})$$

例 6　计算 $\cos60°30'$的近似值.

解　设 $f(x)=\cos x$，所以 $f'(x)=-\sin x$(x 为弧度)

因为 $x_0=\frac{\pi}{3}$，$\Delta x=\frac{\pi}{360}$，所以 $f\left(\frac{\pi}{3}\right)=\frac{1}{2}$，$f'\left(\frac{\pi}{3}\right)=-\frac{\sqrt{3}}{2}$.

所以

$$\cos60°30'=\cos\left(\frac{\pi}{3}+\frac{\pi}{360}\right)\approx\cos\frac{\pi}{3}-\sin\frac{\pi}{3}\cdot\frac{\pi}{360}$$

$$=\frac{1}{2}-\frac{\sqrt{3}}{2}\cdot\frac{\pi}{360}\approx0.4924.$$

(2)求 $f(x)$在点 $x=0$ 附近的近似值.

令 $x_0=0$，$\Delta x=x$. 因为 $f(x_0+\Delta x)\approx f(x_0)+f'(x_0)\cdot\Delta x$，所以

$$f(x)\approx f(0)+f'(0)\cdot x.$$

工程中,常用近似公式 （$|\Delta x|$很小时）

(1)$\sqrt[n]{1+x}\approx 1+\frac{1}{n}x$； (2)$\sin x\approx x$($x$ 为弧度)；

(3)$\tan x\approx x$(x 为弧度)； (4)$e^x\approx 1+x$；

(5)$\ln(1+x)\approx x$.

证明 (1)$f(x)=\sqrt[n]{1+x}$，$f'(x)=\frac{1}{n}(1+x)^{\frac{1}{n}-1}$，$f(0)=1$，$f'(0)=\frac{1}{n}$. 所以

$$f(x)\approx f(0)+f'(0)x=1+\frac{x}{n}.$$

其他四个证明请自行完成.

例 7 计算下列各数的近似值.

(1)$\sqrt[3]{998.5}$； (2)$e^{-0.03}$.

解 (1)$\sqrt[3]{998.5}=\sqrt[3]{1000-1.5}=\sqrt[3]{1000\left(1-\frac{1.5}{1000}\right)}=10\sqrt[3]{1-0.0015}$

$$\approx 10\left(1-\frac{1}{3}\times 0.0015\right)=9.995.$$

(2)$e^{-0.03}\approx 1-0.03=0.97$.

四、典型题选讲

例 8 $f(x)=x(x-1)(x-2)\cdots(x-50)$，求 $f'(2)$.

分析 如果直接按函数乘积的求导法则做太麻烦，因此，我们可以想到用导数定义做或把 $f(x)$拆分为$(x-2)$和 $x(x-1)(x-3)\cdots(x-50)$两项，再用函数乘积的求导法则做.

解法 1 $f'(2)=\lim\limits_{x\to 2}\frac{f(x)-f(2)}{x-2}=\lim\limits_{x\to}x(x-1)(x-3)\cdots(x-50)$

$$=2\cdot 1\cdot(-1)\cdots(-48)=2\cdot 48!$$

解法 2 令 $g(x)=x(x-1)(x-3)\cdots(x-50)$则 $f(x)=(x-2)g(x)$

$$f'(x)=g(x)+(x-2)g'(x)$$

$$f'(2)=g(2)=2(2-1)(2-3)\cdots(2-50)=2\cdot 48!$$

例 9 设 $f(x)=\begin{cases}x^2, & x\geqslant 0\\ -x, & x<0\end{cases}$，求 $f'(x)$.

分析 不少同学认为，$x\geqslant 0$ 时，$f'(x)=2x$，$x<0$ 时，$f'(x)=-1$，而忽略了验证 $f(x)$在 $x=0$ 点是否可导.

解 $x>0$ 时，$f'(x)=2x$；$x<0$ 时，$f'(x)=-1$. 而

$$f'_+(0)=\lim_{x\to 0^+}\frac{f(x)-f(0)}{x}=\lim_{x\to 0^+}\frac{x^2-0}{x}=0,$$

$$f'_-(0)=\lim_{x\to 0^-}\frac{f(x)-f(0)}{x}=\lim_{x\to 0^-}\frac{-x-0}{x}=-1$$

因 $f'_+(0)\neq f'_-(0)$，所以 $f'(0)$ 不存在. 则

$$f'(x)=\begin{cases}2x, & x>0\\ \text{不存在}, & x=0.\\ -1, & x<0\end{cases}$$

注意：分段函数在分段点处的导数，应按导数的定义来求.

例 10　设 $f(x)=\begin{cases}\ln(1+x)+2, & x\geqslant 0\\ ax+b, & x<0\end{cases}$，选择适当的 a、b，使 $f(x)$ 在 $x=0$ 处可导.

分析　要求两个参数 a、b，需要列出两个方程. 而题目中只给了一个条件 $f(x)$ 在 $x=0$ 处可导，必须再由已知条件挖掘出一个条件. 我们知道可导必连续，这样又得到一个条件，题目就可求解了.

解　由可导必连续可知，若 $f(x)$ 在 $x=0$ 处可导，必有 $f(x)$ 在 $x=0$ 处连续，即 $\lim\limits_{x\to 0^-}f(x)=\lim\limits_{x\to 0^+}f(x)$，则 $\lim\limits_{x\to 0^-}(ax+b)=\lim\limits_{x\to 0^+}[\ln(1+x)+2]$，由此可得 $b=2$. 又

$$f'_-(0)=\lim_{x\to 0^-}\frac{\ln(1+x)+2-2}{x-0}=\lim_{x\to 0^-}\frac{x}{x}=1,$$

将 $b=2$ 代入，得 $f'_+(0)=\lim\limits_{x\to 0^+}\dfrac{ax+2-2}{x-0}=a$，所以 $a=1$. 即当 $a=1,b=2$ 时，$f(x)$ 在 $x=0$ 处可导.

例 11　求下列函数的导数.

(1) $y=f(\sin^2x)$；　(2) $y=\left(\dfrac{x}{1+x}\right)^x$；　(3) $y=\dfrac{\sqrt{x+2}\,(3-x)^4}{\sqrt[3]{(x+1)^2}}$.

(1) **分析**　这是抽象函数求导，同样是复合函数求导问题.

解　$y'=[f(\sin^2x)]'=f'(\sin^2x)\cdot(\sin^2x)'$

$=f'(\sin^2x)\cdot 2\sin x(\sin x)'=f'(\sin^2x)\cdot 2\sin x\cdot\cos x$

$=\sin 2x f'(\sin^2x)$

(2) **分析**　此题属于幂指函数 $y=u(x)^{v(x)}$ 求导，可用对数求导法，也可借用对数恒等式变形再求导.

解法 1　对 $y=\left(\dfrac{x}{1+x}\right)^x$ 两边取对数得，

$$\ln y=x[\ln x-\ln(1+x)],$$

两边对 x 求导数得，

$$\frac{y'}{y}=\ln\frac{x}{1+x}+x\left(\frac{1}{x}-\frac{1}{1+x}\right)=\ln\frac{x}{1+x}+\frac{1}{1+x},$$

所以

$$y'=\left(\frac{x}{1+x}\right)^x\left(\ln\frac{x}{1+x}+\frac{1}{1+x}\right).$$

解法 2　$y=\left(\dfrac{x}{1+x}\right)^x=e^{\ln\left(\frac{x}{1+x}\right)^x}=e^{x\ln\left(\frac{x}{1+x}\right)}=e^{x[\ln x-\ln(1+x)]}$

$$y'=e^{x[\ln x-\ln(1+x)]}\left\{[\ln x-\ln(1+x)]+x\left[\frac{1}{x}-\frac{1}{1+x}\right]\right\}$$

$$=\left(\frac{x}{1+x}\right)^{x}\left(\ln\frac{x}{1+x}+\frac{1}{1+x}\right).$$

(3)**分析** 对于这种含有多个因式相乘除或带有开方、乘方的函数，利用对数求导法求导比较方便.

解 对两边取对数得

$$\ln y=\frac{1}{2}\ln|x+2|+4\ln|3-x|-\frac{2}{3}\ln|x+1|$$

两边对 x 求导数得

$$\frac{y'}{y}=\frac{1}{2}\frac{1}{(x+2)}-4\frac{1}{(3-x)}-\frac{2}{3}\frac{1}{(1+x)}$$

所以
$$y'=\frac{\sqrt{x+2}(3-x)^4}{\sqrt[3]{(x+1)^2}}\left[\frac{1}{2(x+2)}-\frac{4}{3-x}-\frac{2}{3(x+1)}\right].$$

五、应用举例

例 12 电路中某点处的电流 i 是通过该点处的电量 q 关于时间 t 的瞬时变化率，如果某一电路中的电量为 $q(t)=t^3+t$，求(1)电流函数 $i(t)$；(2)$t=3$ 时的电流是多少？(3)什么时候电流为 49？

解 (1)$i(t)=\frac{dq}{\mathrm{d}t}=(t^3+t)'=3t^2+1$；

(2)$i(3)=3\times3^2+1=28$；

(3)解方程 $i(t)=3t^2+1=49$，得 $t=\pm4$(舍去负值)，即当 $t=4$ 时，电流为 49.

例 13 某公司生产一种奶制品，假设能全部出售，收入函数为 $R=360x-\frac{x^2}{20}$，其中 x 为公司一天的产量，如果公司每天的产量从 250 增加到 260(单位：千克)，请估计公司每天收入的增加量.

解 公司每天产量的增加量为 $\Delta x=10$，用 $\mathrm{d}R$ 估计每天的收入增加量为

$$\Delta R\Big|_{\substack{\Delta x=10\\x=250}}\approx\mathrm{d}R\Big|_{\substack{\Delta x=10\\x=250}}=\left(360x-\frac{x^2}{20}\right)'\Delta x\Big|_{\substack{\Delta x=10\\x=250}}=\left(\frac{x}{10}\right)\Delta x\Big|_{\substack{\Delta x=10\\x=250}}=3350.$$

例 14 从一艘破裂的油轮中渗漏出来的油，在海面上逐步扩散形成油层，设在扩散的过程中，其形状一直是一个厚度均匀的圆柱体，其体积也始终保持不变，已知其厚度 h 的减少率与 h^3 成正比，试证明其半径 r 的增加率与 r^3 成反比.

证明 因油层的体积 $V=\pi r^2h$，在等式两边同时对 t 求导，由于 V,r 都是常数，所以有 $2r\frac{\mathrm{d}r}{\mathrm{d}t}h+r^2\frac{\mathrm{d}h}{\mathrm{d}t}=0$，由题意 $\frac{\mathrm{d}h}{\mathrm{d}t}=-k_1h^3$，则 $\frac{\mathrm{d}r}{\mathrm{d}t}=-\frac{r}{2h}\frac{\mathrm{d}h}{\mathrm{d}t}=\frac{k_1h^2r}{2}$，又 $h=\frac{V}{\pi r^2}$，故

$$\frac{\mathrm{d}r}{\mathrm{d}t}=\frac{k_1r}{2}\left(\frac{V}{\pi r^2}\right)^2=\frac{k_1V^2}{2\pi^2r^3}=\frac{k_1V^2}{2\pi^2}\cdot\frac{1}{r^3},$$

因为 $\frac{k_1V^2}{2\pi^2}$ 是常数，则半径 r 的增加率与 r^3 成反比.

总习题 2

A 组

一、填空题

1. 已知 $f(x)$ 可导，且 $\lim\limits_{x\to 0}\dfrac{f(1)-f(1-x)}{2x}=1$，则 $f'(1)=$________.

2. $f(x-1)=x^2-4x$，则 $f'(x)=$________.

3. 设 $y=\ln x$ 在 $(e,1)$ 处的法线方程为________.

4. $y=\ln(x^2+2)$，则 $dy=$________.

5. $f(x)=xe^x$，则 $f''(0)=$________.

二、选择题

1. 设 $f(x)=\begin{cases}e^x, & x<0\\ a-bx, & x\geqslant 0\end{cases}$ 在点 $x=0$ 处可导，则 a、b 分别为(　　).

A. $a=1,b=1$　　B. $a=1,b=-1$

C. $a=-1,b=1$　　D. $a=-1,b=-1$

2. 设函数 $f(x)$ 满足 $f(0)=0$，且 $\lim\limits_{x\to 0}\dfrac{f(2x)}{x}$ 存在，则 $\lim\limits_{x\to 0}\dfrac{f(2x)}{x}=$(　　)。

A. $f'(x)$　　B. $2f'(x_0)$　　C. $2'(0)$　　D. $\dfrac{1}{2}f'(0)$

3. $f(x)=\begin{cases}x\sin\dfrac{1}{x}, & x\neq 0\\ 0, & x=0\end{cases}$ 在 dy 处(　　).

A. 不连续　　B. 连续但不可导

C. 可导，但导数在该点不连续　　D. 导函数在该点连续

4. $y=\sqrt{x\sqrt{x\sqrt{x}}}$，则 $y'=$(　　).

A. $\dfrac{7}{8}x^{-\frac{1}{8}}$　　B. $\dfrac{7}{8}x^{\frac{1}{8}}$　　C. $\dfrac{1}{2}x^{-\frac{1}{2}}$　　D. $\dfrac{7}{4}x^{-\frac{1}{8}}$

5. 设 $f(x)$ 在 x_0 处有定义，但 $\lim\limits_{x\to x_0}f(x)$ 不存在，则(　　).

A. $f'(x_0)$ 必存在　　B. $f'(x_0)$ 必不存在

C. $f(x)$ 必连续　　D. $\lim\limits_{x\to x_0}f(x)=f(x_0)$

三、计算题

1. 设 $y=3\cos\left(5x+\dfrac{\pi}{2}\right)$，求 $\dfrac{dy}{dx}$.

2. 设 $\begin{cases}x=1+t^2\\ y=\cos t\end{cases}$，求 $\dfrac{d^2y}{dx^2}$.

3. $y=\ln(x+\sqrt{x^2+1})$，求 dy.

4. 设 $f(x)=\begin{cases}x, & x<0\\ \ln(1+x), & x\geqslant 0\end{cases}$，求 $f'(x)$.

5. 求方程 $y=1+x\sin y$ 所确定的函数的导数 $\frac{dy}{dx}$.

6. $e^{xy}+\tan(xy)=y$，求 $y'(0)$.

7. 讨论函数 $f(x)=\begin{cases}x\arctan\frac{1}{x}, & x\neq 0\\ 0, & x=0\end{cases}$ 在 $x=0$ 处的连续性和可导性.

8. $y=\frac{1-x}{1+x}$，求 y'.

9. 设 $f(x)=\lim\limits_{x\to\infty}t\left(\frac{x+t}{x-t}\right)^x$，求 $f'(t)$.

10. 试求过点 $M_0(-1,1)$ 且与曲线 $2e^x-2\cos y-1=0$ 上点 $\left(0,\frac{\pi}{3}\right)$ 的切线相垂直的直线方程.

B 组

一、填空题

1. 设 $f(x)=(x-a)\varphi(x)$，$\varphi(x)$ 在点 $x=a$ 连续，则 $f'(a)=$________.

2. 设 $f(x)=\frac{(x-1)(x-2)\cdots(x-n)}{(x+1)(x+2)\cdots(x+n)}$，求 $f'(1)$.

3. 设 $\lim\limits_{x\to 0}\frac{f(x)}{x-1}=\frac{2}{3}$，且 $f(1)=0$，则 $\lim\limits_{x\to 0}f'(1)=$________.

4. 过原点做直线 L 与曲线 $y=e^x$ 相切，则 L 的方程为________.

5. 设 $f(x)=\sqrt{x}\,e^x\arcsin\sqrt{\frac{x}{1+x^2}}$，则 $f'_+(0)=$________.

二、选择题

1. 函数 $f(x)=|x|(x+1)$ 在 $x=0$ 处(　　)

A. 连续，可导　　　　B. 连续，不可导

C. 不连续，可导　　　　D. 不连续，不可导

2. 设 $f(x)=\begin{cases}\frac{1-\cos x}{\sqrt{x}}, & x>0\\ x^2g(x), & x\leqslant 0\end{cases}$，其中 $g(x)$ 是有界函数，则 $f(x)$ 在 $x=0$ 处(　　).

A. 极限不存在　　　　B. 极限存在，但不连续

C. 连续，但不可导　　　　D. 可导

3. 若函数 $y=f(x)$ 满足 $f'(x_0)=\frac{1}{2}$，则当 $\Delta x\to 0$ 时，是 $dy|_{x=x_0}$(　　).

A. 与 Δx 等价的无穷小　　　　B. 与 Δx 同阶的无穷小

C. 与 Δx 高阶的无穷小　　　　D. 与 Δx 低阶的无穷小

4. 设函数 $f(x)$ 在区间 $(-\delta,\delta)$ 内有定义，若当 $x\in(-\delta,\delta)$ 时，恒有 $|f(x)|\leqslant x^2$，则 $x=0$ 必是 f 的(　　).

A. 连续而不可导点　　　　B. 间断点

C. 可导点，且 $f'(0)=0$　　　　　D. 可导点，且 $f'(0)\neq 0$

5. 设周期函数 $f(x)$ 在 $(-\infty,+\infty)$ 内可导，周期为 4，又 $\lim\limits_{x\to 0}\dfrac{f(1)-f(1-x)}{2x}=-1$，则曲线 $y=f(x)$ 在点 $(5,f(5))$ 处的切线的斜率为(　　).

A. $\dfrac{1}{2}$　　　B. 0　　　C. -1　　　D. -2

三、计算题

1. 设 $y=2^{\cos^2\frac{1}{x}}$，求 y'.

2. 求曲线 $\begin{cases}x=t-\sin t\\ y=1-\cos t\end{cases}$，在 $t=\dfrac{3}{2}\pi$ 对应点的切线在 y 轴上的截距.

3. 设函数 $y=y(x)$ 由参数 $\begin{cases}x=t+e^t\\ y=\sin t\end{cases}$ 确定，求 $\dfrac{d^2y}{dx^2}$.

4. 设由方程 $\ln\sqrt{x^2+y^2}=\arctan\dfrac{y}{x}$ 所确定的隐函数的导数 $\dfrac{dy}{dx}$.

5. 求由方程 $\sin y=\ln(x+y)$ 所确定的隐函数的二阶导数 $\dfrac{dy}{dx}$.

6. 设 $\dfrac{\tan x}{x}$，求 y''.

7. 设 $f(x)=\begin{cases}e^{-\frac{1}{x^2}}, & x\neq 0\\ 0, & x=0\end{cases}$，讨论 $f'(x)$ 在 $x=0$ 的连续性.

8. 设 $y=f(\sin^2x)+f(\cos^2x)$，f 可微，求 $\dfrac{dy}{dx}$.

9. 设函数 $f(x)$ 在 $(-\infty,+\infty)$ 上有定义，在区间 $[0,2]$ 上 $f(x)=x(x^2-4)$，且对任意的 x 都有 $f(x)=kf(x+2)$，其中 k 为常数.

(1) 写出 $f(x)$ 在 $[-2,0)$ 上的表达式；

(2) k 为何值时，$f(x)$ 在 $x=0$ 处可导？

10. 设函数由参数 $\begin{cases}x=2t+t^2\\ y=\varphi(t)\end{cases}$ $(t>-1)$ 确定，其中 $\varphi(t)$ 具有二阶导数，且 $\varphi(1)=\dfrac{5}{2}$，$\varphi'(1)=6$，已知 $\dfrac{d^2y}{dx^2}=\dfrac{3}{4(1+t)}$，求函数 $\varphi(t)$.

第3章

微分中值定理与导数的应用

上一章我们学习了导数的概念，并讨论了导数的计算方法. 在本章，我们将利用导数来研究函数以及曲线的某些性态，并利用这些知识解决一些实际问题. 为此，我们先来介绍微分学的几个中值定理，它们是导数应用的理论基础.

第1节 微分中值定理

一、罗尔(Rolle)定理

罗尔(Rolle)定理 如果函数 $f(x)$ 满足：

(1)在闭区间 $[a,b]$ 上连续；

(2)在开区间 (a,b) 内可导；

(3)在区间端点的函数值相等，即 $f(a)=f(b)$，那么在 (a,b) 内至少有一点 $\xi(a<\xi<b)$，使得 $f'(\xi)=0$.

例如，$f(x)=x^2-2x-3=(x-3)(x+1)$. 在 $[-1,3]$ 上连续，在 $(-1,3)$ 内可导，且 $f(-1)=f(3)=0$，因为 $f'(x)=2(x-1)$，取 $\xi=1(1\in(-1,3))$. 所以 $f'(\xi)=0$.

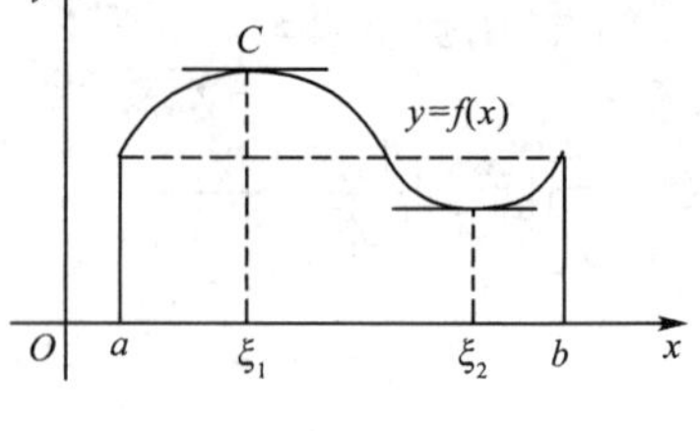

图 3-1-1

注意：(1)几何解释：连续曲线弧 $y=f(x)(x\in[a,b])$ 上除端点外都有不垂直于 x 轴的切线，且两端点函数值相等，则该曲线弧在 (a,b) 内至少有一条水平切线，如图 3-1-1 所示.

(2)若罗尔定理的三个条件中有一个不满足，其结论可能不成立.

例如，$y=\begin{cases}x, & 0<x\leqslant 1\\ 1, & x=0\end{cases}$ 不满足条件(1)在闭区间上连续，此时虽然满足定理的另两个条件，但显然没有水平切线，如图 3-1-2 所示.

物理解释：变速直线运动在折返点处，瞬时速度等于零.

例如，$y=|x|$，$x\in[-1,1]$不满足条件(2)在开区间内可导，在$(-1,1)$内找不到水平切线，如图 3-1-3 所示.

又例如，$y=x$，$x\in[0,1]$不满足条件(3)端点值相等，显然没有水平切线，如图 3-1-4 所示.

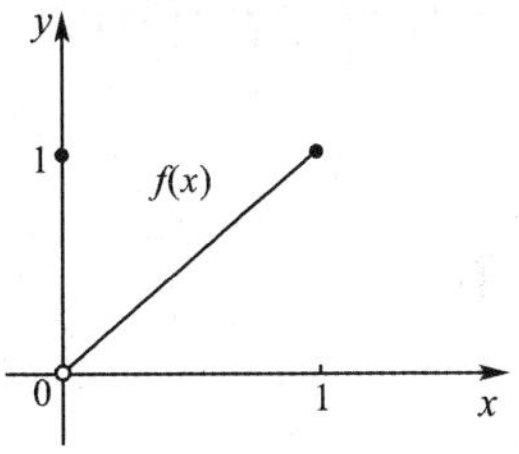

图 3-1-2

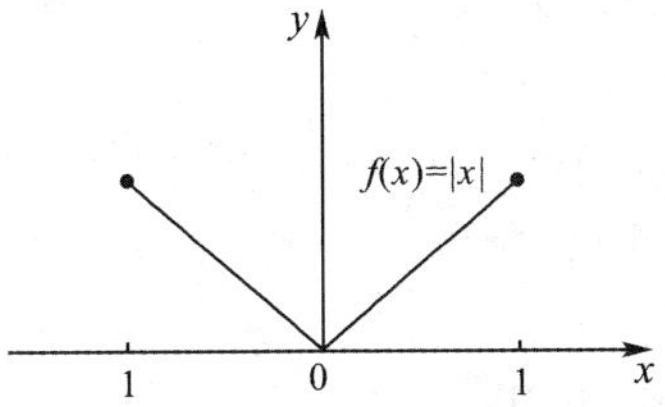

图 3-1-3

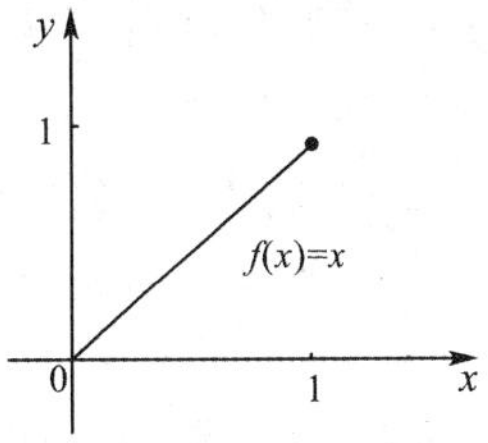

图 3-1-4

由此可见，应用这个定理时，一定要仔细验证是否满足定理的三个条件，否则容易产生错误.

(3)由零点定理可以证明方程 $f(x)=0$ 有根；由罗尔定理可以证明导函数方程 $f'(x)=0$ 有根.

二、拉格朗日(Lagrange)中值定理

拉格朗日中值定理 如果函数 $f(x)$满足

(1)在闭区间$[a,b]$上连续；

(2)在开区间(a,b)内可导.

那么在(a,b)内至少有一点 $\xi(a<\xi<b)$，使等式 $f(b)-f(a)=f'(\xi)(b-a)$成立.

结论也可写成$\dfrac{f(b)-f(a)}{b-a}=f'(\xi)$.

注意：1. (1)(2)两条件缺一不可；

2. 罗尔定理是拉格朗日中值定理的特例；

3. 几何解释：连续曲线弧 AB 上除端点外都有不垂直于 x 轴的切线，则曲线弧 AB 上至少有一点 C，在该点处的切线平行于弦 AB，如图 3-1-5 所示.

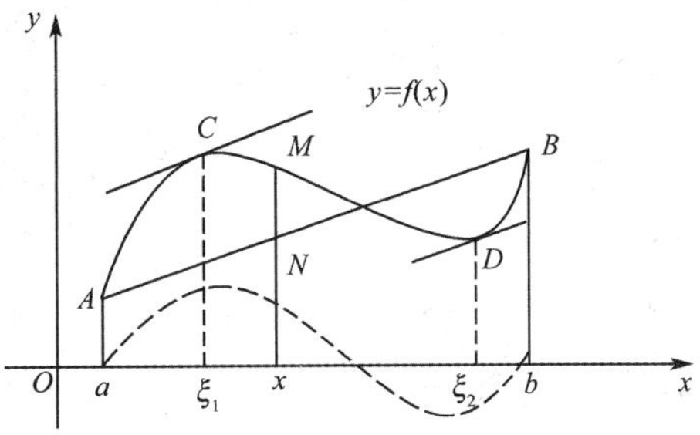

图 3-1-5

4. 拉格朗日中值定理精确地表达了函数在一个区间上的增量与函数在这区间内某点处的导数之间的关系.

设 $f(x)$在(a,b)内可导，x_0，$x_0+\Delta x\in(a,b)$，则有

$$f(x_0+\Delta x)-f(x_0)=f'(x_0+\theta\Delta x)\cdot\Delta x\quad(0<\theta<1).$$

也可写成 $\Delta y=f'(x_0+\theta\Delta x)\cdot\Delta x(0<\theta<1)$（增量 Δy 的精确表达式），拉格朗日中值定理又称有限增量定理（微分中值定理）.

定理 如果函数 $f(x)$ 在区间 I 上的导数恒为零，那么 $f(x)$ 在区间 I 上是一个常数.

证明 在区间 I 上任取两点 x_1、x_2（$x_1<x_2$），应用拉格朗日中值定理有 $f(x_2)-f(x_1)=f'(\xi)(x_2-x_1)(x_1<\xi<x_2)$.

由假定，$f'(\xi)=0$，所以 $f(x_2)-f(x_1)=0$，即 $f(x_2)=f(x_1)$.

因为 x_1、x_2 是 I 上的任意两点，所以 $f(x)$ 在区间 I 上是一个常数.

三、柯西（Cauchy）中值定理

柯西中值定理 如果函数 $f(x)$ 及 $F(x)$ 在闭区间 $[a,b]$ 上连续，在开区间 (a,b) 内可导，且 $F'(x)$ 在 (a,b) 内每一点处均不为零，那么在 (a,b) 内至少有一点 $\xi(a<\xi<b)$，使等式 $\dfrac{f(a)-f(b)}{F(a)-F(b)}=\dfrac{f'(\xi)}{F'(\xi)}$ 成立.

几何解释：在曲线弧 AB 上至少有一点 $C(F(\xi),f(\xi))$，在该点处的切线平行于弦 AB，如图 3-1-6 所示.

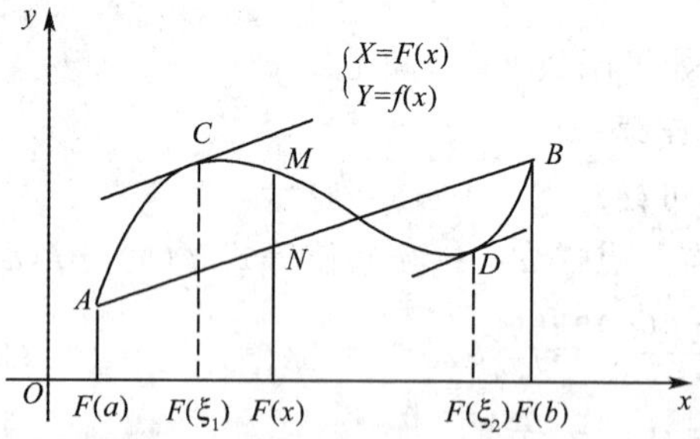

图 3-1-6

四、定理应用

1. 证明导函数方程有根

例 1 若方程 $a_0x^n+a_1x^{n-1}+\cdots+a_{n-1}x=0$ 有一个正根 $x=x_0$，证明方程 $a_0nx^{n-1}+a_1(n-1)x^{n-2}+\cdots+a_{n-1}=0$ 必有一个小于 x_0 的正根.

证明 设 $f(x)=a_0x^n+a_1x^{n-1}+\cdots+a_{n-1}x$，$f(x)$ 在 $[0,x_0]$ 连续，在 $(0,x_0)$ 内可导，并且 $f(0)=f(x_0)$，由罗尔定理可知在 $(0,x_0)$ 内至少有一点 ξ，使得 $f'(\xi)=0$. 即 $a_0nx^{n-1}+a_1(n-1)x^{n-2}+\cdots+a_{n-1}=0$ 必有一个小于 x_0 的正根.

2. 证明恒等式

例 2 证明恒等式：$\arcsin x+\arccos x=\dfrac{\pi}{2}(-1\leqslant x\leqslant 1)$.

证明 设 $f(x)=\arcsin x+\arccos x(-1\leqslant x\leqslant 1)$

$$f'(x)=\frac{1}{\sqrt{1-x^2}}-\frac{1}{\sqrt{1-x^2}}=0$$

由定理可知 $f(x)$在$(-1\leqslant x\leqslant 1)$为常数.

又因为 $f(1)=\frac{\pi}{2}+0=\frac{\pi}{2}$,所以 $\arcsin x+\arccos x=\frac{\pi}{2}(-1\leqslant x\leqslant 1)$.

3. 证明不等式

例 3　证明当 $x>0$ 时,$\frac{x}{1+x}<\ln(1+x)<x$.

证明　设 $f(x)=\ln(1+x)$,$f(x)$在$[0,x]$上满足拉格朗日定理的条件,所以

$$f(x)-f(0)=f'(\xi)(x-0),(0<\xi<x)$$

因为 $f(0)=0$,$f'(x)=\frac{1}{1+x}$,由上式得 $\ln(1+x)=\frac{x}{1+\xi}$,又因为

$$0<\xi<x,1<1+\xi<1+x,\frac{1}{1+x}<\frac{1}{1+\xi}<1,$$

所以

$$\frac{x}{1+x}<\frac{x}{1+\xi}<x,$$

即

$$\frac{x}{1+x}<\ln(1+x)<x.$$

注意:罗尔定理、拉格朗日中值定理及柯西中值定理之间的关系.

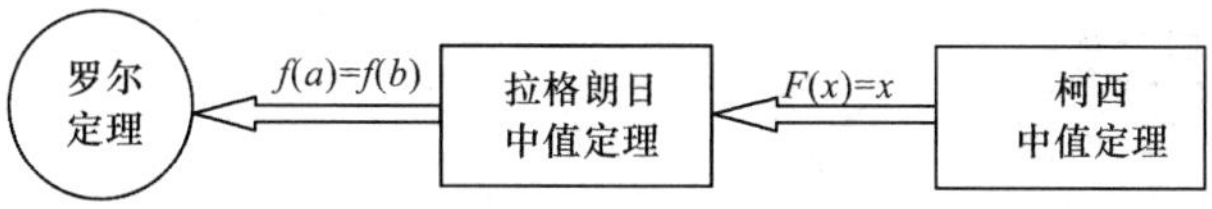

习题 3-1

A 组

1. 验证罗尔定理对函数 $y=\ln\sin x$ 在区间 $\left[\frac{\pi}{6},\frac{5\pi}{6}\right]$ 上的正确性.

2. 验证拉格朗日中值定理对函数 $y=2x^3$ 在区间$[-1,1]$上的正确性.

3. 验证柯西中值定理对函数 $f(x)=\sin x$ 及 $F(x)=\cos x$ 在区间 $\left[0,\frac{\pi}{2}\right]$ 上的正确性.

4. 不用求出函数 $f(x)=(x-1)(x-2)(x-3)(x-4)$的导数,说明方程 $f'(x)=0$ 有几个实根,并指出它们所在的区间.

5. 证明下列不等式.

(1)$\frac{a-b}{a}<\ln\frac{a}{b}<\frac{a-b}{b}$,$(a>b>0)$;

(2)$\frac{x}{1+x}<\ln(1+x)<x,(x>0)$;

(3)$e^x\geqslant ex$.

B组

1.若函数 $f(x)$ 在 (a,b) 内二阶可导,且 $f(x_1)=f(x_2)=f(x_3)$,其中 $a<x_1<x_2<x_3<b$,证明:在 (x_1,x_3) 内至少有一点 ξ,使得 $f''(\xi)=0$.

2.设 $f(x)$ 在 $[a,b]$ 上连续,在 (a,b) 内可导,证明至少存在一点 $\xi\in(a,b)$,使得 $2\xi[f(a)-f(b)]=(a^2-b^2)f'(\xi)$.

第2节 洛必达法则

当 $x\to0$ 时,$3x\to0$,$\sin x\to0$,$x^2\to0$,$\lim\limits_{x\to0}\frac{3x}{\sin x}=3$,$\lim\limits_{x\to0}\frac{x^2}{3x}=0$,$\lim\limits_{x\to0}\frac{3x}{x^2}=\infty$.一般地,如果当 $x\to a$(或 $x\to\infty$)时,两个函数 $f(x)$ 与 $F(x)$ 都趋于零或趋于无穷大,那么极限 $\lim\limits_{\substack{x\to a\\(x\to\infty)}}\frac{f(x)}{F(x)}$ 可能存在,也可能不存在.通常把这种极限叫作未定式,并分别简记为“$\frac{0}{0}$”或“$\frac{\infty}{\infty}$”.对于这类极限,能否用“商的极限等于极限的商”这一法则计算呢?显然不能.那么对于这类极限又如何计算呢?本节将讨论求这类极限的有效方法.

一、“$\frac{0}{0}$”型未定式

定理1 设

(1)$\lim\limits_{x\to a}f(x)=\lim\limits_{x\to a}F(x)=0$;

(2)在点 a 的某去心邻域内,$f'(x)$ 及 $F'(x)$ 都存在且 $F'(x)\neq0$;

(3)$\lim\limits_{x\to a}\frac{f'(x)}{F'(x)}$ 存在(或为无穷大);

那么 $\lim\limits_{x\to a}\frac{f(x)}{F(x)}=\lim\limits_{x\to a}\frac{f'(x)}{F'(x)}$.

这种在一定条件下通过分子分母分别求导再求极限来确定未定式的值的方法称为洛必达法则.

注意:1.定理1表明:如果未定式“$\frac{0}{0}$”型满足洛必达法则的条件,则未定式的极限可用对分子分母分别求导再求极限来确定未定式的极限.

2.如果 $\lim\limits_{x\to x_0}\frac{f'(x)}{g'(x)}$ 还是“$\frac{0}{0}$”型,可再用一次洛必达法则,直至不是未定式“$\frac{0}{0}$”型为止.即

$$\lim_{x\to x_0}\frac{f(x)}{g(x)}=\lim_{x\to x_0}\frac{f'(\xi)}{g'(\xi)}=\cdots=\lim_{x\to x_0}\frac{f^{(n)}(x)}{g^{(n)}(x)}.$$

“$\frac{0}{0}$”型　　“$\frac{0}{0}$”型　…　不是“$\frac{0}{0}$”型.

3. 当 $x\to x_0$ 改为 $x\to\infty$，定理仍然成立.

4. 如果不是未定式，则不能用洛必达法则.

例 1　求 $\lim\limits_{x\to 0}\frac{\sin ax}{\sin bx}(b\neq 0)$. (“$\frac{0}{0}$”)

解法 1　$\lim\limits_{x\to 0}\frac{\sin ax}{\sin bx}=\lim\limits_{x\to 0}\frac{(\sin ax)'}{(\sin bx)'}=\lim\limits_{x\to 0}\frac{a\cos ax}{b\cos bx}=\frac{a}{b}$

解法 2　$\lim\limits_{x\to 0}\frac{\sin ax}{\sin bx}=\lim\limits_{x\to 0}\frac{ax}{bx}=\frac{a}{b}$

例 2　求 $\lim\limits_{x\to 1}\frac{x^3-3x+2}{x^3-x^2-x+1}$. (“$\frac{0}{0}$”)

解　$\lim\limits_{x\to 1}\frac{x^3-3x+2}{x^3-x^2-x+1}=\lim\limits_{x\to 1}\frac{3x^2-3}{3x^2-2x-1}=\lim\limits_{x\to 1}\frac{6x}{6x-2}=\frac{3}{2}$.

例 3　求 $\lim\limits_{x\to 0}\frac{x-\sin x}{x^3}$. (“$\frac{0}{0}$”)

解　$\lim\limits_{x\to 0}\frac{x-\sin x}{x^3}=\lim\limits_{x\to 0}\frac{1-\cos x}{3x^2}=\lim\limits_{x\to 0}\frac{\sin x}{6x}=\frac{1}{6}$

例 4　求 $\lim\limits_{x\to+\infty}\frac{\frac{\pi}{2}-\arctan x}{\frac{1}{x}}$. (“$\frac{0}{0}$”)

解　$\lim\limits_{x\to+\infty}\frac{\frac{\pi}{2}-\arctan x}{\frac{1}{x}}=\lim\limits_{x\to+\infty}\frac{-\frac{1}{1+x^2}}{-\frac{1}{x^2}}=\lim\limits_{x\to+\infty}\frac{x^2}{1+x^2}=1$

二、“$\frac{\infty}{\infty}$”型未定式

定理 2　设

(1) $\lim\limits_{x\to a}f(x)=\lim\limits_{x\to a}F(x)=\infty$；

(2) 在点 a 的某去心邻域内，$f'(x)$ 及 $F'(x)$ 都存在且 $F'(x)\neq 0$；

(3) $\lim\limits_{x\to a}\frac{f'(x)}{F'(x)}$ 存在(或为无穷大)；

那么 $\lim\limits_{x\to a}\frac{f(x)}{F(x)}=\lim\limits_{x\to a}\frac{f'(x)}{F'(x)}$.

注意：1. 如果 $\lim\limits_{x\to x_0}\frac{f'(x)}{g'(x)}$ 还是“$\frac{\infty}{\infty}$”型，可再用一次洛必达法则，直至不是未定式“$\frac{\infty}{\infty}$”型为止. 即

$$\lim_{x\to\infty}\frac{f(x)}{g(x)}=\lim_{x\to\infty}\frac{f'(\xi)}{g'(\xi)}=\cdots=\lim_{x\to\infty}\frac{f^{(n)}(x)}{g^{(n)}(x)}.$$

“$\frac{\infty}{\infty}$”型　　“$\frac{\infty}{\infty}$”型　　…　不是“$\frac{\infty}{\infty}$”型.

2. 当 $x\to x_0$ 改为 $x\to\infty$,定理仍然成立.

例 5　设 $n>0$,求 $\lim\limits_{x\to\infty}\frac{\ln x}{x^n}$.

解　$\lim\limits_{x\to\infty}\frac{\ln x}{x^n}\overset{\frac{\infty}{\infty}}{=\!=}\lim\limits_{x\to\infty}\frac{\frac{1}{x}}{nx^{n-1}}=\lim\limits_{x\to\infty}\frac{1}{nx^n}=0.$

例 6　求 $\lim\limits_{x\to+\infty}\frac{x^n}{e^{\lambda x}}$($n$ 为正整数,$\lambda>0$)

解　$\lim\limits_{x\to+\infty}\frac{x^n}{e^{\lambda x}}\overset{\frac{\infty}{\infty}}{=\!=}\lim\limits_{x\to+\infty}\frac{nx^{n-1}}{\lambda e^{\lambda x}}=\cdots=\lim\limits_{x\to+\infty}\frac{n!}{\lambda^n e^{\lambda x}}=0.$

由以上两例得:

对数函数 $\ln x$、幂函数 $x^n(n>0)$、指数函数 $e^{\lambda x}(\lambda>0)$均为当 $x\to+\infty$时的无穷大,但从例 5、例 6 可以看出,这三个函数增大的“速度”是不一样的,幂函数增大的“速度”比对数函数快得多,而指数函数增大的“速度”又比幂函数快得多.

三、其他类型未定式

除了“$\frac{0}{0}$”和“$\frac{\infty}{\infty}$”型外,还有其他类型的未定式,如“$\infty-\infty$”,“$0\cdot\infty$”,“0^0”,“1^∞”,“∞^0”等,这些未定式可以化成“$\frac{0}{0}$”或“$\frac{\infty}{\infty}$”型后,用洛必达法则来求解.

1. “0 · ∞”型

例 7　求 $\lim\limits_{x\to0^+}x^n\ln x(n>0)$. (“$0\cdot\infty$”型)

解　$\lim\limits_{x\to0^+}x^n\ln x=\lim\limits_{x\to0^+}\frac{\ln x}{\frac{1}{x^n}}\overset{\frac{\infty}{\infty}}{=\!=}\lim\limits_{x\to0^+}\frac{\frac{1}{x}}{-nx^{-n-1}}=\lim\limits_{x\to0^+}\frac{-x^n}{n}=0.$

注意:　$\lim f(x)g(x)=\lim\frac{f(x)}{1/g(x)}=\lim\frac{g(x)}{1/f(x)}.$

“$0\cdot\infty$”型　　“$\frac{0}{0}$”型　　“$\frac{\infty}{\infty}$”型

“$0\cdot\infty$”型可将其中一项取倒数放在分母从而转化为“$\frac{0}{0}$”或“$\frac{\infty}{\infty}$”型,通常我们将取倒数后求导简单的一项做变换.

2. “∞ − ∞”型

例 8　求 $\lim\limits_{x\to\frac{\pi}{2}}(\sec x-\tan x)$.

解 $\lim\limits_{x\to\frac{\pi}{2}}(\sec x-\tan x)\xlongequal{\text{“}\infty-\infty\text{”}}\lim\limits_{x\to\frac{\pi}{2}}\dfrac{1-\sin x}{\cos x}\xlongequal{\text{“}\frac{0}{0}\text{”}}\lim\limits_{x\to\frac{\pi}{2}}\dfrac{-\cos x}{-\sin x}=0.$

注意:“$\infty-\infty$”型通过“造分母”(通分或做变换),化成分式后为未定式“$\dfrac{0}{0}$”型,即“$\infty-\infty$”=“$\dfrac{1}{0}-\dfrac{1}{0}$”=“$\dfrac{0}{0}$”再计算极限.

3. 幂指函数的未定式“0^0”,“1^∞”,“∞^0”.

例 9 $\lim f(x)^{g(x)}$未定式,求极限有两种方法(类似于求幂指函数的导数).

解法 1 设 $y=f(x)^{g(x)}$,两边取对数,有

$$\ln y=g(x)\ln f(x)$$

取极限,有

$$\lim\ln y=\lim g(x)\ln f(x)\xlongequal{\text{“}0\cdot\infty\text{”}}\cdots=a$$

则

$$\lim y=\lim f(x)^{g(x)}=e^a.$$

解法 2 因为 $f(x)^{g(x)}=e^{g(x)\ln f(x)}$,所以

$$\lim f(x)^{g(x)}=e^{\lim g(x)\ln f(x)}.$$

例 10 求 $\lim\limits_{x\to0^+}x^x$.(“0^0”型)

解法 1 令 $y=x^x$,两边取对数,有

$$\ln y=x\ln x$$

所以

$$\lim_{x\to0^+}\ln y=\lim_{x\to0^+}x\ln x\xlongequal{\text{“}0\cdot\infty\text{”}}\lim_{x\to0^+}\frac{\ln x}{\frac{1}{x}}\xlongequal{\text{“}\frac{\infty}{\infty}\text{”}}\lim_{x\to0^+}\frac{\frac{1}{x}}{-\frac{1}{x^2}}=-\lim_{x\to0^+}x=0,$$

故

$$\lim_{x\to0^+}x^x=e^0=1.$$

解法 2 $\lim\limits_{x\to0^+}x^x=e^{\lim\limits_{x\to0^+}x\ln x}=e^0=1.$

例 11 求 $\lim\limits_{x\to0^+}\left(\dfrac{1}{x}\right)^{\sin x}$.(“$\infty^0$”型)

解 $\lim\limits_{x\to0^+}\left(\dfrac{1}{x}\right)^{\sin x}=\lim\limits_{x\to0^+}e^{\ln\left(\frac{1}{x}\right)^{\sin x}}=e^{\lim\limits_{x\to0^+}\sin x\ln\left(\frac{1}{x}\right)}=e^{\lim\limits_{x\to0^+}-\sin x\ln x}$

$$=e^{\lim\limits_{x\to0^+}-x\ln x}=e^{\lim\limits_{x\to0^+}-\frac{\ln x}{\frac{1}{x}}}=e^{\lim\limits_{x\to0^+}\frac{\frac{1}{x}}{\frac{1}{x^2}}}=e^{\lim\limits_{x\to0^+}x}=e^0=1$$

例 12 求$\lim\limits_{x\to\infty}\dfrac{x+\sin x}{x-\sin x}$.

解 如果用洛必达法则,有$\lim\limits_{x\to\infty}\dfrac{x+\sin x}{x-\sin x}=\lim\limits_{x\to\infty}\dfrac{1+\cos x}{1-\cos x}$不存在,不满足洛必达法则的条件,但不意味着此题就没极限.要换一种计算极限的方法

$$\lim_{x\to\infty}\frac{x+\sin x}{x-\sin x}=\lim_{x\to\infty}\frac{1+\frac{\sin x}{x}}{1-\frac{\sin x}{x}}=1.$$

例 13 求$\lim\limits_{x\to 0}\frac{\tan x-x}{x^2\sin x}$.

解 $$\lim_{x\to 0}\frac{\tan x-x}{x^2\sin x}=\lim_{x\to 0}\frac{\tan x-x}{x^3}=\lim_{x\to 0}\frac{\sec^2 x-1}{3x^2}$$
$$=\lim_{x\to 0}\frac{\tan^2 x}{3x^2}=\lim_{x\to 0}\frac{x^2}{3x^2}=\frac{1}{3}.$$

注意:1.每次使用洛必达法则前,应把函数尽量化简或进行整理,常用的化简方法有:①恒等式化简;②约去零(无穷)因子;③提出非零因子;④等价无穷小代换.

2.随时检验极限的类型,直至求出极限值.

习题 3-2

A 组

1.求下列函数极限.

(1)$\lim\limits_{x\to 0}\frac{\sin 7x}{x}$;

(2)$\lim\limits_{x\to 1}\frac{x^3-3x+2}{x^2+x-2}$;

(3)$\lim\limits_{x\to 0}\frac{\ln(1+x)}{x}$;

(4)$\lim\limits_{x\to 0}\frac{e^x-e^{-x}}{\sin 5x}$;

(5)$\lim\limits_{x\to a}\frac{\sin x-\sin a}{x-a}$;

(6)$\lim\limits_{x\to 0}\frac{\tan x-x}{x-\sin x}$;

(7)$\lim\limits_{x\to+\infty}\frac{\ln(x+e^x)}{x}$;

(8)$\lim\limits_{x\to\frac{\pi}{2}}\frac{\ln\sin x}{(\pi-2x)^2}$;

(9)$\lim\limits_{x\to+\infty}\frac{\ln\left(1+\frac{1}{x}\right)}{\operatorname{arccot}x}$;

(10)$\lim\limits_{x\to 0}x\cot 2x$;

(11)$\lim\limits_{x\to+\infty}\frac{\ln^2 x}{x}$;

(12)$\lim\limits_{x\to+\infty}\frac{\ln(1+e^x)}{x^2}$.

B 组

1.求下列函数极限.

(1)$\lim\limits_{x\to 0}\frac{x-x\cos x}{4\sin^3 x}$;

(2)$\lim\limits_{x\to\pi}\frac{\sin 3x}{\tan 5x}$;

(3)$\lim\limits_{x\to 0^+}\frac{\ln\tan 7x}{\ln\tan 2x}$;

(4)$\lim\limits_{x\to\frac{\pi}{2}}\frac{\tan x}{\tan 3x}$;

(5)$\lim\limits_{x\to 0}\frac{\ln(1+x^2)}{\sec x-\cos x}$;

(6)$\lim\limits_{x\to 0}x^2e^{\frac{1}{x^2}}$;

(7) $\lim\limits_{x\to\infty}[x(e^{\frac{1}{x}}-1)]$；　　(8) $\lim\limits_{x\to 0}\left(\frac{1}{\ln(x+1)}-\frac{1}{x}\right)$；

(9) $\lim\limits_{x\to 1}\left(\frac{x}{x-1}-\frac{1}{\ln x}\right)$；　　(10) $\lim\limits_{x\to 1}x^{\frac{1}{1-x}}$；

(11) $\lim\limits_{x\to 0^+}x^{\sin x}$；　　(12) $\lim\limits_{x\to+\infty}\left(\frac{2}{\pi}\arctan x\right)^x$.

2. 试确定常数 a,b，使得 $\lim\limits_{x\to 0}\frac{\ln(1+x)-(ax+bx^2)}{x^2}=2$.

第3节　函数的单调性与曲线的凹凸性

一、单调性的判别法

高中已经学过了函数在区间上单调的概念. 下面利用导数来对函数的单调性进行研究.

定理1　设 $y=f(x)$ 在 $[a,b]$ 上连续，在 (a,b) 内可导，且

(1)若在 (a,b) 内 $f'(x)>0$，则 $y=f(x)$ 在 $[a,b]$ 上单调增加，如图 3-3-1 所示.

(2)若在 (a,b) 内 $f'(x)<0$，则 $y=f(x)$ 在 $[a,b]$ 上单调减少，如图 3-3-2 所示.

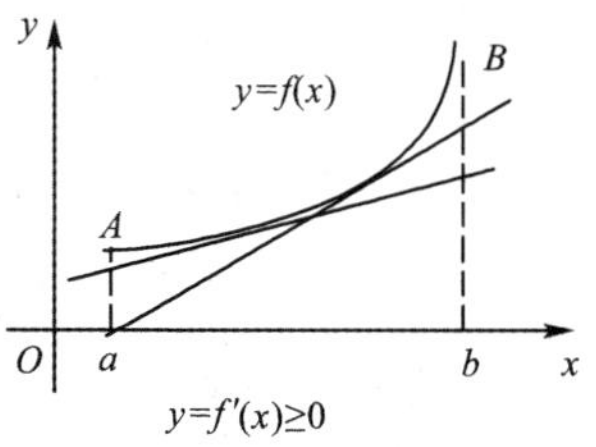

图 3-3-1

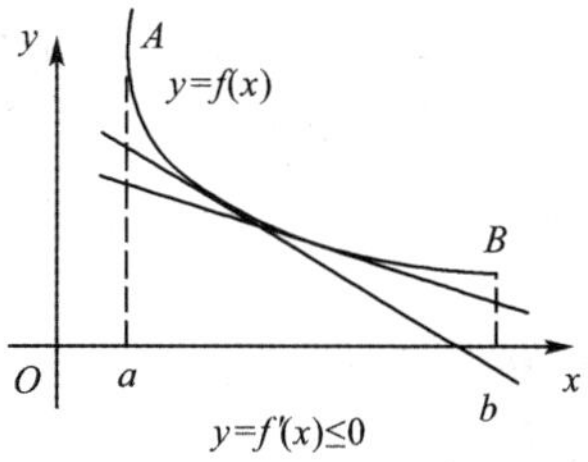

图 3-3-2

证明　任取 $x_1,x_2\in[a,b]$. 不妨设 $x_1<x_2$. $f(x)$ 在 $[x_1,x_2]$ 上满足拉格朗日中值定理的条件，则存在 $\xi\in(x_1,x_2)$，使得

$$f(x_2)-f(x_1)=f'(\xi)(x_2-x_1),x_1<\xi<x_2,$$

(1)如果 $f'(x)>0,x\in(a,b)$，则 $f'(\xi)>0$，所以 $f(x_2)-f(x_1)>0$，即 $f(x)$ 在 $[a,b]$ 上单调增加.

(2)如果 $f'(x)<0,x\in(a,b)$，则 $f'(\xi)<0$，所以 $f(x_2)-f(x_1)<0$，即 $f(x)$ 在 $[a,b]$ 上单调减少.

注意：如果将定理中的闭区间换成其他任何区间，结论也成立；

例1　判定函数 $y=x-\sin x$ 在 $[0,2\pi]$ 上单调性.

解　因为在 $(0,2\pi)$ 内，$y'=1-\cos x>0$，所以 $y=x-\sin x$ 在 $[0,2\pi]$ 上单调增加.

例2　讨论函数 $y=e^x-x-1$ 的单调性.

解　因为 $y'=e^x-1$. 又因为 $D:(-\infty,+\infty)$.

在$(-\infty,0)$内，$y'<0$，所以函数单调减少；

在$(0,+\infty)$内，$y'>0$，所以函数单调增加，如图 3-3-3.

例 3 讨论函数 $f(x)=\sqrt[3]{x^2}$ 的单调性.

解因为 $D:(-\infty,+\infty)$. $f'(x)=\dfrac{2}{3\sqrt[3]{x}}$，$(x\neq 0)$

当 $x=0$ 时，导数不存在.

当$-\infty<x<0$ 时，$f'(x)<0$，在$(-\infty,0]$上单调减少；

当 $0<x<+\infty$时，$f'(x)>0$，在$[0,+\infty)$上单调增加，如图 3-3-4.

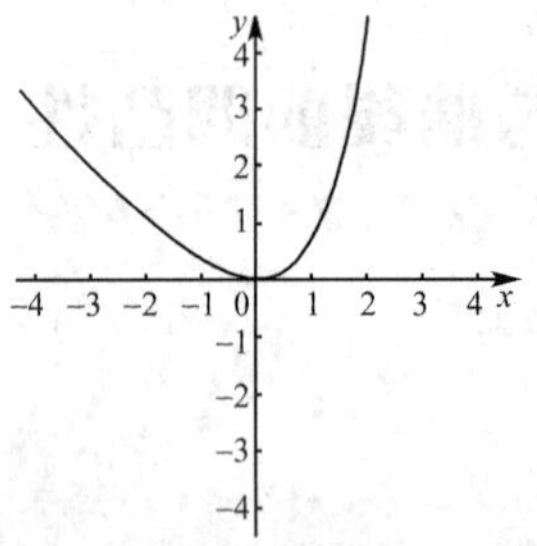

图 3-3-3

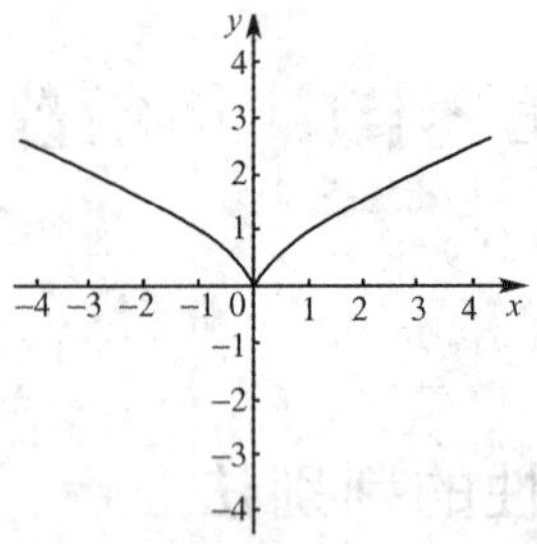

图 3-3-4

注意： 区间内个别点导数为零，不影响区间的单调性.

例如，$y=x^3$，$y'|_{x=0}=0$，但在$(-\infty,+\infty)$上单调增加.

注意：(1)函数的单调性是一个区间上的性质，要用导数在这一区间上的符号来判定，而不能用一点处的导数符号来判别一个区间上的单调性.

(2)如果 $f(x)$在其定义区间上连续，除去有限个导数不存在的点外导数存在且连续. 用 $f'(x)=0$ 的点(称为函数 $f(x)$的驻点)和导数不存在的点划分定义区间为一些小区间，则 $f'(x)$在这些小区间内符号恒定，从而 $f(x)$在这些小区间上分别单调增加(或减少).

(3)求 $f(x)$的单调区间的基本步骤如下：

①求 $f(x)$的定义域(如果给定所讨论的范围，此步省略)；

②求 $f'(x)=0$ 的点和 $f'(x)$不存在的点；

③将②中的点插入①中得一些小区间，在这些小区间上分别讨论 $f'(x)$的符号，从而确定 $f(x)$的单调区间.

例 4 确定函数 $f(x)=2x^3-9x^2+12x-3$ 的单调区间.

解 因为 $D:(-\infty,+\infty)$.

$$f'(x)=6x^2-18x+12=6(x-1)(x-2)$$

解方程 $f'(x)=0$ 得，$x_1=1$，$x_2=2$. 函数在各区间上的单调性见表 3-3-1.

表 3-3-1

x	$(-\infty,1)$	1	$(1,2)$	2	$(2,+\infty)$	
y'	+		−		+	
y	↗		↘		↗	

所以，当$-\infty<x<1$ 时，$f'(x)>0$，在$(-\infty,1]$上 $f(x)$单调增加；

当 $1<x<2$ 时，$f'(x)<0$，在$[1,2]$上 $f(x)$单调减少；

当 $2<x<+\infty$ 时，$f'(x)>0$，$f(x)$ 在 $[2,+\infty)$ 上单调增加.

二、单调性的应用

1. 证明不等式

$$f(x)\geqslant g(x), x\in[a,b].$$

基本思路是：令 $F(x)=f(x)-g(x)$，$F(a)=0$，如果 $F'(x)=f'(x)-g'(x)\geqslant 0$，$x\in(a,b)$，则 $F(x)$ 单调递增，从而

$$F(x)\geqslant F(a)=0, \Rightarrow f(x)\geqslant g(x), x\in[a,b].$$

同理可得 $f(x)\leqslant g(x)$，$x\in[a,b]$ 的证法.

令 $F(x)=f(x)-g(x)$，$x\in[a,b]$，且 $F(a)=0$.

证明 $F'(x)\leqslant 0, \Rightarrow F(x)\leqslant F(a)=0, \Rightarrow f(x)\leqslant g(x)$.

例 5　证明下列不等式.

(1) 当 $x>1$ 时，$2\sqrt{x}>3-\dfrac{1}{x}$.

证明　令 $f(x)=2\sqrt{x}-\left(3-\dfrac{1}{x}\right)$，则

$$f'(x)=\frac{1}{\sqrt{x}}-\frac{1}{x^2}=\frac{1}{x^2}(x\sqrt{x}-1)>0, (x>1).$$

因此在 $[1,+\infty)$ 上 $f(x)$ 单调增加，从而 $f(x)>f(1)=0$，即 $2\sqrt{x}-\left(3-\dfrac{1}{x}\right)>0$.

亦即 $2\sqrt{x}>3-\dfrac{1}{x}(x>1)$.

(2) 当 $0<x<\dfrac{\pi}{2}$ 时，$\sin x+\tan x>2x$.

证明　令 $f(x)=\sin x+\tan x-2x$，$f(0)=0$，$x\in\left[0,\dfrac{\pi}{2}\right]$.

$f'(x)=\cos x+\sec^2-2$，$f'(0)=0$.

$f''(x)=-\sin x+2\sec^2 x\tan x=-\sin x+\dfrac{2\sin x}{\cos^3 x}=\sin x\left(\dfrac{2}{\cos^3 x}-1\right)>0$，

所以 $f'(x)>f'(0)=0$，得 $f(x)>f(0)=0$，故 $\sin x+\tan x-2x>0$. 即

$$\sin x+\tan x>2x.$$

2. 证明方程 $f(x)=0$ 在某区间上只有一个根

思路是：如果 $f(x)$ 在 $[a,b]$ 上连续，在 (a,b) 内可导. 若 $f(x)$ 在 (a,b) 内单调有根，则只有一个根.

例 6　证明方程 $x=\cos x$ 只有一个根.

证明　令 $f(x)=x-\cos x$，$f(x)$ 在 $\left[0,\dfrac{\pi}{2}\right]$ 上连续，

$$f(0)=-1<0, f\left(\frac{\pi}{2}\right)=\frac{\pi}{2}>0,$$

则由零点定理知,至少存在点 $\xi\in\left(0,\frac{\pi}{2}\right)$,使 $f(\xi)=0$,即方程 $x=\cos x$ 在 $\left(0,\frac{\pi}{2}\right)$ 内至少有一个根.

又因 $f'(x)=1+\sin x\geqslant 0$,所以 $f(x)$ 在 $(-\infty,+\infty)$ 单调递增. 综上,$x=\cos x$ 只有一个根.

三、曲线凹凸的定义

我们研究了函数单调性的判定法. 函数的单调性反映在图形上,就是曲线的上升或下降. 但是,曲线在上升或下降的过程中,还有一个弯曲方向的问题. 例如,图 3-3-5 中有两条曲线弧,虽然它们都是上升的,但图形却有显著的不同,图 3-3-5(a)是向下凹的曲线弧,而图 3-3-5(b)是向上凸的曲线弧,它们的凹凸性不同. 下面我们就来研究曲线的凹凸性及其判定法.

我们从几何上看到,在有的曲线弧上,如果任取两点,则连接这两点的弦总位于这两点的弧段的上方,如图 3-3-5(a)所示. 而有的曲线弧,则正好相反,如图 3-3-5(b)所示. 曲线的这种性质就是曲线的凹凸性. 因此曲线的凹凸性可以用连接曲线弧上任意两点的弦的中点与曲线弧上相应点(具有相同横坐标的点)的位置关系来描述,下面给出曲线凹凸性的定义.

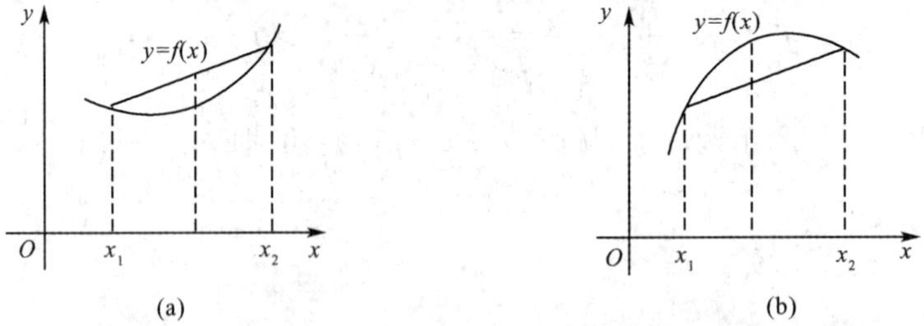

图 3-3-5

定义 设 $f(x)$ 在区间 I 上连续,$\forall x_1,x_2\in I$,有

$$f\left(\frac{x_1+x_2}{2}\right)>\frac{f(x_1)+f(x_2)}{2}\left(\text{或 } f\left(\frac{x_1+x_2}{2}\right)<\frac{f(x_1)+f(x_2)}{2}\right)$$

则称 $f(x)$ 在区间 I 上的图形是凸(凹)的,或简称凸弧(或凹弧).

我们可用二阶导数的符号来判断曲线 $y=f(x)$ 的凹凸性.

四、曲线凹凸的判定

定理 2 设 $f(x)$ 在 $[a,b]$ 上连续,在 (a,b) 内可导,则

(1)如果 $\forall x\in(a,b)$ 有 $f''(x)>0$,则曲线 $y=f(x)$ 在 $[a,b]$ 上的图形是凹的;

(2)如果 $\forall x\in(a,b)$ 有 $f''(x)<0$,则曲线 $y=f(x)$ 在 $[a,b]$ 上的图形是凸的.

* **证明** 将 $f(x)$ 在 $x=\frac{x_1+x_2}{2}$ 处展开,有

$$f(x)=f\left(\frac{x_1+x_2}{2}\right)+f'\left(\frac{x_1+x_2}{2}\right)\left(x-\frac{x_1+x_2}{2}\right)+\frac{f''(\xi)}{2}\left(x-\frac{x_1+x_2}{2}\right)^2$$

ξ 在 x 与$\frac{x_1+x_2}{2}$之间. 所以

$$f(x_1)=f\left(\frac{x_1+x_2}{2}\right)+\frac{1}{2}f'\left(\frac{x_1+x_2}{2}\right)(x_1-x_2)+\frac{f''(\xi_1)}{8}(x_1-x_2)^2$$

ξ_1 在 x_1 与$\frac{x_1+x_2}{2}$之间.

$$f(x_2)=f\left(\frac{x_1+x_2}{2}\right)+\frac{1}{2}f'\left(\frac{x_1+x_2}{2}\right)(x_2-x_1)+\frac{f''(\xi_2)}{8}(x_1-x_2)^2$$

ξ_2 在 x_2 与$\frac{x_1+x_2}{2}$之间. 两式相加,得

$$f(x_1)+f(x_2)=2f\left(\frac{x_1+x_2}{2}\right)+\frac{1}{8}[f''(\xi_1)+f''(\xi_2)](x_1-x_2)^2.$$

(1)如果 $f''(x)>0$,则 $f''(\xi_1)+f''(\xi_2)>0$,所以

$$f\left(\frac{x_1+x_2}{2}\right)>\frac{f(x_1)+f(x_2)}{2},$$

即曲线 $y=f(x)$在$[a,b]$上是凹的.

(2)如果 $f''(x)<0$,则

$$f\left(\frac{x_1+x_2}{2}\right)<\frac{f(x_1)+f(x_2)}{2},$$

即曲线 $y=f(x)$在$[a,b]$上是凸的.

例 7 判断曲线 $y=x^3$ 的凹凸性.

解 因为 $y'=3x^2$,$y''=6x$,当 $x<0$ 时,$y''<0$,所以曲线在$(-\infty,0]$为凸;当 $x>0$ 时,$y''>0$,所以曲线在$[0,+\infty)$为凹;

五、曲线凹凸区间及拐点的求法

连续曲线 $y=f(x)$的凹弧与凸弧的分界点,称为该曲线的拐点.

按以下步骤求曲线 $y=f(x)$的拐点.

方法 1

(1)求 $f(x)$的定义域(如给定 x 的范围,此步省略);

(2)求 $f'(x)$,$f''(x)$,并求出 $f''(x)=0$ 的点及 $f''(x)$不存在的点;

(3)将(2)中的点插入(1)中得一些小区间,列表讨论 $f(x)$在这些小区间上 $f''(x)$的符号,从而确定 $f(x)$的凹凸区间及拐点.

方法 2 若函数 $f(x)$在 x_0 的邻域内三阶可导,且 $f''(x_0)=0$,而 $f'''(x_0)\neq 0$,那么$(x_0,f(x_0))$是曲线 $y=f(x)$的拐点.

例 8 求曲线 $y=3x^4-4x^3+1$ 的拐点及凹凸区间.

解 因为 $D:(-\infty,+\infty)$

$$y'=12x^3-12x^2,y''=36x\left(x-\frac{2}{3}\right).$$

令 $y''=0$,得 $x_1=0,x_2=\frac{2}{3}$.函数在各区间上的单调性、凹凸性见表 3-3-2.

表 3-3-2

x	$(-\infty 0)$	0	$\left(0,\frac{2}{3}\right)$	$\frac{2}{3}$	$\left(\frac{2}{3},+\infty\right)$
$f''(x)$	+	0	−	0	+
$f(x)$	凹的	拐点(0,1)	凸的	拐点$\left(\frac{2}{3},\frac{11}{27}\right)$	凹的

所以,在区间 $(-\infty,0]$, $\left[\frac{2}{3},+\infty\right)$ 曲线是凹的;在区间 $\left[0,\frac{2}{3}\right]$ 曲线是凸的,(0,1) 为拐点,如图 3-3-6 所示.

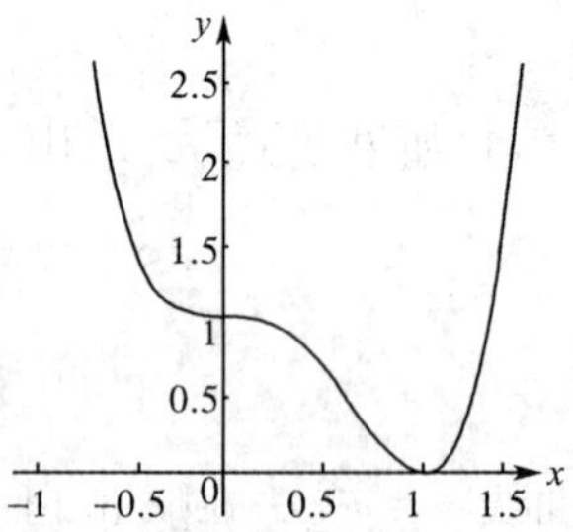

图 3-3-6

例 9 求曲线 $y=\sqrt[3]{x}$ 的拐点.

解 当 $x\neq 0$ 时, $y'=\frac{1}{3}x^{-\frac{2}{3}}$, $y''=-\frac{2}{9}x^{-\frac{5}{3}}$, $x=0$ 处 y',y'' 均不存在.

但在 $(-\infty,0)$ 内,$y''>0$,曲线在 $(-\infty,0]$ 上是凹的;

在 $(0,+\infty)$ 内,$y''<0$,曲线在 $[0,+\infty)$ 上是凸的.

所以,点(0,0)是曲线 $y=\sqrt[3]{x}$ 的拐点.

例 10 请问曲线 $y=x^4$ 是否有拐点?

解 $y'=4x^3,y''=12x^2$.

显然,只有 $x=0$ 是方程 $y''=0$ 的根.但当 $x\neq 0$ 时,无论 $x<0$ 或 $x>0$ 都有 $y''>0$,因此点(0,0)不是这条曲线的拐点.曲线 $y=x^4$ 没有拐点,它在 $(-\infty,+\infty)$ 内是凹的.

习题 3-3

A 组

1. 判定函数 $f(x)=\arctan x-x$ 的单调性.
2. 判定函数 $f(x)=\cos x+x(0\leqslant x\leqslant 2\pi)$ 的单调性.
3. 确定下列函数的单调区间.

(1) $y=2x^3-6x^2-18x-7$;　　(2) $y=\frac{2x}{1+x^2}$;

(3) $y=\ln(x+\sqrt{1+x^2})$;　　(4) $y=x^2-\ln x$.

4. 判断下列曲线的凹凸性.

(1) $y=4x-x^2$;　　(2) $y=x\arctan x$.

5. 求下列曲线的拐点及凹、凸区间.

(1) $y=x^3-5x^2+3x+5$;　　(2) $y=\ln(x^2+1)$.

6. 证明下列不等式.

(1)当 $x>0$ 时，$1+\frac{1}{2}x>\sqrt{1+x}$；　　(2)当 $0<x<\frac{\pi}{2}$ 时，$\frac{2}{\pi}x<\sin x<x$.

B组

1. 证明下列不等式.

(1)当 $x>0$ 时，证明 $\ln(1+x)>\frac{\arctan x}{1+x}$；

(2)当 $0<x_1<x_2<\frac{\pi}{2}$ 时，证明 $\frac{\tan x_2}{\tan x_1}>\frac{x_2}{x_1}$.

2. 求曲线 $x=t^2, y=3t+t^3$ 的拐点.

3. 证明方程 $x^3+5x-2=0$ 只有一个正根.

4. 试确定 a,b,c,d 的值. 使曲线 $y=ax^3+bx^2+cx+d$ 过点$(-2,44)$，在 $x=-2$ 处有水平切线，且以点$(1,-10)$为拐点.

第4节　函数的极值与最大值最小值

在第3节例4中我们看到，点 $x=1, x=2$ 是函数 $f(x)=2x^3-9x^2+12x-3$ 的单调区间的分界点. 例如，在点 $x=1$ 的左侧邻近，函数 $f(x)$是单调增加的；在点 $x=1$ 的右侧邻近，函数 $f(x)$是单调减少的. 因此，存在点 $x=1$ 的一个去心邻域，对于这个邻域内的任何点 x，$f(x)<f(1)$均成立. 类似地，关于点 $x=2$ 也存在着一个去心邻域，对于这个邻域内的任何点 x，$f(x)>f(2)$均成立. 具有这种性质的点如 $x=1, x=2$，在应用中有着重要的意义，对于这样的点我们有如下的定义.

一、极值的概念

定义1　设 $f(x)$在点 x_0 的某邻域 $U(x_0)$内有定义，如果 $\forall x\in \mathring{U}(x_0)$，有

$$f(x)>f(x_0)\quad (\text{或 } f(x)<f(x_0))$$

则称 $f(x_0)$为 $f(x)$的一个极小值(或极大值)，如图3-4-1所示.

函数的极大值与极小值统称为函数的极值，使函数取得极值的点称为函数的极值点.

注意：(1)函数的极值是局部性的概念，且函数极值一般不唯一，极大值可能比极小值小，极小值也可能比极大值大，如图3-4-2所示.

(2)函数的极值点是区间的内点(在区间的内部)，从而区间的端点必不是极值点.

二、函数极值的求法

定理1(必要条件)　设 $f(x)$在点 x_0 处可导，且在 x_0 处取得极值，则 $f'(x_0)=0$.

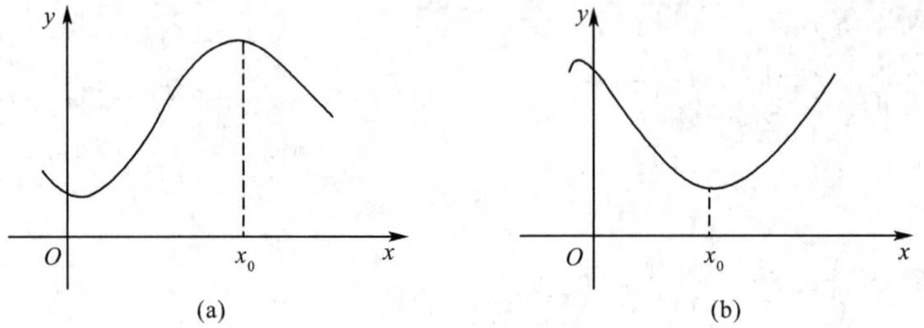

图 3-4-1

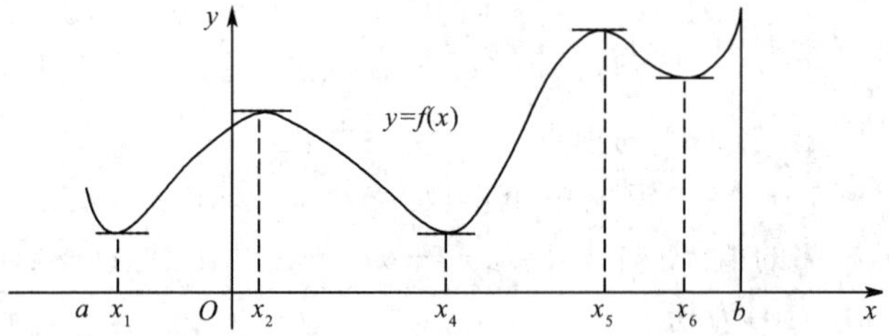

图 3-4-2

定义 2　使导数为零的点(方程 $f'(x)=0$ 的实根)叫作函数 $f(x)$的驻点.

注意:1. 可导函数 $f(x)$的极值点必定是它的驻点.

2. 函数的驻点却不一定是极值点.

例如,$y=x^3$,$y'|_{x=0}=0$,但 $x=0$ 不是极值点.

3. 导数不存在的点也可能是极值点.

例如,$y=|x|$,在 $x=0$ 处不可导,但函数在该点取得极小值.

怎样判定函数在驻点或不可导点处究竟是否取得极值呢? 如果取得极值的话,究竟取得极大值还是极小值呢?

定理 2(第一充分条件)　设函数 $f(x)$在 x_0 处连续,且在 x_0 的某去心邻域 $\mathring{U}(x_0,\delta)$内可导.

(1)如果 $x\in(x_0-\delta,x_0)$,有 $f'(x)>0$;而 $x\in(x_0,x_0+\delta)$,有 $f'(x)<0$,则 $f(x)$在 x_0 处取得极大值,如图 3-4-3(a)所示;

(2)如果 $x\in(x_0-\delta,x_0)$,有 $f'(x)<0$;而 $x\in(x_0,x_0+\delta)$有 $f'(x)>0$,则 $f(x)$在 x_0 处取得极小值,如图 3-4-3(b)所示;

(3)如果当 $x\in(x_0-\delta,x_0)$及 $x\in(x_0,x_0+\delta)$时,$f'(x)$符号相同,则 $f(x)$在 x_0 处无极值,如图 3-4-3(c)、图 3-4-3(d)所示.

求极值的步骤:

(1)写出 $f(x)$的定义域;

(2)求出 $f(x)$导数 $f'(x)$;

(3)找出方程 $f'(x)=0$ 的根与不可导点;

(4)检查 $f'(x)$在每个驻点或不可导点左右邻近的正负号,判断极值点,进一步确定是极大值点还是极小值点;

(5)求出极值.

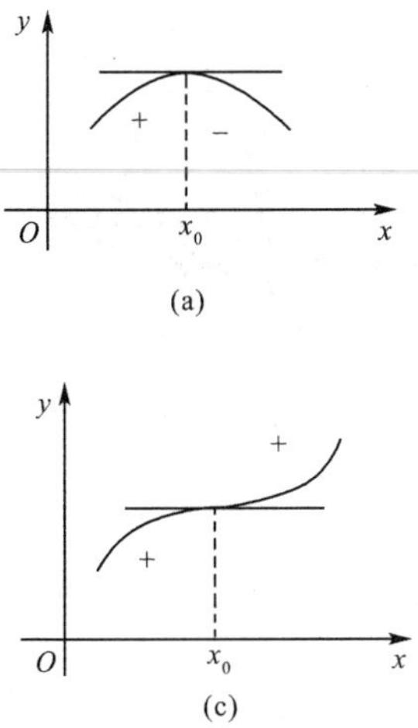

图 3-4-3

例 1 求函数 $f(x)=(x-4)\sqrt[3]{(x+1)^2}$ 的极值.

解 (1)$f(x)$在$(-\infty,+\infty)$内连续,除 $x=-1$ 外处处可导,且 $f'(x)=\dfrac{5(x-1)}{3\sqrt[3]{x+1}}$;

(2)令 $f'(x)=0$,得驻点 $x=1$,$x=-1$ 为 $f(x)$的不可导点;

(3)函数在各区间的单调性及极值点见表 3-4-1.

表 3-4-1

x	$(-\infty,-1)$	-1	$(-1,1)$	1	$(1,+\infty)$
$f'(x)$	$+$		$-$	0	$+$
$f(x)$	↑	极大值	↓	极小值	↑

(4)极大值 $f(-1)=0$,极小值 $f(1)=-3\sqrt[3]{4}$.

定理 3(第二充分条件) 设 $f(x)$在 x_0 处具有二阶导数,且 $f'(x_0)=0$,$f''(x_0)\neq 0$,那么

(1)当 $f''(x_0)<0$ 时,函数 $f(x)$在 x_0 处取得极大值;

(2)当 $f''(x_0)>0$ 时,函数 $f(x)$在 x_0 处取得极小值.

证明 (1)因为 $f''(x_0)=\lim\limits_{\Delta x\to 0}\dfrac{f'(x_0+\Delta x)-f'(x_0)}{\Delta x}<0$,故 $f'(x_0+\Delta x)-f'(x_0)$与 Δx 异号,

当 $\Delta x<0$ 时,有 $f'(x_0+\Delta x)>f'(x_0)=0$;

当 $\Delta x>0$ 时,有 $f'(x_0+\Delta x)<f'(x_0)=0$.

所以,函数 $f(x)$在 x_0 处取得极大值.

同理可证(2).

例 2 求出函数 $f(x)=x^3+3x^2-24x-20$ 的极值.

解 $f'(x)=3x^2+6x-24=3(x+4)(x-2)$,令 $f'(x)=0$,得驻点 $x_1=-4$,$x_2=2$.

因为 $f''(x)=6x+6$,$f''(-4)=-18<0$,故极大值 $f(-4)=60$,$f''(2)=18>0$,故极小值 $f(2)=-48$. $f(x)=x^3+3x^2-24x-20$ 图形如图 3-4-4 所示.

注意:$f''(x_0)=0$ 时,$f(x)$在点 x_0 处不一定取得极值,需用定理 2 判定.

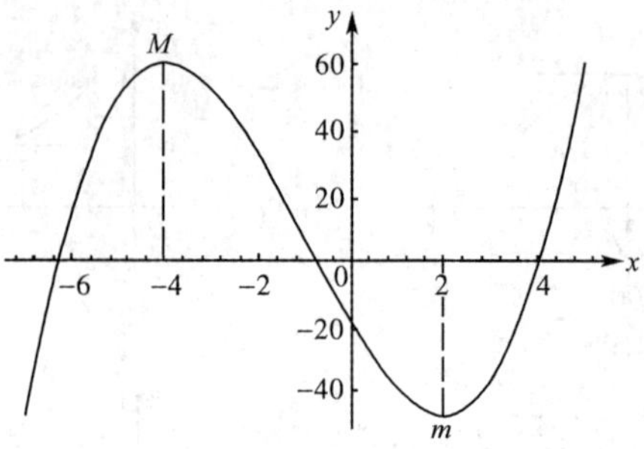

图 3-4-4

三、最值的求法

若函数 $f(x)$在$[a,b]$上连续，除个别点外处处可导，并且至多有有限个导数为零的点，则 $f(x)$在$[a,b]$上的最大值与最小值存在，如图 3-4-5 所示.

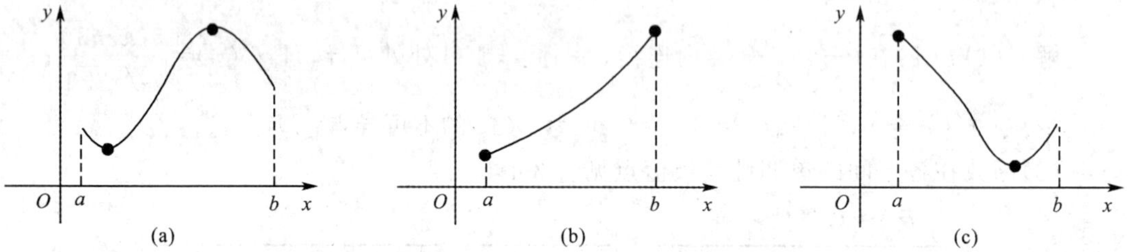

图 3-4-5

求闭区间上连续函数最值的步骤：

(1)求驻点和不可导点；

(2)求区间端点及驻点和不可导点的函数值，比较大小，最大者就是最大值，最小者就是最小值.

注意：如果区间内只有一个极值，则这个极值就是最值(最大值或最小值).

例 3 求函数 $y=2x^3+3x^2-12x+14$ 在$[-3,4]$上的最大值与最小值.

解 因为 $f'(x)=6(x+2)(x-1)$，解方程 $f'(x)=0$，得 $x_1=-2$，$x_2=1$.

计算 $f(-3)=23$，$f(-2)=34$，$f(1)=7$，$f(4)=142$. 比较得，最大值 $f(4)=142$，最小值 $f(1)=7$，如图 3-4-6 所示.

在求最大(小)值的问题中，值得指出的是下述特殊的情形：设 $f(x)$在某区间 I 上连续，在 I 内可导，且有唯一的驻点 x_0. 如果 x_0 还是 $f(x)$的极值点，则由函数单调性判别法推知，当 $f(x_0)$是极大值时，$f(x_0)$就是 $f(x)$在 I 上的最大值；当 $f(x_0)$是极小值时，$f(x_0)$就是 $f(x)$在 I 上的最小值.

如果遇到生活实际中的最大值和最小值问题，则首先应建立起目标函数(欲求其最值的函数)，并确定其定义区间，将它转化为函数的最值问题. 特别地，如果所考虑的实际问题存在最大值(或最小值)，并且所建立的目标函数 $f(x)$有唯一的驻点 x_0，则 $f(x_0)$必为所求的最大值(或最小值).

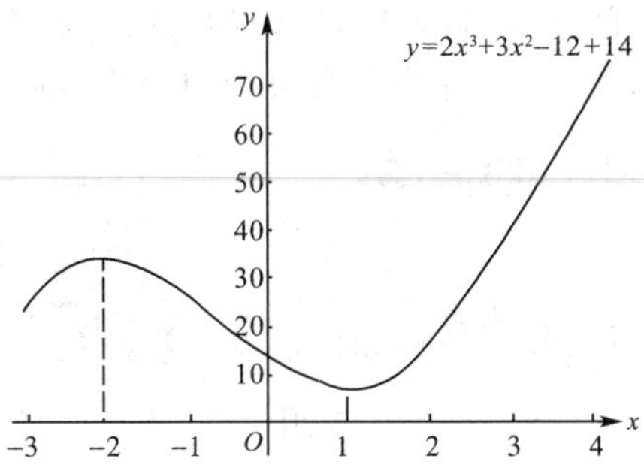

图 3-4-6

例 4　铁路线上 AB 段的距离为 100 km. 工厂 C 距 A 处为 20 km，AC 垂直于 AB. 为了运输需要，要在 AB 线上选定一点 D 向工厂修筑一条公路. 已知铁路每公里货运的运费与公路上每公里货运的运费之比为 3 ∶ 5. 为了使货物从供应站 B 运到工厂 C 的运费最省，问 D 点应选在何处？

解　如图 3-4-7，设 $AD=x$ km，那么，$DB=100-x$，$CD=\sqrt{20^2+x^2}=\sqrt{400+x^2}$. 设铁路上每公里的运费为 $3k$，公路上每公里的运费为 $5k$. 设从 B 到 C 需要的总运费为 y，则

$$y=5k\sqrt{400+x^2}+3k(100-x)\quad(0\leqslant x\leqslant 100).$$

$$y'=k\left(\frac{5x}{\sqrt{400+x^2}}-3\right).$$

解方程 $y'=0$，得 $x=15$ km.

由于 $y|_{x=0}=400k$，$y|_{x=15}=380k$，$y|_{x=100}=500k\sqrt{1+\frac{1}{5^2}}$，

所以，当 $AD=x=15$ km 时，总运费为最省.

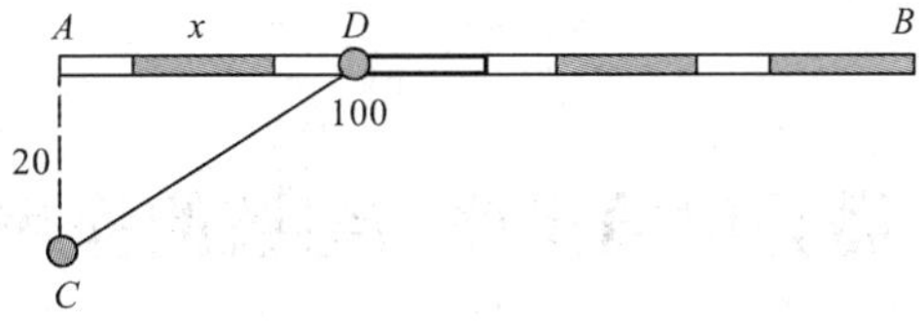

图 3-4-7

例 5　某房地产公司有 50 套公寓要出租，当租金定为每月 180 元时，公寓会全部租出去. 当租金每月增加 10 元时，就有一套房子租不出去，而租出去的房子每月需花费 20 元的整修维护费. 试问房租定为多少可获得最大收入？

解　设房租为每月 x 元，租出去的房子有 $50-\left(\frac{x-180}{10}\right)$ 套，每月总收入为

$$R(x)=(x-20)\left(50-\frac{x-180}{10}\right)$$

$$=(x-20)\left(68-\frac{x}{10}\right)$$

$$R'(x)=\left(68-\frac{x}{10}\right)+(x-20)\left(-\frac{1}{10}\right)=70-\frac{x}{5}$$

$R'(x)=0 \Rightarrow x=350$. 由实际问题可知，函数 $R(x)$ 的最值一定存在，函数只有唯一一个驻点 $x=350$，则函数在此点处取得最值，即当每月每套租金为 350 元时收入最高，最大收入为 $R(x)=(350-20)\left(68-\frac{350}{10}\right)=10890$（元）.

习题 3-4

A 组

1. 求下列函数的极值.

(1) $y=x^3-3x$；　　(2) $y=\frac{x^3}{(x-1)^2}$；

(3) $y=x^2\ln x$；　　(4) $y=x^2\mathrm{e}^{-x^2}$.

2. 求下列函数的最值.

(1) $y=2x^3-3x^2, x\in[-1,4]$；　　(2) $y=x+\sqrt{1-x}, x\in[-5,1]$；

(3) $y=2x(x-6)^2, x\in[-2,4]$；　　(4) $y=\ln(1+x^2), x\in[-1,2]$.

3. 某地区防空洞的截面拟建成矩形加半圆形，截面的面积为 512 平方米，问底宽 x 为多少时才能使截面的周长最小，从而使建造时所用的材料最省？

4. 制作一个容积为 V 的圆柱形带盖铁皮水箱，如何设计其底半径 r 与高 h 使得用料最省？

B 组

1. 要做一个圆锥形的漏斗，其母线长 20 cm，要使其体积为最大，问其高应为多少？

2. 在抛物线 $y=x^2$（第一象限部分）上求一点，使过该点的切线与直线 $y=0, x=8$ 相交所围成的三角形的面积最大.

第 5 节　微分中值定理与导数的应用知识拓展

一、泰勒公式

一般地，一个函数 $y=f(x)$ 总容易计算它在某些特殊点处的函数值 $f(x_0)$，而在这些特殊点附近的函数值 $f(x)$ 则难以计算. 在微分应用中，我们给出了用一次线性函数计算函数值的近似计算公式：

$$f(x)\approx f(x_0)+f'(x_0)(x-x_0)$$

$$(f(x)=f(x_0)+f'(x_0)(x-x_0)+o(x-x_0)).$$

这个公式的思想是"以直代曲"，它计算虽简单（一次函数），但精度不高，而且没给出误差估计，仅知道其误差是当 $x\to x_0$ 时是比 $(x-x_0)$ 高阶的无穷小，显然不能满足近似计算时对误差的要求.

我们将“以直代曲”的思想推广到“以曲代曲”，但要求近似函数必须简单，否则毫无价值. 由于多项式是一种只涉及加、减、乘三种运算的简单函数，借助多项式来研究函数的近似问题无疑会给计算带来很大的方便. 将探讨的泰勒(Taylor)中值定理提供了用多项式逼近函数的一种途径，并且可以估计误差，从而在理论上和应用中都起着重要的作用.

假设存在一个关于$(x-x_0)$的 n 次多项式，

$$P_n(x)=a_0+a_1(x-x_0)+a_2(x-x_0)^2+\cdots+a_n(x-x_0)^n,$$

满足 $f(x)$与 $P_n(x)$仅相差一个比$(x-x_0)^n$ 高阶的无穷小，即

$$f(x)=P_n(x)+o(x-x_0)^n.$$

那么，首先函数 $f(x)$与多项式 $P_n(x)$在 x_0 处的值应相等，即 $f(x_0)=P_n(x_0)$；其次它们的弯曲程度应尽量一致，即要求在点 x_0 附近它们的各级变化率应一致，因而猜想

$$P_n^{(k)}(x_0)=f^{(k)}(x_0)\quad(k=1,2,\cdots,n).$$

因为 $P_n(x_0)=a_0,P'_n(x_0)=a_1,P''_n(x_0)=2a_2,P'''_n(x_0)=3!\ a_3,\cdots,P_n^{(n)}(x_0)=n!\ a_n$，所以

$$a_0=f(x_0),\ a_1=f'(x_0),a_2=\frac{f''(x_0)}{2!},\cdots,a_n=\frac{f^{(n)}(x_0)}{n!}.$$

$$P_n(x)=f(x_0)+f'(x_0)(x-x_0)+\frac{f''(x_0)}{2!}(x-x_0)^2+\cdots+\frac{f^{(n)}(x_0)}{n!}(x-x_0)^n \tag{5-1}$$

也就是说，如果函数 $f(x)$在含有 x_0 的开区间(a,b)内具有直到 n 阶导数，那么 $f(x)$的近似多项式就应形如式(5-1)，我们称公式(5-1)为函数 $f(x)$在点 x_0 处的泰勒多项式.

泰勒(Taylor)中值定理　如果函数 $f(x)$在含有 x_0 的某个开区间(a,b)内具有直到$(n+1)$阶的导数，则当 x 在(a,b)内时，有

$$f(x)=f(x_0)+f'(x_0)(x-x_0)+\frac{f''(x_0)}{2!}(x-x_0)^2+\cdots+\frac{f^{(n)}(x_0)}{n!}(x-x_0)^n+R_n(x).$$

其中 $R_n(x)=\dfrac{f^{(n+1)}(\xi)}{(n+1)!}(x-x_0)^{n+1}$($\xi$ 在 x_0 与 x 之间).

$$P_n(x)=\sum_{k=0}^{n}\frac{f^{(k)}(x_0)}{k!}(x-x_0)^k$$

称为 $f(x)$ 按$(x-x_0)$的幂展开的 n 次近似多项式.

$$f(x)=\sum_{k=0}^{n}\frac{f^{(k)}(x_0)}{k!}(x-x_0)^k+R_n(x)$$

称为 $f(x)$ 按$(x-x_0)$的幂展开的 n 阶泰勒公式.

$$R_n(x)=\frac{f^{(n+1)}(\xi)}{(n+1)!}(x-x_0)^{n+1}\quad(\xi\ 在\ x_0\ 与\ x\ 之间)$$

称为**拉格朗日余项**.

注意：1. 当 $n=0$ 时，泰勒公式变成了拉格朗日中值定理 $f(x)=f(x_0)+f'(\xi)(x-x_0)$($\xi$ 在 x_0 与 x 之间)，即泰勒中值定理是拉格朗日中值定理向高阶导数这个深度的推广.

2. 若降低定理条件为函数 $f(x)$在点 x_0 的 n 阶导数存在，泰勒公式的拉格朗日余项可简化为 $R_n(x)=o[(x-x_0)^n]$，称为佩亚诺余项. 当不需要对误差进行数值估计时，如理论证明中，用带佩亚诺余项的泰勒公式无疑是方便的.

3. 当 $f^{(n+1)}(x)$ 是有界函数时，即 $\exists M>0$，使得 $|f^{(n+1)}(x)|\leqslant M$，用拉格朗日余项可以估计误差：

$$|R_n(x)|=\left|\frac{f^{(n+1)}(\xi)}{(n+1)!}(x-x_0)^{n+1}\right|\leqslant\frac{M}{(n+1)!}|x-x_0|^{n+1}.$$

4. 取 $x_0=0$，这时的泰勒公式也称为麦克劳林(Maclaurin)公式. 泰勒公式余项中 ξ 在 0 与 x 之间，令 $\xi=\theta x(0<\theta<1)$，则余项 $R_n(x)=\dfrac{f^{(n+1)}(\theta x)}{(n+1)!}x^{n+1}$，带有拉格朗日余项的麦克劳林公式为

$$f(x)=f(0)+f'(0)x+\frac{f''(0)}{2!}x^2+\cdots+\frac{f^{(n)}(0)}{n!}x^n+\frac{f^{(n+1)}(\theta x)}{(n+1)!}x^{n+1}\quad(0<\theta<1).$$

带有佩亚诺余项的麦克劳林公式为

$$f(x)=f(0)+f'(0)x+\frac{f''(0)}{2!}x^2+\cdots+\frac{f^{(n)}(0)}{n!}x^n+o(x^n).$$

例 1 求 $f(x)=\mathrm{e}^x$ 的带有拉格朗日余项的 n 阶麦克劳林公式.

解 因为 $f'(x)=f''(x)=\cdots=f^{(n)}(x)=\mathrm{e}^x$，所以

$$f(0)=f'(0)=f''(0)=\cdots=f^{(n)}(0)=1$$

注意到 $f^{(n+1)}(\theta x)=\mathrm{e}^{\theta x}$，代入公式，得

$$\mathrm{e}^x=1+x+\frac{x^2}{2!}+\cdots+\frac{x^n}{n!}+\frac{\mathrm{e}^{\theta x}}{(n+1)!}x^{n+1}\quad(0<\theta<1).$$

由公式可知
$$\mathrm{e}^x\approx 1+x+\frac{x^2}{2!}+\cdots+\frac{x^n}{n!}$$

估计误差(设 $x>0$)

$$|R_n(x)|=\left|\frac{\mathrm{e}^{\theta x}}{(n+1)!}\right|<\frac{\mathrm{e}^x}{(n+1)!}x^{n+1}(0<\theta<1).$$

取 $x=1$，$\mathrm{e}\approx 1+1+\dfrac{1}{2!}+\cdots+\dfrac{1}{n!}$. 其误差

$$|R_n|<\frac{\mathrm{e}}{(n+1)!}<\frac{3}{(n+1)!}.$$

例 2 求 $f(x)=\sin x$ 的带有拉格朗日余项的 n 阶麦克劳林公式.

解 $(\sin x)^{(n)}=\sin\left(x+n\cdot\dfrac{\pi}{2}\right)$，$(n=1,2,\cdots)$，所以

$$f(0)=0,f'(0)=1,f''(0)=0,f'''(0)=-1,f^{(4)}(0)=0,\cdots,$$

从而

$$\sin x=x-\frac{x^3}{3!}+\frac{x^5}{5!}-\cdots+(-1)^{m-1}\frac{x^{2m-1}}{(2m-1)!}+R_{2m}(x),$$

其中

$$R_{2m}(x)=\frac{\sin\left[\theta x+(2m+1)\frac{\pi}{2}\right]}{(2m+1)!}x^{2m+1},(0<\theta<1).$$

常用函数的麦克劳林公式：

$$e^x=1+x+\frac{x^2}{2!}+\cdots+\frac{x^n}{n!}+\frac{e^{\theta x}}{(n+1)!}x^{n+1}+o(x^{n+1})\quad(0<\theta<1)$$

$$\sin x=x-\frac{x^3}{3!}+\frac{x^5}{5!}-\cdots+(-1)^n\frac{x^{2n+1}}{(2n+1)!}+o(x^{2n+2})$$

$$\cos x=1-\frac{x^2}{2!}+\frac{x^4}{4!}-\frac{x^6}{6!}+\cdots+(-1)^n\frac{x^{2n}}{(2n)!}+o(x^{2n})$$

$$\ln(1+x)=x-\frac{x^2}{2}+\frac{x^3}{3}-\cdots+(-1)^n\frac{x^{n+1}}{n+1}+o(x^{n+1})$$

$$\frac{1}{1-x}=1+x+x^2+\cdots+x^n+o(x^n)$$

$$(1+x)^m=1+mx+\frac{m(m-1)}{2!}x^2+\cdots+\frac{m(m-1)\cdots(m-n+1)}{n!}x^n+o(x^n)$$

例 3 求$\lim\limits_{x\to 0}\dfrac{\tan x-\sin x}{x^3}$.

解 $\tan x=x+\dfrac{x^3}{3}+o(x^3)$，$\sin x=x-\dfrac{x^3}{3!}+o(x^3)$，所以

$$原式=\lim_{x\to 0}\frac{\left[x+\frac{x^3}{3}+o(x^3)\right]-\left[x-\frac{x^3}{3!}+o(x^3)\right]}{x^3}=\lim_{x\to 0}\frac{\frac{1}{2}x^3+o(x^3)}{x^3}=\frac{1}{2}.$$

二、函数图形的描绘

在前面几节中，我们利用导数研究了函数的单调性、凹凸性、极值、拐点，综合这些内容，我们知道函数在定义区间内的变化特征，从而对函数的曲线在某一区间的变化轮廓有了较为全面的了解，这样就可以比较准确地描绘函数的图形.

函数的图形为我们提供了函数的直观的几何形象，这对于研究函数很有帮助. 在中学阶段做函数图形的基本方法是描点法，这种方法的最大缺陷在于选点的盲目性，不能把握整个图形的特点和趋势. 前面，我们应用导数给出了一套研究函数性态的方法，将其应用于函数做图上，就可以得到一种远比描点法更有效的做图方法——微分做图法. 下面我们就来介绍微分做图法的具体步骤.

当函数 $y=f(x)$的定义域或值域含有无穷区间时，要在有限的平面上做出它的图形就必须指出 x 趋于无穷时或 y 趋于无穷时曲线的趋势，因此有必要讨论 $y=f(x)$的渐近线.

1. 渐近线

(1)水平渐近线：如果$\lim\limits_{x\to\infty}f(x)=A$($\lim\limits_{x\to-\infty}f(x)=A$ 或 $\lim\limits_{x\to+\infty}f(x)=A$)，就称直线 $y=A$ 为曲线 $y=f(x)$的**水平渐近线**.

(2)铅直渐近线：如果$\lim\limits_{x\to x_0}f(x)=\infty$($\lim\limits_{x\to x_0^+}f(x)=\infty$或$\lim\limits_{x\to x_0^-}f(x)=\infty$)，就称直线 $x=x_0$ 为曲线 $y=f(x)$的**铅直渐近线**.

例如，曲线 $y=\ln x$，当 $\lim\limits_{x\to 0^-}\ln x=-\infty$，所以直线 $x=0$ 是曲线 $y=\ln x$ 的铅直渐近线，如图 3-5-1 所示.

又如,曲线 $y=e^x$,当 $\lim\limits_{x\to-\infty} e^x=0$,所以直线 $y=0$ 是曲线 $y=e^x$ 的水平渐近线,如图 3-5-2 所示.

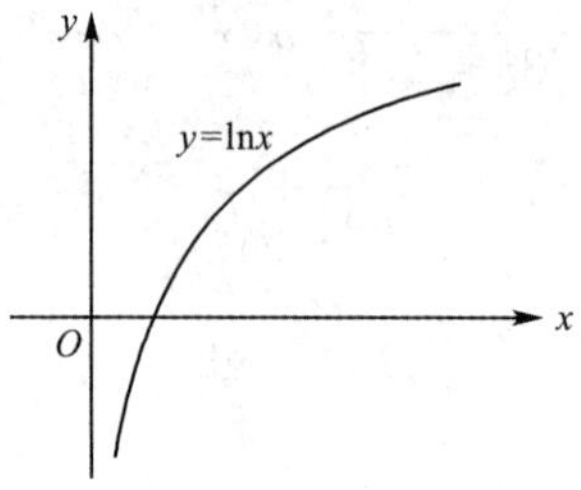

图 3-5-1

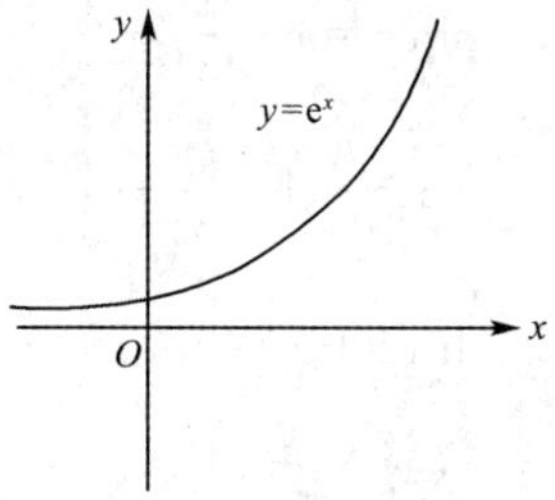

图 3-5-2

2. 函数做图

函数做图的一般步骤如下:

(1)求函数 $y=f(x)$的定义域,研究函数特性(如奇偶性、周期性、有界性等);

(2)求出函数的一阶导数 $f'(x)$和二阶导数 $f''(x)$,计算出一阶导数 $f'(x)$和二阶导数 $f''(x)$在函数定义域内的全部零点,并求出函数 $f(x)$的间断点及 $f'(x)$,$f''(x)$不存在的点.用这些点把函数的定义域划分成几个部分区间;

(3)确定在这些部分区间内 $f'(x)$,$f''(x)$的符号,并由此确定函数图形的单调性、凹凸性和拐点;

(4)确定函数图形的渐近线(如果存在的话);

(5)算出 $f'(x)$,$f''(x)$的零点及不存在的点所对应的函数值,找出图形上相应的点;为了把图形描绘得准确些,有时还需要补充一些点,然后结合(3)(4)步中得到的结果,连接这些点画出函数 $y=f(x)$的图形.

例 4 做函数 $y=x^3-x^2-x+1$ 的图形.

解 (1)函数的定义域:$(-\infty,+\infty)$;

(2)$y'=3x^2-2x-1$,令 $y'=0$ 得驻点为 $x_1=-\dfrac{1}{3}$,$x_2=1$.无不可导点.

$y''=6x-2$,令 $y''=0$ 得 $x_3=\dfrac{1}{3}$.无二阶不可导点.

(3)列表讨论(表 3-5-1):

表 3-5-1

x	$\left(-\infty,-\frac{1}{3}\right)$	$-\frac{1}{3}$	$\left(-\frac{1}{3},\frac{1}{3}\right)$	$\frac{1}{3}$	$\left(\frac{1}{3},1\right)$	1	$(1,+\infty)$
y'	+	0	−	−	−	0	+
y''	−	−	−	0	+	+	+
y	↑,∩	极大值 $\frac{32}{27}$	↓,∩	拐点 $\left(\frac{1}{3},\frac{16}{27}\right)$	↓,∪	极小值 0	↑,∪

(4)无水平渐近线,无铅直渐近线.

(5)做图.补充:$y|_{x=-1}=0$,$y|_{x=2}=3$,$y|_{x=0}=1$.如图 3-5-3 所示.

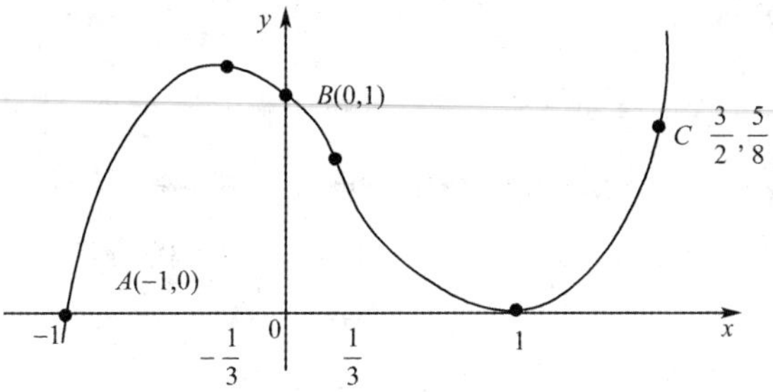

图 3-5-3

例 5　做函数 $y=\frac{4(x+1)}{x^2}-2$ 的图形.

解　(1)定义域:$(-\infty,0)\cup(0,+\infty)$;

(2)$y'=-\frac{4(x+2)}{x^3}$,$y''=\frac{8(x+3)}{x^4}$.

令 $y'=0$ 得驻点 $x=-2$;令 $y''=0$ 得 $x=-3$.

(3)列表讨论(表 3-5-2)

表 3-5-2

x	$(-\infty,-3)$	-3	$(-3,-2)$	-2	$(-2,0)$	0	$(0,+\infty)$
y'	$-$		$-$	0	$+$	不存在	$-$
y''	$-$	0	$+$		$+$		$+$
y	$\downarrow,\cap$	拐点 $\left(-3,\frac{26}{9}\right)$	$\downarrow,\cup$	极小值 $y\vert_{x=-2}=-3$	$\uparrow,\cup$	间断点	$\downarrow,\cup$

(4)$\lim\limits_{x\to\infty}y=-2$,所以水平渐近线 $y=-2$;

因为$\lim\limits_{x\to 0}y=+\infty$,所以铅直渐近线 $x=0$.

(5)做图:

补充:$x\vert_{y=0}=1\pm\sqrt{3}$,$y\vert_{x=-1}=-2$,$y\vert_{x=1}=6$,$y\vert_{x=2}=1$,如图 3-5-4 所示.

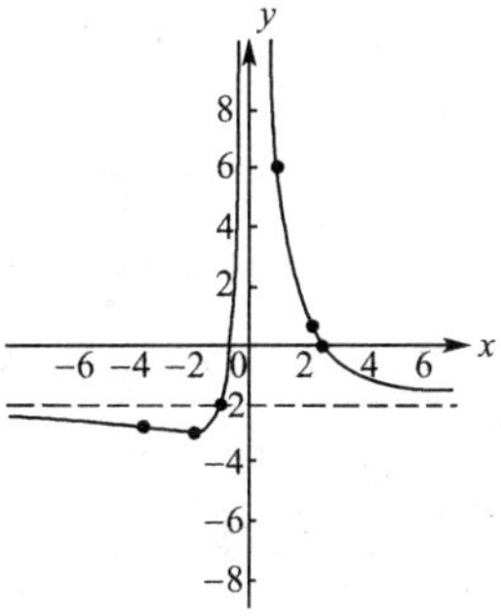

图 3-5-4

三、弧微分与曲率

1. 弧微分

设函数 $y=f(x)$在区间(a,b)内具有连续导数. 在曲线 $y=f(x)$，如图 3-5-5 所示，取固定点 $M_0(x_0,y_0)$作为度量弧长的基点，并规定依 x 增大的方向作为曲线的正向.

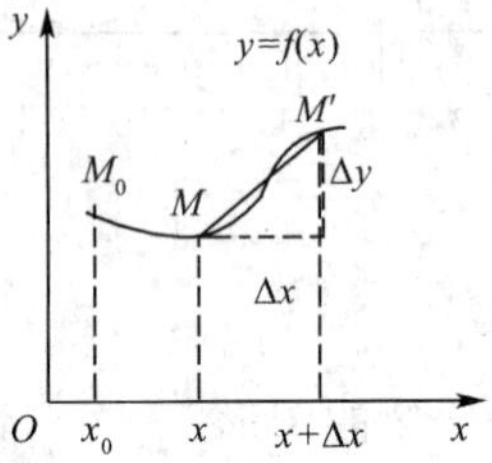

图 3-5-5

对曲线上任意一点 $M(x,y)$，规定有向弧段 $\overset{\frown}{M_0M}$ 的值为 s. 如下：s 的绝对值等于这弧段的长度，当有向弧段 $\overset{\frown}{M_0M}$ 的方向与曲线的正向一致时 $s>0$，相反时 $s<0$. 显然，弧 $s=\overset{\frown}{M_0M}$ 是 x 的函数：$s=s(x)$，而且 $s(x)$是 x 的单调增加函数. 下面来求 $s(x)$的导数和微分.

设 $x,x+\Delta x$ 为(a,b)内两个邻近的点，它们在曲线 $y=f(x)$上的对应点为 M,M'，并设对应于 x 的增量 Δx，弧 s 的增量为 Δs，那么

$$\Delta s=\overset{\frown}{M_0M'}-\overset{\frown}{M_0M}=\overset{\frown}{MM'},$$

于是

$$\left(\frac{\Delta s}{\Delta x}\right)^2=\left(\frac{\overset{\frown}{MM'}}{\Delta x}\right)^2=\left(\frac{\overset{\frown}{MM'}}{|MM'|}\right)^2\frac{|MM'|^2}{(\Delta x)^2}$$

$$=\left(\frac{\overset{\frown}{MM'}}{|MM'|}\right)^2\frac{(\Delta x)^2+(\Delta y)^2}{(\Delta x)^2}=\left(\frac{\overset{\frown}{MM'}}{|MM'|}\right)^2\left[1+\frac{(\Delta y)^2}{(\Delta x)^2}\right]$$

$$\frac{\Delta s}{\Delta x}=\pm\sqrt{\left(\frac{\overset{\frown}{MM'}}{|MM'|}\right)^2\left[1+\frac{(\Delta y)^2}{(\Delta x)^2}\right]},$$

令 $\Delta x\to 0$，由于 $\Delta x\to 0$ 时，$M'\to M$，这时弧的长度与弦的长度之比的极限等于 1，即 $\lim\limits_{M'\to M}\dfrac{|\overset{\frown}{MM'}|}{|MM'|}=1$，又$\lim\limits_{\Delta x\to 0}\dfrac{\Delta y}{\Delta x}=y'$，因此得$\dfrac{ds}{dx}=\pm\sqrt{1+y'^2}$.

由于 $s=s(x)$是单调增加函数，从而根号前应取正号，于是有 $ds=\sqrt{1+y'^2}\,dx$，这就是弧微分公式.

上面是直角坐标系下弧微分的公式，利用它和坐标变化可求出极坐标系下的弧微分公式和参数方程表达的曲线的弧微分公式.

设曲线 C 由参数方程 $x=\varphi(t),y=\psi(t),t\in[\alpha,\beta]$给出，若 C 为一条光滑曲线，则弧微分公式为

$$ds=\sqrt{\varphi'^2(t)+\psi'^2(t)}\,dt.$$

若曲线 C 由极坐标方程 $r=r(\theta),\theta\in[\alpha,\beta]$表示，其中 $r'(\theta)$在$[\alpha,\beta]$上连续，且 $r(\theta)$与

$r'(\theta)$不同时为零时，弧微分公式为

$$\mathrm{d}s=\sqrt{r^2(\theta)+r'^2(\theta)}\,\mathrm{d}\theta.$$

2. 曲率及其计算公式

我们直觉地认识到：直线不弯曲，半径较小的圆比半径较大的圆更弯曲，而其他曲线的不同部分有不同的弯曲程度，例如抛物线 $y=x^2$ 在顶点附近比远离顶点的部分弯曲程度大.

在工程技术中，有时需要研究曲线的弯曲程度. 例如，船体结构的钢梁、机床的转轴等，它们在荷载作用下要产生弯曲变形，在设计时对它们的弯曲必须有一定的限制，这就要定量地研究它们的弯曲程度. 为此首先要讨论如何用数量来描述曲线的弯曲程度.

在图 3-5-6 可以看出，弧段 $\overset{\frown}{M_1M_2}$ 比较平直，当动点沿这段弧从 M_1 移动到 M_2 时，切线转过的角度 φ_1 不大，而弧段 $\overset{\frown}{M_2M_3}$ 弯曲程度大，角 φ_2 就比较大.

但是，切线转过的角度的大小还不能完全反映曲线弯曲的程度. 例如，从图 3-5-7 可以看出，两段弧 $\overset{\frown}{M_1M_2}$ 及 $\overset{\frown}{N_1N_2}$ 尽管切线转过的角度都是 φ，然而弯曲程度并不相同，短弧段比长弧段弯曲程度大. 由此可见，曲线弧的弯曲程度还与弧段的长度有关.

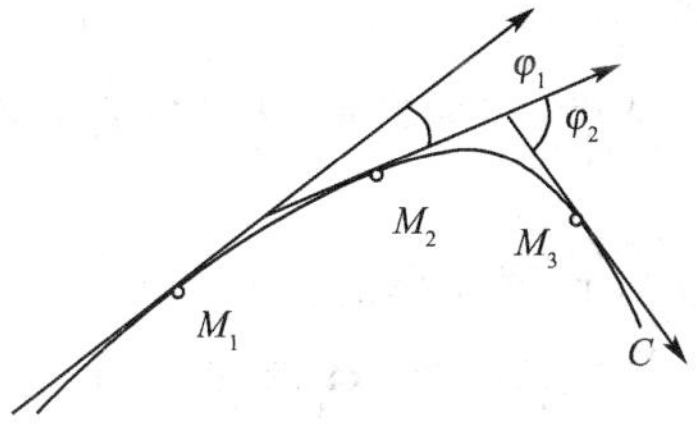

图 3-5-6

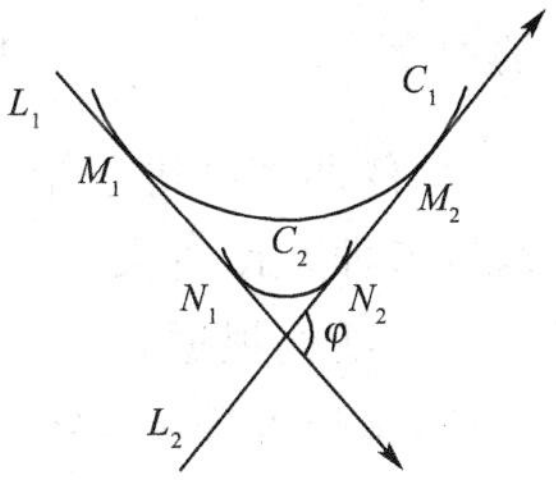

图 3-5-7

按上面的分析，我们引入描述曲线弯曲程度的曲率概念如下：

设曲线 C 为光滑的有向曲线，如图 3-5-5 所示，以 M_0 为基点做弧 $\overset{\frown}{M_0M}$，其值为 s，过点 M 做曲线的有向切线，其倾角为 α. 设曲线 C 上 M' 点对应于弧 $s+\Delta s$，过点 M' 做曲线的有向切线，倾角为 $\alpha+\Delta\alpha$. 当点 M 沿曲线移动到 M' 时，弧 $\overset{\frown}{MM'}$ 的长度为 $|\Delta s|$，切线转过的角度为 $|\Delta\alpha|$.

用切线转过的角度和弧长之比即单位弧段切线转过角度的大小来描述弧 $\overset{\frown}{MM'}$ 的平均弯曲程度，称为弧 $\overset{\frown}{MM'}$ 的平均曲率，记作 $\overline{K}$，即 $\overline{K}=\left|\dfrac{\Delta\alpha}{\Delta s}\right|$.

类似于从平均速度引入瞬时速度的方法，当 $\Delta s\to 0$ 时，上述平均曲率的极限叫作曲线 C 在点 M 处的曲率，记作 K，即

$$K=\lim_{\Delta s\to 0}\left|\frac{\Delta\alpha}{\Delta s}\right|=\left|\frac{\mathrm{d}\alpha}{\mathrm{d}s}\right|. \tag{5-2}$$

例 6　求直线上任意一点 M 处的曲率.

解　如图 3-5-8 所示，因为 $\Delta\alpha=0$，所以平均曲率 $\overline{K}=\left|\dfrac{\Delta\alpha}{\Delta s}\right|=\left|\dfrac{0}{\Delta s}\right|=0$，而在点 M 处的曲率 $K=\lim\limits_{\triangle s\to 0}\left|\dfrac{\triangle\alpha}{\triangle s}\right|=0$.

即直线上任意一点处的曲率都等于常数零. 曲率为零,说明直线的弯曲程度为零,这与直线不弯曲相吻合.

例 7 求半径为 R 的圆上任意一点 M 处的曲率.

解 如图 3-5-9 所示,因为 $\Delta\alpha=\angle MOM'=\frac{|\Delta s|}{R}$,所以弧段的平均曲率

$$\overline{K}=\left|\frac{\Delta\alpha}{\Delta s}\right|=\left|\frac{\frac{\Delta s}{R}}{\Delta s}\right|=\frac{1}{R},$$

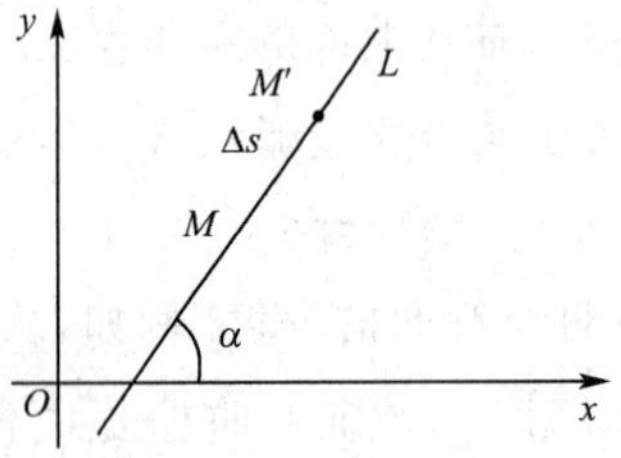

图 3-5-8

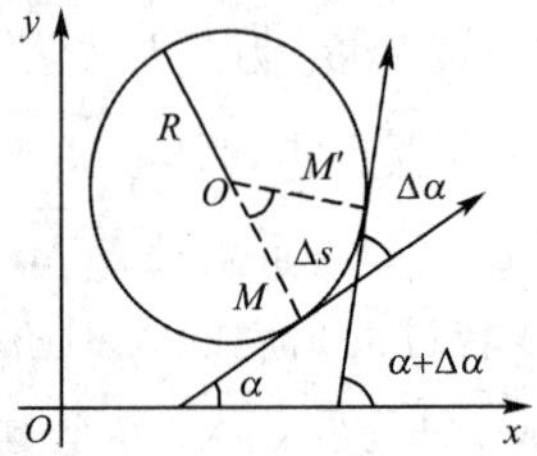

图 3-5-9

而在点 M 处的曲率
$$K=\lim_{\Delta s\to 0}\left|\frac{\Delta\alpha}{\Delta s}\right|=\frac{1}{R},$$
即圆上任意一点处的曲率都等于半径的倒数,这就是说,圆的弯曲程度到处一样,且半径越小曲率越大,即圆弯曲程度越大.

在一般情况下,我们根据式(5-2)来导出便于实际计算曲率的公式.

设曲线的直角坐标方程是 $y=f(x)$,且 $f(x)$具有二阶导数. 因为 $\tan\alpha=y'$,方程两端同时对 x 求导得(隐函数、复合函数求导,其中自变量为 x):

$$\sec^2\alpha\,\frac{\mathrm{d}\alpha}{\mathrm{d}x}=y'',$$

$$\frac{\mathrm{d}\alpha}{\mathrm{d}x}=\frac{y''}{1+\tan^2\alpha}=\frac{y''}{1+y'^2},$$

于是,$\mathrm{d}\alpha=\frac{y''}{1+y'^2}\mathrm{d}x$. 又由弧微分知

$$\mathrm{d}s=\sqrt{1+y'^2}\,\mathrm{d}x$$

根据曲率公式 $K=\left|\frac{\mathrm{d}\alpha}{\mathrm{d}s}\right|$,有

$$K=\frac{|y''|}{(1+y'^2)^{\frac{3}{2}}}.$$

设曲线由参数方程

$$\begin{cases}x=\varphi(t),\\ y=\psi(t)\end{cases}$$

给出,则可利用由参数方程所确定的函数的求导法,求出 y'_x 及 y''_x,带入曲率公式有

$$K=\frac{|\varphi'(t)\psi''(t)-\varphi''(t)\psi'(t)|}{[\psi'^2(t)+\varphi'^2(t)]^{\frac{3}{2}}}.$$

例 8　计算等边双曲线 $xy=1$ 在点(1,1)处的曲率.

解　由 $y=\frac{1}{x}$,得

$$y'=-\frac{1}{x^2},y''=\frac{2}{x^3},$$

因此
$$y'|_{x=1}=-1,y''|_{x=1}=2,$$

得
$$K=\frac{|y''|}{(1+y'^2)^{\frac{3}{2}}}=\frac{|2|}{[1+(-1)^2]^{\frac{3}{2}}}=\frac{\sqrt{2}}{2}.$$

例 9　求抛物线 $y=ax^2+bx+c$ 上的曲率最大的点.

解　由 $y=ax^2+bx+c$,得

$$y'=2ax+b,y''=2a$$

因此
$$K=\frac{|y''|}{(1+y'^2)^{\frac{3}{2}}}=\frac{|2a|}{[1+(2ax+b)^2]^{\frac{3}{2}}},$$

因为分子$|2a|$为常数,所以分母最小,K 就取最大值.看出当 $2ax+b=0$,即 $x=-\frac{b}{2a}$ 时,K 的分母最小,因而 K 有最大值$|2a|$,而 $x=-\frac{b}{2a}$所对应的点为抛物线的顶点.因此,抛物线在顶点处的曲率最大.

四、典型题选讲

例 10　设 $a>b>0,n>1$.证明:$nb^{n-1}(a-b)<a^n-b^n<na^{n-1}(a-b)$.

证明　令 $f(x)=x^n$,由拉格朗日中值定理知

$$f(a)-f(b)=f'(\xi)(a-b)$$

其中 $b<\xi<a$,即 $a^n-b^n=n\xi^{n-1}(a-b)$,而由于 $b<\xi<a$,故

$$nb^{n-1}(a-b)<n\xi^{n-1}(a-b)<na^{n-1}(a-b)$$

所以
$$nb^n(a-b)<a^n-b^n<na^{n-1}(a-b)$$

注意:在不等式中若有函数值之差 $f(a)-f(b)$,不等式两边有互为导数的形式,可以考虑对 $f(x)$使用拉格朗日中值定理证明.

例 11　当 $x>0$ 时,证明:$\ln\left(1+\frac{1}{x}\right)>\frac{1}{1+x}$.

证明　令 $f(x)=\ln\left(1+\frac{1}{x}\right)-\frac{1}{1+x}\quad x\in(0,+\infty)$

$$f'(x)=\frac{1}{1+\frac{1}{x}}\left(-\frac{1}{x^2}\right)+\frac{1}{(1+x)^2}=\frac{1}{(1+x)^2}-\frac{1}{x^2+x}=-\frac{1}{x(1+x)^2}<0$$

所以 $f(x)$在$(0,+\infty)$上单调减少.(下面考虑右“端点”的情形)

而
$$f(+\infty)=\lim_{x\to+\infty}f(x)=\lim_{x\to+\infty}\left(\ln\left(1+\frac{1}{x}\right)-\frac{1}{1+x}\right)=0$$

所以 $f(x)>0$. 即 $x>0$ 时，$\ln\left(1+\frac{1}{x}\right)>\frac{1}{1+x}$.

注意：端点处没有函数值时，用极限值代替.

例 12 当 $0<x<\frac{\pi}{2}$时，证明：$\tan x>x+\frac{1}{3}x^3$.

证明 令 $f(x)=\tan x-x-\frac{1}{3}x^3 \quad x\in\left[0,\frac{\pi}{2}\right)$

$$f'(x)=\sec^2 x-1-x^2=\tan^2 x-x^2=(\tan x-x)(\tan x+x)$$

令
$$g(x)=\tan x-x \quad x\in\left[0,\frac{\pi}{2}\right)$$

(要判断 $f'(x)$的符号，由于 $\tan x+x>0$，只需要推断 $\tan x-x$ 的符号)

因为
$$g'(x)=\sec^2 x-1=\tan^2 x>0 \quad x\in\left(0,\frac{\pi}{2}\right)$$

所以 $g(x)$在$\left[0,\frac{\pi}{2}\right)$上单调增加，而 $g(0)=0$，故 $g(x)>0, x\in\left(0,\frac{\pi}{2}\right)$，所以 $f'(x)>0$，$x\in\left(0,\frac{\pi}{2}\right)$，而 $f(0)=0$

所以
$$f(x)>0, x\in\left(0,\frac{\pi}{2}\right)$$

即 $0<x<\frac{\pi}{2}$时 $\tan x>x+\frac{1}{3}x^3$.

注意：利用单调性证明不等式时，如果所令函数 $f(x)$的一阶导数 $f'(x)$的符号无法判定，尚需对 $f(x)$的二阶导数 $f''(x)$的符号进行判定，从而推断出 $f'(x)$和 $f(x)$的符号.

例 13 证明不等式

$$x\ln x+y\ln y>(x+y)\ln\frac{x+y}{2}, (x>0, y>0, x\neq y).$$

分析 $x\ln x+y\ln y>(x+y)\ln\frac{x+y}{2}\Leftrightarrow\frac{x\ln x+y\ln y}{2}>\frac{x+y}{2}\ln\frac{x+y}{2}$.

令 $f(x)=x\ln x$，则证明$\frac{f(x)+f(y)}{2}>f\left(\frac{x+y}{2}\right)$，即 $f(x)=x\ln x$ 在$(0,+\infty)$上是凹的.

证明 令 $f(t)=t\ln t$，显然 $f(t)$在$(0,+\infty)$内连续可导，且

$$f'(t)=\ln t+1, f''(t)=\frac{1}{t}>0, t\in(0,+\infty),$$

所以 $f(t)$在$(0,+\infty)$内是凹的. 从而$\forall x, y\in(0,+\infty)$，有

$$\frac{f(x)+f(y)}{2}>f\left(\frac{x+y}{2}\right),$$

即

$$\frac{x\ln x+y\ln y}{2}>\frac{x+y}{2}\ln\frac{x+y}{2}.$$

所以

$$x\ln x+y\ln y>(x+y)\ln\frac{x+y}{2}.$$

注意：在证明某函数两点的函数值之和与两点的中点的函数值之间的关系时，经常用函数的凹凸性加以证明.

例 14 证明 $x>1$ 时，$\ln x>\dfrac{2(x-1)}{x+1}$.

证明 令 $f(x)=(x+1)\ln x$，因 $f(1)=0, f'(1)=2, f''(x)=\dfrac{x-1}{x^2}$，所以 $f(x)$ 在 $x=1$ 处可以展成

$$f(x)=f(1)+f'(1)(x-1)+\frac{f''(\xi)}{2!}(x-1)^2=2(x-1)+\frac{\xi-1}{2\xi^2}(x-1)^2$$

其中 ξ 介于 $1,x$ 之间. 所以

$$(x+1)\ln x=2(x-1)+\frac{\xi-1}{2\xi^2}(x-1)^2,$$

当 $x>1$ 时，$1<\xi<x$，故 $\dfrac{\xi-1}{2\xi^2}(x-1)^2>0$. 所以 $(x+1)\ln x>2(x-1)$，从而结论成立.

注意：展成泰勒公式后，对余项进行估计，可得不等式. 但适当从不等式中构造函数是关键.

此题也可用单调性来证明不等式.

例 15 求 $\lim\limits_{x\to 0}\dfrac{\ln(1+x)(1-\cos x)(x-\sin x)}{e^x\cos x\tan^3 x(\arcsin x)^3}$.

分析 本题是"$\dfrac{0}{0}$"型，若直接对原题使用洛必达法则计算显然很麻烦. 为此，在使用洛必达法则之前最好先化简.

解 因为 $x\to 0$ 时，$e^x\to 1, \cos x\to 1, \ln(1+x)\sim x$，$1-\cos x\sim\dfrac{1}{2}x^2, \tan x\sim x$，$\arcsin x\sim x$. 所以

$$\lim_{x\to 0}\frac{\ln(1+x)(1-\cos x)(x-\sin x)}{e^x\cos x\tan^3 x(\arcsin x)^3}=\lim_{x\to 0}\frac{x\left(\frac{1}{2}x^2\right)(x-\sin x)}{1\cdot 1\cdot x^3\cdot x^3}=\frac{1}{2}\lim_{x\to 0}\frac{(x-\sin x)}{x^3}$$

$$=\frac{1}{2}\lim_{x\to 0}\frac{1-\cos x}{3x^2}=\frac{1}{2}\lim_{x\to 0}\frac{\frac{1}{2}x^2}{3x^2}=\frac{1}{12}.$$

注意：对"$\dfrac{0}{0}$"型，通常的化简方法是：(1) 某因子的极限不为零时，先行计算. (2) 等价无穷小替换.

例 16 求 $\lim\limits_{x\to+\infty}\left(\dfrac{2}{\pi}\arctan x\right)^x$.

解 因为 $\left(\dfrac{2}{\pi}\arctan x\right)^x=e^{\ln\left(\frac{2}{\pi}\arctan x\right)^x}=e^{x\ln\left(\frac{2}{\pi}\arctan x\right)}$

$$\lim_{x\to+\infty}x\ln\left(\frac{2}{\pi}\arctan x\right)\xlongequal{\infty\cdot 0}\lim_{x\to+\infty}\frac{\ln\left(\frac{2}{\pi}\arctan x\right)}{\frac{1}{x}}$$

$$\overset{\frac{0}{0}}{=\!=}\lim_{x\to+\infty}\frac{\frac{2}{\pi}\frac{1}{1+x^2}\frac{1}{\frac{2}{\pi}\arctan x}}{-\frac{1}{x^2}}=-\frac{2}{\pi}\lim_{x\to+\infty}\frac{x^2}{1+x^2}=-\frac{2}{\pi}$$

所以原式$=e^{-\frac{2}{\pi}}$.

注意：计算幂指函数的极限时，先利用对数恒等式将其化成指数函数，对指数部分计算极限.

例 17 求$\lim\limits_{x\to 0}\dfrac{x^2}{\sqrt[5]{1+5x}-(1+x)}$.

解法 1 原式$\overset{\frac{0}{0}}{=\!=}\lim\limits_{x\to 0}\dfrac{2x}{\frac{1}{5}(1+5x)^{-\frac{4}{5}}\cdot 5-1}=2\lim\limits_{x\to 0}\dfrac{x}{(1+5x)^{-\frac{4}{5}}-1}$

$$\overset{\frac{0}{0}}{=\!=}2\lim_{x\to 0}\frac{1}{-\frac{4}{5}(1+5x)^{-\frac{9}{5}}\cdot 5}=-\frac{2}{4}=-\frac{1}{2}$$

解法 2 将$\sqrt[5]{1+5x}$在$x=0$处展成泰勒公式

$$(1+5x)^{\frac{1}{5}}=1+x-2x^2+o(x^2)$$

所以 原式$=\lim\limits_{x\to 0}\dfrac{x^2}{-2x^2+o(x^2)}=\lim\limits_{x\to 0}\dfrac{1}{-2+\frac{o(x^2)}{x^2}}=-\dfrac{1}{2}$.

注意：含有差的极限在计算时，如果容易展成泰勒公式，抵消公共项后，呈$a+o(x^n)$形式. 如解法 2，更简便.

五、应用举例

例 18 设函数表示在时刻t某种产品的价格，则在通货膨胀期间，$p(t)$将迅速增加. 请用$p(t)$的导数解析以下三种情形：

(1)通货膨胀仍然存在；

(2)通货膨胀率正在下降；

(3)在不久的将来，物价将稳定下来.

解 (1)$p'(t)>0$表示产品的价格在上升，即通货膨胀仍然存在.

(2)$p'(t)>0$表示通货膨胀存在，$p''(t)<0$表示通货膨胀率正在下降.

(3)$p'(t)\to 0$表示产品的价格不再上升，即物价将稳定下来.

例 19 欲用围墙围成面积为 216 m^2 的一块矩形土地，并在正中用一堵墙将其隔成两块，问这块土地的长和宽选取多大的尺寸，才能使所用建筑材料最少？

解 设矩形土地的长为x m，宽为y m，则由题意$xy=216$，设围墙总长为L，则$L=$

$2x+3y$,从而 $L=2x+3\times\dfrac{216}{x}$,$L'=2-\left(\dfrac{648}{x^2}\right)=\dfrac{2x^2-648}{x^2}$,令 $L'=0$ 得 $x^2=324$,$x=\pm18$. 由实际问题可知,函数 L 的最小值一定存在,函数只有一个驻点 $x=18$,则可以肯定函数在此驻点处取得最值,所以当 $x=18$,$y=12$ 时用料最少.

例 20 从半径为 R 的圆铁片上截下中心角为 φ 的扇形卷成一圆锥形漏斗,问 φ 取多大时做成的漏斗的容积最大?

解 设所做漏斗的顶半径为 r,高为 h,则 $r=\sqrt{R^2-h^2}$,漏斗的容积 $V=\dfrac{\pi r^2h}{3}=\dfrac{\pi h(R^2-h^2)}{3}$,$0<h<R$..

由于 H 由中心角 φ 唯一确定,故将问题转化为先求函数 $V=V(h)$ 在 $(0,R)$ 上的最大值. 令 $V'=\dfrac{\pi R^2}{3}-\pi h^2=0$,得唯一驻点 $h=\dfrac{R}{\sqrt{3}}$. 从而 $\varphi=\dfrac{2\pi\sqrt{R^2-h^2}}{R}\Bigg|_{h=\frac{R}{\sqrt{3}}}=\dfrac{2\sqrt{6}\,\pi}{3}$. 因此根据问题的实际意义知 $\varphi=\dfrac{2\sqrt{6}\,\pi}{3}$ 时能使漏斗的容积最大.

总习题 3

A 组

一、填空题

1. $f(x)=x^3-3x$ 在区间 $[0,2]$ 上的最小值是________.
2. $y=3x^4-4x^3$ 的拐点是________.
3. 曲线 $y=\mathrm{e}^{-x^2}$ 在区间________上是凸的.
4. 设 $x=0$ 是函数 $y=a\mathrm{e}^x+2bx^2+5x$ 的极值点,则 $a=$________.
5. 当 $x\geqslant1$ 时,$\arctan\sqrt{x^2-1}+\arcsin\dfrac{1}{x}=$________.

二、选择题

1. 曲线 $y=x\arctan x$ 的图形(　　).

A. 在 $(-\infty,+\infty)$ 内是凹的

B. 在 $(-\infty,+\infty)$ 内是凸的

C. 在 $(-\infty,0)$ 内为凸,在 $(0,+\infty)$ 内为凹

D. 在 $(-\infty,0)$ 内为凹,在 $(0,+\infty)$ 内为凸

2. 设 $a<0$,则当满足条件(　　)时函数 $f(x)=ax^3+3ax^2+8$ 为增函数.

A. $x<-2$　　B. $-2<x<0$　　C. $x>0$　　D. $x<-2$ 或 $x>0$

3. $f(x)=(x-1)^2(x+1)^3$ 的极值点的集合是(　　).

A. $\left\{\dfrac{1}{5},-1,1\right\}$　　B. $\left\{-1,\dfrac{1}{5}\right\}$;　　C. $\left\{\dfrac{1}{5},1\right\}$　　D. $\left\{\dfrac{1}{5}\right\}$

4. 已知 $f(x)=x^3+ax^2+bx$ 在 $x=1$ 处取极小值 -2,则(　　).

A. $a=1,b=2$　　B. $a=0,b=-3$　　C. $a=2,b=2$　　D. $a=1,b=1$

5.已知 $f(x)=2kx^3-3kx^2-12kx$ 在区间 $[-1,2]$ 上是增函数,则 k 的取值范围是(　　).

A. $k<1$　　B. $k>0$　　C. $k<0$　　D. k 为任何实数

三、计算题

1. $\lim\limits_{x\to 1}\dfrac{e^x-ex}{(x-1)^2}$.　　2. $\lim\limits_{x\to 0}\dfrac{\ln(1+x^2)}{e^x-x-1}$.

3. $\lim\limits_{x\to+\infty}\dfrac{\ln(e^x+x)}{x}$.　　4. $\lim\limits_{x\to\frac{\pi}{2}^+}\dfrac{\ln\left(x-\frac{\pi}{2}\right)}{\tan x}$.

5. $\lim\limits_{x\to+\infty}\left[\dfrac{1}{x}-\dfrac{1}{x^2}\ln(1+x)\right]$.　　6. $\lim\limits_{x\to+\infty}x^{-2}e^x$.

四、解答题

1.求 $f(x)=2x^3-6x^2-18x+7$ 的单调区间,凹凸区间,极值和拐点.

2.求 $f(x)=\dfrac{2}{3}x-\sqrt[3]{x}$ 的凹凸区间和拐点.

五、证明题

证明:当 $x>0$ 时, $\arctan x>\dfrac{\pi}{2}-\dfrac{1}{x}$.

B 组

一、填空题

1.若函数 $f(x)$ 在 $[0,1]$ 上满足 $f''(x)>0$,则 $f'(0)$, $f'(1)$ 的大小顺序为________.

2.曲线 $y=x^2+2\ln x$ 在其拐点处的切线方程是________.

3.若曲线 $y=x^3+ax^2+bx+1$ 有拐点 $(-1,0)$,则 $b=$________.

4.函数 $y=x+2\cos x$ 在区间 $\left[0,\dfrac{\pi}{2}\right]$ 上的最大值为________.

5.函数 $y=x^{2x}$ 在区间 $(0,1]$ 上的最小值为________.

二、选择题

1.设函数 $f(x)=\begin{cases}x|x|, & x\leqslant 0\\ x\ln x, & x>0\end{cases}$,则 $x=0$ 是 $f(x)$ 的(　　).

A.可导点、极值点　　B.不可导点、极值点

C.可导点、非极值点　　D.不可导点、非极值点

2.设函数 $f(x)$ 具有二阶导数, $g(x)=f(0)(1-x)+f(1)x$,则在区间 $[0,1]$ 上(　　).

A.当 $f'(x)\geqslant 0$ 时, $f(x)\geqslant g(x)$　　B.当 $f'(x)\geqslant 0$ 时, $f(x)\leqslant g(x)$

C.当 $f''(x)\geqslant 0$ 时, $f(x)\geqslant g(x)$　　D.当 $f''(x)\geqslant 0$ 时, $f(x)\leqslant g(x)$

3.设函数 $f(x)$, $g(x)$ 具有二阶导数,且 $g''(x)<0$,若 $g(x_0)=a$ 是 $g(x)$ 的极值,则 $f(g(x))$ 在 x_0 处取极大值的一个充分条件是(　　).

A. $f'(a)<0$　　B. $f'(a)>0$　　C. $f''(a)<0$　　D. $f''(a)>0$

4.已知方程 $x^5-5x+k=0$ 有3个不同的实根,则 k 的取值范围是(　　).

A. $(-\infty,-4)$　　B. $(4,+\infty)$　　C. $[-4,4]$　　D. $(-4,4)$

5. 设函数 $f(x)$在$(-\infty,+\infty)$内连续，其导函数的图形如图 3-5-10 所示，则(　　).

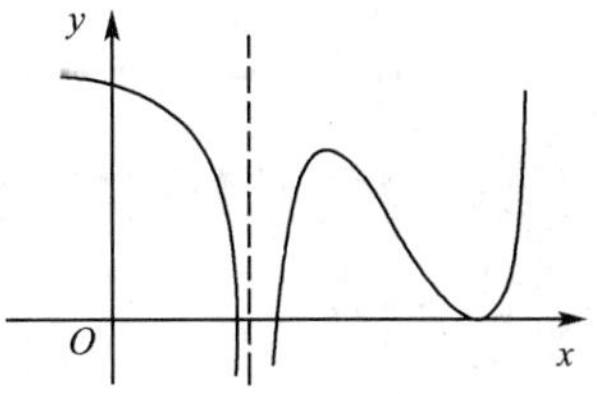

图 3-5-10

A. 函数 $f(x)$有 2 个极值点，曲线 $y=f(x)$有 2 个拐点

B. 函数 $f(x)$有 2 个极值点，曲线 $y=f(x)$有 3 个拐点

C. 函数 $f(x)$有 3 个极值点，曲线 $y=f(x)$有 1 个拐点

D. 函数 $f(x)$有 3 个极值点，曲线 $y=f(x)$有 2 个拐点

三、计算题

1. $\lim\limits_{x\to 0}\dfrac{e^{\cos x}-e}{x^2}$.　　　　2. $\lim\limits_{x\to 0}\dfrac{\sin^3 x}{x-\arcsin x}$.

3. $\lim\limits_{x\to +\infty}\dfrac{\dfrac{\pi}{2}-\arctan x}{\sin\dfrac{1}{x}}$.　　　　4. $\lim\limits_{x\to +\infty}(\ln x)^{\frac{1}{\ln x}}$.

5. $\lim\limits_{x\to \frac{\pi}{2}}\left[\left(\dfrac{\pi}{2}-x\right)\tan x\right]$.　　　　6. $\lim\limits_{x\to 0}(x+e^x)^{\frac{1}{x}}$.

四、解答题

1. 已知函数 $y=\dfrac{x+1}{x^2}$，求函数的极值和拐点.

2. 已知函数 $f(x)=\begin{cases}x^{2x}, & x>0\\ xe^x+1, & x\leqslant 0\end{cases}$，求 $f'(x)$，并求 $f(x)$的极值.

3. 设函数 $y=f(x)$满足 $y''+(y')^2+y=x$，$y(0)=y'(0)=0$，试判断函数在点 $x=0$ 处是否取极值，是否为拐点？

五、证明题

证明：当 $x>0$ 时，$(x^2-1)\ln x\geqslant(x-1)^2$.

第4章

不定积分

在微分中,我们讨论了求已知函数的导数(或微分)的问题.但是在生产实践和科学技术领域中往往还会遇到与此相逆的问题:即已知一个函数的导数(或微分),求出此函数.这种由函数的导数(或微分)求出原函数的问题是积分学的一个基本问题——不定积分.本章将介绍不定积分的概念、性质及其基本积分方法.

第1节 不定积分的概念与性质

一、原函数与不定积分的概念

定义1 如果在区间 I 内,可导函数 $F(x)$ 的导函数为 $f(x)$,即 $\forall x\in I$,都有 $F'(x)=f(x)$ 或 $\mathrm{d}F(x)=f(x)\mathrm{d}x$,那么函数 $F(x)$ 就称为 $f(x)$ 或 $f(x)\mathrm{d}x$ 在区间 I 内的原函数.

例:$(\sin x)'=\cos x$,$\sin x$ 是 $\cos x$ 的一个原函数.

$(\ln x)'=\dfrac{1}{x}(x>0)$,$\ln x$ 是 $\dfrac{1}{x}$ 在区间 $(0,+\infty)$ 内的一个原函数.

原函数存在定理 如果函数 $f(x)$ 在区间 I 内连续,那么在区间 I 内存在可导函数 $F(x)$,使 $\forall x\in I$,都有 $F'(x)=f(x)$.

简言之:**连续函数一定有原函数.**

问题:(1)如果函数有原函数,原函数是否唯一?

(2)若原函数不唯一,它们之间有什么关系?

例 $(\sin x)'=\cos x$,$(\sin x+C)'=\cos x$ (C 为任意常数)

关于原函数的说明:

(1)若 $F'(x)=f(x)$,则对于任意常数 C,$F(x)+C$ 都是 $f(x)$ 的原函数.

(2)若 $F(x)$ 和 $G(x)$ 都是 $f(x)$ 的原函数,则 $F(x)-G(x)=C$(C 为任意常数)

证明 因为 $[F(x)-G(x)]'=F'(x)-G'(x)=f(x)-f(x)=0$.

所以 $F(x)-G(x)=C$(C 为任意常数).

定义2 在区间 I 内,函数 $f(x)$ 的全体原函数称为 $f(x)$(或 $f(x)\mathrm{d}x$)在区间 I 内的

不定积分,记为$\int f(x)\mathrm{d}x$.

其中 x 称为积分变量,$f(x)$ 称为被积函数,$f(x)\mathrm{d}x$ 称为被积表达式,C 称为积分常数,"$\int$"称为积分号.

由此定义及前面的说明可知,如果 $F(x)$ 是 $f(x)$ 在区间 I 上的一个原函数,那么 $F(x)+C$ 就是 $f(x)$ 的不定积分,即

$$\int f(x)\mathrm{d}x=F(x)+C.$$

例 1　求$\int x^5\mathrm{d}x$.

解　因为$\left(\frac{x^6}{6}\right)'=x^5$,所以$\int x^5\mathrm{d}x=\frac{x^6}{6}+C$.

例 2　求$\int \frac{1}{x}\mathrm{d}x$.

解　当 $x\in(0,+\infty)$ 时,$(\ln x)'=\frac{1}{x}$,所以$\int\frac{1}{x}\mathrm{d}x=\ln x+C$.

当 $x\in(-\infty,0)$ 时,$[\ln(-x)]'=\frac{1}{x}$,所以$\int\frac{1}{x}\mathrm{d}x=\ln(-x)+C$.

综上,有$\int\frac{1}{x}\mathrm{d}x=\ln|x|+C$.

例 3　设曲线通过点(1,2),且其上任一点处的切线斜率等于这点横坐标的两倍,求此曲线方程.

解　设曲线方程为 $y=f(x)$,根据题意知$\frac{\mathrm{d}y}{\mathrm{d}x}=2x$,即 $f(x)$ 是 $2x$ 的一个原函数.因为

$$\int 2x\,\mathrm{d}x=x^2+C,$$

所以

$$f(x)=x^2+C,$$

由曲线通过点(1,2)可得 $C=1$,所求曲线方程为 $y=x^2+1$.

函数 $f(x)$ 的原函数的图形称为 $f(x)$ 的积分曲线.

显然,求不定积分得到一个积分曲线族.

例 4　设某物体以速度 $v=3t^2$ 做直线运动,且当 $t=0$ 时 $s=2$,求运动规律 $s=s(t)$.

解　按题意有 $s'(t)=3t^2$,即 $s(t)=\int 3t^2\mathrm{d}t=t^3+C$,再将条件 $t=0$ 时 $s=2$ 代入得 $C=2$,故所求运动规律为 $s=t^3+2$.

微分与不定积分的关系:由不定积分的定义,可知

$$\frac{\mathrm{d}}{\mathrm{d}x}\left[\int f(x)\mathrm{d}x\right]=f(x),\qquad \mathrm{d}\left[\int f(x)\mathrm{d}x\right]=f(x)\mathrm{d}x,$$

$$\int F'(x)\mathrm{d}x=F(x)+C,\qquad \int \mathrm{d}F(x)=F(x)+C.$$

注意:微分运算与求不定积分的运算是互逆的.

二、基本积分表

既然积分运算是微分运算的逆运算，那么很自然地可以从导数公式得到相应的积分公式.

例如$\left(\dfrac{x^{\mu+1}}{\mu+1}\right)'=x^{\mu}$，所以$\dfrac{x^{\mu+1}}{\mu+1}$是$x^{\mu}$的一个原函数，于是

$$\int x^{\mu}\,\mathrm{d}x=\frac{x^{\mu+1}}{\mu+1}+C.\quad(\mu\neq-1)$$

类似地可以得到其他积分公式.

基本积分表如下：

(1)$\int k\,\mathrm{d}x=kx+C$　(k 是常数)；

(2)$\int x^{\mu}\,\mathrm{d}x=\dfrac{x^{\mu+1}}{\mu+1}+C$　($\mu\neq-1$)；

(3)$\int\dfrac{\mathrm{d}x}{x}=\ln|x|+C$；

(4)$\int\dfrac{1}{1+x^2}\mathrm{d}x=\arctan x+C$；

(5)$\int\dfrac{1}{\sqrt{1-x^2}}\mathrm{d}x=\arcsin x+C$；

(6)$\int\cos x\,\mathrm{d}x=\sin x+C$；

(7)$\int\sin x\,\mathrm{d}x=-\cos x+C$；

(8)$\int\dfrac{\mathrm{d}x}{\cos^2x}=\int\sec^2x\,\mathrm{d}x=\tan x+C$；

(9)$\int\dfrac{\mathrm{d}x}{\sin^2x}=\int\csc^2x\,\mathrm{d}x=-\cot x+C$；

(10)$\int\sec x\tan x\,\mathrm{d}x=\sec x+C$；

(11)$\int\csc x\cot x\,\mathrm{d}x=-\csc x+C$；

(12)$\int\mathrm{e}^x\,\mathrm{d}x=\mathrm{e}^x+C$；

(13)$\int a^x\,\mathrm{d}x=\dfrac{a^x}{\ln a}+C$.($a>0$，且 $a\neq1$)

例 5　求$\int\dfrac{1}{x^2}\mathrm{d}x$.

解　$\int\dfrac{1}{x^2}\mathrm{d}x=\dfrac{x^{-2+1}}{-2+1}+C=-\dfrac{1}{x}+C$；

例 6　求$\int x^2\sqrt{x}\,\mathrm{d}x$.

解 $\int x^2\sqrt{x}\,\mathrm{d}x=\int x^{\frac{5}{2}}\,\mathrm{d}x$.

根据基本积分表(2) $\int x^{\mu}\,\mathrm{d}x=\dfrac{x^{\mu+1}}{\mu+1}+C$

$$原式=\frac{x^{\frac{5}{2}+1}}{\frac{5}{2}+1}+C=\frac{2}{7}x^{\frac{7}{2}}+C.$$

三、不定积分的性质

(1)$\int[f(x)\pm g(x)]\mathrm{d}x=\int f(x)\mathrm{d}x\pm\int g(x)\mathrm{d}x$;

注意:此性质可推广到有限多个函数和差的情形.

(2)$\int kf(x)\mathrm{d}x=k\int f(x)\mathrm{d}x$.($k$ 是常数,$k\neq 0$)

例 7 求$\int\dfrac{(x-1)^3}{x^2}\mathrm{d}x$.

解
$$\int\frac{(x-1)^3}{x^2}\mathrm{d}x=\int\frac{x^3-3x^2+3x-1}{x^2}\mathrm{d}x=\int\left(x-3+\frac{3}{x}-\frac{1}{x^2}\right)\mathrm{d}x$$
$$=\int x\,\mathrm{d}x-3\int\mathrm{d}x+3\int\frac{1}{x}\mathrm{d}x-\int\frac{1}{x^2}\mathrm{d}x$$
$$=\frac{x^2}{2}-3x+3\ln|x|+\frac{1}{x}+C.$$

例 8 求$\int 2^x\mathrm{e}^x\,\mathrm{d}x$.

解
$$\int 2^x\mathrm{e}^x\,\mathrm{d}x=\int(2\mathrm{e})^x\,\mathrm{d}x=\frac{(2\mathrm{e})^x}{\ln(2\mathrm{e})}+C=\frac{2^x\mathrm{e}^x}{\ln 2+1}+C.$$

例 9 求$\int\dfrac{1+x+x^2}{x(1+x^2)}\mathrm{d}x$.

解
$$\int\frac{1+x+x^2}{x(1+x^2)}\mathrm{d}x=\int\frac{(1+x^2)+x}{x(1+x^2)}\mathrm{d}x=\int\left(\frac{1}{x}+\frac{1}{1+x^2}\right)\mathrm{d}x$$
$$=\int\frac{1}{x}\mathrm{d}x+\int\frac{1}{1+x^2}\mathrm{d}x=\ln|x|+\arctan x+C.$$

例 10 求$\int\dfrac{x^4}{1+x^2}\mathrm{d}x$.

解
$$\int\frac{x^4}{1+x^2}\mathrm{d}x=\int\frac{(x^4-1)+1}{1+x^2}\mathrm{d}x=\int\left(x^2-1+\frac{1}{1+x^2}\right)\mathrm{d}x$$
$$=\frac{1}{3}x^3-x+\arctan x+C.$$

注意:假分式的积分要转化为真分式及多项式的形式,然后再求解.

例 11 求$\int\tan^2x\,\mathrm{d}x$.

解 $\int \tan^2 x\,dx = \int (\sec^2 x - 1)dx = \tan x - x + C.$

例 12 求$\int \sin^2 \frac{x}{2} dx$.

解 $\int \sin^2 \frac{x}{2} dx = \int \frac{1-\cos x}{2} dx = \frac{1}{2}\int (1-\cos x)dx = \frac{1}{2}(x - \sin x) + C.$

例 13 求$\int \frac{1}{\sin^2 \frac{x}{2}\cos^2 \frac{x}{2}} dx$.

解 $\int \frac{1}{\sin^2 \frac{x}{2}\cos^2 \frac{x}{2}} dx = 4\int \frac{1}{\sin^2 x} dx = 4\int \csc^2 x\,dx = -4\cot x + C.$

例 14 求$\int \frac{1}{\cos^2 x \sin^2 x} dx$.

解
$$\int \frac{1}{\cos^2 x \sin^2 x} dx = \int \frac{\cos^2 x + \sin^2 x}{\cos^2 x \sin^2 x} dx = \int (\csc^2 x + \sec^2 x)dx$$
$$= \tan x - \cot x + C.$$

习题 4-1

A 组

1. 写出下列函数的一个原函数.

(1) $2x^5$； (2) $-\cos x$； (3) $\frac{1}{2\sqrt{t}}$； (4) $-\frac{2}{\sqrt{1-x^2}}$.

2. 根据不定积分的定义验证下列等式.

(1) $\int \frac{1}{x^3} dx = -\frac{1}{2}x^{-2} + C$；

(2) $\int (\sin x + \cos x)dx = -\cos x + \sin x + C$.

3. 根据下列等式，求被积函数 $f(x)$.

(1) $\int f(x)dx = \ln(x + \sqrt{1+x^2}) + C$；

(2) $\int f(x)dx = \frac{1}{\sqrt{1+x^2}} + C$.

4. 设曲线通过点$(0,1)$，且其上任一点(x,y)处的切线斜率为 e^{-x}，求此曲线方程.

5. 求下列不定积分.

(1) $\int \sqrt{x}(x^2-4)dx$； (2) $\int \frac{(1-x)^2}{\sqrt{x}} dx$；

(3) $\int 3^x e^x dx$； (4) $\int \frac{2\cdot 3^x - 5\cdot 2^x}{3^x} dx$；

(5) $\int \frac{1}{x^2(1+x^2)} dx$； (6) $\int \frac{x^4+1}{1+x^2} dx$；

6. 解答下列各题.

(1) 设 $f'(e^x)=1+e^{3x}$，且 $f(0)=1$，求 $f(x)$；

(2) 设 $\sin x$ 为 $f(x)$ 的一个原函数，求 $\int f'(x)dx$；

(3) 已知 $f(x)$ 的导数是 $\cos x$，求 $f(x)$ 的一个原函数；

(4) 某商品的需求量 Q 是价格 P 的函数，该商品的最大需求量为 1000（$P=0$ 时 $Q=1000$），已知需求量的变化率（边际需求）为 $Q'(P)=-1000\left(\frac{1}{3}\right)^P\ln 3$，求需求量与价格的函数关系.

B 组

1. 根据原函数定义与性质解答下列习题.

(1) 若 e^x 是 $f(x)$ 的一个原函数，则 $\int x^2 f(\ln x)dx=$________.

(2) 设 $f'(\sin^2 x)=\cos^2 x+\tan^2 x$，$f(0)=0$，则 $f(x)=$________.

(3) 设 $f'(x^3)=3x^2$，则 $f(x)=$________.

(4) 若 $f(x)$ 有原函数 $x\ln x$，则 $\int xf''(x)dx=$________.

2. 求下列不定积分.

(1) $\int \sec x(\sec x-\tan x)dx$；　　(2) $\int \frac{1}{1+\cos 2x}dx$；

(3) $\int \frac{\cos 2x}{\sin^2 x}dx$；　　(4) $\int \cos^2\frac{x}{2}dx$；

(5) $\int \frac{\cos 2x}{\cos^2 x}dx$；　　(6) $\int (\tan x+\cot x)^2 dx$.

3. 判断：$F(x)=\begin{cases} e^x, & x\geqslant 0 \\ -e^{-x}, & x<0 \end{cases}$ 是 $y=e^{|x|}$ 的一个原函数（$x\in(-\infty,\infty)$）.

第 2 节　换元积分法

利用基本积分表和积分的性质，只能求一些简单函数的积分，对于较为复杂函数的积分的计算就无能为力了. 本节我们利用复合函数的微分法则，推导出计算不定积分的一种常见而有效的方法 —— 换元积分法. 换元积分法可分为第一类换元法和第二类换元法.

一、第一类换元积分法（凑微分法）

我们由积分公式可知 $\int \cos x\,dx=\sin x+C$，那么 $\int \cos 2x\,dx$ 该如何计算呢？

解决方法:利用复合函数,设置中间变量.

过程:令 $t=2x \Rightarrow \mathrm{d}x=\frac{1}{2}\mathrm{d}t$,

$$\int \cos 2x\,\mathrm{d}x=\frac{1}{2}\int \cos t\,\mathrm{d}t=\frac{1}{2}\sin t+C=\frac{1}{2}\sin 2x+C.$$

在一般情况下:

设 $F'(u)=f(u)$,则 $\int f(u)\mathrm{d}u=F(u)+C$.

如果 $u=\varphi(x)$,且设 $\varphi(x)$ 可微,那么,根据复合函数微分法,有

$$\mathrm{d}F[\varphi(x)]=f[\varphi(x)]\varphi'(x)\mathrm{d}x$$

从而根据不定积分的定义可得

$$\int f[\varphi(x)]\varphi'(x)\mathrm{d}x=\left[\int f(u)\mathrm{d}u\right]_{u=\varphi(x)}=F[\varphi(x)]+C$$

于是有下述定理.

定理 1 设 $\int f(u)\mathrm{d}u=F(u)+C$,且 $u=\varphi(x)$ 有连续导数,则有

$$\begin{aligned}\int f[\varphi(x)]\varphi'(x)\mathrm{d}x&=\int f[\varphi(x)]\mathrm{d}\varphi(x)\\&\xlongequal{u=\varphi(x)}\int f(u)\mathrm{d}u=F(u)+C\\&\xlongequal{u=\varphi(x)}F[\varphi(x)]+C.\end{aligned}$$

这种积分方法称为第一类换元积分法,也叫凑微分法.

例 1 求 $\int \sin 2x\,\mathrm{d}x$.

解 由 $\int \sin u\,\mathrm{d}u=-\cos u+C$,有

$$\begin{aligned}\int \sin 2x\,\mathrm{d}x&=\frac{1}{2}\int \sin 2x\cdot(2x)'\mathrm{d}x=\frac{1}{2}\int \sin 2x\,\mathrm{d}(2x)\xlongequal{u=2x}\frac{1}{2}\int \sin u\,\mathrm{d}u\\&=-\frac{1}{2}\cos u+C=-\frac{1}{2}\cos 2x+C.\end{aligned}$$

例 2 求 $\int \frac{1}{3+2x}\mathrm{d}x$.

解 由 $\int \frac{1}{u}\mathrm{d}u=\ln|u|+C$,有

$$\begin{aligned}\int \frac{1}{3+2x}\mathrm{d}x&=\frac{1}{2}\int \frac{1}{3+2x}(3+2x)'\mathrm{d}x=\frac{1}{2}\int \frac{1}{3+2x}\mathrm{d}(3+2x)\\&\xlongequal{u=3+2x}\frac{1}{2}\int \frac{1}{u}\mathrm{d}u=\frac{1}{2}\ln|u|+C=\frac{1}{2}\ln|3+2x|+C.\end{aligned}$$

例 3 求 $\int 2x\mathrm{e}^{x^2}\mathrm{d}x$.

解 由 $\int \mathrm{e}^u\mathrm{d}u=\mathrm{e}^u+C$,有

$$\int 2x\mathrm{e}^{x^2}\mathrm{d}x=\int \mathrm{e}^{x^2}\cdot(x^2)'\mathrm{d}x=\int \mathrm{e}^{x^2}\mathrm{d}x^2\xlongequal{u=x^2}\int \mathrm{e}^u\mathrm{d}u=\mathrm{e}^u+C=\mathrm{e}^{x^2}+C.$$

例 4 求 $\int x\sqrt{a^2-x^2}\mathrm{d}x$.

解
$$\begin{aligned}\int x\sqrt{a^2-x^2}\mathrm{d}x&=-\frac{1}{2}\int\sqrt{a^2-x^2}\cdot(a^2-x^2)'\mathrm{d}x\\&=-\frac{1}{2}\int\sqrt{a^2-x^2}\mathrm{d}(a^2-x^2)\\&\xlongequal{u=a^2-x^2}-\frac{1}{2}\int u^{\frac{1}{2}}\mathrm{d}u=-\frac{1}{3}u^{\frac{3}{2}}+C\\&=-\frac{1}{3}(a^2-x^2)^{\frac{3}{2}}+C.\end{aligned}$$

例 5 求 $\int\frac{1}{x(1+2\ln x)}\mathrm{d}x$.

解
$$\begin{aligned}\int\frac{1}{x(1+2\ln x)}\mathrm{d}x&=\frac{1}{2}\int\frac{(1+2\ln x)'}{1+2\ln x}\mathrm{d}x=\frac{1}{2}\int\frac{\mathrm{d}(1+2\ln x)}{1+2\ln x}\\&=\int\frac{1}{2}\ln|1+2\ln x|+C.\end{aligned}$$

例 6 求 $\int\frac{\mathrm{e}^{3\sqrt{x}}}{\sqrt{x}}\mathrm{d}x$.

解 $\int\frac{\mathrm{e}^{3\sqrt{x}}}{\sqrt{x}}\mathrm{d}x=\frac{2}{3}\int\mathrm{e}^{3\sqrt{x}}(3\sqrt{x})'\mathrm{d}x=\frac{2}{3}\int\mathrm{e}^{3\sqrt{x}}\mathrm{d}(3\sqrt{x})=\frac{2}{3}\mathrm{e}^{3\sqrt{x}}+C.$

由以上例题可以看出，凑微分即第一换元法的关键在于将积分化为 $\int f[\varphi(x)]\varphi'(x)\mathrm{d}x$ 的形式，再由 $\varphi'(x)\mathrm{d}x=\mathrm{d}\varphi(x)$ 得

$$\int f[\varphi(x)]\varphi'(x)\mathrm{d}x=\int f(u)\mathrm{d}u,$$

即将积分转化为 $\int f(u)\mathrm{d}u$，若能求出 $\int f(u)\mathrm{d}u$ 的原函数，就得到了所求的不定积分，因此熟悉常见的凑微分形式非常重要. 常见的第一类换元积分类型如下：

(1) $\int x^{n-1}f(ax^n+b)\mathrm{d}x=\frac{1}{na}\int f(ax^n+b)\mathrm{d}(ax^n+b)$ (n 为自然数)；

(2) $\int\frac{1}{x}f(\ln x)\mathrm{d}x=\int f(\ln x)\mathrm{d}(\ln x)$；

(3) $\int\frac{1}{\sqrt{x}}f(\sqrt{x})\mathrm{d}x=2\int f(\sqrt{x})\mathrm{d}\sqrt{x}$；

(4) $\int\frac{1}{x^2}f\left(\frac{1}{x}\right)\mathrm{d}x=-\int f\left(\frac{1}{x}\right)\mathrm{d}\frac{1}{x}$；

(5) $\int\frac{x}{\sqrt{1+x^2}}f(\sqrt{1+x^2})\mathrm{d}x=\int f(\sqrt{1+x^2})\mathrm{d}\sqrt{1+x^2}$；

(6) $\int e^x f(e^x)dx=\int f(e^x)de^x$；

(7) $\int \cos x f(\sin x)dx=\int f(\sin x)d\sin x$；

(8) $\int \sin x f(\cos x)dx=-\int f(\cos x)d\cos x$；

(9) $\int \sec^2 x f(\tan x)dx=\int f(\tan x)d\tan x$；

(10) $\int \sec x\tan x f(\sec x)dx=\int f(\sec x)d\sec x$；

(11) $\int \frac{1}{\sqrt{1-x^2}}f(\arcsin x)dx=\int f(\arcsin x)d\arcsin x$；

(12) $\int \frac{1}{1+x^2}f(\arctan x)dx=\int f(\arctan x)d\arctan x$.

例 7 求 $\int \frac{1}{a^2+x^2}dx \quad (a\neq 0)$.

解

$$\int \frac{1}{a^2+x^2}dx=\frac{1}{a^2}\int \frac{1}{1+\left(\frac{x}{a}\right)^2}dx=\frac{1}{a}\int \frac{1}{1+\left(\frac{x}{a}\right)^2}\left(\frac{x}{a}\right)'dx$$

$$=\frac{1}{a}\int \frac{1}{1+\left(\frac{x}{a}\right)^2}d\left(\frac{x}{a}\right)=\frac{1}{a}\arctan\frac{x}{a}+C.$$

例 8 求 $\int \frac{1}{\sqrt{a^2-x^2}}dx \quad (a>0)$.

解

$$\int \frac{1}{\sqrt{a^2-x^2}}dx=\int \frac{1}{a\sqrt{1-\left(\frac{x}{a}\right)^2}}dx=\int \frac{1}{\sqrt{1-\left(\frac{x}{a}\right)^2}}\left(\frac{x}{a}\right)'dx$$

$$=\int \frac{1}{\sqrt{1-\left(\frac{x}{a}\right)^2}}d\left(\frac{x}{a}\right)=\arcsin\frac{x}{a}+C.$$

例 9 求 $\int \frac{1}{x^2-a^2}dx \quad (a\neq 0)$.

解

$$\int \frac{1}{x^2-a^2}dx=\int \frac{1}{2a}\left(\frac{1}{x-a}-\frac{1}{x+a}\right)dx$$

$$=\frac{1}{2a}\left(\int \frac{1}{x-a}dx-\int \frac{1}{x+a}dx\right)$$

$$=\frac{1}{2a}(\ln|x-a|-\ln|x+a|)+C$$

$$=\frac{1}{2a}\ln\left|\frac{x-a}{x+a}\right|+C.$$

例 10　求$\int \cos^2 x\,dx$.

解　$\int \cos^2 x\,dx = \int \frac{1+\cos 2x}{2}dx = \frac{1}{2}\left(\int dx + \int \cos 2x\,dx\right)$

$$= \frac{1}{2}\int dx + \frac{1}{4}\int \cos 2x\,d(2x) = \frac{x}{2} + \frac{\sin 2x}{4} + C.$$

注意：对于$\int \sin^{2k} x\,dx$ 或$\int \cos^{2k} x\,dx$，一般采用倍角公式进行化简.

例 11　求$\int \sin^3 x\,dx$.

解　$\int \sin^3 x\,dx = \int \sin^2 x \sin x\,dx = -\int (1-\cos^2 x)\,d(\cos x)$

$$= -\cos x + \frac{1}{3}\cos^3 x + C.$$

例 12　求$\int \sin^2 x \cos^5 x\,dx$.

解　$\int \sin^2 x \cos^5 x\,dx = \int \sin^2 x \cos^4 x \cos x\,dx$

$$= \int \sin^2 x (1-\sin^2 x)^2\,d\sin x$$

$$= \int (\sin^2 x - 2\sin^4 x + \sin^6 x)\,d(\sin x)$$

$$= \frac{1}{3}\sin^3 x - \frac{2}{5}\sin^5 x + \frac{1}{7}\sin^7 x + C.$$

注意：对于$\int \sin^m x \cos^n x\,dx$，如果 m，n 中至少有一个为奇数，不妨设 n 为奇数，其积分方法是：

$$\int \sin^m x \cos^n x\,dx = \int \sin^m x \cos^{n-1} x\,d\sin x$$

$$= \int \sin^m x (1-\sin^2 x)^{\frac{n-1}{2}}\,d\sin x$$

$$\xlongequal{u=\sin x} \int u^m (1-u^2)^{\frac{n-1}{2}}\,du.$$

例 13　求$\int \tan x\,dx$.

解　$\int \tan x\,dx = \int \frac{\sin x}{\cos x}dx = -\int \frac{d\cos x}{\cos x} = -\ln|\cos x| + C.$

所以
$$\int \tan x\,dx = -\ln|\cos x| + C.$$

同理可得
$$\int \cot x\,dx = \ln|\sin x| + C.$$

例 14　求$\int \tan^2 x\,dx$.

解　$\int \tan^2 x\,dx = \int (\sec^2 x - 1)\,dx = \tan x - x + C.$

例 15 求$\int \csc x\,\mathrm{d}x$.

解 $$\int \csc x\,\mathrm{d}x=\int \frac{1}{\sin x}\mathrm{d}x=\int \frac{\sin x}{\sin^2 x}\mathrm{d}x=-\int \frac{\mathrm{d}\cos x}{1-\cos^2 x}$$

$$=-\frac{1}{2}\int\left(\frac{1}{1-\cos x}+\frac{1}{1+\cos x}\right)\mathrm{d}\cos x$$

$$=\frac{1}{2}\int \frac{1}{1-\cos x}\mathrm{d}(1-\cos x)-\frac{1}{2}\int \frac{1}{1+\cos x}\mathrm{d}(1+\cos x)$$

$$=\frac{1}{2}\ln\left|\frac{1-\cos x}{1+\cos x}\right|+C=\frac{1}{2}\ln\left|\frac{(1-\cos x)^2}{(1+\cos x)(1-\cos x)}\right|+C$$

$$=\frac{1}{2}\ln\left|\left(\frac{1-\cos x}{\sin x}\right)^2\right|+C=\ln\left|\frac{1-\cos x}{\sin x}\right|+C$$

$$=\ln|\csc x-\cot x|+C.$$

例 16 求$\int \sec x\,\mathrm{d}x$.

解 $$\int \sec x\,\mathrm{d}x=\int \frac{1}{\cos x}\mathrm{d}x=\int \frac{1}{\sin\left(x+\frac{\pi}{2}\right)}\mathrm{d}\left(x+\frac{\pi}{2}\right)$$

$$=\ln\left|\csc\left(x+\frac{\pi}{2}\right)-\cot\left(x+\frac{\pi}{2}\right)\right|+C$$

$$=\ln|\sec x+\tan x|+C.$$

例 17 求$\int \sec^4 x\,\mathrm{d}x$.

解 $$\int \sec^4 x\,\mathrm{d}x=\int \sec^2 x\sec^2 x\,\mathrm{d}x=\int(1+\tan^2 x)\mathrm{d}\tan x$$

$$=\tan x+\frac{1}{3}\tan^3 x+C.$$

注意：$$\int \sec^{2k}x\tan^n x\,\mathrm{d}x=\int \sec^{2(k-1)}x\tan^n x\cdot\sec^2 x\,\mathrm{d}x$$

$$=\int(1+\tan^2 x)^{k-1}\tan^n x\,d\tan x$$

$$\xlongequal{u=\tan x}\int(1+u^2)^{k-1}u^n\,\mathrm{d}u.$$

例 18 求$\int \sec^3 x\tan^5 x\,\mathrm{d}x$.

解 $$\int \sec^3 x\tan^5 x\,\mathrm{d}x=\int \sec^2 x\tan^4 x\cdot\sec x\tan x\,\mathrm{d}x$$

$$=\int \sec^2 x(\sec^2 x-1)^2\mathrm{d}\sec x$$

$$=\int(\sec^6 x-2\sec^4 x+\sec^2 x)\mathrm{d}\sec x$$

$$=\frac{1}{7}\sec^7 x-\frac{2}{5}\sec^5 x+\frac{1}{3}\sec^3 x+C.$$

注意：
$$\begin{aligned}\int\sec^m x\tan^{2k+1}x\,dx&=\int\sec^{m-1}x\tan^{2k}x\cdot\sec x\tan x\,dx\\&=\int\sec^{m-1}x(\sec^2 x-1)^k\,d\sec x\\&\xlongequal{u=\sec x}\int u^{m-1}(u^2-1)^k\,du.\end{aligned}$$

二、第二类换元积分法

第一类换元积分法是将积分$\int f[\varphi(x)]\varphi'(x)dx$ 通过 $\varphi(x)=u$ 变换成积分$\int f(u)du$. 但有时也可将公式反过来使用，即已知不定积分$\int f(x)dx$，通过变量代换 $x=\psi(t)$，将其转变成积分$\int f[\psi(t)]\psi'(t)dt$，而这个积分是容易计算的.

定理 2 设 $x=\psi(t)$ 是单调、可导的函数，并且 $\psi'(t)\neq 0$，又设 $f[\psi(t)]\psi'(t)$ 具有原函数，则有换元公式

$$\int f(x)dx=\left[\int f[\psi(t)]\psi'(t)dt\right]_{t=\psi^{-1}(x)},$$

其中 $\psi^{-1}(x)$ 是 $x=\psi(t)$ 的反函数. 这种积分方法称为第二类积分换元方法.

例 19 求$\int\sqrt{a^2-x^2}\,dx\quad(a>0)$.

分析 求这个积分困难在于有根式$\sqrt{a^2-x^2}$，我们可以利用三角公式 $\sin^2 t+\cos^2 t=1$ 将根式化去.

解 设 $x=a\sin t\left(-\frac{\pi}{2}<t<\frac{\pi}{2}\right)$，则

$$\sqrt{a^2-x^2}=\sqrt{a^2-a^2\sin^2 t}=a\cos t,\ dx=a\cos t\,dt$$

$$\begin{aligned}\int\sqrt{a^2-x^2}\,dx&=a^2\int\cos^2 t\,dt=\frac{a^2}{2}\int(1+\cos 2t)dt\\&=\frac{a^2}{2}\left(t+\frac{1}{2}\sin 2t\right)+C\\&=\frac{a^2}{2}t+\frac{a^2}{2}\sin t\cos t+C\end{aligned}$$

由于 $x=a\sin t\left(-\frac{\pi}{2}<t<\frac{\pi}{2}\right)$，所以

$$t=\arcsin\frac{x}{a},$$

$$\cos t=\sqrt{1-\sin^2 t}=\sqrt{1-\left(\frac{x}{a}\right)^2}=\frac{\sqrt{a^2-x^2}}{a}.$$

于是所求积分为

$$\int\sqrt{a^2-x^2}\,dx=\frac{a^2}{2}\arcsin\frac{x}{a}+\frac{a^2}{2}\cdot\frac{x}{a}\cdot\frac{\sqrt{a^2-x^2}}{a}+C$$
$$=\frac{a^2}{2}\arcsin\frac{x}{a}+\frac{1}{2}x\sqrt{a^2-x^2}+C.$$

例 20 求$\int\frac{1}{\sqrt{x^2+a^2}}dx$,$(a>0)$.

分析 与例 19 类似,可以利用三角公式 $1+\tan^2 t=\sec^2 t$ 化去根式.

解 $\int\frac{1}{\sqrt{x^2+a^2}}dx$. 令 $x=a\tan t$, $-\frac{\pi}{2}<t<\frac{\pi}{2}$,则

$$\sqrt{x^2+a^2}=\sqrt{a^2\tan^2 t+a^2}=a\sqrt{\tan^2 t+1}=a\sec t,\ dx=a\sec^2 t\,dt,$$

于是
$$\int\frac{1}{\sqrt{x^2+a^2}}dx=\int\sec t\,dt=\ln|\sec t+\tan t|+C.$$

由 $x=a\tan t$, $-\frac{\pi}{2}<t<\frac{\pi}{2}$,可知

$$\tan t=\frac{x}{a},\ \sec t=\sqrt{1+\tan^2 t}=\sqrt{1+\left(\frac{x}{a}\right)^2}=\frac{\sqrt{a^2+x^2}}{a},$$

于是所求积分为

$$\int\frac{1}{\sqrt{x^2+a^2}}dx=\ln\left(\frac{\sqrt{x^2+a^2}}{a}+\frac{x}{a}\right)+C_1$$
$$=\ln(x+\sqrt{x^2+a^2})+C,$$

其中 $C=C_1-\ln a$. 即

$$\int\frac{1}{\sqrt{x^2+a^2}}dx=\ln(x+\sqrt{x^2+a^2})+C.$$

例 21 求$\int\frac{1}{\sqrt{x^2-a^2}}dx\,(a>0)$.

分析 与例 19、例 20 类似,可以利用公式 $\sec^2 t-1=\tan^2 t$ 化去根式. 注意被积函数的定义域是 $x>a$ 和 $x<-a$ 两个区间,我们在两个区间内分别求不定积分.

解 当 $x>a$ 时,令 $x=a\sec t$, $0<t<\frac{\pi}{2}$,则

$$\sqrt{x^2-a^2}=\sqrt{a^2\sec^2 t-a^2}=a\sqrt{\sec^2 t-1}=a\tan t,\ dx=a\sec t\tan t\,dt$$
$$\int\frac{1}{\sqrt{x^2-a^2}}dx=\int\sec t\,dt=\ln|\sec t+\tan t|+C$$

令 $x=a\sec t$,可知

$$\sec t=\frac{x}{a},\ \tan t=\sqrt{\sec^2 t-1}=\sqrt{\left(\frac{x}{a}\right)^2-1}=\frac{\sqrt{x^2-a^2}}{a},$$

于是所求积分为

$$\int \frac{1}{\sqrt{x^2-a^2}}dx = \ln\left(\frac{\sqrt{x^2-a^2}}{a}+\frac{x}{a}\right)+C$$

$$=\ln(x+\sqrt{x^2-a^2})+C_1,$$

其中 $C_1=C-\ln a$.

当 $x<-a$ 时,令 $x=-t,(t>a)$,则

$$\int \frac{1}{\sqrt{x^2-a^2}}dx = -\int \frac{1}{\sqrt{t^2-a^2}}dt = -\ln(t+\sqrt{t^2-a^2})+C$$

$$=-\ln(-x+\sqrt{x^2-a^2})+C$$

$$=\ln\frac{1}{-x+\sqrt{x^2-a^2}}+C$$

$$=\ln(-x-\sqrt{x^2-a^2})+C_1,$$

其中 $C_1=C-2\ln a$.

把在 $x>a$ 及 $x<-a$ 内的两个结果合起来,可写作

$$\int \frac{1}{\sqrt{x^2-a^2}}dx = \ln|x+\sqrt{x^2-a^2}|+C.$$

注意:对被积函数含以下无理根式,可做以下相应的变换:

$\sqrt{a^2-x^2}$,令 $x=a\sin t,-\frac{\pi}{2}<t<\frac{\pi}{2}$;

$\sqrt{x^2+a^2}$,令 $x=a\tan t,-\frac{\pi}{2}<t<\frac{\pi}{2}$;

$\sqrt{x^2-a^2}$,令 $x=\pm a\sec t,0<t<\frac{\pi}{2}$.

但具体解题时要分析被积函数的具体情况,选取尽可能简便的代换,不要拘泥于上述的变量代换.

例 22　求 $\int \frac{1}{1+\sqrt{2x}}dx$.

解　令 $\sqrt{2x}=t,x=\frac{t^2}{2},dx=t\,dt$

$$\int \frac{1}{1+\sqrt{2x}}dx = \int \frac{t}{1+t}dt = \int \frac{1+t-1}{1+t}dt$$

$$=\int dt - \int \frac{1}{1+t}dt = t-\ln|1+t|+C$$

$$=\sqrt{2x}-\ln|1+\sqrt{2x}|+C$$

通过本节的讲述,可将一些例子补充于基本积分表内:

(14) $\int \tan x\,dx = -\ln|\cos x|+C$;

(15) $\int \cot x\,dx = \ln|\sin x|+C$;

(16) $\int \sec x\,dx = \ln|\sec x+\tan x|+C$;

(17) $\int \csc x\,dx = \ln|\csc x - \cot x| + C$；

(18) $\int \frac{1}{a^2+x^2}dx = \frac{1}{a}\arctan\frac{x}{a} + C$；

(19) $\int \frac{1}{x^2-a^2}dx = \frac{1}{2a}\ln\left|\frac{x-a}{x+a}\right| + C$；

(20) $\int \frac{1}{\sqrt{a^2-x^2}}dx = \arcsin\frac{x}{a} + C$；

(21) $\int \frac{1}{\sqrt{x^2+a^2}}dx = \ln(x+\sqrt{x^2+a^2}) + C$；

(22) $\int \frac{1}{\sqrt{x^2-a^2}}dx = \ln|x+\sqrt{x^2-a^2}| + C$；

(23) $\int \sqrt{x^2+a^2}\,dx = \frac{x}{2}\sqrt{x^2+a^2} + \frac{a^2}{2}\ln(x+\sqrt{x^2+a^2}) + C$；

(24) $\int \sqrt{x^2-a^2}\,dx = \frac{x}{2}\sqrt{x^2-a^2} + \frac{a^2}{2}\ln|x+\sqrt{x^2-a^2}| + C$.

习题 4-2

A 组

1. 在下列各式等号右端的空白处填入适当的系数，使等式成立.

(1) $dx =$ ________ $d(5x-1)$；

(2) $x\,dx =$ ________ $d(2-x^2)$；

(3) $x^3dx =$ ________ $d(3x^4+2)$；

(4) $e^{-2x}dx =$ ________ $d(e^{-2x})$；

(5) $\frac{dx}{1+9x^2} =$ ________ $d(\arctan 3x)$；

(6) $\frac{dx}{1+2x^2} =$ ________ $d(\arctan\sqrt{2}x)$；

(7) $(3x^2-2)dx =$ ________ $d(2x-x^3)$；

(8) $\frac{dx}{x} =$ ________ $d(3\ln|x|)$；

(9) $\frac{dx}{\sqrt{1-x^2}} =$ ________ $d(2-\arcsin x)$；

(10) $\frac{x\,dx}{\sqrt{1-x^2}} =$ ________ $d\sqrt{1-x^2}$.

2. 求下列不定积分.

(1) $\int a^{3x}dx$；

(2) $\int (3-2x)^{\frac{3}{2}}dx$；

(3) $\int \frac{dx}{1-2x}$；

(4) $\int \frac{e^{\frac{1}{x}}}{x^2}dx$；

(5) $\int \frac{\sin\sqrt{t}}{\sqrt{t}}dt$；

(6) $\int \frac{dx}{x\ln x}$；

(7) $\int \frac{e^x}{1+e^x}dx$；

(8) $\int \frac{1}{1+e^x}dx$；

(9) $\int \frac{x-1}{x^2-1}dx$；

(10) $\int \tan\sqrt{1+x^2}\cdot\frac{x\,dx}{\sqrt{1+x^2}}$；

(11) $\int \frac{dx}{e^x + e^{-x}}$；
(12) $\int \frac{x}{\sqrt{2-3x^2}}dx$；

(13) $\int \frac{3x^3}{1-x^4}dx$；
(14) $\int \cos^4 x\, dx$；

(15) $\int \frac{1-x}{\sqrt{9-4x^2}}dx$；
(16) $\int \frac{x^3}{4+x^2}dx$；

(17) $\int \frac{dx}{x^2-x-6}$；
(18) $\int \frac{dx}{x^2+4x+5}$；

(19) $\int \cos^2(\omega x+\varphi)dx$；
(20) $\int \cos^2(\omega x+\varphi)\sin(\omega x+\varphi)dx$；

(21) $\int \frac{\arctan\sqrt{x}}{\sqrt{x}(1+x)}dx$；
(22) $\int \frac{dx}{(\arcsin x)^2\sqrt{1-x^2}}$；

(23) $\int \tan^4 x\, dx$；
(24) $\int \tan^3 x \sec x\, dx$.

3.求下列不定积分.

(1) $\int \frac{1}{\sqrt{2x-3}+1}dx$；
(2) $\int \frac{dx}{x^2\sqrt{1-x^2}}$；

(3) $\int \frac{x^2}{\sqrt{a^2-x^2}}dx$，$(a>0)$；
(4) $\int \frac{dx}{\sqrt{(x^2+1)^3}}$；

(5) $\int \frac{\sqrt{x^2-9}}{x}dx$；
(6) $\int \frac{dx}{x+\sqrt{1-x^2}}$；

(7) $\int \frac{dx}{1+\sqrt{1-x^2}}$
(8) $\int \frac{dx}{x^4\sqrt{1+x^2}}$；

(9) $\int \frac{\sqrt{4-x^2}}{x^2}dx$；
(10) $\int \sqrt{e^x-1}\, dx$.

B 组

1.求下列不定积分.

(1) $\int \frac{\arcsin x}{\sqrt{1-x^2}}dx$；
(2) $\int \frac{x}{(1-x)^3}dx$；

(3) $\int \frac{1+\cos x}{x+\sin x}dx$；
(4) $\int \frac{\sin x\cos x}{1+\sin^4 x}dx$；

(5) $\int \sqrt{\frac{a+x}{a-x}}\, dx\ (a>0)$；
(6) $\int \frac{dx}{\sqrt{x(2+x)}}$；

(7) $\int \frac{dx}{x(x^6+4)}$；
(8) $\int \frac{dx}{\sin^2 x\cos x}$；

(9) $\int \frac{1+\ln x}{(x\ln x)^2}dx$；
(10) $\int \cos x\, e^{\sin x}dx$；

(11) $\int \frac{dx}{(a^2-x^2)^{\frac{5}{2}}}$；　　(12) $\int \frac{dx}{x^2\sqrt{x^2-1}}$；

(13) $\int \frac{\sqrt{x^2+a^2}}{x^2}dx$；　　(14) $\int \frac{x+1}{x(1+xe^x)}dx$；

(15) $\int \frac{dx}{2x+\sqrt{1-x^2}}$；　　(16) $\int \frac{dx}{x^2\sqrt{x^2-a^2}}$.

第3节 分部积分法

换元法是通过换元的方法，将不易求解的积分转化为易求解的积分方法，但仍有一些积分如$\int \ln x\,dx$、$\int x^2e^x\,dx$、$\int x\cos x\,dx$ 等这样两个函数乘积的积分难以求解，为此本节将介绍另一种积分方法 —— 分部积分法.

设函数 $u=u(x)$ 和 $v=v(x)$ 具有连续导数，则

$$(uv)'=u'v+uv',$$

移项，得 $uv'=(uv)'-u'v$，则

$$\int uv'dx=uv-\int u'v\,dx, \tag{3-1}$$

或

$$\int u\,dv=uv-\int v\,du. \tag{3-2}$$

式(3-1)或式(3-2)称为分部积分公式.

例 1 求$\int x\cos x\,dx$.

解 取 $u=\cos x$，$dv=x\,dx$，

$$\int x\cos x\,dx=\int \cos x\,d\frac{x^2}{2}=\frac{x^2}{2}\cos x-\int \frac{x^2}{2}d\cos x$$

$$=\frac{x^2}{2}\cos x+\int \frac{x^2}{2}\sin x\,dx+C$$

上式右端积分比原积分更不容易求出.

取 $u=x$，$dv=\cos x\,dx$，所以

$$\int x\cos x\,dx=\int x\,d\sin x=x\sin x-\int \sin x\,dx=x\sin x+\cos x+C.$$

注意：(1) 分部积分法关键在于 u 及 dv 的选择，如果选择不当，就求不出结果. 选择 u 及 dv 一般考虑下面两点：

① v 容易求出；

② $\int v\,du$ 比 $u\,dv$ 易求.

(2) 优先选取 u 的一般顺序:“对、反、幂、三、指”的顺序,在具体运用时要依据问题具体分析.

(3) 有时用一次分部积分难以求出不定积分,而需要重复若干次才能求得.

例 2　求 $\int x e^x dx$.

解　取 $u=x, dv=e^x dx$,所以

$$\int x e^x dx = x e^x - \int e^x dx = x e^x - e^x + C.$$

例 3　求 $\int x^2 e^x dx$.

解　取 $u=x^2, v'=e^x$,则

$$\begin{aligned}\int x^2 e^x dx &= \int x^2 de^x = x^2 e^x - 2\int x e^x dx = x^2 e^x - 2\int x de^x \\ &= x^2 e^x - 2x e^x + 2\int e^x dx = x^2 e^x - 2x e^x + 2e^x + C \\ &= (x^2-2x+2)e^x + C.\end{aligned}$$

常用分部积分法求不定积分的类型为:

类型 1:$\int P_n(x)\sin\alpha x dx$, $\int P_n(x)\cos\alpha x dx$, $\int P_n(x)a^x dx$ 型不定积分;

取 $u=P_n(x)$, $v'dx$ 分别为

$$\sin\alpha x dx = -\frac{1}{\alpha}d\cos\alpha x, \cos\alpha x dx = \frac{1}{\alpha}d\sin\alpha x, a^x dx = \frac{1}{\ln a}da^x.$$

注意:对这一类型不定积分也可用积分表格法.

例 1　(解法二)

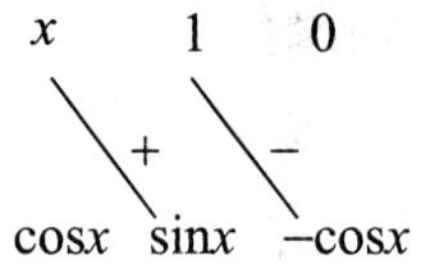

例 2　(解法二)

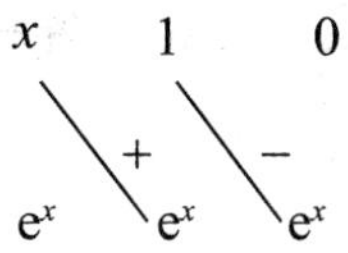

例 3　(解法二)

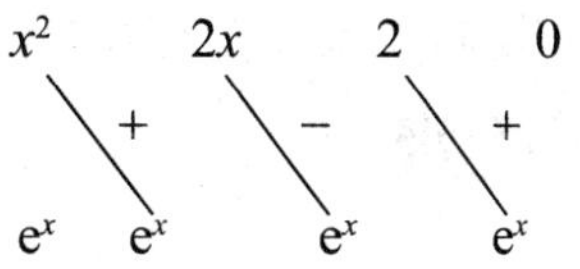

例 4　求 $\int x\ln x dx$.

解　$$\begin{aligned}\int x\ln x dx &= \int \ln x d\left(\frac{x^2}{2}\right) = \frac{1}{2}x^2\ln x - \int \frac{x^2}{2}d(\ln x) \\ &= \frac{x^2}{2}\ln x - \frac{1}{2}\int x dx = \frac{x^2}{2}\ln x - \frac{1}{4}x^2 + C.\end{aligned}$$

例 5　求 $\int \arccos x dx$.

解法 1　$$\begin{aligned}\int \arccos x dx &= x\arccos x - \int x d(\arccos x) \\ &= x\arccos x + \int \frac{x}{\sqrt{1-x^2}}dx \\ &= x\arccos x - \frac{1}{2}\int (1-x^2)^{-\frac{1}{2}}d(1-x^2)\end{aligned}$$

$$=x\arccos x-\sqrt{1-x^2}+C.$$

解法 2 令 $\arccos x=t$，则 $x=\cos t$，$\mathrm{d}x=-\sin t\,\mathrm{d}t$

$$\int\arccos x\,\mathrm{d}x=-\int t\sin t\,\mathrm{d}t=\int t\,\mathrm{d}\cos t$$

$$=t\cos t-\int\cos t\,\mathrm{d}t=t\cos t-\sin t+C$$

$$=x\arccos x-\sqrt{1-x^2}+C.$$

例 6 求 $\int x\arctan x\,\mathrm{d}x$.

解 取 $u=\arctan x$，$v'\mathrm{d}x=x\,\mathrm{d}x=\frac{1}{2}\mathrm{d}x^2$，则

$$\int x\arctan x\,\mathrm{d}x=\frac{1}{2}\int\arctan x\,\mathrm{d}x^2=\frac{1}{2}x^2\arctan x-\frac{1}{2}\int\frac{x^2}{1+x^2}\mathrm{d}x$$

$$=\frac{1}{2}x^2\arctan x-\frac{1}{2}\int\left(1-\frac{1}{1+x^2}\right)\mathrm{d}x$$

$$=\frac{1}{2}x^2\arctan x-\frac{1}{2}x+\frac{1}{2}\arctan x+C$$

$$=\frac{1}{2}(x^2+1)\arctan x-\frac{1}{2}x+C.$$

类型 2 $\int P_n(x)\ln\alpha x\,\mathrm{d}x$，$\int P_n(x)\arcsin x\,\mathrm{d}x$，$\int P_n(x)\arccos x\,\mathrm{d}x$，$\int P_n(x)\arctan x\,\mathrm{d}x$，$\int P_n(x)\operatorname{arccot} x\,\mathrm{d}x$ 型不定积分.

对于以上类型的不定积分，则取

$$u=\ln x,\arcsin x,\arccos x,\arctan x,\operatorname{arccot} x,v'\mathrm{d}x=P_n(x)\mathrm{d}x.$$

注意：对这一类型不定积分也可通过变换转化为第一种类型进行计算.

例 7 求 $\int \mathrm{e}^x\sin x\,\mathrm{d}x$.

解法 1 $\int \mathrm{e}^x\sin x\,\mathrm{d}x=\int\sin x\,\mathrm{d}(\mathrm{e}^x)=\mathrm{e}^x\sin x-\int\mathrm{e}^x\cos x\,\mathrm{d}x=\mathrm{e}^x\sin x-\int\cos x\,d(\mathrm{e}^x)$

$$=\mathrm{e}^x\sin x-\mathrm{e}^x\cos x-\int\mathrm{e}^x\sin x\,\mathrm{d}x$$

移项整理得

$$\int\mathrm{e}^x\sin x\,\mathrm{d}x=\frac{1}{2}\mathrm{e}^x(\sin x-\cos x)+C.$$

类型 3 $\int\mathrm{e}^{\alpha x}\cos\beta x\,\mathrm{d}x$，$\int\mathrm{e}^{\alpha x}\sin\beta x\,\mathrm{d}x$，$\int\sec^3 x\,\mathrm{d}x$ 型不定积分.

对于这类不定积分，通过两次分部积分后还原到原不定积分，从而解出原不定积分.

注意：两次所选 u 类型必须一致. 对这一类型不定积分也可用积分表格法.

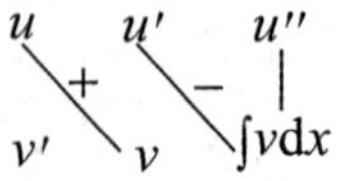

解法 2

$$\begin{array}{ccc} \sin x & \cos x & -\sin x \\ & \searrow + \quad \searrow - & \Big| \\ e^{x} & e^{x} & e^{x} \end{array}$$

习题 4-3

A 组

求下列不定积分.

(1) $\int x\cos 5x\,\mathrm{d}x$；

(2) $\int x\,\mathrm{e}^{-4x}\,\mathrm{d}x$；

(3) $\int x\cos\frac{x}{2}\,\mathrm{d}x$；

(4) $\int \ln x\,\mathrm{d}x$；

(5) $\int \arctan x\,\mathrm{d}x$；

(6) $\int x^{3}\ln x\,\mathrm{d}x$；

(7) $\int \mathrm{e}^{-x}\cos x\,\mathrm{d}x$；

(8) $\int x\sin x\cos x\,\mathrm{d}x$；

(9) $\int \mathrm{e}^{\sqrt{x}}\,\mathrm{d}x$；

(10) $\int \cos\sqrt{x}\,\mathrm{d}x$.

B 组

求下列不定积分.

(1) $\int (x^{2}-1)\sin 2x\,\mathrm{d}x$；

(2) $\int (x-1)\ln(x-1)\,\mathrm{d}x$；

(3) $\int \cos(\ln x)\,\mathrm{d}x$；

(4) $\int x^{2}\cos^{2}\frac{x}{2}\,\mathrm{d}x$；

(5) $\int \frac{\ln^{3}x}{x^{2}}\,\mathrm{d}x$；

(6) $\int (\arcsin x)^{2}\,\mathrm{d}x$；

(7) $\int \mathrm{e}^{\sqrt{3x+9}}\,\mathrm{d}x$；

(8) $\int x\ln^{2}x\,\mathrm{d}x$.

第 4 节　不定积分知识拓展

一、简单有理函数的积分

形如

$$\frac{P(x)}{Q(x)}=\frac{a_{0}x^{n}+a_{1}x^{n-1}+\cdots+a_{n-1}x+a_{n}}{b_{0}x^{m}+b_{1}x^{m-1}+\cdots+b_{m-1}x+a_{m}} \tag{4-1}$$

称为有理函数.其中 $a_{0},a_{1},a_{2},\cdots,a_{n}$ 及 $b_{0},b_{1},b_{2},\cdots,b_{m}$ 为常数，且 $a_{0}\neq 0,b_{0}\neq 0$.

如果分子多项式 $P(x)$ 的次数 n 小于分母多项式 $Q(x)$ 的次数 m，称分式为真分式；如果分子多项式 $P(x)$ 的次数 n 大于分母多项式 $Q(x)$ 的次数 m，称分式为假分式. 利用多项式除法可得，任一假分式可转化为多项式与真分式之和. 例如：

$$\frac{x^3+x+1}{x^2+1}=x+\frac{1}{x^2+1}$$

因此，我们仅讨论真分式的积分.

根据多项式理论，任一多项式 $Q(x)$ 在实数范围内能分解为一次因式和二次质因式的乘积，即

$$Q(x)=b_0(x-a)^{\alpha}\cdots(x-b)^{\beta}(x^2+px+q)^{\lambda}\cdots(x^2+rx+s)^{\mu} \tag{4-2}$$

其中 $p^2-4q<0,\cdots,r^2-4s<0$.

如果式(4-1)的分母多项式分解为式(4-2)，则式(4-1)可分解为

$$\begin{aligned}\frac{P(x)}{Q(x)}=&\frac{A_1}{(x-a)^{\alpha}}+\frac{A_2}{(x-a)^{\alpha-1}}+\cdots+\frac{A_{\alpha}}{(x-a)}+\\&\frac{B_1}{(x-b)^{\beta}}+\frac{B_2}{(x-b)^{\beta-1}}+\cdots+\frac{B_{\beta}}{(x-b)}+\\&\frac{M_1x+N_1}{(x^2+px+q)^{\lambda}}+\frac{M_2x+N_2}{(x^2+px+q)^{\lambda-1}}+\cdots+\frac{M_{\lambda}x+N_{\lambda}}{(x^2+px+q)}+\\&\frac{R_1x+S_1}{(x^2+rx+s)^{\mu}}+\frac{R_2x+S_2}{(x^2+rx+s)^{\mu-1}}+\cdots+\frac{R_{\mu}x+S_{\mu}}{(x^2+rx+s)}\end{aligned} \tag{4-3}$$

其中 A_i,B_i,M_i,N_i,R_i,S_i 都为常数.

例如，真分式$\frac{x^2+1}{x(x-1)^3}$可分解为

$$\frac{x^2+1}{x(x-1)^3}=\frac{A}{x}+\frac{B_1}{(x-1)^3}+\frac{B_2}{(x-1)^2}+\frac{B_3}{(x-1)},$$

其中 $A,B_i(i=1,2,3)$ 都是待定常数.

例 1 求$\int\frac{x+3}{x^2-5x+6}\mathrm{d}x$.

解 因为

$$\frac{x+3}{x^2-5x+6}=\frac{x+3}{(x-2)(x-3)}=\frac{A}{x-2}+\frac{B}{x-3}$$

去分母得 $x+3=A(x-3)+B(x-2)=(A+B)x+(-3A-2B)$

因为这是恒等式，两端 x 的同次幂的系数必须相等，所以有

$$\begin{cases}A+B=1\\-3A-2B=3\end{cases}$$

解得 $A=-5,B=6$. 于是

$$\begin{aligned}\int\frac{x+3}{x^2-5x+6}\mathrm{d}x&=\int\left(\frac{-5}{x-2}+\frac{6}{x-3}\right)\mathrm{d}x\\&=-5\int\frac{1}{x-2}\mathrm{d}x+6\int\frac{1}{x-3}\mathrm{d}x\\&=-5\ln|x-2|+6\ln|x-3|+C\end{aligned}$$

例 2 求$\int\frac{dx}{x^4-2x^2+1}$.

解 在确定部分分式中的待定系数时，还可以采用等式两边同乘适当的因子后，令 x 趋于某些值的方法. 设

$$\frac{1}{x^4-2x^2+1}=\frac{A}{x-1}+\frac{B}{x+1}+\frac{C}{(x-1)^2}+\frac{D}{(x+1)^2}$$

两边同乘$(x-1)^2$，令 $x\to1$，得 $C=\frac{1}{4}$；两边同乘$(x+1)^2$，令 $x\to-1$，得 $D=\frac{1}{4}$.

两边同乘 x，令 $x\to\infty$，得 $A+B=0$.

用 $x=0$ 代入得，$B-A=\frac{1}{2}$，从而得 $A=-\frac{1}{4}$，$B=\frac{1}{4}$

$$原式=\frac{1}{4}\left(\ln\left|\frac{1+x}{1-x}\right|+\frac{1}{1-x}-\frac{1}{1+x}\right)+C.$$

例 3 求$\int\frac{x-2}{x^2+2x+3}dx$.

解 由于分母已为二次质因式，分子可写为

$$x-2=\frac{1}{2}(2x+2)-3$$

得

$$\begin{aligned}\int\frac{x-2}{x^2+2x+3}dx&=\int\frac{\frac{1}{2}(2x+2)-3}{x^2+2x+3}dx\\&=\frac{1}{2}\int\frac{2x+2}{x^2+2x+3}dx-3\int\frac{dx}{x^2+2x+3}\\&=\frac{1}{2}\int\frac{d(x^2+2x+3)}{x^2+2x+3}-3\int\frac{d(x+1)}{(x+1)^2+(\sqrt{2})^2}\\&=\frac{1}{2}\ln(x^2+2x+3)-\frac{3}{\sqrt{2}}\arctan\frac{x+1}{\sqrt{2}}+C\end{aligned}$$

二、典型题选讲

例 4 求$\int\frac{\sqrt{a^2-x^2}}{x^4}dx$.

分析 此题有$\sqrt{a^2-x^2}$，可以做三角换元，令 $x=a\sin t$ 来计算. 另外，我们观察到分子是关于 x 的一次幂，分母是关于 x 的四次幂，相差三次幂，我们再介绍一种变换方法 —— 倒变换来计算此题.

解 令 $x=\frac{1}{t}$(倒变换)，则

$$\int\frac{\sqrt{a^2-x^2}}{x^4}dx=-\int(a^2t^2-1)^{\frac{1}{2}}\,|t|\,dt.$$

当 $x>0$ 时,有

$$\int\frac{\sqrt{a^2-x^2}}{x^4}dx=-\frac{1}{2a^2}\int(a^2t^2-1)^{\frac{1}{2}}d(a^2t^2-1)=-\frac{(a^2t^2-1)^{\frac{3}{2}}}{3a^2}+C$$

$$=-\frac{(a^2-x^2)^{\frac{3}{2}}}{3a^2x^3}+C.$$

当 $x<0$ 时也有相同的结果.

注意:当被积函数是 x 的分式时,如果分母的次数比分子的次数 $\geqslant 2$,则可用倒变换 $x=\frac{1}{t}$.

下面再看几个含二次三项式的例子.

例 5 求 $\int\frac{1}{x^2+2x+3}dx$.

解 $\int\frac{1}{x^2+2x+3}dx=\int\frac{1}{(x+1)^2+(\sqrt{2})^2}d(x+1)=\frac{1}{\sqrt{2}}\arctan\frac{x+1}{\sqrt{2}}+C.$

例 6 求 $\int\frac{1}{\sqrt{4x^2+9}}dx$.

解 $\int\frac{1}{\sqrt{4x^2+9}}dx=\frac{1}{2}\int\frac{1}{\sqrt{(2x)^2+3^2}}d(2x)=\frac{1}{2}\ln(2x+\sqrt{4x^2+9})+C.$

例 7 求 $\int\frac{1}{\sqrt{1+x-x^2}}dx$.

解 $\int\frac{1}{\sqrt{1+x-x^2}}dx=\int\frac{1}{\sqrt{\left(\frac{\sqrt{5}}{2}\right)^2-\left(x-\frac{1}{2}\right)^2}}d\left(x-\frac{1}{2}\right)=\arcsin\frac{2x-1}{\sqrt{5}}+C.$

注意:对于含二次三项式的不定积分,一般是对二次三项式进行配方,化成完全平方,即以下标准形式:

$$x^2\pm a^2 \text{ 或 } a^2-x^2,$$

再利用积分公式进行积分.

例 8 $\int\sec^3 x\,dx=\int\sec x\cdot\sec^2 x\,dx=\int\sec x\,d\tan x$

$$=\sec x\tan x-\int\sec x\tan^2 x\,dx$$

$$=\sec x\tan x-\int\sec^3 x\,dx+\int\sec x\,dx$$

$$=\sec x\tan x-\int\sec^3 x\,dx+\ln|\sec x+\tan x|+2c$$

所以

$$2\int\sec^3 x\,dx=\sec x\tan x+\ln|\sec x+\tan x|+2C$$

即

$$\int\sec^3 x\,dx=\frac{1}{2}(\sec x\tan x+\ln|\sec x+\tan x|)+C.$$

例 9　求$\int e^{\sqrt[3]{x}}dx$.

解　令 $t=\sqrt[3]{x}$，有 $x=t^3$，$dx=3t^2dt$，故

$$\begin{aligned}\int e^{\sqrt[3]{x}}dx &= 3\int t^2e^t dt = 3\int t^2 de^t \\ &= 3t^2e^t - 6\int te^t dt = 3t^2e^t - 6\int t de^t \\ &= 3t^2e^t - 6te^t + 6\int e^t dt \\ &= 3t^2e^t - 6te^t + 6e^t + C = 3(t^2-2t+2)e^t + C \\ &= 3(\sqrt[3]{x^2} - 2\sqrt[3]{x} + 2)e^{\sqrt[3]{x}} + C.\end{aligned}$$

例 10　已知 $f(x)$ 的一个原函数为 $x\cos x$，求$\int xf'(x)dx$.

解　$$\int xf'(x)dx = \int x df(x) = xf(x) - \int f(x)dx \tag{4-4}$$

因为 $x\cos x$ 是 $f(x)$ 的一个原函数，所以

$$f(x) = (x\cos x)' = \cos x - x\sin x$$

代入式(4-4)，有

$$\int xf'(x)dx = x(\cos x - x\sin x) - x\cos x + C = -x^2\sin x + C.$$

注意：此题也可先求出 $f'(x) = -2\sin x - x\cos x$，再求

$$\begin{aligned}\int xf'(x)dx &= \int x(-2\sin x - x\cos x)dx \\ &= -2\int x\sin x dx - \int x^2\cos x dx \\ &= -2\int x\sin x dx - \int x^2 d\sin x \\ &= -2\int x\sin x dx - x^2\sin x + 2\int x\sin x dx \\ &= -x^2\sin x + C.\end{aligned}$$

总习题 4

A 组

一、填空题

1. 若$\int f(x)dx = \sqrt{x} + c$，则 $f(x)=$________.

2. $d\left[\int f(x)dx\right]=$________.

3. $f'(x)=e^x$，$f(0)=1$，则 $F(x)+C=$________.

4. 设 $\cos 2x$ 是 $f(x)$ 的一个原函数，则$\int f'(x)dx=$________.

5. 若$\int f(x)dx = \tan x + C$，则 $f'(x)=$________.

二、选择题

1. 设函数 $f(x)$ 具有连续的导数，则 $f(x)dx=$(　　).

A. $\frac{d}{dx}\left(\int f(x)dx\right)$　　B. $\int d[f(x)]$

C. $d\left(\int f(x)dx\right)$　　D. $f(x)$

2. 设函数 $f(x)$ 具有连续的导数，则 $\int\left[\frac{xf'(x)-f(x)}{f^2(x)}\right]dx=$(　　).

A. $-\frac{x}{f(x)}+C$　　B. $-\frac{x}{f(x)}$

C. $\frac{x}{f(x)}+C$　　D. $\frac{1}{C}$

3. 若 $F(x)$ 是 $f(x)$ 一个原函数，则 $F(x)$ 的导数可表示为(　　).

A. $f(x)+e^C$　　B. $f(x)+\cos C$

C. $f(x)$　　D. $\sin C$

4. 设 $f'(x)=2x$，且 $f(0)=1$，则 $\int\frac{f'(x)}{f(x)}dx=$(　　).

A. $\frac{1}{2}\ln|x^2-1|+C$　　B. $2\ln(x^2+1)+C$

C. $\ln|x^2-1|+C$　　D. $\ln(x^2+1)+C$

5. 如果函数 $f_1(x)$ 与 $f_2(x)$ 都是 $F(x)$ 在某个区间 I 上的导函数，则在区间 I 上必有(　　).

A. $f_1(x)=f_2(x)+C$　　B. $f_1(x)=f_2(x)$

C. $f_1(x)=Cf_2(x)(C\neq 0)$　　D. $f_1(x)+f_2(x)=C$

三、计算题

1. 求 $\int xe^{-3x}dx$.　　2. 求 $\int xe^{-2x^2+1}dx$.

3. 求 $\int\frac{\sqrt{x}}{1-x}dx$.　　4. 求 $\int\frac{dx}{\sqrt{(1+x^2)^3}}$.

5. 求 $\int x\sec^2 2x\,dx$.　　6. 求 $\int x\cos\sqrt{x}\,dx$.

7. 求 $\int\frac{dx}{\sin^2 x\cos^2 x}$.　　8. 求 $\int\frac{e^{3x}+1}{e^x+1}dx$.

9. 求 $\int\frac{x}{x^2+5x+6}dx$.

四、应用题

设 $f'(e^x)=1+x$，求 $f(x)$.

B 组

一、填空题

1. $\int\frac{1+x^2-x}{x(1+x^2)}dx=$________.　　2. $\int\cot^2 x\,dx=$________.

3. $\int\frac{1}{a^2x^2+b^2}dx\,(ab\neq 0)=$________.

4. $\int \sin^2 x \cos^3 x \, dx =$ ________.　　5. 设 $f'(\ln x) = 1 + x$，则 $f(x) =$ ________.

二、选择题

1. 已知函数 $f(x) = \begin{cases} 2(x-1), & x < 1 \\ \ln x, & x \geqslant 1 \end{cases}$，则 $f(x)$ 的一个原函数是(　　).

A. $F(x) = \begin{cases} (x-1)^2, & x < 1 \\ x(\ln x - 1), & x \geqslant 1 \end{cases}$　　B. $F(x) = \begin{cases} (x-1)^2, & x < 1 \\ x(\ln x + 1) - 1, & x \geqslant 1 \end{cases}$

C. $F(x) = \begin{cases} (x-1)^2, & x < 1 \\ x(\ln x + 1) + 1, & x \geqslant 1 \end{cases}$　　D. $F(x) = \begin{cases} (x-1)^2, & x < 1 \\ x(\ln x - 1) + 1, & x \geqslant 1 \end{cases}$

2. 设函数 $f(x)$ 在 $(-\infty, +\infty)$ 上连续，则 $d\left[\int f(x) dx\right] =$ (　　).

A. $f(x)$　　B. $f(x)dx$　　C. $f(x) + C$　　D. $f'(x)dx$

3. 设 $f(x)$ 是周期为 4 的可导奇函数，且 $f'(x) = 2(x-1), x \in [0,2]$，则 $f(7) =$ (　　).

A. 1　　B. 2　　C. 3　　D. 4

4. 计算 $\int \frac{e^x (x-1)^2}{(1+x^2)^2} dx =$ (　　).

A. $\frac{-e^x}{1+x^2} + C$　　B. $\frac{3e^x}{1+x^2} + C$　　C. $\frac{e^x}{1+x^2} + C$　　D. $\frac{2e^x}{1+x^2} + C$

5. 计算 $\int \frac{dx}{a^2 \sin^2 x + b^2 \cos^2 x} (ab \neq 0) =$ (　　).

A. $\arctan(\tan x) + C$　　B. $\arctan\left(\frac{a}{b}\tan x\right) + C$

C. $\frac{b}{a}\arctan\left(\frac{b}{a}\tan x\right) + C$　　D. $\frac{1}{ab}\arctan\left(\frac{a}{b}\tan x\right) + C$

三、计算题

1. 求 $\int \frac{1}{x^2} \cos\left(\frac{1}{x}\right) dx$.　　2. 求 $\int \frac{1}{\sqrt{x}(1+x)} dx$.

3. 求 $\int \frac{\arcsin \sqrt{x}}{\sqrt{x - x^2}} dx$.　　4. 求 $\int \sqrt{\frac{1 + \arcsin x}{1 - x^2}} dx$.

5. 求 $\int \frac{\sqrt{4 + 2\arctan x}}{1 + x^2} dx$.　　6. 求 $\int \frac{1}{\cos^2 x \sqrt{1 - \tan^2 x}} dx$.

7. 求 $\int \frac{1}{\cos^2 x + 1} dx$.　　8. 求 $\int e^x \cos x \, dx$.

9. 求 $\int \frac{1}{\sqrt{1 + e^x}} dx$.　　10. 求 $\int \frac{1}{(x+1)\sqrt{x^2 + 2x}} dx$.

11. 求 $\int \sqrt{\frac{x}{2 - x}} dx$.　　12. 求 $\int \frac{\arcsin e^x}{e^{2x}} dx$.

3. 求 $\int \frac{\arctan x}{x^2 (1 + x^2)} dx$.　　14. 求 $\int \frac{1}{1 - e^x} dx$.

15. 求 $\int \frac{1}{4^x + 2^{x+1} + 1} dx$.

第5章

定积分

早在 2000 多年前，数学家们就已经开始注意到累积计算的重要性. 随着生产的发展，这类问题不断有人提出，如求平面图形的面积、曲线的弧长、变力做功等，其中某些问题得到了解决. 例如，阿基米德（Archimedes，公元前 287—公元前 212）、开普勒（Kepler，1571—1630）、卡瓦列（Cavalieri，1598—1647）都在具体问题中得到了后人用积分计算得到的相同结果. 费马（Fermat，1601—1665）与巴罗（Barrow，1630－1677）已初步意识到了某些问题与微分之间存在互逆关系，但当时并没有引入积分概念，他们的方法也不具有普遍的意义. 直到 17 世纪，牛顿和莱布尼茨各自独立地发现这种累积问题是微分问题的逆问题，并从导数逆运算的角度提出了一般解决办法.

本章我们将介绍定积分的概念、性质及计算方法，以及定积分在几何、物理方面的一些简单应用.

第 1 节　定积分的概念和性质

一、引例

1. 曲边梯形的面积

设 $y=f(x)$ 在区间 $[a,b]$ 上非负，连续. 由直线 $x=a$，$x=b$，$y=0$ 及曲线 $y=f(x)$ 所围成的图形，如图 5-1-1 所示，称为曲边梯形.

图 5-1-1

我们知道平面上规则几何图形的面积有公式直接计算，但是曲边梯形是不规则的几何图形，很难直接用规则几何图形的面积公式计算. 为解决这个困难，我们用平行于 y 轴的直线将曲边梯形细分成许多小曲边梯形，在每一个小曲边梯形中，由于 $f(x)$ 在 $[a,b]$ 上连续，因而对应的曲线的纵坐标 $f(x)$ 变化较小，所以我们可用 $f(x)$ 的某一个值为高的矩形面积作为这一个小曲边梯形的面积的近似值，对各个小曲边梯形都做同样的处理，然后将各小矩形的面积加起来即可得原曲边梯形面积的近似值. 显然，把曲边梯形

分得越细,所得近似值的精度就越高,因此我们运用极限的思想就可以计算曲边梯形的面积.下面我们分四个步骤来讨论:

(1)任意分割:在区间$[a,b]$中任意插入$n-1$个分点

$$a=x_0<x_1<x_2<\cdots<x_{n-1}<x_n=b,$$

把$[a,b]$分成n个小区间$[x_0,x_1],[x_1,x_2],\cdots,[x_{n-1},x_n]$各小区间长度依次为:

$$\Delta x_1=x_1-x_0,\Delta x_2=x_2-x_1,\cdots,\Delta x_n=x_n-x_{n-1},$$

相应地设小曲边梯形面积为$\Delta A_i(i=1,2,\cdots,n)$.

(2)近似代替:在每个小区间$[x_{i-1},x_i]$上任取一点ξ_i,以$[x_{i-1},x_i]$为底,$f(\xi_i)$为高的窄边矩形近似替代第i个窄曲边梯形$(i=1,2,\cdots,n)$,即$\Delta A_i\approx f(\xi_i)\Delta x_i$.

(3) 求和:曲边梯形的面积$A\approx\sum\limits_{i=1}^{n}f(\xi_i)\Delta x_i$.

(4)取极限:设$\lambda=\max\{\Delta x_1,\Delta x_2,\cdots,\Delta x_n\}$,当$\lambda\to 0$时,可得曲边梯形面积的精确值

$$A=\sum_{i=1}^{n}f(\xi_i)\cdot\Delta x_i.$$

2. 变速直线运动的路程

设某物体做直线运动,已知速度$v=v(t)$是时间间隔$[T_1,T_2]$上t的连续函数,且$v(t)\geqslant 0$,计算在这段时间内物体所经过的路程.

(1)任意分割:在$[T_1,T_2]$内任意插入$n-1$个分点,$T_1=t_0<t_1<t_2<\cdots t_{n-1}<t_n=T_2$.把$[T_1,T_2]$分成$n$个小时间段$[t_0,t_1],[t_1,t_2],\cdots,[t_{n-1},t_n]$,各小段时间长依次为:

$$\Delta t_1=t_1-t_0,\Delta t_2=t_2-t_1,\cdots,\Delta t_n=t_n-t_{n-1},$$

相应各段的路程为:$\Delta s_1,\Delta s_2,\cdots,\Delta s_n$.

(2)近似代替:在$[t_{i-1},t_i]$上任取一个时刻τ_i,以τ_i时的速度$v(\tau_i)$来代替$[t_{i-1},t_i]$上各个时刻的速度,则得:$\Delta s_i\approx v(\tau_i)\Delta t_i$,$(i=1,2,\cdots,n)$.

(3) 求和:$s\approx\sum\limits_{i=1}^{n}v(\tau_i)\Delta t_i$.

(4) 取极限:设$\lambda=\max\{\Delta t_1,\Delta t_2,\cdots,\Delta t_n\}$,当$\lambda\to 0$时,得$s=\lim\limits_{\lambda\to 0}\sum\limits_{i=1}^{n}v(\tau_i)\Delta t_i$.

分析归纳:由上述两例可见,虽然所计算的量不同,一个是几何量,另一个是物理量,但它们都取决于一个函数及其自变量的变化区间,其次它们的计算方法与步骤都相同,都归为具有相同结构的一种特定和的极限,如

$$面积\ A=\lim_{\lambda\to 0}\sum_{i=1}^{n}f(\xi_i)\Delta x_i,$$

$$路程\ S=\lim_{\lambda\to 0}\sum_{i=1}^{n}v(T_i)\Delta t_i.$$

抛开这些问题的具体意义,抓住它们在数量关系上共同的本质与特性加以概括,我们就可以抽象出下述定积分的定义.

二、定积分的定义

设函数$f(x)$在$[a,b]$上有界,在$[a,b]$中任意插入$n-1$个分点

$$a=x_0<x_1<x_2<\cdots<x_{n-1}<x_n=b,$$

把区间$[a,b]$分成n个小区间

$$[x_0,x_1],[x_1,x_2],\cdots,[x_{n-1},x_n],$$

各个小区间的长度依次为$\Delta x_1=x_1-x_0,\Delta x_2=x_2-x_1,\cdots,\Delta x_n=x_n-x_{n-1}$.

在每个小区间$[x_{i-1},x_i](i=1,2,\cdots,n)$上任取一点$\xi_i(x_{i-1}\leqslant\xi_i\leqslant x_i)$，做函数值$f(\xi_i)$与小区间长度$\Delta x_i$的乘积$f(\xi_i)\Delta x_i(i=1,2,\cdots,n)$，并做出和$S=\sum_{i=1}^{n}f(\xi_i)\Delta x_i$，记

$$\lambda=\max\{\Delta x_1,\Delta x_2,\cdots,\Delta x_n\},$$

如果不论对$[a,b]$怎样分，也不论在小区间$[x_{i-1},x_i]$上点ξ_i怎样取，只要当$\lambda\to 0$时，和的极限总存在，这时我们称这个极限为函数$f(x)$在区间$[a,b]$上的定积分(简称积分)，记作$\int_a^b f(x)\mathrm{d}x$，即

$$\int_a^b f(x)\mathrm{d}x=\lim_{\lambda\to 0}\sum_{i=1}^{n}f(\xi_i)\Delta x_i,$$

其中$f(x)$叫作被积函数，$f(x)\mathrm{d}x$叫作被积表达式，x叫作积分变量，a叫作积分下限，b叫作积分上限，$[a,b]$叫作积分区间，和式$\sum_{i=1}^{n}f(\xi_i)\Delta x_i$通常称为$f(x)$的积分和.

如果$f(x)$在$[a,b]$上的定积分存在，那么就说$f(x)$在$[a,b]$上可积.

一个函数在什么条件下是可积的呢？这个问题我们不做深入讨论，而只给出两个充分条件：

定理1 设$f(x)$在$[a,b]$上连续，则$f(x)$在$[a,b]$上可积.

定理2 设$f(x)$在$[a,b]$上有界，且只有有限个第一类间断点，则$f(x)$在$[a,b]$上可积.

注意：(1) 定积分是一个数，它仅与被积函数$f(x)$及积分区间$[a,b]$有关，而与积分变量无关，即：

$$\int_a^b f(x)\mathrm{d}x=\int_a^b f(t)\mathrm{d}t=\int_a^b f(u)\mathrm{d}u.$$

(2)$\int_a^b f(x)\mathrm{d}x$的几何意义：

① 当$f(x)\geqslant 0$时，$(x\in[a,b])$，则$\int_a^b f(x)\mathrm{d}x$表示由$y=f(x),x=a,x=b$及x轴围成的曲边梯形的面积，如图5-1-2所示.

② 当$f(x)\leqslant 0$时，$(x\in[a,b])$，则$\int_a^b f(x)\mathrm{d}x$表示由$y=f(x),x=a,x=b$及x轴围成的曲边梯形的面积的负值，如图5-1-3所示.

③ 若$f(x)$在$[a,b]$有正有负，则$\int_a^b f(x)\mathrm{d}x$表示由$y=f(x),x=a,x=b$及x轴围成的曲边梯形的面积的代数和，如图5-1-4所示，

$$\int_a^b f(x)\mathrm{d}x=A_1-A_2+A_3-A_4.$$

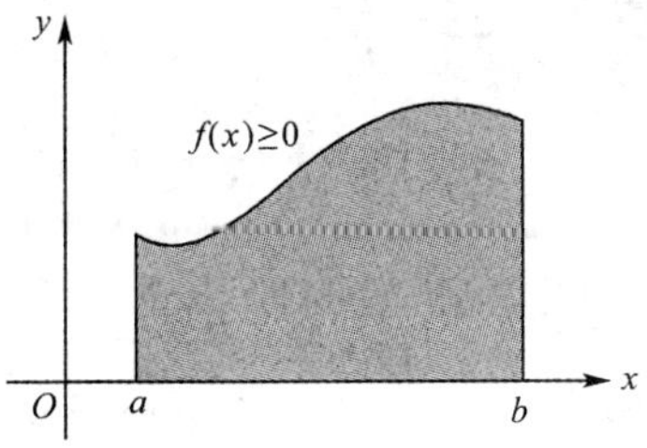

图 5-1-2

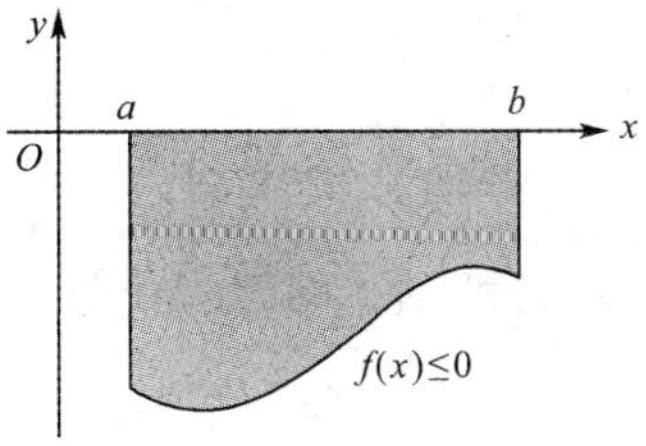

图 5-1-3

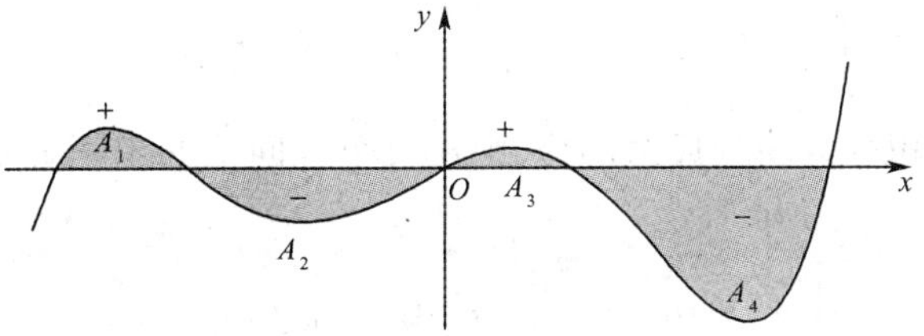

图 5-1-4

例 1　由定积分的几何意义计算下列各题.

(1) $\int_{0}^{2\pi}\sin x\,\mathrm{d}x$；　　　　(2) $\int_{0}^{R}\sqrt{R^{2}-x^{2}}\,\mathrm{d}x$.

解　(1) 利用几何意义可知，该定积分表示 $y=\sin x$，x 轴在 $[0,2\pi]$ 区间所围成图形的面积，如图 5-1-5 所示，$\int_{0}^{2\pi}\sin x\,\mathrm{d}x=0$.

(2) 利用几何意义可知，该定积分表示以原点为圆心，R 为半径，$\frac{1}{4}$ 圆的面积，如图 5-1-6 所示，故 $\int_{0}^{R}\sqrt{R^{2}-x^{2}}\,\mathrm{d}x=\frac{\pi}{4}R^{2}$.

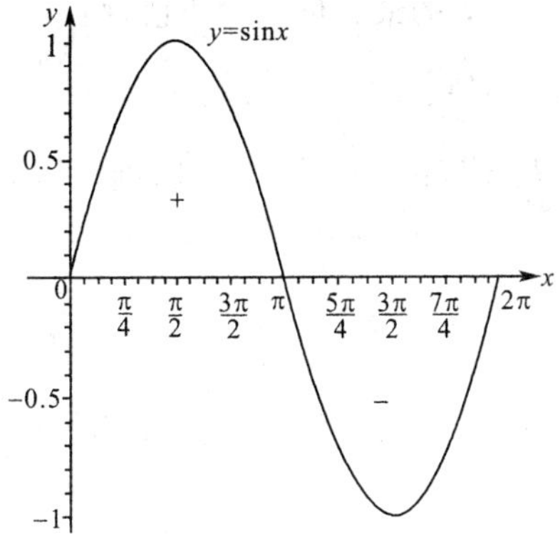

图 5-1-5

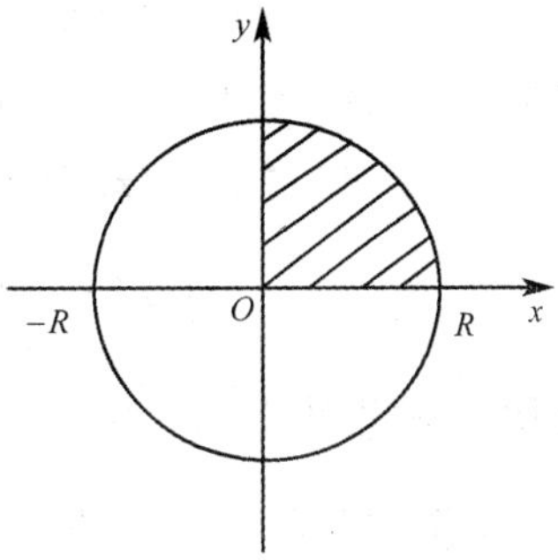

图 5-1-6

三、定积分的性质

为方便定积分计算及应用，做如下补充规定：

(1) 当 $a=b$ 时，$\int_a^b f(x)\mathrm{d}x=0$；

(2) $\int_a^b f(x)\mathrm{d}x=-\int_b^a f(x)\mathrm{d}x$.

性质 1 函数和(差)的定积分等于它们的定积分的和(差)，即

$$\int_a^b [f(x)\pm g(x)]\mathrm{d}x=\int_a^b f(x)\mathrm{d}x\pm\int_a^b g(x)\mathrm{d}x.$$

性质 2 被积函数的常数因子可以提到积分号外面，即

$$\int_a^b kf(x)\mathrm{d}x=k\int_a^b f(x)\mathrm{d}x \quad (k\text{ 是常数}).$$

性质 3 如果将积分区间分成两部分，则在整个区间上的定积分等于这两个区间上定积分之和，即设 $a<c<b$，则

$$\int_a^b f(x)\mathrm{d}x=\int_a^c f(x)\mathrm{d}x+\int_c^b f(x)\mathrm{d}x.$$

注意：我们规定无论 a,b,c 的相对位置如何，总有上述等式成立.

性质 4 如果在区间 $[a,b]$ 上，$f(x)\equiv 1$，则 $\int_a^b 1\mathrm{d}x=b-a$.

性质 5 如果在区间 $[a,b]$ 上，$f(x)\geqslant 0$，则

$$\int_a^b f(x)\mathrm{d}x\geqslant 0 \quad (a<b).$$

推论 1 如果在 $[a,b]$ 上，$f(x)\leqslant g(x)$，则

$$\int_a^b f(x)\mathrm{d}x\leqslant\int_a^b g(x)\mathrm{d}x \quad (a<b).$$

推论 2 $\left|\int_a^b f(x)\mathrm{d}x\right|\leqslant\int_a^b |f(x)|\mathrm{d}x \quad (a<b)$.

性质 6 设 M 与 m 分别是函数 $f(x)$ 在 $[a,b]$ 上的最大值及最小值，则

$$m(b-a)\leqslant\int_a^b f(x)\mathrm{d}x\leqslant M(b-a) \quad (a<b).$$

性质 7 (定积分中值定理) 如果函数 $f(x)$ 在闭区间 $[a,b]$ 上连续，则在积分区间 $[a,b]$ 上至少存在一点 ξ，使下式成立：

$$\int_a^b f(x)\mathrm{d}x=f(\xi)(b-a) \quad (a\leqslant\xi\leqslant b).$$

证明 利用性质 6，$m\leqslant\frac{1}{b-a}\int_a^b f(x)\mathrm{d}x\leqslant M$；再由闭区间上连续函数的介值定理，知在 $[a,b]$ 上至少存在一点 ξ，使

$$f(\xi)=\frac{1}{b-a}\int_a^b f(x)\mathrm{d}x,$$

故得此性质.

显然无论 $a>b$，还是 $a<b$，上述等式恒成立.

积分中值定理的几何意义：在区间 $[a,b]$ 上至少存在一点 ξ，使得以区间 $[a,b]$ 为底边、以 $y=f(x)$ 为曲边的曲边梯形的面积等于同一底边而高为 $f(\xi)$ 的一个矩形的面积，如图 5-1-7 所示.

按积分中值定理所得 $f(\xi)=\frac{1}{b-a}\int_a^b f(x)\mathrm{d}x$，称为函数 $f(x)$ 在区间 $[a,b]$ 上的平均值. 例如按图 5-1-7，$f(\xi)$ 可看作图中曲边梯形的平均高度. 又如物体以变速 $v(t)$ 做直线运动，在时间区间 $[T_1,T_2]$ 上经过的路程为 $\int_{T_1}^{T_2} v(t)\mathrm{d}t$，因此，

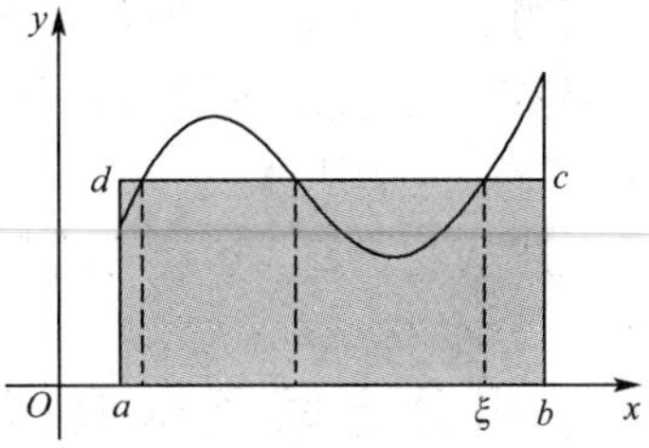

图 5-1-7

$$v(\xi)=\frac{1}{T_2-T_1}\int_{T_1}^{T_2} v(t)\mathrm{d}t, \xi\in[T_1,T_2]$$

便是运动物体在 $[T_1,T_2]$ 这段时间内的平均速度.

习题 5-1

A 组

1. 利用定积分的几何意义求定积分.

(1) $\int_0^1 2x\,\mathrm{d}x$；　　(2) $\int_{-a}^{a}\sqrt{a^2-x^2}\,\mathrm{d}x \quad (a>0)$.

2. 根据定积分的性质，比较积分值的大小.

(1) $\int_0^1 x^2\mathrm{d}x$ 与 $\int_0^1 x^3\mathrm{d}x$；　　(2) $\int_1^2 x^2\mathrm{d}x$ 与 $\int_1^2 x^3\mathrm{d}x$；

(3) $\int_0^1 \sin x\,\mathrm{d}x$ 与 $\int_0^1 \sin^2 x\,\mathrm{d}x$；　　(4) $\int_0^1 \mathrm{e}^x\mathrm{d}x$ 与 $\int_0^1 (1+x)\mathrm{d}x$.

3. 估计下列各积分值的范围.

(1) $\int_1^4 (x^2+1)\mathrm{d}x$；　　(2) $\int_{-a}^{a}\mathrm{e}^{-x^2}\mathrm{d}x\,(a>0)$.

B 组

1. 设 $f(x)$ 连续，且 $f(x)=x+\int_0^2 f(t)\mathrm{d}t$，求 $f(x)$.

2. $I_1=\int_0^{\frac{\pi}{4}} x\,\mathrm{d}x$，$I_2=\int_0^{\frac{\pi}{4}}\sqrt{x}\,\mathrm{d}x$，$I_3=\int_0^{\frac{\pi}{4}}\sin x\,\mathrm{d}x$，比较 I_1,I_2,I_3 大小.

第 2 节　微积分基本公式

由前面所学我们知道，以速度 $v=v(t)(v(t)\geqslant 0)$ 做变速直线运动的物体，在时间间隔 $[T_1,T_2]$ 上所经过的路程可以表示为定积分 $\int_{T_1}^{T_2} v(t)\mathrm{d}t$，另一方面这段路程也可表示为 $s(T_2)-s(T_1)$，因此，可以得到

$$\int_{T_1}^{T_2} v(t)\mathrm{d}t=s(T_2)-s(T_1). \tag{2-1}$$

因为 $s'(t)=v(t)$，即位置函数 $s(t)$ 是速度函数 $v(t)$ 的原函数，所以关系式(2-1)表示速度函数 $v(t)$ 在区间 $[T_1,T_2]$ 上的定积分，等于 $v(t)$ 的原函数 $s(t)$ 在区间 (T_1,T_2) 上的增量 $s(T_2)-s(T_1)$.

上述从变速直线运动的路程这个特殊问题中得出的关系，在一定条件下具有普遍性.

一、积分上限函数及其导数

1. 积分上限函数的定义

设函数 $f(x)$ 在区间 $[a,b]$ 上连续，并且设 x 为 $[a,b]$ 上的一点，考察定积分

$$\int_a^x f(x)\mathrm{d}x=\int_a^x f(t)\mathrm{d}t$$

如果上限 x 在区间 $[a,b]$ 上任意变动，则对于每一个取定的 x 值，定积分有一个对应值，所以它在 $[a,b]$ 上定义了一个函数，记作 $\Phi(x)=\int_a^x f(t)\mathrm{d}t$，称为积分上限函数.

2. 积分上限函数的性质

定理 1 如果 $f(x)$ 在 $[a,b]$ 上连续，则积分上限函数

$$\Phi(x)=\int_a^x f(t)\mathrm{d}t$$

在 $[a,b]$ 上具有导数，且它的导数为

$$\Phi'(x)=\frac{\mathrm{d}}{\mathrm{d}x}\int_a^x f(t)\mathrm{d}t=f(x)\quad(a\leqslant x\leqslant b). \tag{2-2}$$

证明 $\Phi(x+\Delta x)=\int_a^{x+\Delta x} f(t)\mathrm{d}t$，

$$\Delta\Phi=\Phi(x+\Delta x)-\Delta(x)=\int_a^{x+\Delta x} f(t)\mathrm{d}t-\int_a^x f(t)\mathrm{d}t$$
$$=\int_a^x f(t)\mathrm{d}t+\int_x^{x+\Delta x} f(t)\mathrm{d}t-\int_a^x f(t)\mathrm{d}t=\int_x^{x+\Delta x} f(t)\mathrm{d}t,$$

由积分中值定理得 $\Delta\Phi=f(\xi)\Delta x$，$\xi\in[x,x+\Delta x]$，因此

$$\frac{\Delta\Phi}{\Delta x}=f(\xi),\ \lim_{\Delta x\to 0}\frac{\Delta\Phi}{\Delta x}=\lim_{\Delta x\to 0}f(\xi)$$

当 $\Delta x\to 0$ 时，$\xi\to x$，所以 $\Phi'(x)=f(x)$.

注意：如果 $f(t)$ 连续，$a(x)$、$b(x)$ 可导，则 $F(x)=\int_{a(x)}^{b(x)} f(t)\mathrm{d}t$ 的导数 $F'(x)$ 为

$$F'(x)=\frac{\mathrm{d}}{\mathrm{d}x}\int_{a(x)}^{b(x)} f(t)\mathrm{d}t=f[b(x)]b'(x)-f[a(x)]a'(x).$$

证明 $F(x)=\int_{a(x)}^0 f(t)\mathrm{d}t+\int_0^{b(x)} f(t)\mathrm{d}t=\int_0^{b(x)} f(t)\mathrm{d}t-\int_0^{a(x)} f(t)\mathrm{d}t$，

$$F'(x)=f[b(x)]b'(x)-f[a(x)]a'(x).$$

定理 2(原函数存在定理) 如果 $f(x)$ 在 $[a,b]$ 上连续，则积分上限函数

$$\Phi(x)=\int_a^x f(t)\mathrm{d}t$$

就是 $f(x)$ 在$[a,b]$上的一个原函数.

定理的重要意义：

(1) 肯定了连续函数的原函数是存在的.

(2) 初步揭示了积分学中的定积分与原函数之间的联系.

二、牛顿 - 莱布尼茨公式

定理 3(微积分基本公式)　如果 $F(x)$ 是连续函数 $f(x)$ 在区间$[a,b]$上的一个原函数,则

$$\int_a^b f(x)\mathrm{d}x = F(b) - F(a). \tag{2-3}$$

证明　因为已知 $F(x)$ 是 $f(x)$ 的一个原函数,又因为 $\Phi(x)=\int_a^x f(t)\mathrm{d}t$ 也是 $f(x)$ 的一个原函数,所以

$$F(x)-\Phi(x)=C \quad x\in[a,b]$$

令 $x=a \Rightarrow F(a)-\Phi(a)=C$,因为

$$\Phi(a)=\int_a^a f(x)\mathrm{d}t=0 \Rightarrow F(a)=C,$$

因为 $F(x)-\int_a^x f(t)\mathrm{d}t=C$,所以

$$\int_a^x f(t)\mathrm{d}t=F(x)-F(a),$$

令 $x=b \Rightarrow \int_a^b f(x)\mathrm{d}x=F(b)-F(a)$.

即
$$\int_a^b f(x)\mathrm{d}x=F(b)-F(a)=[F(x)]_a^b.$$

公式(2-3)叫作牛顿-莱布尼茨公式,也叫作微积分基本公式.这个公式进一步揭示了定积分与被积函数的原函数或不定积分之间的联系.它表明:一个连续函数在区间$[a,b]$上的定积分等于它的任意一个原函数在区间$[a,b]$上的增量,将求定积分问题转化为求原函数的问题.

注意:(1) 当 $a>b$ 时,$\int_a^b f(x)\mathrm{d}x=F(b)-F(a)$ 仍成立.

如 $\int_{-2}^1 \frac{1}{x^2}\mathrm{d}x=\left[-\frac{1}{x}\right]_{-2}^1=-1-\frac{1}{2}=-\frac{3}{2}$.

根据定积分的性质,被积函数 $\frac{1}{x^2}\geqslant 0$,则定积分 $\int_{-2}^1 \frac{1}{x^2}\mathrm{d}x\geqslant 0$. 而我们计算出的结果 $-\frac{3}{2}<0$,错在哪了呢?

忽略了牛顿-莱布尼茨公式的条件.

(2)应用牛顿-莱布尼茨公式,要求 $f(x)$在区间$[a,b]$上连续.

例 1 计算$\int_0^1 x^2 \mathrm{d}x$.

解 $\int_0^1 x^2 \mathrm{d}x = \left[\frac{x^3}{3}\right]_0^1 = \frac{1^3}{3} - \frac{0^3}{3} = \frac{1}{3}$.

例 2 计算$\int_{-1}^{\sqrt{3}} \frac{1}{1+x^2}\mathrm{d}x$.

解 $\int_{-1}^{\sqrt{3}} \frac{1}{1+x^2}\mathrm{d}x = [\arctan x]_{-1}^{\sqrt{3}} = \arctan\sqrt{3} - \arctan(-1) = \frac{\pi}{3} - \left(-\frac{\pi}{4}\right) = \frac{7}{12}\pi$.

例 3 $\int_{-2}^{-1} \frac{\mathrm{d}x}{x}$.

解 $\int_{-2}^{-1} \frac{1}{x}\mathrm{d}x = [\ln|x|]_{-2}^{-1} = \ln 1 - \ln 2 = -\ln 2$.

例 4 设 $f(x) = \begin{cases} 2x, & 0 \leqslant x \leqslant 1 \\ 5, & 1 < x \leqslant 2 \end{cases}$,求$\int_0^2 f(x)\mathrm{d}x$.

解 $\int_0^2 f(x)\mathrm{d}x = \int_0^1 2x\,\mathrm{d}x + \int_1^2 5\mathrm{d}x = x^2\Big|_0^1 + 5x\Big|_1^2 = 1 + 5(2-1) = 6$.

例 5 计算$\int_0^1 |2x-1|\,\mathrm{d}x$.

解 因为 $|2x-1| = \begin{cases} 1-2x, & x \leqslant \frac{1}{2} \\ 2x-1, & x > \frac{1}{2} \end{cases}$. 所以

$$\int_0^1 |2x-1|\,\mathrm{d}x = \int_0^{\frac{1}{2}} (1-2x)\mathrm{d}x + \int_{\frac{1}{2}}^1 (2x-1)\mathrm{d}x = (x-x^2)\Big|_0^{\frac{1}{2}} + (x^2-x)\Big|_{\frac{1}{2}}^1 = \frac{1}{2}.$$

例 6 计算 $y=\sin x$ 在$[0,\pi]$上与 x 轴所围成平面图形,如图 5-2-1 所示的面积.

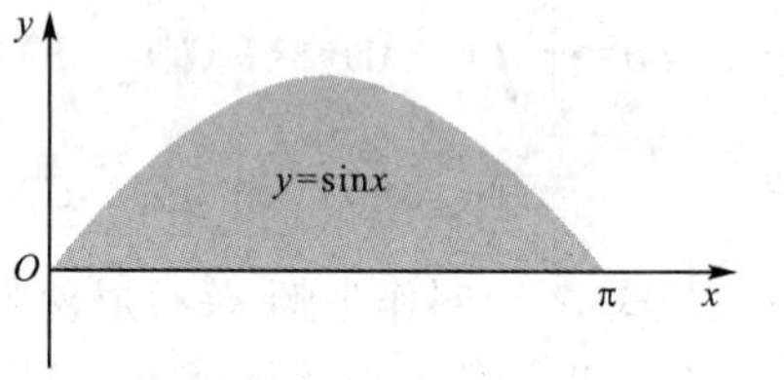

图 5-2-1

解 $A = \int_0^{\pi} \sin x\,\mathrm{d}x = [-\cos x]_0^{\pi} = 2$.

例 7 汽车以每小时 36 km 的速度行驶,到某处需要减速停车,设汽车以匀加速度 $a = -5\ \mathrm{m/s^2}$ 刹车,问从开始刹车到停车,汽车开了多少距离?

解 首先要算出从开始刹车到停车经过的时间. 设开始刹车的时刻为 $t=0$,此时汽车速度

$$v_0 = 36\ \mathrm{km/h} = \frac{36 \times 1000}{3600}\mathrm{m/s} = 10\ \mathrm{m/s}.$$

刹车后汽车减速行驶,其速度为

$$v(t) = v_0 + at = 10 - 5t$$

当汽车停住时,速度 $v(t)=0$,故从

$$v(t) = 10 - 5t = 0$$

解得 $t=2(s)$. 于是在这段时间内,汽车所驶过的距离为

$$s = \int_0^2 v(t)\mathrm{d}t = \int_0^2 (10-5t)\mathrm{d}t = 10(\mathrm{m}).$$

即刹车后,汽车需要走 10 m 才能停住.

例 8 求$\lim\limits_{x\to 0}\dfrac{\int_{\cos x}^{1} e^{-t^2}\,dt}{x^2}$.

解 $\dfrac{d}{dx}\int_{\cos x}^{1} e^{-t^2}\,dt=-\dfrac{d}{dx}\int_{1}^{\cos x} e^{-t^2}\,dt=\sin x\, e^{-\cos^2 x}$

利用洛必达法则得

$$\lim_{x\to 0}\frac{\int_{\cos x}^{1} e^{-t^2}\,dt}{x^2}=\lim_{x\to 0}\frac{e^{-\cos^2 x}\sin x}{2x}=\frac{1}{2e}.$$

习题 5-2

A 组

1. 求下列导数.

(1) $\dfrac{d}{dx}\int_{0}^{x}\sqrt{1+t^2}\,dt$;　　(2) $\dfrac{d}{dx}\int_{\ln 2}^{x} t^5 e^{-t}\,dt$;

(3) $\dfrac{d}{dx}\int_{0}^{\cos x}\cos(\pi t^2)\,dt$;　　(4) $\dfrac{d}{dx}\int_{x}^{\pi}\dfrac{\sin t}{t}dt \quad (x>0)$.

2. 求下列极限.

(1) $\lim\limits_{x\to 0}\dfrac{\int_{0}^{x}\arctan t\,dt}{x^2}$;　　(2) $\lim\limits_{x\to 0}\dfrac{\left(\int_{0}^{x} e^{t^2}\,dt\right)^2}{\int_{0}^{x} t e^{2t^2}\,dt}$.

3. 计算下列定积分.

(1) $\int_{1}^{4}\sqrt{x}\,dx$;　　(2) $\int_{0}^{1}(4x^2-2x)\,dx$;

(3) $\int_{e-1}^{2}\dfrac{1}{x+1}dx$;　　(4) $\int_{0}^{\pi}\sqrt{1-\sin^2 x}\,dx$;

(5) $\int_{-1}^{1}|x|\,dx$;　　(6) $\int_{0}^{\pi}\sqrt{1+\cos 2x}\,dx$.

(7) 设 $f(x)=\begin{cases} x, & 0\leqslant x\leqslant \dfrac{\pi}{2}, \\ \sin x, & \dfrac{\pi}{2}\leqslant x\leqslant \pi; \end{cases}$,求$\int_{0}^{\pi} f(x)\,dx$;

(8) $\int_{0}^{3}\sqrt{(2-x)^2}\,dx$.

B 组

1. 求下列变限积分的导数.

(1) $\dfrac{d}{dx}\int_{x^2}^{0} x\cos t^2\,dt=$________.

(2) 设 $f(x)$ 连续,$F(x)=\int_{0}^{x^2} x f(t^2)\,dt$,则 $F'(x)=$________.

(3) $\frac{\mathrm{d}}{\mathrm{d}x}\int_0^x \sin(t-x)^2\mathrm{d}t=$ ________.

(4) 设 $f(x)$ 连续，则 $\frac{\mathrm{d}}{\mathrm{d}x}\int_0^x tf(x^2-t^2)\mathrm{d}t=$ ________.

2. 设 $f(x)$ 连续，则 $\lim\limits_{x\to a}\frac{x}{x-a}\int_a^x f(t)\mathrm{d}t=$（　　）.

A. 0　　B. a

C. $af(a)$　　D. $f(a)$

3. 设 $f(x)$ 为连续函数，而 $I=t\int_0^{\frac{s}{t}} f(tx)\mathrm{d}x$，其中 $t>0, s>0$，则 I 的值（　　）.

A. 依赖于 s 和 t　　B. 仅依赖于 s. t 和 x

C. 依赖于 t 和 x，不依赖于 s　　D. 依赖于 s，不依赖于 t

4. 设 $f(x)=\frac{1}{1+x^2}+x^3\int_0^1 f(x)\mathrm{d}x$，求 $\int_0^1 f(x)\mathrm{d}x$.

5. 求由方程 $\int_0^y \mathrm{e}^t\mathrm{d}t+\int_0^x \cos t\,\mathrm{d}t=0$ 所确定的隐函数 $y=y(x)$ 的导数.

第3节　定积分的换元积分法及分部积分法

由上节微积分基本公式可知，计算定积分 $\int_a^b f(x)\mathrm{d}x$ 的简便方法是把它转化为求 $f(x)$ 原函数的增量. 由第四章所学我们知道可用换元积分法和分部积分法求出一些函数的原函数. 因此，在一定条件下，可以用换元积分法和分部积分法来计算定积分，下面就来讨论定积分的这两种计算方法.

一、定积分的换元积分法

定理　假设函数 $f(x)$ 在 $[a,b]$ 上连续，函数 $x=\varphi(t)$ 满足条件：

(1) $\varphi(\alpha)=a, \varphi(\beta)=b$；

(2) $\varphi(t)$ 在 $[\alpha,\beta]$（或 $[\beta,\alpha]$）上具有连续导数，且其值域 $R_\varphi=[a,b]$ 则有

$$\int_a^b f(x)\mathrm{d}x=\int_\alpha^\beta f[\varphi(t)]\varphi'(t)\mathrm{d}t \tag{3-1}$$

公式(3-1) 叫作定积分的换元公式.

例1　计算 $\int_0^a \sqrt{a^2-x^2}\mathrm{d}x\ (a>0)$.

解　设 $x=a\sin t$ 则 $\mathrm{d}x=a\cos\mathrm{d}t$ 且

$x=0, t=0; x=a, t=\frac{\pi}{2}$

故$\int_0^a \sqrt{a^2-x^2}\,dx = a^2\int_0^{\frac{\pi}{2}} \cos^2 t\,dt = \frac{a^2}{2}\int_0^{\frac{\pi}{2}}(1+\cos 2t)\,dt$

$$=\frac{a^2}{2}\left[t+\frac{1}{2}\sin 2t\right]_0^{\frac{\pi}{2}}=\frac{\pi a^2}{4}.$$

注意：换元要换限.

此题也可利用定积分的几何意义来计算.

换元公式也可以反过来使用，即$\int_a^b f[\varphi(x)]\varphi'(x)\,dx=\int_\alpha^\beta f(t)\,dt$.

例 2　计算$\int_0^{\frac{\pi}{2}} \cos^5 x \sin x\,dx$.

解　$t=\cos x$，则

$$-\int_0^{\frac{\pi}{2}} \cos^5 x\,d\cos x=-\int_1^0 t^5\,dt=\int_0^1 t^5\,dt=\left[\frac{t^6}{6}\right]_0^1=\frac{1}{6}.$$

例 3　计算　$\int_0^\pi \sqrt{\sin^3 x-\sin^5 x}\,dx$.

解　$\int_0^\pi \sqrt{\sin^3 x-\sin^5 x}\,dx=\int_0^\pi (\sin x)^{\frac{3}{2}}\sqrt{\cos^2 x}\,dx$

$$=\int_0^\pi (\sin x)^{\frac{3}{2}}|\cos x|\,dx$$

$$=\int_0^{\frac{\pi}{2}} (\sin x)^{\frac{3}{2}}\cos x\,dx-\int_{\frac{\pi}{2}}^{\pi} (\sin x)^{\frac{3}{2}}\cos x\,dx$$

$$=\int_0^{\frac{\pi}{2}} (\sin x)^{\frac{3}{2}}\,d\sin x-\int_{\frac{\pi}{2}}^{\pi} (\sin x)^{\frac{3}{2}}\,d\sin x$$

$$=\frac{2}{5}(\sin x)^{\frac{5}{2}}\Big|_0^{\frac{\pi}{2}}-\frac{2}{5}(\sin x)^{2}\Big|_{\frac{\pi}{2}}^{\pi}$$

$$=\frac{4}{5}.$$

注意：开方看区间.

例 4　计算$\int_0^4 \frac{x+2}{\sqrt{2x+1}}\,dx$.

解　设$t=\sqrt{2x+1}$，则$x=\frac{t^2-1}{2}$，$dx=t\,dt$，当$x=0$时$t=1$；当$x=4$时$t=3$，故

$$\int_0^4 \frac{x+2}{\sqrt{2x+1}}\,dx=\int_1^3 \frac{\frac{t^2-1}{2}+2}{t}t\,dt=\frac{1}{2}\int_1^3 (t^2+3)\,dt$$

$$=\frac{1}{2}\left[\frac{t^3}{3}+3t\right]_1^3=\frac{22}{3}.$$

例 5 证明

(1) 若 $f(x)$ 在$[a,b]$上连续且为偶函数,则

$$\int_{-a}^{a} f(x)\mathrm{d}x = 2\int_{0}^{a} f(x)\mathrm{d}x ;$$

(2) 若 $f(x)$ 在$[a,b]$上连续且为奇函数,则

$$\int_{-a}^{a} f(x)\mathrm{d}x = 0.$$

证明

$$\begin{aligned}\int_{-a}^{a} f(x)\mathrm{d}x &= \int_{-a}^{0} f(x)\mathrm{d}x + \int_{0}^{a} f(x)\mathrm{d}x \\ &= -\int_{a}^{0} f(-x)\mathrm{d}x + \int_{0}^{a} f(x)\mathrm{d}x \\ &= \int_{0}^{a} f(-x)\mathrm{d}x + \int_{0}^{a} f(x)\mathrm{d}x \\ &= \int_{0}^{a} [f(x) + f(-x)]\mathrm{d}x\end{aligned}$$

(1) $f(x)$ 为偶函数时,$f(x) + f(-x) = 2f(x)$,故

$$\int_{-a}^{a} f(x)\mathrm{d}x = 2\int_{0}^{a} f(x)\mathrm{d}x.$$

(2) $f(x)$ 为奇函数时,$f(x) + f(-x) = 0$,故$\int_{-a}^{a} f(x)\mathrm{d}x = 0$.

本例的结果可作为定理应用,在计算对称区间上的积分时,如能判断被积函数的奇偶性,可简化计算.

例 6 若 $f(x)$ 在$[0,1]$上连续,证明

$$\int_{0}^{\frac{\pi}{2}} f(\sin x)\mathrm{d}x = \int_{0}^{\frac{\pi}{2}} f(\cos x)\mathrm{d}x.$$

证明 设 $x = \frac{\pi}{2} - t$,则 $\mathrm{d}x = -\mathrm{d}t$ 且当 $x = 0$ 时,$t = \frac{\pi}{2}$;当 $x = \frac{\pi}{2}$ 时 $t = 0$,故

$$\begin{aligned}\int_{0}^{\frac{\pi}{2}} f(\sin x)\mathrm{d}x &= -\int_{\frac{\pi}{2}}^{0} f\left[\sin\left(\frac{\pi}{2} - t\right)\right]\mathrm{d}t \\ &= \int_{0}^{\frac{\pi}{2}} f(\cos t)\,\mathrm{d}t \\ &= \int_{0}^{\frac{\pi}{2}} f(\cos x)\,\mathrm{d}x.\end{aligned}$$

二、定积分的分部积分法

设 $u(x)$,$v(x)$ 在$[a,b]$上具有连续导数 $u'(x)$,$v'(x)$,则由不定积分的分部积分法

$$\int u(x)v'(x)\mathrm{d}x = u(x)v(x) - \int v(x)u'(x)\mathrm{d}x$$

两边在$[a,b]$上积分得

$$\int_{a}^{b} u(x)v'(x)\mathrm{d}x = [u(x)v(x)]_{a}^{b} - \int_{a}^{b} v(x)u'(x)\mathrm{d}x \tag{3-2}$$

简记作

$$\int_a^b uv'\mathrm{d}x=[uv]_a^b-\int_a^b vu'\mathrm{d}x$$

或

$$\int_a^b u\mathrm{d}v=[uv]_a^b-\int_a^b v\mathrm{d}u$$

公式(3-2)叫作定积分的分部积分公式.

例 7　计算$\int_0^1 x\mathrm{e}^{-x}\mathrm{d}x$.

解　$\int_0^1 x\mathrm{e}^{-x}\mathrm{d}x=-\int_0^1 x\mathrm{d}\mathrm{e}^{-x}=-x\mathrm{e}^{-x}\Big|_0^1+\int_0^1\mathrm{e}^{-x}\mathrm{d}x=-\mathrm{e}^{-1}-\mathrm{e}^{-x}\Big|_0^1=1-2\mathrm{e}^{-1}$.

例 8　$\int_0^{\frac{1}{2}}\arcsin x\mathrm{d}x$.

解　设 $u=\arcsin x$，$v=x$，则

$$\begin{aligned}\int_0^{\frac{1}{2}}\arcsin x\mathrm{d}x&=[x\arcsin x]_0^{\frac{1}{2}}-\int_0^{\frac{1}{2}}x\frac{1}{\sqrt{1-x^2}}\mathrm{d}x\\&=\frac{1}{2}\arcsin\frac{1}{2}+\frac{1}{2}\int_0^{\frac{1}{2}}(1-x^2)^{-\frac{1}{2}}\mathrm{d}(1-x^2)\\&=\frac{\pi}{12}+\sqrt{1-x^2}\Big|_0^{\frac{1}{2}}=\frac{\pi}{12}+\frac{\sqrt{3}}{2}-1.\end{aligned}$$

例 9　计算$\int_0^1\mathrm{e}^{\sqrt{x}}\mathrm{d}x$.

解　设$\sqrt{x}=t$，$x=t^2$，$\mathrm{d}x=2t\mathrm{d}t$，则

$$\begin{aligned}\int_0^1\mathrm{e}^{\sqrt{x}}\mathrm{d}x&=2\int_0^1 t\mathrm{e}^t\mathrm{d}t=2\int_0^1 t\mathrm{d}\mathrm{e}^t=2[t\mathrm{e}^t]_0^1-2\int_0^1\mathrm{e}^t\mathrm{d}t\\&=2\mathrm{e}-2(\mathrm{e}-1)=2.\end{aligned}$$

习题 5-3

A 组

1. 计算下列积分.

(1) $\int_{\frac{\pi}{3}}^{\pi}\sin\left(x+\frac{\pi}{3}\right)\mathrm{d}x$；　　(2) $\int_{-2}^{1}\frac{\mathrm{d}x}{(11+5x)^3}$；

(3) $\int_{-1}^{1}\frac{1}{\sqrt{5-4x}}\mathrm{d}x$；　　(4) $\int_0^{\frac{\pi}{2}}\sin\varphi\cos^3\varphi\mathrm{d}\varphi$；

(5) $\int_{\frac{\pi}{6}}^{\frac{\pi}{2}}\cos^2 u\mathrm{d}u$；　　(6) $\int_1^{\mathrm{e}^2}\frac{\mathrm{d}x}{x\sqrt{1+\ln x}}$；

(7) $\int_1^{\sqrt{3}}\frac{\mathrm{d}x}{x^2\sqrt{1+x^2}}$；　　(8) $\int_0^{\sqrt{2}}\sqrt{2-x^2}\mathrm{d}x$；

(9) $\int_{\ln 2}^{\ln 3}\frac{\mathrm{d}x}{\mathrm{e}^x-\mathrm{e}^{-x}}$；　　(10) $\int_2^3\frac{\mathrm{d}x}{x^2+x-2}$.

2. 计算下列定积分.

(1) $\int_0^1 x\sin x\,\mathrm{d}x$；　(2) $\int_1^{\mathrm{e}} x\ln x\,\mathrm{d}x$；

(3) $\int_1^4 \frac{\ln x}{\sqrt{x}}\mathrm{d}x$；　(4) $\int_{\frac{\pi}{4}}^{\frac{\pi}{3}} \frac{x}{\sin^2 x}\mathrm{d}x$；

(5) $\int_{-2}^{-\sqrt{2}} \frac{\mathrm{d}x}{\sqrt{x^2-1}}$；　(6) $\int_1^2 x\log_2 x\,\mathrm{d}x$；

(7) $\int_0^{\pi} (x\sin x)^2\mathrm{d}x$；　(8) $\int_1^{\mathrm{e}} \sin(\ln x)\mathrm{d}x$.

3. 利用被积函数的奇偶性计算下列积分.

(1) $\int_{-1}^1 \ln(x+\sqrt{1+x^2})\mathrm{d}x$；　(2) $\int_{-1}^1 \frac{2+\sin x}{1+x^2}\mathrm{d}x$；

(3) $\int_{-2}^2 (x+\sqrt{4-x^2})^2\mathrm{d}x$；　(4) $\int_{-\frac{\pi}{2}}^{\frac{\pi}{2}} 4\cos^4\theta\,\mathrm{d}\theta$.

B 组

1. 计算下列定积分.

(1) $\int_{-\frac{1}{2}}^{\frac{1}{2}} \frac{x^3-5x+(\arcsin x)^2}{\sqrt{1-x^2}}\mathrm{d}x$；　(2) $\int_{-\frac{\pi}{2}}^{\frac{\pi}{2}} (\cos^4\theta+\sin^3\theta)\sin^2\theta\,\mathrm{d}\theta$；

(3) $\int_0^1 \frac{\mathrm{e}^{3x}+\mathrm{e}^x}{\mathrm{e}^{4x}-\mathrm{e}^{2x}+1}\mathrm{d}x$；　(4) $\int_0^{\frac{\pi}{2}} \mathrm{e}^{2x}\cos x\,\mathrm{d}x$；

(5) $\int_{\frac{\sqrt{3}}{3}}^1 \frac{\mathrm{d}x}{x^6(x^2+1)}$；　(6) $\int_0^{2a} x^2\sqrt{2ax-x^2}\,\mathrm{d}x \quad (a>0)$；

(7) $\int_0^{\ln 2} \sqrt{\mathrm{e}^x-1}\,\mathrm{d}x$；　(8) $\int_0^{\frac{1}{2}} (\arcsin x)^2\mathrm{d}x$；

(9) $\int_1^{e} \cos(\ln x)\mathrm{d}x$；　(10) $\int_0^{\pi} x\sqrt{\cos^2 x-\cos^4 x}\,\mathrm{d}x$.

2. 设函数 $f(x)=\begin{cases} x\mathrm{e}^{-x^2}, & x\geqslant 0 \\ \frac{1}{1+\mathrm{e}^x}, & x<0 \end{cases}$ 求 $\int_1^4 f(x-2)\mathrm{d}x$.

3. 证明下列等式.

$\int_0^1 x^m(1-x)^n\mathrm{d}x=\int_0^1 x^n(1-x)^m\mathrm{d}x$.

第 4 节　反常积分

前面的定积分 $\int_a^b f(x)\mathrm{d}x$ 是在下述条件讨论的：

(1) 积分区间$[a,b]$有限;

(2) 被积函数 $f(x)$ 在$[a,b]$上有界.

但在一些实际问题及理论研究中,常常会遇到积分区间为无穷区间,或者被积函数是无界函数的积分,因此,我们对定积分加以推广,引入反常积分的概念.

一、无穷限的反常积分

定义 1　设函数 $f(x)$ 在区间$[a,+\infty)$上连续,取 $t>a$. 如果极限

$$\lim_{t\to+\infty}\int_a^t f(x)\mathrm{d}x$$

存在,则称此极限为函数 $f(x)$ 在无穷区间$[a,+\infty)$上的反常积分,记作

$$\int_a^{+\infty} f(x)\mathrm{d}x,$$

即

$$\int_a^{+\infty} f(x)\mathrm{d}x=\lim_{t\to+\infty}\int_a^b f(x)\mathrm{d}x$$

这时也称反常积分$\int_a^{+\infty} f(x)\mathrm{d}x$ 收敛;如果上述极限不存在,称反常积分$\int_a^{+\infty} f(x)\mathrm{d}x$ 发散,这时$\int_a^{+\infty} f(x)\mathrm{d}x$ 不再表示数值了.

类似地,设函数 $f(x)$ 在区间$(-\infty,b]$上连续,取 $t<b$. 如果极限

$$\lim_{t\to-\infty}\int_t^b f(x)\mathrm{d}x$$

存在,则称此极限为函数 $f(x)$ 在无穷区间$(-\infty,b]$上的反常积分,记作

$$\int_{-\infty}^{b} f(x)\mathrm{d}x,$$

即

$$\int_{-\infty}^{b} f(x)\mathrm{d}x=\lim_{t\to-\infty}\int_t^b f(x)\mathrm{d}x$$

这时也称反常积分$\int_{-\infty}^{b} f(x)\mathrm{d}x$ 收敛;如果上述极限不存在,就称反常积分$\int_{-\infty}^{b} f(x)\mathrm{d}x$ 发散.

设函数 $f(x)$ 在区间$(-\infty,+\infty)$上连续,如果反常积分

$$\int_{-\infty}^{0} f(x)\mathrm{d}x \text{ 和 } \int_0^{+\infty} f(x)\mathrm{d}x$$

都收敛,则称上述两反常积分之和为函数 $f(x)$ 在无穷区间$(-\infty,+\infty)$上的反常积分,记作$\int_{-\infty}^{+\infty} f(x)\mathrm{d}x$,即

$$\begin{aligned}\int_{-\infty}^{+\infty} f(x)\mathrm{d}x&=\int_{-\infty}^{0} f(x)\mathrm{d}x+\int_0^{+\infty} f(x)\mathrm{d}x\\&=\lim_{t\to-\infty}\int_t^0 f(x)\mathrm{d}x+\lim_{t\to+\infty}\int_0^t f(x)\mathrm{d}x,\end{aligned}$$

这时也称反常积分$\int_{-\infty}^{+\infty} f(x)\mathrm{d}x$ 收敛;否则就称反常积分$\int_{-\infty}^{+\infty} f(x)\mathrm{d}x$ 发散.

可见,求反常积分的基本思路:先求定积分,再取极限.

若 $F'(x)=f(x)$,则 $\int_a^x f(x)\mathrm{d}x=\int_a^x f(t)\mathrm{d}t=F(x)-F(a)$.

记 $F(+\infty)=\lim\limits_{x\to+\infty}F(x)$,$F(-\infty)=\lim\limits_{x\to-\infty}F(x)$,则

$$\int_a^{+\infty}f(x)\mathrm{d}x=F(x)\Big|_a^{+\infty}=F(+\infty)-F(a),$$

$$\int_{-\infty}^{b}f(x)\mathrm{d}x=F(x)\Big|_{-\infty}^{b}=F(b)-F(-\infty),$$

如果 $F(+\infty)$、$F(-\infty)$ 均存在,则

$$\int_{-\infty}^{+\infty}f(x)\mathrm{d}x=F(x)\Big|_{-\infty}^{+\infty}=F(+\infty)-F(-\infty).$$

例 1 计算反常积分 $\int_0^{+\infty}\frac{1}{1+x^2}\mathrm{d}x$,$\int_{-\infty}^{0}\frac{1}{1+x^2}\mathrm{d}x$,$\int_{-\infty}^{+\infty}\frac{1}{1+x^2}\mathrm{d}x$.

解 $\int_0^{+\infty}\frac{1}{1+x^2}\mathrm{d}x=\arctan x\Big|_0^{+\infty}=\lim\limits_{x\to+\infty}\arctan x-0=\frac{\pi}{2}-0=\frac{\pi}{2}$;

$\int_{-\infty}^{0}\frac{1}{1+x^2}\mathrm{d}x=\arctan x\Big|_{-\infty}^{0}=0-\lim\limits_{x\to-\infty}\arctan x=0-\left(-\frac{\pi}{2}\right)=\frac{\pi}{2}$;

$\int_{-\infty}^{+\infty}\frac{1}{1+x^2}\mathrm{d}x=\arctan x\Big|_{-\infty}^{+\infty}=\lim\limits_{x\to+\infty}\arctan x-\lim\limits_{x\to-\infty}\arctan x=\frac{\pi}{2}-\left(-\frac{\pi}{2}\right)=\pi$.

例 2 计算反常积分 $\int_0^{+\infty}t\mathrm{e}^{-pt}\mathrm{d}t$ (p 是常数,且 $p>0$)

解
$$\begin{aligned}\int_0^{+\infty}t\mathrm{e}^{-pt}\mathrm{d}t&=-\frac{1}{p}\int_0^{+\infty}t\,\mathrm{d}\mathrm{e}^{-pt}\\&=\left[-\frac{t}{p}\mathrm{e}^{-pt}\right]_0^{+\infty}+\frac{1}{p}\int_0^{+\infty}\mathrm{e}^{-pt}\mathrm{d}t\\&=\left[-\frac{t}{p}\mathrm{e}^{-pt}\right]_0^{+\infty}-\frac{1}{p^2}\left[\mathrm{e}^{-pt}\right]_0^{+\infty}\\&=-\frac{1}{p}\lim_{t\to+\infty}t\mathrm{e}^{-pt}-0-\frac{1}{p^2}(0-1)=\frac{1}{p^2}.\end{aligned}$$

例 3 证明反常积分 $\int_a^{+\infty}\frac{1}{x^p}\mathrm{d}x$ $(a>0)$ 当 $p>1$ 时收敛;当 $p\leqslant 1$ 时发散.

证明 当 $p=1$ 时,$\int_a^{+\infty}\frac{1}{x^p}\mathrm{d}x=\int_a^{+\infty}\frac{1}{x}\mathrm{d}x=[\ln x]_0^{+\infty}=+\infty$

当 $p\neq 1$,$\int_a^{+\infty}\frac{1}{x^p}\mathrm{d}x=\left[\frac{x^{1-p}}{1-p}\right]_a^{+\infty}=\begin{cases}+\infty, & p<1\\ \frac{a^{1-p}}{p-1}, & p>1\end{cases}$,故命题得证.

二、无界函数的反常积分

如果函数 $f(x)$ 在点 a 的任一邻域内都无界,那么点 a 称为函数 $f(x)$ 的瑕点(也称为无界间断点).无界函数的反常积分又称为瑕积分.

定义 2　设函数 $f(x)$ 在 $(a,b]$ 上连续，点 a 为 $f(x)$ 的瑕点，取 $t>a$，如果极限 $\lim\limits_{t\to a^+}\int_t^b f(x)\mathrm{d}x$ 存在，则称此极限为函数 $f(x)$ 在 $(a,b]$ 上的反常积分，仍然记作 $\int_a^b f(x)\mathrm{d}x$，即

$$\int_a^b f(x)\mathrm{d}x=\lim_{t\to a^+}\int_t^b f(x)\mathrm{d}x,$$

这时也称反常积分 $\int_a^b f(x)\mathrm{d}x$ 收敛. 如果上述极限不存在，就称反常积分 $\int_a^b f(x)\mathrm{d}x$ 发散.

类似地，设函数 $f(x)$ 在 $[a,b)$ 上连续，点 b 为 $f(x)$ 的瑕点，取 $t<b$，如果极限 $\lim\limits_{t\to b^-}\int_a^t f(x)\mathrm{d}x$ 存在，则称此极限为函数 $f(x)$ 在 $[a,b)$ 上的反常积分，仍然记作 $\int_a^b f(x)\mathrm{d}x$，即

$$\int_a^b f(x)\mathrm{d}x=\lim_{t\to b^-}\int_a^t f(x)\mathrm{d}x,$$

也称反常积分 $\int_a^b f(x)\mathrm{d}x$ 收敛. 如果上述极限不存在，就称反常积分 $\int_a^b f(x)\mathrm{d}x$ 发散.

设函数 $f(x)$ 在 $[a,b]$ 上除点 $c\,(a<c<b)$ 外连续，点 c 为 $f(x)$ 的瑕点，如果两个反常积分

$$\int_a^c f(x)\mathrm{d}x \text{ 与 } \int_c^b f(x)\mathrm{d}x$$

都收敛，则定义

$$\begin{aligned}\int_a^b f(x)\mathrm{d}x&=\int_a^c f(x)\mathrm{d}x+\int_c^b f(x)\mathrm{d}x\\&=\lim_{t\to c^-}\int_a^t f(x)\mathrm{d}x+\lim_{t\to c^+}\int_t^b f(x)\mathrm{d}x,\end{aligned}$$

否则称反常积分发散.

无界函数的反常积分在形式上与定积分没有区别，故需要注意对它的识别.

若 $F'(x)=f(x)$，$x\in(a,b)$，则 $\int_a^b f(x)\mathrm{d}x=F(b)-F(a)$. 其中

当 a 为函数 $f(x)$ 的瑕点且 $F'(a)=f(a)$ 时，$F(a)=\lim\limits_{x\to a^+}F(x)$；

当 b 为函数 $f(x)$ 的瑕点且 $F'(b)=f(b)$ 时，$F(b)=\lim\limits_{x\to b^-}F(x)$.

例 4　计算反常积分 $\int_0^a \dfrac{\mathrm{d}x}{\sqrt{a^2-x^2}}\ (a>0)$.

解　因为

$$\lim_{x\to a^-}\frac{1}{\sqrt{a^2-x^2}}=+\infty,$$

所以点 a 是瑕点，于是

$$\int_0^a \frac{\mathrm{d}x}{\sqrt{a^2-x^2}}=\left[\arcsin\frac{x}{a}\right]_0^a=\lim_{x\to a^-}\arcsin\frac{x}{a}-0=\frac{\pi}{2}.$$

例 5 讨论反常积分$\int_{-1}^{1}\frac{1}{x^2}dx$ 的收敛性.

解 因为$\lim\limits_{x\to 0}\frac{1}{x^2}=+\infty$,所以 $x=0$ 是瑕点,于是

$$\int_{-1}^{1}\frac{1}{x^2}dx=\int_{-1}^{0}\frac{1}{x^2}dx+\int_{0}^{1}\frac{1}{x^2}dx$$

$$\int_{-1}^{0}\frac{1}{x^2}dx=\left[-\frac{1}{x}\right]_{-1}^{0}=\lim_{x\to 0^-}\left(-\frac{1}{x}\right)-1=+\infty,$$

即反常积分$\int_{-1}^{0}\frac{1}{x^2}dx$ 发散,故所求反常积分$\int_{-1}^{1}\frac{1}{x^2}dx$ 发散.

注意:如果忽视 $x=0$ 是瑕点,则会出现错误结果.

例 6 证明广义积分$\int_{a}^{b}\frac{dx}{(x-a)^q}$ 当 $q<1$ 时收敛;当 $q\geqslant 1$ 时发散.

证明 当 $q=1$ 时,$\int_{a}^{b}\frac{dx}{x-a}=[\ln(x-a)]_{a}^{b}=+\infty$,发散.

当 $q\neq 1$ 时,$\int_{a}^{b}\frac{dx}{(x-a)^q}=\left[\frac{(x-a)^{1-q}}{1-q}\right]_{a}^{b}=\begin{cases}\frac{(b-a)^{1-q}}{1-q}, & q<1\\ +\infty, & q>1\end{cases}$,故命题得证.

习题 5-4

A 组

1. 判断下列反常积分的敛散性,若收敛,则求其值.

(1)$\int_{1}^{+\infty}\frac{dx}{x^4}$;　　(2)$\int_{1}^{+\infty}\frac{dx}{\sqrt{x}}$;

(3)$\int_{0}^{+\infty}e^{-x}dx\ (a>0)$;　　(4)$\int_{0}^{+\infty}\sin x\,dx$;

(5)$\int_{-1}^{1}\frac{dx}{\sqrt{1-x^2}}$;　　(6)$\int_{-\infty}^{+\infty}\frac{dx}{x^2+2x+2}$;

(7)$\int_{1}^{2}\frac{x\,dx}{\sqrt{x-1}}$;　　(8)$\int_{0}^{1}x\ln x\,dx$;

(9)$\int_{1}^{e}\frac{dx}{x\sqrt{1-\ln^2 x}}$;　　(10)$\int_{0}^{2}\frac{dx}{(1-x)^3}$.

2. 当 k 为何值时,反常积分$\int_{2}^{+\infty}\frac{dx}{x(\ln x)^k}$ 收敛?当 k 为何值时,这个反常积分发散?

B 组

1. 计算下列反常积分.

(1)$\int_{0}^{+\infty}\frac{dx}{x^2+4x+8}$;　　(2)$\int_{1}^{+\infty}\frac{\arctan x}{x^2}dx$;

(3) $\int_0^1 \frac{1}{\sqrt{x(1-x)}}\mathrm{d}x$；　　(4) $\int_1^{\mathrm{e}} \frac{\mathrm{d}x}{x\sqrt{\ln x}}$.

2. 判断积分 $\int_2^4 \frac{1}{x^2-4x+3}\mathrm{d}x$ 的敛散性.

第5节 定积分的应用

本节中我们将应用前面学过的定积分理论来分析和解决一些几何、物理中的问题，其目的不仅在于建立计算这些几何、物理量的公式，更重要的还在于介绍运用元素法将一个量表达为定积分.

一、再论曲边梯形面积计算

设 $f(x)$ 在区间 $[a,b]$ 上连续，且 $f(x)\geqslant 0$，求以 $y=f(x)$ 为曲边，底为 $[a,b]$ 的曲边梯形的面积 A. 把这个面积 A 表示为定积分 $A=\int_a^b f(x)\mathrm{d}x$ 的步骤如下.

1. 任意分割

用任意一组分点，$a=x_0<x_1<\cdots<x_{i-1}<x_i<\cdots<x_n=b$. 将区间分成 n 个小区间 $[x_{i-1},x_i]$，其长度为

$$\Delta x_i=x_i-x_{i-1}\quad (i=1,2,\cdots,n)$$

并记 $\lambda=\max\{\Delta x_1,\Delta x_2,\cdots,\Delta x_n\}$，相应地，曲边梯形被划分成 n 个窄曲边梯形，第 i 个窄曲边梯形的面积记为 $\Delta A_i(i=1,2,\cdots,n)$. 于是 $A=\sum_{i=1}^{n}\Delta A_i$.

2. 近似代替

$$\Delta A_i\approx f(\xi_i)\Delta x_i\quad \forall \xi_i\in[x_{i-1},x_i]\quad (i=1,2,\cdots,n)$$

3. 求和

$$A\approx\sum_{i=1}^{n}f(\xi_i)\Delta x_i$$

4. 取极限

$$A=\lim_{\lambda\to 0}\sum_{i=1}^{n}f(\xi_i)\Delta x_i=\int_a^b f(x)\mathrm{d}x.$$

上述做法蕴含如下两个实质性的问题：

(1) 若将 $[a,b]$ 分成部分区间 $[x_{i-1},x_i](i=1,2,\cdots,n)$，则 A 相应地分成部分量 $\Delta A_i(i=1,2,\cdots,n)$，而 $A=\sum_{i=1}^{n}\Delta A_i$.

这表明：所求量 A 对于区间 $[a,b]$ 具有可加性.

(2) 用 $f(\xi_i)\Delta x_i$ 近似 ΔA_i，误差应是 Δx_i 的高阶无穷小. 只有这样，和式 $\sum_{i=1}^{n}f(\xi_i)\Delta x_i$

的极限才是精确值 A. 故,确定

$$\Delta A_i \approx f(\xi_i)\Delta x_i \quad (\Delta A_i - f(\xi_i)\Delta x_i = o(\Delta x_i))$$

是关键. 上述做法可进一步简化为略去下标 i,用 ΔA 表示任一小区间 $[x, x+\mathrm{d}x]$ 上窄曲边梯形的面积. 这样 $A=\sum \Delta A$,ΔA 的近似值可取作 $\Delta A \approx f(x)\mathrm{d}x$,如图 5-5-1 阴影部分的面积. 一般地称 $f(x)\mathrm{d}x$ 为面积元素,记作 $\mathrm{d}A = f(x)\mathrm{d}x$. 于是,

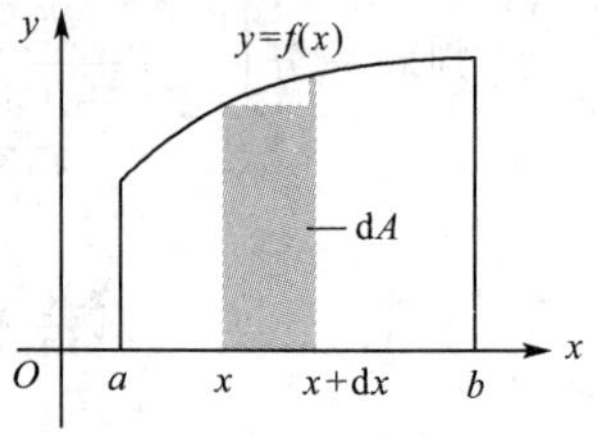

图 5-5-1

$$A \approx \sum f(x)\mathrm{d}x = \sum \mathrm{d}A$$

$$A = \lim \sum f(x)\mathrm{d}x = \int_a^b f(x)\mathrm{d}x.$$

通过对求曲边梯形面积问题的回顾、分析、提炼，我们可以给出用定积分计算某个量的条件与步骤.

二、元素法

1. 能用定积分计算的量 U,应满足下列三个条件

(1)U 与变量 x 的变化区间 $[a,b]$ 有关；

(2)U 对于区间 $[a,b]$ 具有可加性；

(3)U 部分量 ΔU_i 可近似地表示成 $f(x)\Delta x$,即 $\Delta U \approx f(x)\Delta x$.

2. 写出计算 U 的定积分表达式步骤

(1) 根据问题,选取一个变量为积分变量,并确定它的变化区间 $[a,b]$；

(2) 设想将区间 $[a,b]$ 分成若干小区间,取其中的任一小区间 $[x, x+\mathrm{d}x]$,求出它所对应的部分量 ΔU 的近似值

$$\Delta U \approx f(x)\mathrm{d}x \quad (f(x)\text{ 为}[a,b]\text{上一连续函数})$$

则称 $f(x)\mathrm{d}x$ 为量 U 的元素,且记作 $\mathrm{d}U = f(x)\mathrm{d}x$.

(3) 以 U 的元素 $\mathrm{d}U$ 做被积表达式,以 $[a,b]$ 为积分区间,得

$$U = \int_a^b f(x)\mathrm{d}x.$$

这个方法叫作**元素法**,其实质是找出 U 的元素 $\mathrm{d}U$ 的微分表达式

$$\mathrm{d}U = f(x)\mathrm{d}x\,(a \leqslant x \leqslant b).$$

因此,也称此法为**微元法**.

三、平面图形的面积

1. 直角坐标的情形

(1) 由曲线 $y=f(x)(f(x) \geqslant 0)$ 及直线 $x=a$、$x=b(a<b)$ 与 x 轴所围成的曲边梯形,如图 5-5-2 所示.

$A = \int_a^b f(x)\mathrm{d}x$,其中 $f(x)\mathrm{d}x$ 为面积元素.

应用定积分，不但可以计算曲边梯形面积，还可以计算一些比较复杂的平面图形的面积.

(2) 由曲线 $y=f(x)$、$y=g(x)$ $(f(x)>g(x))$ 及直线 $x=a$、$x=b$ $(a<b)$ 所围成的曲边梯形，如图 5-5-3 所示.

$$A=\int_a^b [f(x)-g(x)]\mathrm{d}x.$$

(3) 由曲线 $x=\varphi(y)$、$x=\psi(y)$ $(\psi(y)>\varphi(y))$ 及直线 $y=a$、$y=b$ $(a<b)$ 所围成的曲边梯形，如图 5-5-4 所示.

$$A=\int_a^b [\psi(y)-\varphi(y)]\mathrm{d}y.$$

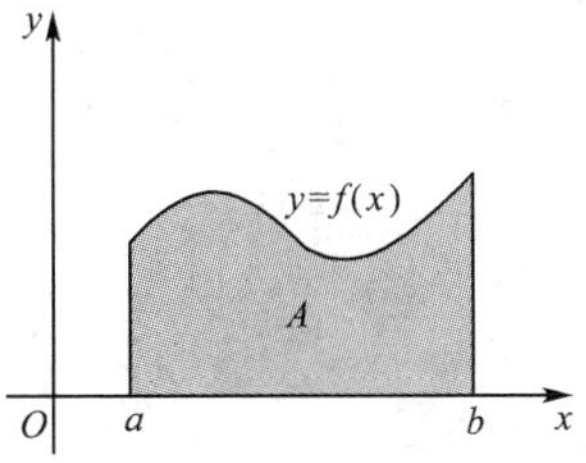

图 5-5-2

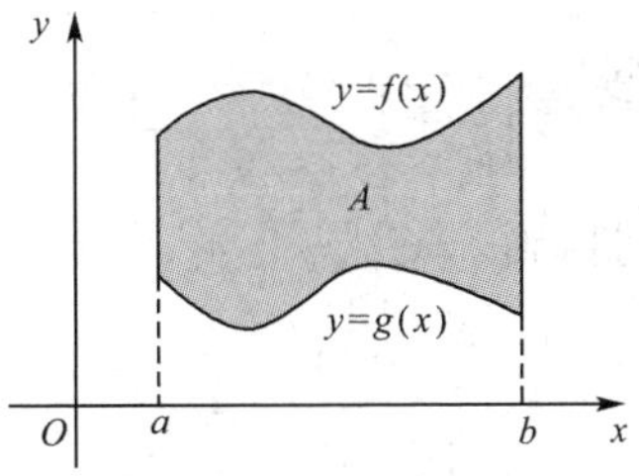

图 5-5-3

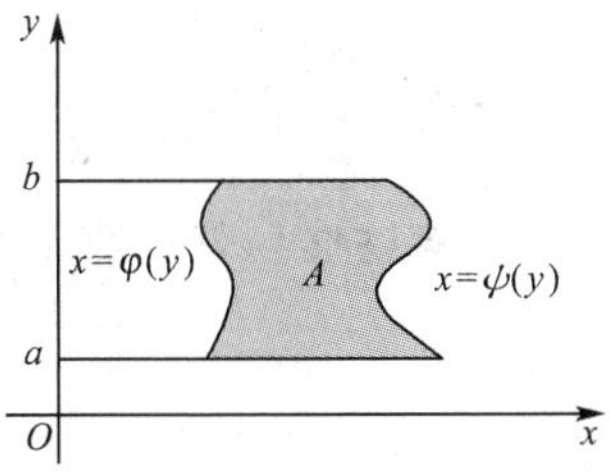

图 5-5-4

例 1 计算抛物线 $y^2=x$ 与直线 $y=x^2$ 所围成的图形面积.

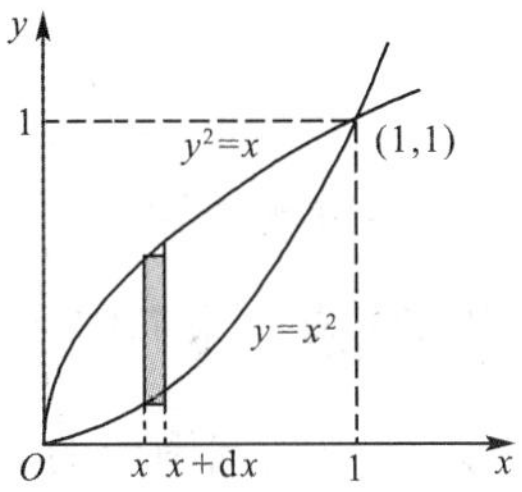

图 5-5-5

解 (1) 先画所围的图形简图，如图 5-5-5 所示.

解方程 $\begin{cases} y^2=x \\ y=x^2 \end{cases}$，得交点 $(0,0)$ 和 $(1,1)$.

(2) 选择积分变量并定区间

选取 x 为积分变量，则 $x\in[0,1]$.

(3) 给出面积元素

$$\mathrm{d}A=(\sqrt{x}-x^2)\mathrm{d}x$$

(4) 列定积分表达式

$$A=\int_0^1(\sqrt{x}-x^2)\mathrm{d}x=\left[\frac{2}{3}x^{\frac{3}{2}}-\frac{x^3}{3}\right]_0^1=\frac{1}{3}.$$

例 2 计算抛物线 $y^2=2x$ 与直线 $y=x-4$ 所围成的图形面积.

解法 1 (1) 先画所围的图形简图，如图 5-5-6 所示.

解方程组 $\begin{cases} y^2=2x \\ y=x-4 \end{cases}$，得交点：$(2,-2)(8,4)$.

(2) 选择积分变量并定区间

选取 x 为积分变量，则 $x\in[0,8]$.

(3) 给出面积元素

在 $0\leqslant x\leqslant 2$ 上，$\mathrm{d}A=[\sqrt{2x}-(-\sqrt{2x})]\mathrm{d}x$ ；

在 $2\leqslant x\leqslant 8$ 上，$\mathrm{d}A=[\sqrt{2x}-(x-4)]\mathrm{d}x=(4+\sqrt{2x}-x)\mathrm{d}x$.

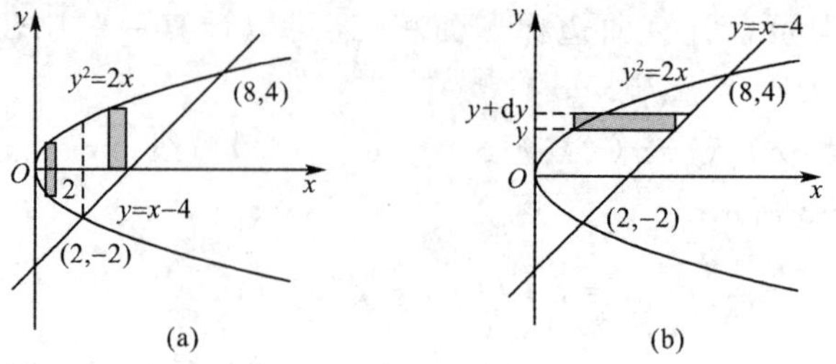

图 5-5-6

(4) 列定积分表达式

$$A=\int_0^2 2\sqrt{2x}\,\mathrm{d}x+\int_2^8(4+\sqrt{2x}-x)\,\mathrm{d}x$$

$$=\frac{4\sqrt{2}}{3}x^{\frac{3}{2}}\Big|_0^2+\left[4x+\frac{2\sqrt{2}}{3}x^{\frac{3}{2}}-\frac{1}{2}x^2\right]_2^8=18.$$

解法 2 若选取 y 为积分变量，则 $y\in[-2,4]$

$$\mathrm{d}A=\left[(y+4)-\frac{1}{2}y^2\right]\mathrm{d}y$$

$$A=\int_{-2}^4\left(y+4-\frac{1}{2}y^2\right)\mathrm{d}y$$

$$=\left[\frac{y^2}{2}+4y-\frac{y^3}{6}\right]_{-2}^4=18.$$

显然，解法 2 较简洁，这表明积分变量的选取有合理性的问题.

例 3 求椭圆 $\frac{x^2}{a^2}+\frac{y^2}{b^2}=1$ 所围成的面积.

解 由椭圆图形的对称性，如图 5-5-7 所示，整个椭圆面积应为位于第一象限内面积的 4 倍. 即

$$A=4A_1=4\int_0^a y\,\mathrm{d}x$$

利用椭圆的参数方程

$$\begin{cases}x=a\cos t\\ y=b\sin t\end{cases}$$

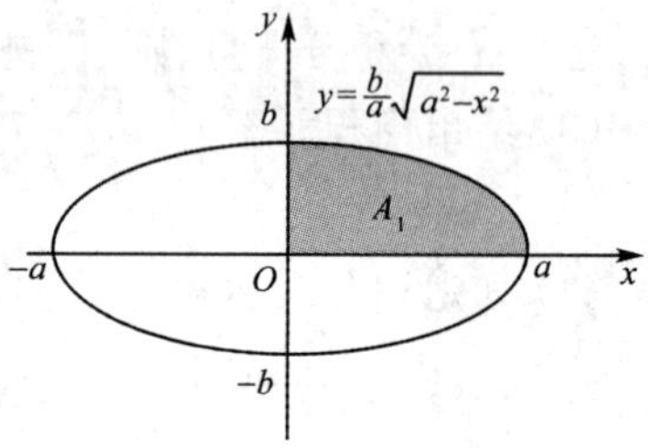

图 5-5-7

应用定积分的换元法，$\mathrm{d}x=-a\sin t\,\mathrm{d}t$，且当 $x=0$ 时，$t=\frac{\pi}{2}$，$x=a$ 时，$t=0$，于是

$$A=4\int_{\frac{\pi}{2}}^0 b\sin t(-a\sin t)\,\mathrm{d}t$$

$$=4ab\int_0^{\frac{\pi}{2}}\sin^2 t\,\mathrm{d}t$$

$$=4ab\cdot\frac{1}{2}\cdot\frac{\pi}{2}$$

$$=\pi ab.$$

2. 极坐标情形

设由连续曲线 $r=r(\theta)\geqslant 0$ 及射线 $\theta=\alpha$，$\theta=\beta$ 所围成的平面图形称为**曲边扇形**，如

图 5-5-8 所示.

取极角 θ 为积分变量，则 $\alpha \leqslant \theta \leqslant \beta$. 相应于任一小区间 $[\theta, \theta + d\theta]$ 的窄曲边扇形的面积可以用半径为 $r = r(\theta)$、中心角为 $d\theta$ 的扇形面积来近似代替，从而得到这窄曲边扇形面积的近似值，即曲边扇形面积元素

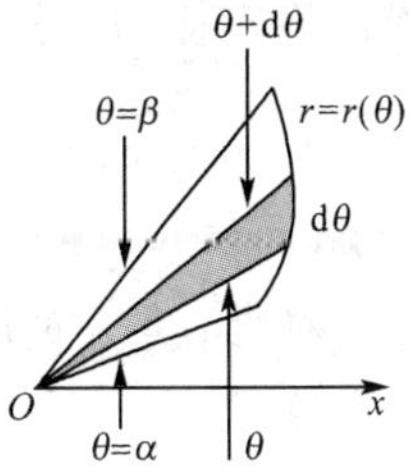

图 5-5-8

$$dA = \frac{1}{2}[r(\theta)]^2 d\theta$$

从而曲边扇形面积为

$$A = \int_{\alpha}^{\beta} \frac{1}{2}[r(\theta)]^2 d\theta.$$

例 4　计算心形线

$$r = a(1 + \cos\theta)(a > 0)$$

所围成的图形面积.

解　由于心形线关于极轴对称，如图 5-5-9 所示，因此所求图形面积 A 是极轴以上部分图形面积 A_1 的 2 倍.

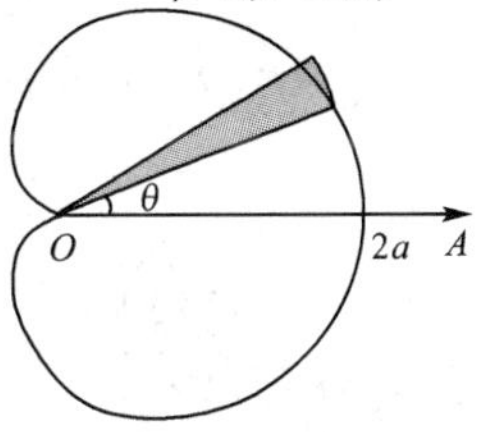

图 5-5-9

选取 θ 为积分变量，则 $\theta \in [0, \pi]$.

$$dA = \frac{1}{2}a^2(1 + \cos\theta)^2 d\theta,$$

于是

$$A_1 = \int_0^{\pi} \frac{1}{2}a^2(1 + \cos\theta)^2 d\theta = \frac{1}{2}a^2\int_0^{\pi}\left(2\cos^2\frac{\theta}{2}\right)^2 d\theta$$

$$= 2a^2\int_0^{\pi}\cos^4\frac{\theta}{2}d\theta \xlongequal{\text{令}\frac{\theta}{2}=t} 4a^2\int_0^{\frac{\pi}{2}}\cos^4 t\,dt$$

$$= 4a^2\,\frac{3}{4}\cdot\frac{1}{2}\cdot\frac{\pi}{2} = \frac{3}{4}\pi a^2.$$

所以 $A = \frac{3}{2}\pi a^2$.

四、体积

1. 旋转体的体积

旋转体是由一个平面图形绕该平面内一条定直线旋转一周而生成的立体，该定直线称为**旋转轴**.

计算由曲线 $y = f(x)$，直线 $x = a$，$x = b$ 及 x 轴所围成的曲边梯形，绕 x 轴旋转一周而生成的立体的体积.

取 x 为积分变量，则 $x \in [a, b]$，对于区间 $[a, b]$ 上的任一区间 $[x, x + dx]$，它所对应的窄曲边梯形绕 x 轴旋转而生成的薄片似的立体的体积近似等于以 $f(x)$ 为底半径，dx 为高的圆柱体体积，如图 5-5-10 所示. 所以体积元素为

$$dV_x = \pi[f(x)]^2 dx$$

所求的旋转体的体积为

$$V_x=\int_a^b \pi[f(x)]^2\mathrm{d}x.$$

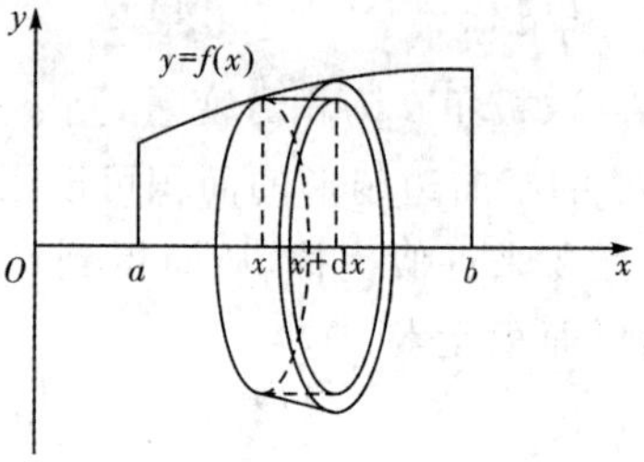

图 5-5-10

若求曲线 $y=f(x)$，直线 $x=a$，$x=b$ 及 x 轴所围成的曲边梯形，绕 y 轴旋转一周而生成的立体体积，则选 x 为积分变量，$x\in[a,b]$，对于区间 $[a,b]$ 上的任一区间 $[x,x+\mathrm{d}x]$，如图 5-5-11 所示，则在 $[x,x+\mathrm{d}x]$ 上的小旋转体体积可以近似等于内表面积为 $2\pi f(x)$、厚为 $\mathrm{d}x$ 的薄柱壳体积，如图 5-5-12 所示，即体积元素为

$$\mathrm{d}V_y=2\pi xf(x)\mathrm{d}x,$$

故所求的旋转体的体积为

$$V_y=2\pi\int_a^b xf(x)\mathrm{d}x.$$

类似地，若平面图形由曲线 $x=g(y)(g(y)>0)$，直线 $y=c$，$y=d(c<d)$ 及 y 轴所围成，则绕 y 轴旋转一周而成的立体，其体积为 $V_y=\pi\int_c^d g^2(y)\mathrm{d}y$，如图 5-5-13 所示；绕 x 轴旋转一周而成的立体，其体积为 $V_x=2\pi\int_c^d yg(y)\mathrm{d}y$.

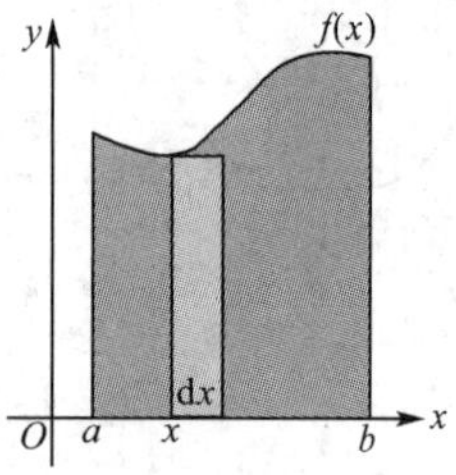

图 5-5-11

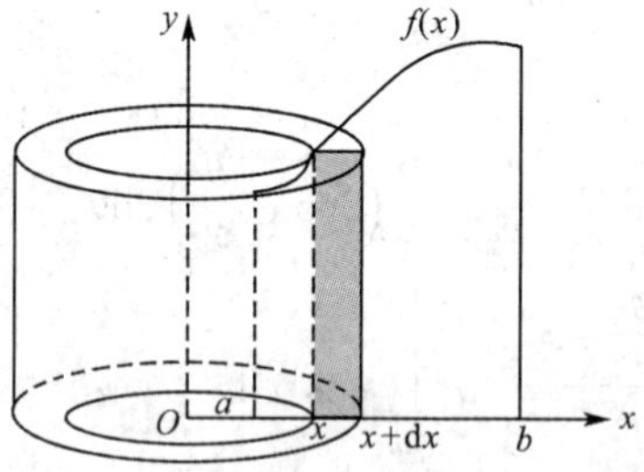

图 5-5-12

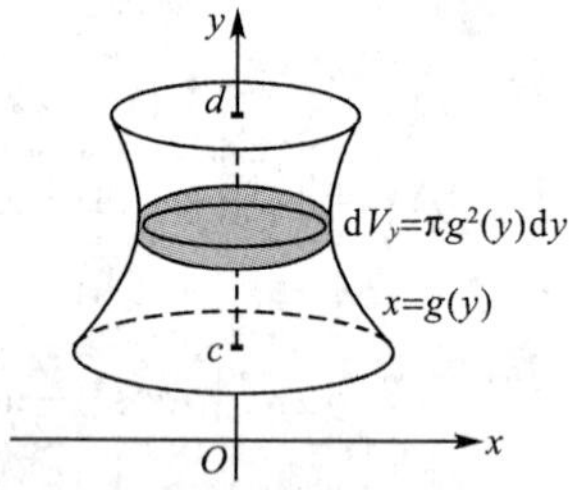

图 5-5-13

例 5 求由直线 $y=\frac{r}{h}x$ 及直线 $x=h(h>0)$ 和 x 轴所围成的三角形，如图 5-5-14 所示，绕 x 轴旋转而生成的立体的体积.

解 取 x 为积分变量，则 $x\in[0,h]$，体积元素

$$\mathrm{d}V_x=\pi\left(\frac{r}{h}x\right)^2\mathrm{d}x,$$

则
$$V_x=\int_0^h \pi\left(\frac{r}{h}x\right)^2\mathrm{d}x=\frac{\pi r^2}{h^2}\left[\frac{x^3}{3}\right]_0^h=\frac{\pi r^2h}{3}.$$

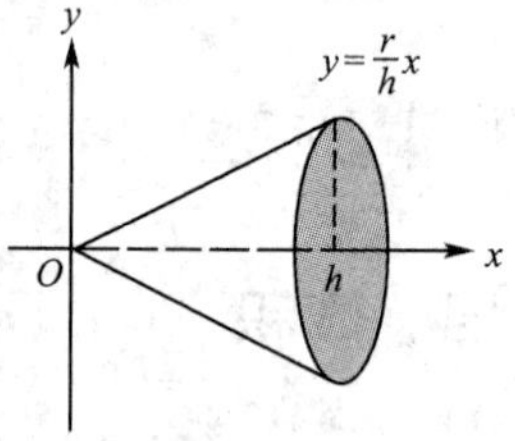

图 5-5-14

例 6 计算椭圆 $\frac{x^2}{a^2}+\frac{y^2}{b^2}=1$ 所围成的图形分别绕 x 轴与 y 轴旋转而成的立体体积.

解 先求椭圆绕 x 轴旋转而得的旋转体体积 V_x. 由椭圆方程 $\frac{x^2}{a^2}+\frac{y^2}{b^2}=1$ 得

$$y=\pm\frac{b}{a}\sqrt{a^2-x^2}.$$

上半椭圆绕 x 轴旋转与下半椭圆绕 x 轴旋转而得的结果相同，故所得旋转体可看作是

由上半个椭圆 $y=\frac{b}{a}\sqrt{a^2-x^2}$ 及 x 轴所围成的图形绕 x 轴旋转而成.

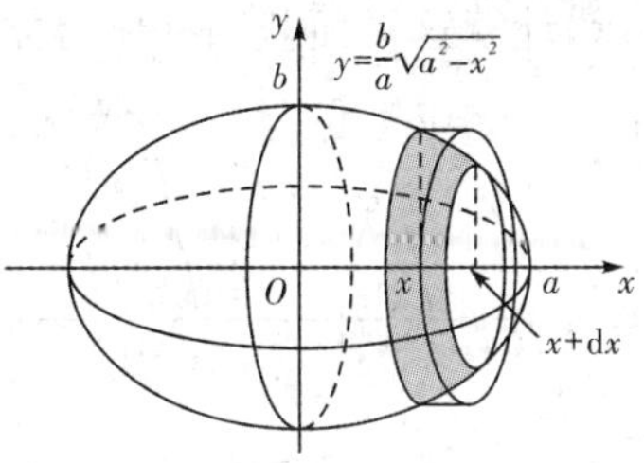

图 5-5-15

取 x 为积分变量，则 $x\in[-a,a]$. 旋转椭球体中相应于$[-a,a]$上任一小区间$[x,x+dx]$的薄片的体积，近似于底半径为$\frac{b}{a}\sqrt{a^2-x^2}$，高为 dx 的扁圆柱体的体积，如图 5-5-15 所示，即体积元素

$$dV_x=\pi\cdot\left(\frac{b}{a}\sqrt{a^2-x^2}\right)^2dx.$$

于是所求旋转椭球体的体积为

$$V_x=\int_{-a}^{a}\pi\frac{b^2}{a^2}(a^2-x^2)dx=\frac{2\pi b^2}{a^2}\int_0^a(a^2-x^2)dx$$
$$=2\pi\frac{b^2}{a^2}\left[a^2x-\frac{x^3}{3}\right]_0^a=\frac{4}{3}\pi ab^2.$$

同理得椭圆绕 y 轴旋转而得的旋转体的体积为

$$V_y=\int_{-b}^{b}\pi\frac{a^2}{b^2}(b^2-y^2)dy=\frac{2\pi a^2}{b^2}\int_0^b(b^2-y^2)dy$$
$$=\frac{2\pi a^2}{b^2}\left[b^2y-\frac{y^3}{3}\right]_0^b=\frac{4}{3}\pi a^2b.$$

特别地，令 $a=b=R$，即得球体的体积公式 $V=\frac{4}{3}\pi R^3$.

例 7　计算 $y=x^3$，$x=2$，$y=0$ 所围图形，如图 5-5-16 所示，分别绕 x 轴与 y 轴旋转所得两个旋转体的体积.

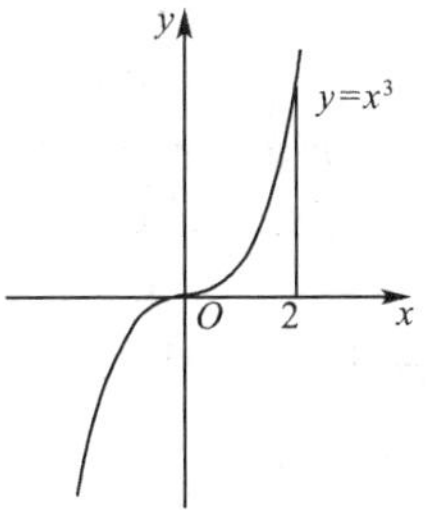

图 5-5-16

解　$V_x=\pi\int_0^2 y^2dx=\pi\int_0^2(x^3)^2dx=\pi\left.\frac{x^7}{7}\right|_0^2=\frac{128}{7}\pi.$

$V_y=2\pi\int_0^2 xy\,dx=2\pi\int_0^2 x\cdot x^3dx=\pi\left.\frac{x^5}{5}\right|_0^2=\frac{32}{5}\pi.$

2. 平行截面面积为已知的立体的体积（截面法）

由旋转体体积的计算过程可以发现：

如果一个立体不是旋转体，但却知道该立体上垂直于一定轴的各个截面的面积，那么这个立体的体积也可以用定积分来计算.

如图 5-5-17 所示，取定轴为 x 轴，且设该立体在过点 $x=a$，$x=b$ 且垂直于 x 轴的两个平面之内，以 $A(x)$ 表示过点 x 且垂直于 x 轴的截面面积.

取 x 为积分变量，它的变化区间为$[a,b]$. 立体中相应于$[a,b]$上任一小区间$[x,x+dx]$的一薄片的体积近似于底面积为 $A(x)$，高为 dx 的扁圆柱体的体积. 即：体积元素为 $dV=A(x)dx$，于是，该立体的体积为

$$V=\int_a^b A(x)dx.$$

例 8　一平面经过半径为 R 的圆柱体的底圆中心，并与底面交成角 α，如图 5-5-18

所示，计算这平面截圆柱所得立体的体积.

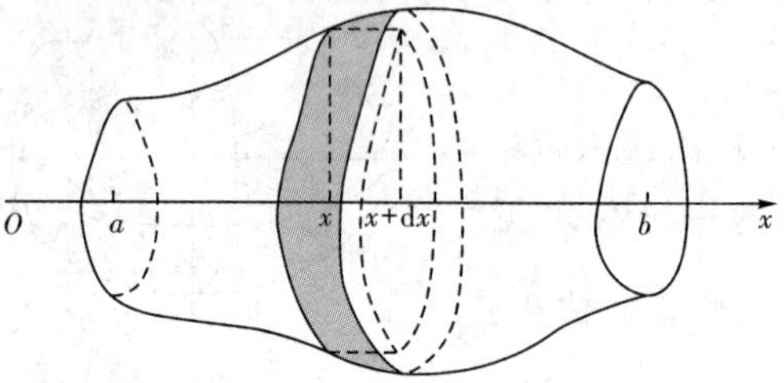

图 5-5-17

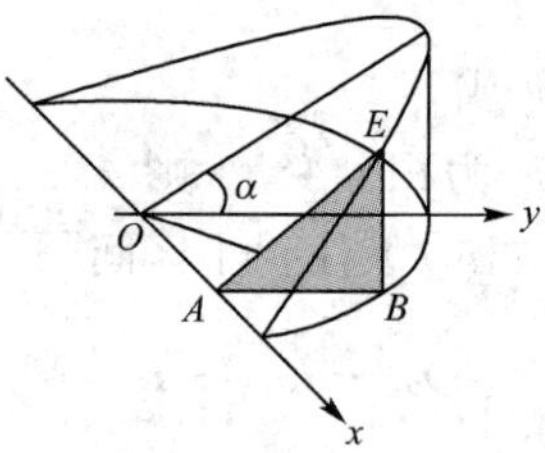

图 5-5-18

解 取这平面与圆柱体的底面的交线为 x 轴，底面上过圆中心、且垂直于 x 轴的直线为 y 轴，那么底圆的方程为 $x^2+y^2=R^2$，立体中过点 x 且垂直于 x 轴的截面是一个直角三角形，两个直角边分别为 $\sqrt{R^2-x^2}$ 及 $\sqrt{R^2-x^2}\tan\alpha$，因而截面积为

$$A(x)=\frac{1}{2}(R^2-x^2)\tan\alpha$$

于是所求的立体体积为

$$V=\int_{-R}^{R}\frac{1}{2}(R^2-x^2)\tan\alpha\,dx=\frac{1}{2}\tan\alpha\left[R^2x-\frac{1}{3}x^3\right]_{-R}^{R}=\frac{2}{3}R^3\tan\alpha$$

五、平面曲线的弧长

我们知道，圆的周长可以利用圆的内接正多边形的周长当边数无限增多时的极限来确定. 现在用类似的方法来建立平面的连续曲线弧长的概念，从而应用定积分来计算弧长.

设 A,B 是曲线弧上的两个端点，在弧 AB 上任取分点 $A=M_0,M_1,M_2,\cdots M_{i-1},M_i,\cdots,M_{n-1},M_n=B$，并依次连接相邻的分点得一内接折线，如图 5-5-19 所示.

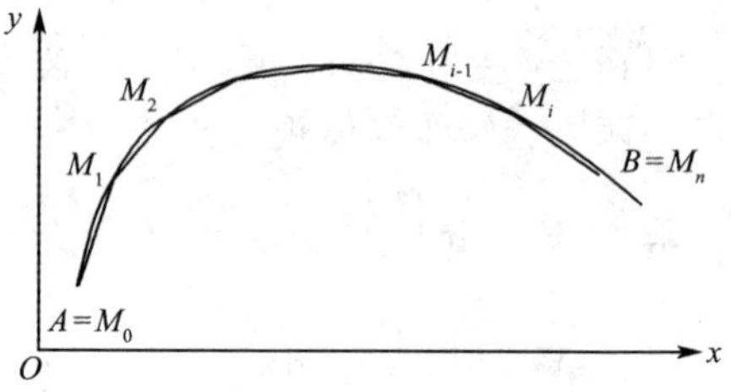

图 5-5-19

当分点的数目无限增加且每个小段 $M_{i-1}M_i$ 都缩向一点时，如果此折线的长 $\sum_{i=1}^{n}|M_{i-1}M_i|$ 的极限存在，则称此极限为曲线弧 AB 的弧长，并称此曲线弧 AB 是可求长的. 对此，有如下结论.

定理 光滑曲线弧是可求长的.

下面就来探讨曲线弧长的计算公式.

1. 直角坐标情形

设曲线弧由直角坐标方程

$$y=f(x)\ (a\leqslant x\leqslant b)$$

给出，其中 $f(x)$ 在区间 $[a,b]$ 上具有一阶连续导数，现在来计算这曲线弧的长度. 取横坐标 x 为积分变量，它的变化区间为 $[a,b]$，曲线 $y=f(x)$ 上相应于 $[a,b]$ 上任一小区间 $[x,x+dx]$ 的一段弧的长度，可以用该曲线在点 $(x,f(x))$ 处的切线上相应的一小段的长度来近似代替，如图 5-5-20 所示，而切线上相应小段的长度为

$$\sqrt{(\mathrm{d}x)^2+(\mathrm{d}y)^2}=\sqrt{1+y'^2}\,\mathrm{d}x$$

从而得弧长元素(弧微分)

$$\mathrm{d}s=\sqrt{1+y'^{?}}\,\mathrm{d}x$$

以$\sqrt{1+y'^2}\,\mathrm{d}x$ 为被积表达式,在闭区间$[a,b]$上做定积分,便得所求的弧长为

$$s=\int_a^b\sqrt{1+y'^2}\,\mathrm{d}x.$$

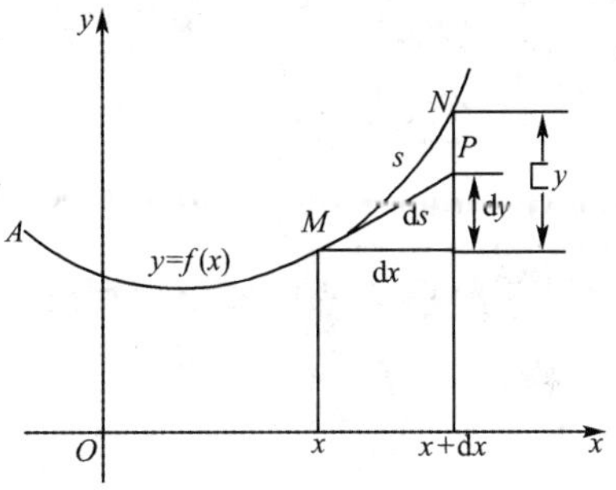

图 5-5-20

在曲率一节中,我们已经知道弧微分的表达式为$\mathrm{d}s=\sqrt{1+y'^2}\,\mathrm{d}x$,这也就是弧长元素.因此弧长为

$$s=\int_a^b\sqrt{1+y'^2}\,\mathrm{d}x.$$

例 9 计算曲线 $y=\frac{2}{3}x^{\frac{3}{2}}$ 上相应于 x 从 a 到 b 的一段弧的长度.

解 $y'=x^{\frac{1}{2}}$,从而弧长元素

$$\mathrm{d}s=\sqrt{1+y'^2}\,\mathrm{d}x=\sqrt{1+x}\,\mathrm{d}x$$

因此,所求弧长为

$$s=\int_a^b\sqrt{1+x}\,\mathrm{d}x=\left[\frac{2}{3}(1+x)^{\frac{3}{2}}\right]_a^b=\frac{2}{3}\left[(1+b)^{\frac{3}{2}}-(1+a)^{\frac{3}{2}}\right].$$

2. 参数方程情形

设曲线弧由参数方程 $x=\varphi(t)$、$y=\psi(t)(\alpha\leqslant t\leqslant\beta)$ 给出,其中 $\varphi(t)$、$\psi(t)$ 在$[\alpha,\beta]$上具有连续导数,因为弧长元素为

$$\mathrm{d}s=\sqrt{\varphi'^2(t)+\psi'^2(t)}\,\mathrm{d}t$$

所求弧长为

$$s=\int_\alpha^\beta\sqrt{\varphi'^2(t)+\psi'^2(t)}\,\mathrm{d}t.$$

例 10 计算摆线 $x=a(\theta-\sin\theta)$,$y=a(1-\cos\theta)$ 一拱$(0\leqslant\theta\leqslant 2\pi)$的长度.

解 弧长元素为

$$\mathrm{d}s=\sqrt{a^2(1-\cos\theta)^2+a^2\sin^2\theta}\,\mathrm{d}\theta=a\sqrt{2(1-\cos\theta)}\,\mathrm{d}\theta=2a\sin\frac{\theta}{2}\mathrm{d}\theta$$

所求弧长为

$$s=\int_0^{2\pi}2a\sin\frac{\theta}{2}\mathrm{d}\theta=2a\left[-2\cos\frac{\theta}{2}\right]_0^{2\pi}=8a.$$

3. 极坐标情形

设曲线弧由极坐标方程

$$\rho=\rho(\theta)(\alpha\leqslant\theta\leqslant\beta)$$

给出,其中 $\rho(\theta)$ 在$[\alpha,\beta]$上具有连续导数,由直角坐标与极坐标的关系可得

$$x=\rho(\theta)\cos\theta,y=\rho(\theta)\sin\theta(\alpha\leqslant\theta\leqslant\beta)$$

于是得弧长元素为

$$ds=\sqrt{x'^2(\theta)+y'^2(\theta)}\,d\theta=\sqrt{\rho^2(\theta)+\rho'^2(\theta)}\,d\theta$$

从而所求弧长为

$$s=\int_\alpha^\beta\sqrt{\rho^2(\theta)+\rho'^2(\theta)}\,d\theta.$$

例 11 求阿基米德螺线 $\rho=a\theta(a>0)$ 相应于 θ 从 0 到 2π 一段的弧长.

解 弧长元素为

$$ds=\sqrt{a^2\theta^2+a^2}\,d\theta=a\sqrt{1+\theta^2}\,d\theta$$

于是所求弧长为

$$s=\int_0^{2\pi}a\sqrt{1+\theta^2}\,d\theta=\frac{a}{2}[2\pi\sqrt{1+4\pi^2}+\ln(2\pi+\sqrt{1+4\pi^2})]$$

*六、定积分在物理学上的应用

1. 变力沿直线所做的功

从物理学知道,如果物体在做直线运动的过程中受到常力 F 作用,并且力 F 的方向与物体运动的方向一致,那么,当物体移动了距离 s 时,力 F 对物体所做的功是 $W=F\cdot s$. 如果物体在运动过程中所受到的力是变化的,那么变力做功又该如何计算呢?

例 12 把一个带电量为 $+q$ 的点电荷放在 r 轴的原点 O 处,它产生一个电场,并对周围的电荷产生作用力,由物理学知道,如果有一个单位正电荷放在这个电场中距离原点 O 为 r 的地方,那么电场对它的作用力的大小为 $F=k\dfrac{q}{r^2}$(k 是常数),如图 5-5-21 所示,当这个单位正电荷在电场中从 $r=a$ 处沿 r 轴移动到 $r=b(a<b)$ 处时,计算电场力 F 对它所做的功.

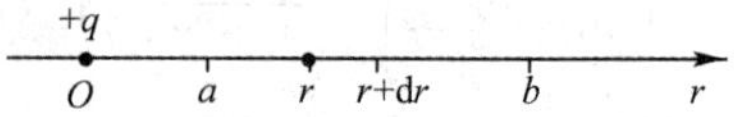

图 5-5-21

解 在上述移动过程中,电场对这个单位正电荷的作用力是不断变化的,取 r 为积分变量,它的变化区间为 $[a,b]$,在 $[a,b]$ 上任取一小区间 $[r,r+dr]$,当单位正电荷从 r 移动到 $r+dr$ 时,电场力对它所做的功近似于 $\dfrac{kq}{r^2}dr$,从而得到功元素为

$$dW=\frac{kq}{r^2}dr$$

于是所求的功为

$$W=\int_a^b\frac{kq}{r^2}dr=kq\left[-\frac{1}{r}\right]_a^b=kq\left(\frac{1}{a}-\frac{1}{b}\right)$$

2. 水压力

物理学知道,深为 h 处液体的压强为 $p=\rho gh$,其中 ρ 是液体的密度,$g=9.8$ N/kg. 设有一面积为 A 的平板,水平地放置在液体中深为 h 处,则平板一侧所受的压力为 $F=pA=\rho ghA$.

如果平板垂直放在液体中,那么由于液体的深度不同,就不能用上面的公式计算平板一侧所受的压力,需要定积分来求解. 下面举例说明.

例 13 某水库的闸门形状为等腰梯形，它的两条底边各长 10 m 和 6 m，高为 20 m，较长的底边与水面相齐，计算闸门的一侧所受的水压力.

解 如图 5-5-22 所示，以闸门的长底边的中点为原点且铅直向下做 x 轴，取 x 为积分变量，它的变化范围为 $[0,20]$. 在 $[0,20]$ 上任取一个小区间 $[x,x+\mathrm{d}x]$，闸门上相应于该小区间的窄条各点处所受到水的压强近似于 $xg(\mathrm{kN/m^2})$，这窄条的长度近似为 $10-\frac{x}{5}$，高度为 $\mathrm{d}x$，因而这一窄条的一侧所受的水压力近似为

$$\mathrm{d}F=gx\left(10-\frac{x}{5}\right)\mathrm{d}x$$

这就是压力元素，于是所求的压力为

$$F=\int_0^{20}gx\left(10-\frac{x}{5}\right)\mathrm{d}x=g\left[5x^2-\frac{x^3}{15}\right]_0^{20}$$

$$=g\left(2000-\frac{1600}{3}\right)\approx 14373(\mathrm{kN}).$$

3. 引力

由万有引力定律知道，质量分别为 m_1,m_2 相距为 r 的两质点间的引力的大小为 $F=G\frac{m_1m_2}{r^2}$，其中 G 为引力系数，引力的方向沿着两质点的连线方向.

如要计算一细棒对一质点的引力，由于细棒上各点与该质点的距离是变化的，并且各点对该质点的引力方向也是变化的，所以就不能用上面公式来计算. 下面举例说明用微元法计算它的方法.

例 14 设有一根长度为 l、线密度为 ρ 的均匀细直棒，在其中垂线上距棒 a 单位处有一质量为 m 的质点 M. 试计算该棒对质点 M 的引力.

解 取坐标系如图 5-5-23 所示，使棒位于 y 轴上，质点 M 位于 x 轴上，棒的中点为原点 O，取 y 为积分变量，它的变化区间为 $\left[-\frac{l}{2},\frac{l}{2}\right]$. 在 $\left[-\frac{l}{2},\frac{l}{2}\right]$ 上任取一小区间 $[y,y+\mathrm{d}y]$，把细直棒上相应于 $[y,y+\mathrm{d}y]$ 的一段近似看成质点，其质量为 $\rho\mathrm{d}y$，与 M 相距 $r=\sqrt{a^2+y^2}$，因此可以按照两质点间的引力计算公式求出这段细直棒对质点 M 的引力 ΔF 的大小为 $\Delta F\approx G\frac{m\rho\mathrm{d}y}{a^2+y^2}$，从而求出 ΔF 在水平方向分力 ΔF_x 的近似值，即细直棒对质点 M 的引力在水平方向分力 F_x 的元素为

$$\mathrm{d}F_x=-G\frac{am\rho\mathrm{d}y}{(a^2+y^2)^{3/2}}$$

于是得到引力在水平方向的分力为

$$F_x=-\int_{-\frac{l}{2}}^{\frac{l}{2}}G\frac{am\rho\mathrm{d}y}{(a^2+y^2)^{3/2}}=-\frac{2Gm\rho l}{a}\cdot\frac{1}{\sqrt{4a^2+l^2}}.$$

上式中的负号表示 F_x 指向 x 轴的负向，又由对称性知，引力在铅直方向分力为 $F_y=0$.

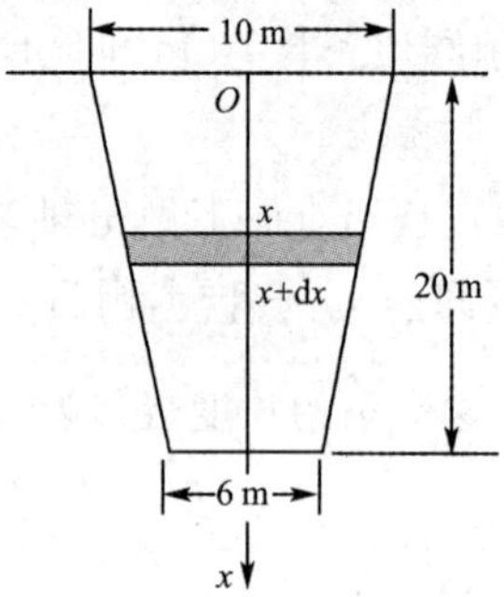

图 5-5-22

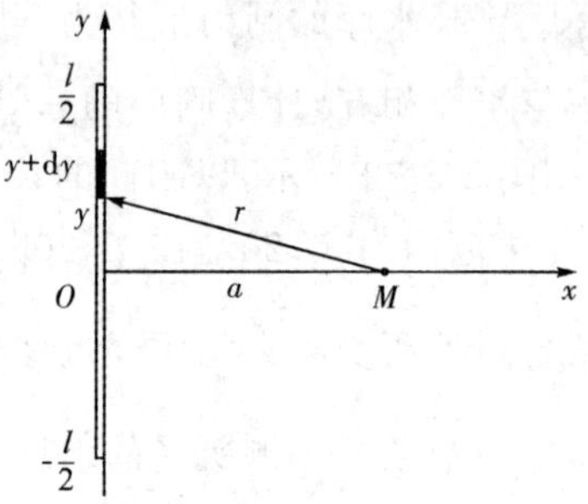

图 5-5-23

习题 5-5

A 组

1. 求由下列曲线所围成的平面图形的面积.

(1) $y=x^2$ 与 $y=2-x^2$;

(2) $y=e^x$ 与 $x=0$ 及 $y=e$;

(3) $y=4-x^2$ 与 $y=0$;

(4) $y=x^2$ 与 $y=x$ 及 $y=2x$;

(5) $y=\dfrac{1}{x}$ 与 $y=x$ 及 $x=2$;

(6) $y^2=x$ 与 $y=x-2$;

(7) $y=e^x$, $y=e^{-x}$ 与 $x=1$;

(8) $y=\sin x\left(0\leqslant x\leqslant\dfrac{\pi}{2}\right)$ 与 $x=0$, $y=1$.

2. 求由下列曲线围成的平面图形绕指定坐标轴旋转而成的旋转体的体积.

(1) $y=\sqrt{x}$, $x=1$, $x=4$, $y=0$, 绕 x 轴;

(2) $y=x^3$, $y=1$, y 轴, 分别绕 x 轴与 y 轴;

(3) $y=x^2$, $x=y^2$, 绕 y 轴;

(4) $(x-5)^2+y^2=1$, 绕 y 轴.

3. 求曲线 $y=\ln\sin x\left(\dfrac{\pi}{6}\leqslant x\leqslant\dfrac{\pi}{2}\right)$ 的弧长.

B 组

1. 求抛物线 $y^2=2px$ 及其在点 $\left(\dfrac{p}{2},p\right)$ 处的法线所围成的平面图形的面积.

2. 求由曲线 $y=x^{\frac{3}{2}}$ 与直线 $x=4$, x 轴所围图形绕 y 轴旋转而成的旋转体的体积.

3. 求曲线 $y=(x-1)(x-2)$ 和 x 轴围成的平面图形绕 y 轴旋转所成的旋转体体积.

4. 设 r 表示曲线 $y=x^2(0\leqslant x<+\infty)$ 在任一点 (x,y) 处的曲率半径, s 表示区间

$[0,x]$ 上对应的曲线弧长，则 $\frac{\mathrm{d}r}{\mathrm{d}s}=($　　$)$.

A. $3x$　　B. $\frac{1}{6x}$　　C. $\frac{1}{3x}$　　D. $6x$

5. 证明曲线 $y=\cos x$ 的一个周期弧长等于椭圆 $2x^2+y^2=2$ 的周长.

6. 某厂生产某产品 Q(百台) 的总成本 $C(Q)$(万元) 的变化率为 $C'(Q)=2$(设固定成本为零)，总收益 $R(Q)$(万元) 的变化率为产量 Q(百台) 的函数 $R'(Q)=7-2Q$. 问：

(1) 生产量为多少时，总利润最大？最大利润为多少？

(2) 在利润最大的基础上又多生产了 50 台，总利润减少了多少？

7*. 半径等于 r 米的半球形水池，其中充满了水，把池中的水完全吸尽，需做功多少？

8*. 半径为 r 的球沉入水中，它与水面相接，球的比重为1，现将球从水中取出，要做多少功？

9*. 薄板形状为一椭圆形，其轴为 $2a$ 和 $2b(a>b)$，此薄板的一半铅直沉入水中，而其短轴与水的表面相齐，计算液体对此薄板每面压力的大小.

10*. 水坝中有一直立的矩形闸门，宽 10 米，深 6 米，闸门的上边平行于水面，试求：

(1) 水面在闸门水顶上 8 米时所受的压力.

(2) 如欲使所受之压力加倍，则水面应升高多少？

第 6 节　定积分知识拓展

一、Γ 函数

Γ 函数在理论和应用上都有重要意义. 它的定义是

$$\Gamma(s)=\int_0^{+\infty} e^{-x}x^{s-1}\mathrm{d}x\ (s>0).$$

$\Gamma(s)=\int_0^{+\infty} e^{-x}x^{s-1}\mathrm{d}x$ 对 $s>0$ 均收敛(读者可自行证明). Γ 函数的图形如图 5-6-1 所示.

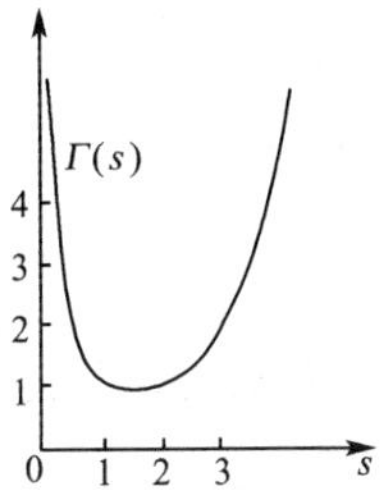

图 5-6-1

Γ 函数的几个重要性质：

1. $\Gamma(s+1)=s\Gamma(s)(s>0)$.

证明　应用分部积分法，有

$$\begin{aligned}\Gamma(s+1)&=\int_0^{+\infty} e^{-x}x^{s}\mathrm{d}x=-\int_0^{+\infty} x^{s}\mathrm{d}(e^{-x})\\&=[-x^s e^{-x}]_0^{+\infty}+s\int_0^{+\infty} e^{-x}x^{s-1}\mathrm{d}x\\&=-\lim_{x\to\infty}\frac{x^s}{e^x}+s\Gamma(s)=0+s\Gamma(s)=s\Gamma(s).\end{aligned}$$

显然，$\Gamma(1)=\int_0^{+\infty} e^{-x}\mathrm{d}x=-e^{-x}\Big|_0^{+\infty}=0-(-1)=1.$

反复运用递推公式，便有

$$\Gamma(2)=1\cdot\Gamma(1)=1,$$
$$\Gamma(3)=2\cdot\Gamma(2)=2!,$$
$$\Gamma(4)=3\cdot\Gamma(3)=3!,$$
$$\cdots\cdots$$

一般地，对任何正整数 n，有 $\Gamma(n+1)=n!$，所以，我们可以把 Γ 函数看成是阶乘的推广.

2. 当 $s\to 0^+$ 时，$\Gamma(s)\to+\infty$.

证明 因为 $\Gamma(s)=\dfrac{\Gamma(s+1)}{s}$，$\Gamma(1)=1$，所以当 $s\to 0^+$ 时，$\Gamma(s)\to+\infty$.

3. $\Gamma(s)\Gamma(1-s)=\dfrac{\pi}{\sin\pi s}(0<s<1)$.

这个公式称为余元公式，在此我们不做证明.

当 $s=\dfrac{1}{2}$ 时，由余元公式可得 $\Gamma\left(\dfrac{1}{2}\right)=\sqrt{\pi}$.

4. 在 $\Gamma(s)=\int_0^{+\infty}e^{-x}x^{s-1}dx$ 中，做代换 $x=u^2$，有

$$\Gamma(s)=2\int_0^{+\infty}e^{-u^2}u^{2s-1}du$$

再令 $2s-1=t$ 或 $s=\dfrac{t+1}{2}$，即有

$$\int_0^{+\infty}e^{-u^2}u^t du=\frac{1}{2}\Gamma\left(\frac{1+t}{2}\right)\quad(t>-1).\tag{6-1}$$

上式左端是实际应用中常见的积分，它的值可以通过上式用 Γ 函数计算出来.

在式(6-1)中，令 $s=\dfrac{1}{2}$，得

$$2\int_0^{+\infty}e^{-u^2}du=\Gamma\left(\frac{1}{2}\right)=\sqrt{\pi}.$$

从而

$$\int_0^{+\infty}e^{-u^2}du=\frac{\sqrt{\pi}}{2}.$$

上式左端的积分是在概率论中常用的积分.

二、典型题选解

例 1 设 $f(x)$ 连续，且 $f(x)=x+2\int_0^1 f(t)dt$，求 $f(x)$.

分析 定积分是一个数值，与积分变量用什么符号表示无关，则可令 $\int_0^1 f(t)dt=I$，且有 $\int_0^1 f(t)dt=\int_0^1 f(x)dx$. 等式两边取与已给定积分 $\int_0^1 f(t)dt$ 相同积分限的积分，就能将定积分 $\int_0^1 f(t)dt=I$ 计算出来，再带入原式，将 $f(x)$ 计算出来.

解 令$\int_0^1 f(t)\mathrm{d}t = I$，则 $f(x) = x + 2I$. 两边取 $[0,1]$ 上的定积分

$$\int_0^1 f(x)\mathrm{d}x = \int_0^1 [x + 2I]\mathrm{d}x = \frac{1}{2} + 2I$$

即 $I = \frac{1}{2} + 2I$，解得 $I = -\frac{1}{2}$，所以 $f(x) = x - 1$.

例 2 设 $f(x)$ 在 $[a,b]$ 上有连续的导数，且 $f(a) = f(b) = 0$，又$\int_a^b f^2(x)\mathrm{d}x = 1$，求$\int_a^b xf(x)f'(x)\mathrm{d}x$.

分析 题中有 $f'(x)$，我们自然想到可凑成 $\mathrm{d}f(x)$. 但被积函数为 $xf(x)$，仍然不能积分. 但$\int_a^b xf(x)\mathrm{d}f(x)$ 可继续凑成$\int_a^b x\,\mathrm{d}\frac{f^2(x)}{2}$ 形式，此时就可用分部积分法求解了.

解 依条件可得

$$\int_a^b xf(x)f'(x)\mathrm{d}x = \frac{1}{2}\int_a^b x\,\mathrm{d}f^2(x)$$

$$= \left[\frac{x}{2}f^2(x)\right]_a^b - \frac{1}{2}\int_a^b f^2(x)\mathrm{d}x = -\frac{1}{2}.$$

例 3 已知 $f(x) = \int_1^{\sqrt{x}} \mathrm{e}^{-t^2}\mathrm{d}t$，求$\int_0^1 \frac{f(x)}{\sqrt{x}}\mathrm{d}x$.

分析 因为 e^{-t^2} 的原函数不能用初等函数表达，所以$\frac{f(x)}{\sqrt{x}}$ 的原函数也不能用初等函数表达，但

$$f'(x) = \frac{\mathrm{e}^{-x}}{2\sqrt{x}}, \int_0^1 \frac{f(x)}{\sqrt{x}}\mathrm{d}x = \int_0^1 f(x)\mathrm{d}(2\sqrt{x}).$$

因此可用分部积分法计算.

解 $\int_0^1 \frac{f(x)}{\sqrt{x}}\mathrm{d}x = \int_0^1 f(x)\mathrm{d}(2\sqrt{x}) = [2\sqrt{x}f(x)]_0^1 - 2\int_0^1 \sqrt{x}f'(x)\mathrm{d}x$

由
$$f(x) = \int_1^{\sqrt{x}} \mathrm{e}^{-t^2}\mathrm{d}t,$$

得
$$f'(x) = \frac{\mathrm{e}^{-x}}{2\sqrt{x}}, f(1) = 0.$$

故
$$\text{原式} = -\int_0^1 \mathrm{e}^{-x}\mathrm{d}x = [\mathrm{e}^{-x}]_0^1 = \frac{1}{\mathrm{e}} - 1.$$

例 4 若 $f(x)$ 在$[0,1]$上连续，证明

$$\int_0^{\pi} xf(\sin x)\mathrm{d}x = \frac{\pi}{2}\int_0^{\pi} f(\sin x)\mathrm{d}x,$$

由此计算

$$\int_0^{\pi} \frac{x\sin x}{1 + \cos^2 x}\mathrm{d}x.$$

分析 要证的等式两边都是 $f(\sin x)$，因此要选取变换后同名的诱导公式，并保证上

下限还会出现 0，π 的换元.

证明 设 $x=\pi-t$，

$$\begin{aligned}\int_0^{\pi} xf(\sin x)\mathrm{d}x &= \int_{\pi}^{0}(\pi-t)f[\sin(\pi-t)]\mathrm{d}(-t)\\ &= \int_0^{\pi}(\pi-t)f(\sin t)\mathrm{d}t\\ &= \pi\int_0^{\pi} f(\sin t)\mathrm{d}t-\int_0^{\pi} tf(\sin t)\mathrm{d}t\\ &= \pi\int_0^{\pi} f(\sin x)\mathrm{d}x-\int_0^{\pi} xf(\sin x)\mathrm{d}x\end{aligned}$$

所以
$$\int_0^{\pi} xf(\sin x)\mathrm{d}x=\frac{\pi}{2}\int_0^{\pi} f(\sin x)\mathrm{d}x$$

利用此公式可得：

$$\begin{aligned}\int_0^{\pi}\frac{x\sin x}{1+\cos^2 x}\mathrm{d}x &= \frac{\pi}{2}\int_0^{\pi}\frac{\sin x}{1+\cos^2 x}\mathrm{d}x\\ &= -\frac{\pi}{2}\int_0^{\pi}\frac{1}{1+\cos^2 x}\mathrm{d}\cos x\\ &= -\frac{\pi}{2}[\arctan(\cos x)]_0^{\pi}\\ &= \frac{\pi^2}{4}.\end{aligned}$$

例 5 设 $f(x)$ 是连续的周期函数，周期为 T，证明：

(1) $\int_a^{a+T} f(x)\mathrm{d}x=\int_0^T f(x)\mathrm{d}x$；

(2) $\int_a^{a+nT} f(x)\mathrm{d}x=n\int_0^T f(x)\mathrm{d}x\ (n\in\mathbf{N})$，由此计算

$$\int_0^{n\pi}\sqrt{1+\sin 2x}\,\mathrm{d}x.$$

分析 (1) 等式表明：被积函数的周期为 T，积分区间长度也恰为一个周期 T，则定积分的值与区间的起点无关. 要证一个函数与变量无关，那么这个函数是常函数，只需证函数的导数为零. (2) 等式表明：被积函数的周期为 T，积分区间长度为 nT，则定积分的值为 n 倍的一个周期区间上的定积分可以利用积分区间的可加性将积分区间拆分为 n 个区间，每个区间长度为 T，再利用等式(1) 得出结论.

证明 (1) 记 $\Phi(a)=\int_a^{a+T} f(x)\mathrm{d}x$，则 $\Phi'(a)=f(a+T)-f(a)=0$，知 $\Phi(a)$ 与 a 无关，因此 $\Phi(a)=\Phi(0)$，即

$$\int_a^{a+T} f(x)\mathrm{d}x=\int_0^T f(x)\mathrm{d}x;$$

(2) $\int_a^{a+nT} f(x)\mathrm{d}x=\sum_{k=0}^{n-1}\int_{a+kT}^{a+kT+T} f(x)\mathrm{d}x$，由(1) 知

$$\int_{a+kT}^{a+kT+T} f(x)\mathrm{d}x=\int_0^T f(x)\mathrm{d}x,$$

因此 $$\int_a^{a+nT} f(x)\mathrm{d}x = n\int_0^T f(x)\mathrm{d}x.$$

$$\begin{aligned}\int_0^{n\pi}\sqrt{1+\sin 2x}\,\mathrm{d}x &= n\int_0^{\pi}\sqrt{1+\sin 2x}\,\mathrm{d}x = n\int_0^{\pi}|\sin x+\cos x|\,\mathrm{d}x\\ &=\sqrt{2}\,n\int_0^{\pi}\left|\sin\left(x+\frac{\pi}{4}\right)\right|\mathrm{d}x=\sqrt{2}\,n\int_{\frac{\pi}{4}}^{\frac{5\pi}{4}}|\sin t|\,\mathrm{d}t\\ &=\sqrt{2}\,n\int_0^{\pi}|\sin t|\,\mathrm{d}t=\sqrt{2}\,n\int_0^{\pi}\sin t\,\mathrm{d}t\\ &=-\sqrt{2}\,n\cos t\Big|_0^{\pi}=2\sqrt{2}\,n.\end{aligned}$$

例 6 设函数 $f(x)=\begin{cases}x\mathrm{e}^{-x^2}, & x\geqslant 0\\ \dfrac{1}{1+\cos x}, & -1<x<0\end{cases}$，计算$\int_1^4 f(x-2)\mathrm{d}x$.

解 设 $x-2=t$，则

$$\begin{aligned}\int_1^4 f(x-2)\mathrm{d}x &= \int_{-1}^2 f(t)\mathrm{d}t=\int_{-1}^0 f(t)\mathrm{d}t+\int_0^2 f(t)\mathrm{d}t\\ &=\int_{-1}^0\frac{1}{1+\cos t}\mathrm{d}t+\int_0^2 t\mathrm{e}^{-t^2}\mathrm{d}t\\ &=\int_1^0\frac{\mathrm{d}t}{1+2\cos^2\dfrac{t}{2}-1}-\frac{1}{2}\int_0^2\mathrm{e}^{-t^2}\mathrm{d}(-t^2)\\ &=\left[\tan\frac{t}{2}\right]_{-1}^0-\left[\frac{1}{2}\mathrm{e}^{-t^2}\right]_0^2\\ &=\tan\frac{1}{2}-\frac{1}{2}\mathrm{e}^{-4}+\frac{1}{2}.\end{aligned}$$

例 7 证明定积分公式

$$\begin{aligned}I_n &= \int_0^{\frac{\pi}{2}}\sin^n x\,\mathrm{d}x\\ &=\begin{cases}\dfrac{n-1}{n}\cdot\dfrac{n-3}{n-2}\cdot\cdots\cdot\dfrac{3}{4}\cdot\dfrac{1}{2}\cdot\dfrac{\pi}{2}, & n\text{ 为正偶数}\\ \dfrac{n-1}{n}\cdot\dfrac{n-3}{n-2}\cdot\cdots\cdot\dfrac{4}{5}\cdot\dfrac{2}{3}, & n\text{ 为大于 1 的正奇数}\end{cases}.\end{aligned}$$

证明 设 $u=\sin^{n-1}x$，$\mathrm{d}v=\sin x\,\mathrm{d}x$.

由分部积分公式可得：

$$\begin{aligned}I_n &= (n-1)\int_0^{\frac{\pi}{2}}\sin^{n-2}x\,\mathrm{d}x-(n-1)\int_0^{\frac{\pi}{2}}\sin^n x\,\mathrm{d}x\\ &=(n-1)I_{n-2}-(n-1)I_n\end{aligned}$$

故 $$I_n=\frac{n-1}{n}I_{n-2}.$$

由此递推公式可得所证明等式：

$$I_n=\int_0^{\frac{\pi}{2}}\sin^n x\,dx=\begin{cases}\dfrac{n-1}{n}\cdot\dfrac{n-3}{n-2}\cdot\cdots\cdot\dfrac{3}{4}\cdot\dfrac{1}{2}\cdot\dfrac{\pi}{2}, & n\text{ 为正偶数}\\ \dfrac{n-1}{n}\cdot\dfrac{n-3}{n-2}\cdot\cdots\cdot\dfrac{4}{5}\cdot\dfrac{2}{3}, & n\text{ 为大于 1 的正奇数}\end{cases}.$$

例如 $\int_0^{\frac{\pi}{2}}\sin^4 x\,dx=\frac{3}{4}\cdot\frac{1}{2}\cdot\frac{\pi}{2}$，$\int_0^{\frac{\pi}{2}}\cos^5 x\,dx=\frac{4}{5}\cdot\frac{2}{3}\cdot 1$.

例 8 求极限 $\lim\limits_{n\to\infty}\left(\frac{1}{n+1}+\frac{1}{n+2}+\cdots+\frac{1}{n+n}\right)$.

分析 由定积分定义 $\int_a^b f(x)dx=\lim\limits_{\lambda\to 0}\sum\limits_{i=1}^{n}f(\xi_i)\Delta x_i$，将和的极限化为积分和式的形式，即要配出 $f(\xi_i)$ 和 Δx_i，一般将积分区间 $[a,b]$ n 等分，则 $\Delta x_i=\frac{b-a}{n}$，ξ_i 可取作 $a+(b-a)\cdot\frac{i}{n}$ 或 $a+(b-a)\cdot\frac{i-1}{n}$.

解 原式 $=\lim\limits_{n\to\infty}\sum\limits_{i=1}^{n}\frac{1}{n+i}=\lim\limits_{n\to\infty}\frac{1}{n}\sum\limits_{i=1}^{n}\frac{1}{1+\frac{i}{n}}$.

现取 $f(x)=\frac{1}{1+x}$，$x\in[0,1]$，$\Delta x_i=\frac{1}{n}$，$f(\xi_i)=\frac{1}{1+\xi_i}$. 其中 $\xi_i=\frac{i}{n}$ 为 $\left[\frac{i-1}{n},\frac{i}{n}\right]$ 的右端点. 于是

$$\text{原式}=\int_0^1\frac{1}{1+x}dx=[\ln(1+x)]_0^1=\ln 2.$$

例 9 设 $f(x)=\begin{cases}\sin x, & x>0\\ x, & x\leqslant 0\end{cases}$，$\Phi(x)=\int_{-1}^{x}f(t)dt$，求出 $\Phi(x)$ 表达式，并计算 $\int_{-\pi}^{\pi}\Phi(x)dx$.

分析 由于被积函数是分段函数，所以根据积分上限，x 不同的取值范围决定 $\Phi(x)$ 的表达式.

解 当 $x\leqslant 0$ 时，$\Phi(x)=\int_{-1}^{x}f(t)dt=\int_{-1}^{x}t\,dt=\frac{x^2}{2}-\frac{1}{2}$.

当 $x>0$ 时，$\int_{-1}^{x}f(t)dt=\int_{-1}^{0}t\,dt+\int_0^x\sin t\,dt=\frac{1}{2}-\cos x$. 故

$$\Phi(x)=\begin{cases}\dfrac{x^2}{2}-\dfrac{1}{2}, & x\leqslant 0\\ \dfrac{1}{2}-\cos x, & x>0\end{cases}$$

于是 $$\int_{-\pi}^{\pi}\Phi(x)dx=\int_{-\pi}^{0}\left(\frac{x^2}{2}-\frac{1}{2}\right)dx+\int_0^{\pi}\left(\frac{1}{2}-\cos x\right)dx=\frac{\pi^3}{6}$$

例 10 求 $\int_0^{+\infty}\min\left(e^{-x},\frac{1}{2}\right)dx$.

分析 先要求出被积函数的表达式，被积函数的临界点是 $e^{-x}=\frac{1}{2}$，即 $x=\ln 2$.

解 $\min\left(e^{-x},\frac{1}{2}\right)=\begin{cases}\frac{1}{2}, & 0\leqslant x\leqslant \ln 2\\ e^{-x}, & \ln 2< x<+\infty\end{cases}$.

$$原式=\int_0^{\ln 2}\frac{1}{2}dx+\int_{\ln 2}^{+\infty}e^{-x}dx=\frac{\ln 2}{2}-[e^{-x}]_{\ln 2}^{+\infty}=\frac{1}{2}(\ln 2+1).$$

例 11 判断积分$\int_0^2\frac{1}{x^2-4x+3}dx$ 的敛散性.

解 由于$\frac{1}{x^2-4x+3}=\frac{1}{2}\left(\frac{1}{x-3}-\frac{1}{x-1}\right)$，可见 $x=1$ 是函数的无穷间断点，且 $x=1$ 是积分区间内的一点，于是

$$原式=\int_0^1\frac{1}{x^2-4x+3}dx+\int_1^2\frac{1}{x^2-4x+3}dx,$$

其中
$$\int_0^1\frac{1}{x^2-4x+3}dx=\frac{1}{2}\int_0^1\left(\frac{1}{x-3}-\frac{1}{x-1}\right)dx$$
$$=\frac{1}{2}[\ln|x-3|-\ln|x-1|]_0^1=-\infty$$

故原积分发散.

注意：此题若不经判断，误认为是正常积分，并计算得原式$=-\frac{\ln 3}{2}$，则是错误的.

例 12 求抛物线 $y=-x^2+4x-3$ 及其在点$(0,-3)$和$(3,0)$处的切线所围成的图形的面积.

解 两条切线方程分别为 $y+3=4x$ 和 $y=-2x+6$，如图 5-6-2 所示.

$$S=\int_0^{\frac{3}{2}}[(4x-3)-(-x^2+4x-3)]dx+$$
$$\int_{\frac{3}{2}}^3[(-2x+6)-(-x^2+4x-3]dx=\frac{9}{4}.$$

例 13 计算摆线的一拱

$$\begin{cases}x=a(t-\sin t)\\ y=a(1-\cos t)\end{cases}\quad(0\leqslant t\leqslant 2\pi)$$

以及 $y=0$ 所围成的平面图形，如图 5-6-3 所示. 分别绕 x 轴、y 轴旋转而生成的立体的体积.

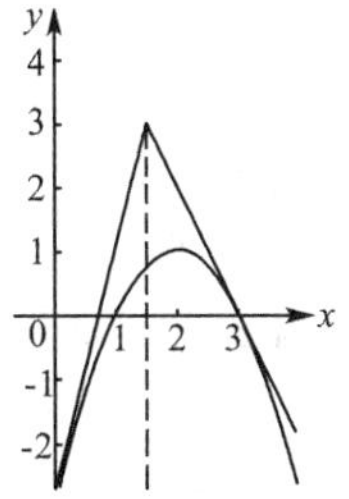

图 5-6-2

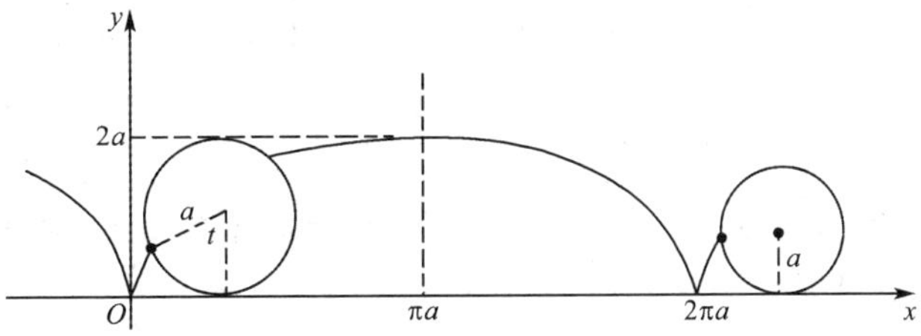

图 5-6-3

解 $V_x=\int_0^{2\pi a}\pi y^2dx=\pi\int_0^{2\pi}a^2(1-\cos t)^2\cdot a(1-\cos t)dt$

$$=\pi a^3\int_0^{2\pi}(1-3\cos t+3\cos^2 t-\cos^3 t)dt$$

$$=5\pi^2a^3.$$

$$V_y=2\pi\int_0^{2\pi a}xy\,\mathrm{d}x=2\pi\int_0^{2\pi}a(t-\sin t)a(1-\cos t)a(1-\cos t)\,\mathrm{d}t$$

$$=2\pi a^3\left[\int_0^{2\pi}t(1-\cos t)^2\,\mathrm{d}t-\int_0^{2\pi}\sin t(1-\cos t)^2\,\mathrm{d}t\right]$$

$$=2\pi a^3\left[4\int_0^{2\pi}t\sin^4\frac{t}{2}\mathrm{d}t-\int_{-\pi}^{\pi}\sin t(1-\cos t)^2\,\mathrm{d}t\right]$$

$$\overset{\frac{t}{2}=u}{=\!=\!=\!=}\ 2\pi a^3\cdot 4\int_0^{\pi}2u\sin^4\cdot 2\cdot \mathrm{d}u-0$$

$$=32\pi a^3\int_0^{\pi}u\sin^4u\,\mathrm{d}u=32\pi a^3\cdot\frac{\pi}{2}\int_0^{\pi}\sin^4u\,\mathrm{d}u$$

$$=32\pi a^3\cdot\frac{\pi}{2}\cdot 2\int_0^{\frac{\pi}{2}}\sin^4u\,\mathrm{d}u$$

$$=32\pi a^3\cdot\pi\cdot\frac{3}{4}\cdot\frac{1}{2}\cdot\frac{\pi}{2}=6\pi^3a^3.$$

例 14 摆线 $x=a(t-\sin t)$，$y=a(1-\cos t)$ 的一拱$(0\leqslant t\leqslant 2\pi)$，$y=0$ 所围平面图形绕 $y=2a$ 旋转一周所成立体的体积.

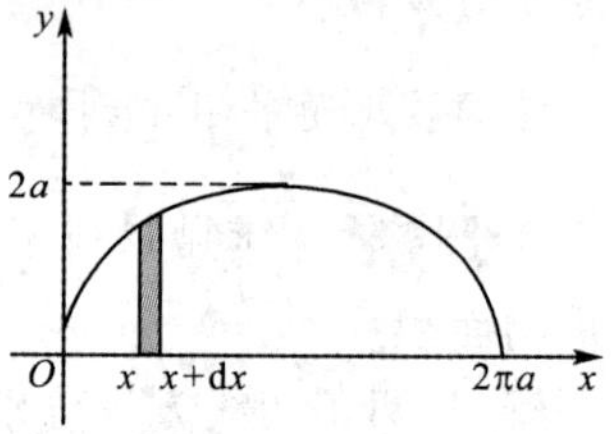

图 5-6-4

解 考虑平面图形在$[x,x+\mathrm{d}x]$上的部分，如图 5-6-4 所示. 阴影部分绕线 $y=2a$ 旋转一周所得微量元素为：

$$\mathrm{d}V=[\pi(2a)^2-\pi(2a-y)^2]\mathrm{d}x$$

$$=\pi(4ay-y^2)\mathrm{d}x$$

所以

$$V=\int_0^{2\pi a}\pi(4ay-y^2)\mathrm{d}x\ \overset{x=a(t-\sin t)}{=\!=\!=\!=\!=\!=}$$

$$=\pi\int_0^{2\pi}[4a^2(1-\cos t)-a^2(1-\cos t)^2]a(1-\cos t)\,\mathrm{d}t$$

$$=4a^3\pi\int_0^{2\pi}(1-\cos t)^2\,\mathrm{d}t-a^3\int_0^{2\pi}(1-\cos t)^3\,\mathrm{d}t$$

$$=16a^3\pi\int_0^{2\pi}\sin^4\frac{t}{2}\mathrm{d}t-8a^3\int_0^{2\pi}\sin^6\frac{t}{2}\mathrm{d}t$$

$$\overset{\frac{t}{2}=u}{=\!=\!=\!=}\ 32a^3\pi\int_0^{\pi}\sin^4u\,\mathrm{d}u-16a^3\int_0^{\pi}\sin^6u\,\mathrm{d}u$$

$$=64a^3\pi\cdot\frac{3}{4}\cdot\frac{1}{2}\cdot\frac{\pi}{2}-32a^3\pi\cdot\frac{5}{6}\cdot\frac{3}{4}\cdot\frac{1}{2}\cdot\frac{\pi}{2}=7\pi^2a^3.$$

注意：我们给出了绕 x，y 轴的旋转体的体积公式，若旋转轴不是 x 轴或 y 轴，应利用微元法进行计算.

例 15 在摆线 $x=a(t-\sin t)$，$y=a(1-\cos t)$，$(0\leqslant t\leqslant 2\pi)$ 上求分摆线第一拱成 1∶3 的点的坐标.

解 $t\in[0,\alpha]$ 上所对应弧长

$$s(\alpha)=\int_0^{\alpha}\sqrt{\left(\frac{\mathrm{d}x}{\mathrm{d}t}\right)^2+\left(\frac{\mathrm{d}y}{\mathrm{d}t}\right)^2}\,\mathrm{d}t=\int_0^{\alpha}\sqrt{a^2(1-\cos t)^2+a^2\sin^2t}\,\mathrm{d}t$$

$$=\sqrt{2}a\int_0^\alpha\sqrt{1-\cos t}\,dt=2a\int_0^\alpha\sin\frac{t}{2}dt=4a\left(1-\cos\frac{\alpha}{2}\right)$$

所以

$$s(2\pi)=4a\left(1-\cos\frac{\alpha}{2}\right)\Big|_{\alpha=2\pi}$$

因为 $s(\alpha):s(2\pi)=1:4$

所以 $\dfrac{4a\left(1-\cos\frac{\alpha}{2}\right)}{8a}=\dfrac{1}{4}$，即 $\cos\dfrac{\alpha}{2}=\dfrac{1}{2}$，解得 $\alpha=\dfrac{2\pi}{3}$. 故，所求坐标为：

$$x_0=a(t-\sin t)\Big|_{t=\frac{2}{3}\pi}=\left(\frac{2}{3}\pi-\frac{\sqrt{3}}{2}\right)a,\ y_0=a(1-\cos t)\Big|_{t=\frac{2}{3}\pi}=\frac{3}{2}a.$$

三、应用举例

例 16 计算纯电阻电路中正弦交流电 $i=I_m\sin\omega t$ 在一个周期上的功率的平均值(简称平均功率).

解 设电阻为 R，则电路中的电压为 $u=iR=I_mR\sin\omega t$，功率

$$p=ui=I_m^2R\sin^2\omega t,$$

一个周期区间 $\left[0,\dfrac{2\pi}{\omega}\right]$，平均功率

$$\overline{p}=\frac{1}{\frac{2\pi}{\omega}}\int_0^{\frac{2\pi}{\omega}}I_m^2R\sin^2\omega t\,dt=\frac{I_m^2R}{2\pi}\int_0^{\frac{2\pi}{\omega}}\sin^2\omega t\,d(\omega t)$$

$$=\frac{I_m^2R}{4\pi}\int_0^{\frac{2\pi}{\omega}}(1-\cos 2\omega t)\,d(\omega t)=\frac{I_m^2R}{4\pi}\left[\omega t-\frac{\sin 2\omega t}{2}\right]_0^{\frac{2\pi}{\omega}}$$

$$=\frac{I_m^2R}{4\pi}\cdot 2\pi=\frac{I_m^2R}{2}=\frac{I_mU_m}{2}.\ (U_m=I_mR).$$

注意：纯电阻电路中正弦交流电的平均功率等于电流、电压的峰值的乘积的二分之一.

例 17 工程师们预计一个新开发的天然气新井在开采后的第 t 年的产量为：$P(t)=84900te^{-t}$ 立方米，试估计该新井的总产量.

解 天然气新井在开采过程中，天然气产量随着时间变化是不断变化的. 取 t 为积分变量，$t\in[0,b]$，在 $[0,b]$ 时间内天然气新井的总量元素

$$dP=84900te^{-t}dt,$$

于是所求的总量为

$$P=\int_0^b P(t)dt=\int_0^b 84900te^{-t}dt=84900\int_0^b te^{-t}dt$$

$$=84900\left[(-te^{-t})\Big|_0^b-\int_0^b e^{-t}d(-t)\right]$$

$$=84900\left[(-te^{-t})\Big|_0^b-e^{-t}\Big|_0^b\right]$$

$$=84900[1+(b-1)e^{-b}].$$

当经过无限开采后，如果令 $b\to+\infty$，利用极限知识得所求的新井的总产量为：

$$P=\lim_{b\to+\infty}84900[1+(b-1)e^{-b}]=84900.$$

例 18 一酒杯的容器内壁是由曲线绕 y 轴旋转而成，若把满杯的饮料吸入杯口上方 2 cm 的嘴中，问要做多少功？（饮料的比重为 μ，其单位为：N/cm³）

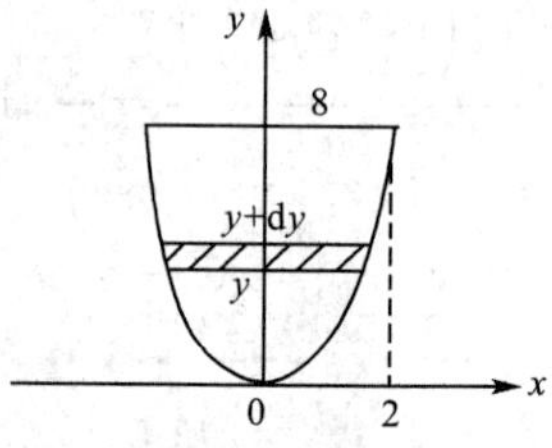

图 5-6-5

解 如图 5-6-5 所示，$dW=\mu\times\pi x^2 dy\cdot(10-y)$. 所以

$$W=\int_0^8\mu\times\pi(\sqrt[3]{y})(10-y)dy$$

$$=\mu\times\pi\cdot\left[10\cdot\frac{3}{5}y^{\frac{5}{3}}-\frac{3}{8}y^{\frac{8}{3}}\right]_0^8$$

$$=\mu\times\pi\times96(\text{N}\cdot\text{cm})\approx301.44\mu(\text{N}\cdot\text{cm}).$$

例 19 环保局近日受托对一起放射性碘物质泄漏事件进行调查，检测结果显示，出事当日，大气辐射水平是可接受的最大限度的四倍，于是环保局下令当地居民立即撤离这一地区，已知碘物质放射源的辐射水平是按下式衰减的：$R(t)=R_0e^{-0.004t}$，其中 R 是 t 时刻的辐射水平（单位：mR/h），R_0 是初始（$t=0$）辐射水平，t 按小时计算，

(1) 该地降低到可接受的辐射水平需要多长时间？

(2) 假设可接受的辐射水平的最大限度为 0.6 mR/h，那么降低到这一水平时已经泄漏出去的放射物的总量是多少？（mR：毫伦琴）

解 (1) 设该地降低到可接受辐射水平需要 t_1 小时，此时辐射水平为 $\frac{1}{4}R_0$，于是有

$$R(t_1)=R_0e^{-0.004t_1}=\frac{1}{4}R_0$$

解得 $t_1=500\ln2\approx346.6(h)$，即需要约 346.6 h.

(2) 若可接受辐射水平的最大限度为 0.6 mR/h，则 $R_0=2.4$，放射源从 $t=0$ 到 $t=500\ln2$ 这段时间泄漏出去的放射物总量 W 为

$$W=\int_0^{500\ln2}2.4e^{-0.004t}dt=\int_0^{500\ln2}2.4e^{-0.004t}\cdot\left(-\frac{1}{0.004}\right)d(-0.004t)$$

$$=-600\int_0^{500\ln2}e^{-0.004t}d(-0.004t)=-600e^{-0.004t}\Big|_0^{500\ln2}=450(\text{mR}).$$

总习题 5

A 组

一、填空题

1. $\int_{-1}^0\sin x\,dx+\int_0^1\sin x\,dx=$________.

2. $\frac{d}{dx}\int_a^{x^2}\ln(1+\cos t)dt=$________.

3. $\int_{-\frac{\pi}{3}}^{\frac{\pi}{3}} x^2 \tan x \, dx =$ ________.

4. 反常积分 $\int_0^1 \frac{dx}{\sqrt[3]{x^2}} =$ ________.

5. 反常积分 $\int_1^{+\infty} \frac{dx}{x^3} =$ ________.

6. 抛物线 $y^2 = x$ 与 $y = x - a$ 所围图形的面积为 $\frac{9}{2}$，则 $a =$ ________.

7. 圆 $\rho = 2a\sin\theta$ 在 $0 \leqslant \theta \leqslant \frac{\pi}{2}$ 之间的面积积分为________.

8. 曲线 $y = \int_0^x \sqrt{t} \, dt$ 在 $0 \leqslant x \leqslant 1$ 上弧长定积分表达式________，值为________.

二、选择题

1. $\int_{-1}^{1} (x + x^2\sqrt{4 - x^2}) dx =$ (　　).

A. 6　　B. 7　　C. 8　　D. 9

2. 已知 $y = \int_0^{\sin x} \sqrt{1 + t^2} \, dt$，则 $y' =$ (　　).

A. $\cos x \sqrt{1 + \sin^2 x}$　　B. $\sin x \sqrt{1 + \sin^2 x}$

C. $\cos x \sqrt{1 + \cos^2 x}$　　D. $\sin x \sqrt{1 + \cos^2 x}$

3. $\int_{-1}^{3} x|x| \, dx =$ (　　).

A. 2　　B. $\frac{26}{3}$　　C. 0　　D. $\frac{7}{3}$

4. 两个定积分 $I_1 = \int_1^e \ln x \, dx$ 与 $I_2 = \int_1^e \ln^2 x \, dx$ 的大小关系为(　　).

A. $I_1 < I_2$　　B. $I_1 > I_2$　　C. $I_1 = I_2$　　D. 无法确定

5. 反常积分 $\int_1^{+\infty} \frac{dx}{1 + x^2} =$ (　　).

A. $-\frac{\pi}{2}$　　B. $\frac{\pi}{2}$　　C. $-\frac{\pi}{4}$　　D. $\frac{\pi}{4}$

6. 曲线 $y = \frac{1}{2}x^2$ 与直线 $y = 2x - 2$，$y = 0$ 所围成的封闭图形的面积等于(　　).

A. $\frac{2}{3}$　　B. $\frac{1}{3}$　　C. 1　　D. $\frac{1}{2}$

7. 由正弦曲线 $y = \sin x$ 与直线 $y = 0$，$x = 0$ 及 $x = a(a > 0)$ 所围图形的面积为 3，则参数 $a =$ (　　).

A. $\frac{2\pi}{3}$　　B. π　　C. $\frac{3\pi}{2}$　　D. $\frac{\pi}{2}$

8. 曲线 $y = x^2$，$y = x$ 所围成的封闭图形绕 x 轴旋转所成旋转体体积为(　　).

A. $\frac{\pi}{5}$　　B. $\frac{2\pi}{5}$　　C. $\frac{\pi}{15}$　　D. $\frac{2\pi}{15}$

9. 圆 $\rho=2a\cos\theta$ 被直线 $\theta=\dfrac{\pi}{3}$ 分成两部分，则较大部分的面积积分表达为(　　).

A. $2\int_{\frac{\pi}{3}}^{\frac{\pi}{2}} a^2\cos^2\theta\,d\theta$　　B. $\dfrac{1}{2}\int_{\frac{\pi}{3}}^{\frac{\pi}{2}} a^2\cos^2\theta\,d\theta$

C. $2\int_{-\frac{\pi}{2}}^{\frac{\pi}{3}} a^2\cos^2\theta\,d\theta$　　D. $\dfrac{1}{2}\int_{-\frac{\pi}{2}}^{\frac{\pi}{3}} a^2\cos^2\theta\,d\theta$

10. 曲线 $y=\int_0^x \sqrt{\cos t}\,dt$ 在 $0\leqslant x\leqslant\pi$ 上弧长定积分表达式为(　　).

A. $\int_0^{\pi}\sqrt{1+\cos x}\,dx$　　B. $\int_0^{\pi}\sqrt{1+\sqrt{\cos x}}\,dx$

C. $\int_0^{\pi}\sqrt{\cos x}\,dx$　　D. $2\int_0^{\pi}\sqrt{1+\sin x}\,dx$

三、计算题

1. $\int_1^{\sqrt{3}}\dfrac{1}{\sqrt{9-x^2}}dx$.　　2. $\int_0^{\frac{\pi}{2}} x\sin 2x\,dx$.

3. $\lim\limits_{x\to 0}\dfrac{\int_0^{x^2} e^{t^2}dt}{(\sin 2x)^2}$.　　4. $\int_1^3 |2-x|\,dx$.

5. $\int_0^{e}\dfrac{dx}{x(\ln x)^2}$.　　6. $\int_0^{+\infty}\dfrac{1}{e^{3x}}dx$.

四、应用题

1. 求由曲线 $y=\sin x$，$y=\cos x$ 与直线 $x=\dfrac{\pi}{2}$，$x=\pi$ 所围成的图形的面积.

2. 求由曲线 $y=3-x^2$ 及直线 $y=2x$，$x=0$ 所围成的第一象限的图形分别绕 x 轴、y 轴旋转一周所得旋转体的体积.

3. 求曲线 $y=\dfrac{2}{3}\sqrt[3]{x-1}$，在 $x\in(1,4)$ 区间上对应的曲线长度.

B 组

一、填空题

1. 反常积分 $\int_1^{+\infty}\dfrac{dx}{e^x}=$________.

2. $\int_{-\pi}^{\pi}(\sin^3 x+\sqrt{\pi^2-x^2})dx=$________.

3. $\dfrac{d}{dx}\left[\int_0^{\cos 3x} f(t)\,dt\right]=$________.

4. 设 $\int_0^a x e^{2x}dx=\dfrac{1}{4}$，则 $a=$________.

5. 由曲线 $y=|\ln x|$ 与直线 $x=\dfrac{1}{e}$，$x=e$ 及 $y=0$ 围成的平面区域的面积为________.

6. 由曲线 $y=\sqrt{x}$，$x=1$，$x=4$，$y=0$ 所围成的图形，绕 x 轴旋转一周所得旋转体的体积为________，绕 y 轴旋转一周所得旋转体的体积为________.

7. 过点(0,1)做曲线 $L:y=\ln x$ 的切线，切点为 A，又 L 与 x 轴交于 B 点，区域 D 由 L 与直线 AB 围成，则区域 D 的面积为________.

8. 曲线 $\rho=a\mathrm{e}^{\theta}$，$-\pi\leqslant\theta\leqslant\pi$ 与射线 $\theta=\pi$ 所围成的图形的面积是________.

9. 曲线 $y=\ln\cos x\left(0\leqslant x\leqslant\frac{\pi}{6}\right)$ 的弧长为________.

二、选择题

1. 如图 5-7-1 所示，连续函数 $y=f(x)$ 在区间$[-3,-2]$，$[2,3]$上的图形分别是直径为 1 的上、下半圆周，在区间$[-2,0]$，$[0,2]$上的图形分别是直径为 2 的下、上半圆周，设 $F(x)=\int_0^x f(t)\mathrm{d}t$，则下列结论正确的是(　　).

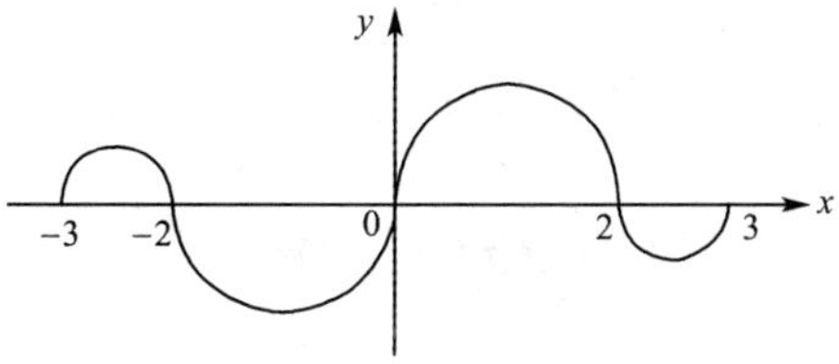

图 5-7-1

A. $F(3)=-\frac{3}{4}F(-2)$　　B. $F(3)=\frac{5}{4}F(2)$

C. $F(-3)=\frac{3}{4}f(2)$　　D. $F(-3)=-\frac{5}{4}F(-2)$

2. 曲线 $y=\sqrt{2x}$，则过曲线上(2,2)点的切线与曲线 $y=\sqrt{2x}$ 及直线 $y=0$ 所围成的平面图形的面积为(　　).

A. $\frac{1}{3}$　　B. $\frac{2}{3}$　　C. 1　　D. $\frac{4}{3}$

3. 有一立体，以长半轴 $a=10$，短半轴 $b=5$ 的椭圆为底，而垂直于长轴的截面是等边三角形，则其体积为(　　).

A. $1000\sqrt{3}$　　B. $10000\sqrt{3}$　　C. $\frac{1000\sqrt{3}}{3}$　　D. $\frac{10000\sqrt{3}}{3}$

4. 设 r 表示曲线 $y=x^2(0\leqslant x<+\infty)$ 在任一点(x,y)处的曲率半径，s 表示区间$[0,x]$上对应的曲线弧长，则$\frac{\mathrm{d}s}{\mathrm{d}r}=$(　　).

A. $3x$　　B. $\frac{1}{6x}$　　C. $\frac{1}{3x}$　　D. $6x$

5. 甲、乙两人赛跑，计时开始时，甲在乙前方 10(单位：m) 处. 如图 5-7-2 所示，图中实线表示甲的速度曲线 $v=v_1(t)$(单位：m/s)，虚线表示乙的速度曲线 $v=v_2(t)$，三块阴影部分的面积的数值依次为 10，20，3. 计时开始后乙追上甲的时刻记为 t_0(单位：s)，则(　　).

A. $t_0=10$　　B. $15<t_0<20$

C. $t_0=25$　　D. $t_0>25$

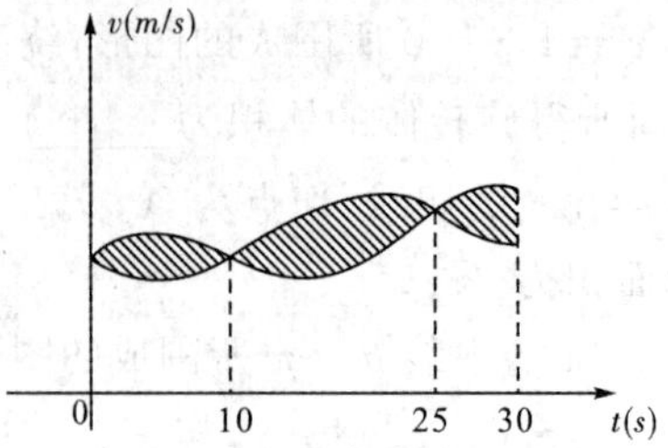

图 5-7-2

6. 设 $M=\int_{-\frac{\pi}{2}}^{\frac{\pi}{2}}\frac{\sin x}{1+x^2}\cos^4 x\,dx$，$N=\int_{-\frac{\pi}{2}}^{\frac{\pi}{2}}(\sin^3 x+\cos^4 x)\,dx$，$P=\int_{-\frac{\pi}{2}}^{\frac{\pi}{2}}(x^2\sin^3 x-\cos^4 x)\,dx$，则有(　　).

A. $N<P<M$　　B. $M<P<N$　　C. $N<M<P$　　D. $P<M<N$

三、计算题

1. 求 $\frac{d}{dx}\int_0^{x^2}(x^2-t)f(t)\,dt$，其中 $f(t)$ 为已知的连续函数.

2. 设 $f(x)=\begin{cases}1+x^2, & x\leqslant 0\\ e^{-x}, & x>0\end{cases}$，求 $\int_1^3 f(x-2)\,dx$.

3. 设 $f(x)$ 有一个原函数 $\frac{\sin x}{x}$，求 $\int_{\frac{\pi}{2}}^{\pi}xf'(x)\,dx$.

4. 计算定积分 $\int_0^{\pi}\cos^2 x\sin^4 x\,dx$.

5. 计算 $I_n=\int_0^{+\infty}x^n e^{-x}\,dx$.

四、应用题

1. 考虑函数 $y=\sin x$，如图 5-7-3 所示，问：

(1) $t\left(0\leqslant t\leqslant\frac{\pi}{2}\right)$ 取何值时，阴影部分的面积之和最小？

(2) $t\left(0\leqslant t\leqslant\frac{\pi}{2}\right)$ 取何值时，阴影部分的面积之和最大？

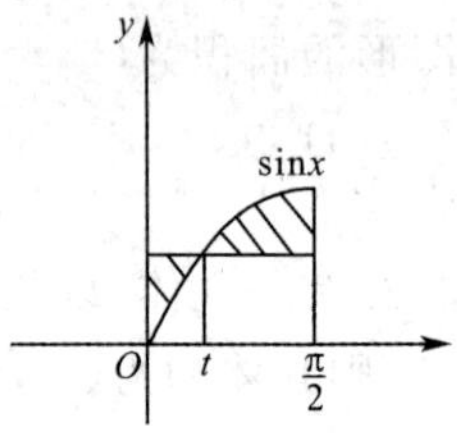

图 5-7-3

2. 设直线 $y=ax$ 与抛物线 $y=x^2$ 所围成的图形面积为 S_1，它们与直线 $x=1$ 所围的图形面积为 S_2.

(1) 确定 a 的值，使 S_1+S_2 达到最小，并求最小值；

(2) 求该最小值所对应的平面图形绕 x 轴旋转一周所得旋转体体积.

3. 设曲线 L 的方程为 $y=\frac{1}{4}x^2-\frac{1}{2}\ln x\ (1\leqslant x\leqslant e)$，求 L 的弧长.

五、证明题

证明：$\int_a^1\frac{1}{1+x^2}dx=\int_1^{\frac{1}{a}}\frac{1}{1+x^2}dx\ (a>0)$.

第6章

微分方程与差分方程

微分方程的研究是数学的一部分，也许比其他学科更多地直接受到力学、天文学以及数学物理的推动. 微分方程起源于17世纪，当时牛顿、莱布尼兹和伯努利解决了一些来自几何与力学的问题的简单微分方程. 开始于1690年的这些早期发现，逐渐引起了大量求解某些特殊微分方程“特殊技巧”的发展. 虽然这些特殊技巧只适用于相对较少的几种情况，但它们能解决许多力学和几何中的微分方程，因此，它们的研究具有重要的现实意义.

微分方程的概念、解法和相关理论很多，比如，方程和方程组的种类及解法、解的存在性和唯一性、奇解、定性理论等. 求通解在历史上曾作为研究微分方程的主要目标，不过能求出通解的情况不多，大部分微分方程只能得到近似解. 本章仅介绍一些简单的微分方程的解法以及它们在实际中的部分应用.

在经济管理等实际问题中，大多数数据是以等时间间隔进行处理的，如银行中的定期存款按所设定的时间等间隔计息，国家财政预算按年制定等. 因此，本章后一节介绍与此相关的差分方程的知识.

第1节 微分方程的基本概念

一、引例

例1 一条曲线通过点(1,2)，且在该曲线上任一点$M(x,y)$处的切线的斜率为$2x$，求这条曲线的方程.

解 设所求曲线方程为$y=y(x)$. 由导数的几何意义可知函数$y=y(x)$满足

$$\frac{\mathrm{d}y}{\mathrm{d}x}=2x \tag{1-1}$$

同时还满足条件：$x=1$时，$y=2$ (1-2)

对式(1-1)两端积分，得

$$y=\int 2x\,\mathrm{d}x \text{ 即 } y=x^2+C \tag{1-3}$$

其中C是任意常数.

把式(1-2)代入式(1-3)，得 $C=1$，由此解出 C 并代入式(1-3)，得到所求曲线方程：

$$y=x^2+1. \tag{1-4}$$

例 2 列车在平直线路上以 20 m/s 的速度行驶；当制动时列车获得加速度 $-0.4\ \mathrm{m/s^2}$. 问开始制动后多少时间列车才能停住，以及列车在这段时间里行驶了多少路程？

解 设列车开始制动后 t 秒时行驶了 s 米. 根据题意，反映制动阶段列车运动规律的函数 $s=s(t)$ 满足：

$$\frac{\mathrm{d}^2 s}{\mathrm{d}t^2}=-0.4 \tag{1-5}$$

此外，还满足条件：$t=0$ 时，

$$s=0, v=\frac{\mathrm{d}s}{\mathrm{d}t}=20 \tag{1-6}$$

式(1-5)两端积分一次得：

$$v=\frac{\mathrm{d}s}{\mathrm{d}t}=-0.4t+C_1 \tag{1-7}$$

再积分一次得

$$s=-0.2t^2+C_1t+C_2 \tag{1-8}$$

其中 C_1, C_2 都是任意常数.

把条件"$t=0$ 时 $v=20$"和"$t=0$ 时 $s=0$"分别代入式(1-7)和式(1-8)，得

$$C_1=20, C_2=0$$

把 C_1, C_2 的值代入式(1-7)及式(1-8)得

$$v=-0.4t+20 \tag{1-9}$$

$$s=-0.2t^2+20t \tag{1-10}$$

在式(1-9)中令 $v=0$，得到列车从开始制动到完全停止所需的时间：

$$t=\frac{20}{0.4}=50(\mathrm{s}).$$

再把 $t=5$ 代入式(1-10)，得到列车在制动阶段行驶的路程

$$s=-0.2\times 50^2+20\times 50=500(\mathrm{m}).$$

上述两个例子中的关系式(1-1)和(1-5)都是含有未知函数的导数，它们都是微分方程.

二、基本概念

1. 一般地，凡表示未知函数、未知函数的导数与自变量之间的关系的方程，叫作**微分方程**. 未知函数是一元函数的方程叫作**常微分方程**；未知函数是多元函数的方程，叫作**偏微分方程**. 本章只讨论常微分方程.

2. 微分方程中所出现的未知函数的最高阶导数的**阶数**，叫作微分方程的阶.

例如，方程(1-1)是一阶微分方程；方程(1-5)是二阶微分方程. 又如，方程

$$y^{(4)}-4y'''+10y''-12y'+5y=\sin 2x$$

是四阶微分方程.

一般地，n 阶微分方程的形式是

$$F(x,y,y',\cdots,y^{(n)})=0, \tag{1-11}$$

其中F是个$n+2$变量的函数. 这里必须指出，在方程(1-11)中，$y^{(n)}$是必须出现的，而$x,y,y',\cdots,y^{(n-1)}$等变量则可以不出现. 例如n阶微分方程$y^{(n)}+1=0$中，除$y^{(n)}$外，其他变量都没有出现.

如果能从方程(1-11)中解出最高阶导数，得微分方程

$$y^{(n)}=f(x,y,y',\cdots,y^{(n-1)}). \tag{1-12}$$

以后我们讨论的微分方程都是已解出最高阶导数的方程或能解出最高阶导数的方程，且式(1-12)右端的函数f在所讨论的范围内连续.

3. 把函数代入微分方程能使该方程成为恒等式，这个函数就叫作该微分方程的解. 确切地说，设函数$y=\varphi(x)$在区间I上有n阶连续导数，如果在区间I上，

$$F[x,\varphi(x),\varphi'(x),\cdots,\varphi^{(n)}(x)]\equiv 0,$$

那么函数$y=\varphi(x)$就叫作微分方程(1-11)在区间I上的解.

例如，函数(1-3)和(1-4)都是微分方程(1-1)的解；函数(1-8)和(1-10)都是微分方程(1-5)的解.

4. 如果微分方程的解中含有任意常数，且任意常数的个数与微分方程的阶数相同，这样的解叫作微分方程的通解. 例如，函数(1-3)是方程(1-1)的解，它含有一个任意常数，而方程(1-1)是一阶的，所以函数(1-3)是方程(1-1)的通解. 又如，函数(1-8)是方程的解，它含有两个任意常数，而方程(1-5)是二阶的，所以函数(1-8)是方程(5)的通解.

由于通解中含有任意常数，所以它还不能完全确定地反映某一客观事物的规律性，必须确定这些常数的值. 为此，要根据问题的实际情况提出确定这些常数的条件. 例如，例1中的条件(1-2)，例2中的条件(1-6)，便是这样的条件. 设微分方程中的未知函数为$y=y(x)$，如果微分方程是一阶的，通常用来确定任意常数的条件是$x=x_0$时，$y=y_0$，或写成$y|_{x=x_0}=y_0$. 其中x_0,y_0都是给定的值；如果微分方程是二阶的，通常用来确定任意常数的条件是：$x=x_0$时，$y=y_0$，$y'=y'_0$或写成

$$y|_{x=x_0}=y_0,y'|_{x=x_0}=y'_0$$

其中x_0,y_0和y'_0都是给定的值.

5. 确定任意常数的条件叫作初始条件.

6. 确定了通解中的任意常数以后，就得到了微分方程的特解. 例如式(1-4)是方程(1-1)满足条件(1-2)的特解；式(1-10)是方程(1-5)满足条件(1-6)的特解.

7. 求微分方程$y'=f(x,y)$满足初始条件$y|_{x=x_0}=y_0$的特解这样一个问题，叫作一阶微分方程的初值问题，记作

$$\begin{cases}y'=f(x,y)\\ y|_{x=x_0}=y_0\end{cases}. \tag{1-13}$$

微分方程的解的图形是一条曲线，叫作微分方程的积分曲线. 初值问题(1-13)的几何意义是求微分方程的通过点(x_0,y_0)的那条积分曲线. 二阶微分方程的初值问题

$$\begin{cases}y''=f(x,y,y'),\\ y|_{x=x_0}=y_0,y'|_{x=x_0}=y'_0\end{cases}$$

的几何意义是求微分方程的通过点(x_0,y_0)且在该点处的切线斜率为y'_0的那条积分曲线.

三、例题

例 3 验证：函数

$$x = C_1 \cos kt + C_2 \sin kt \tag{1-14}$$

是微分方程

$$\frac{d^2 x}{dt^2} + k^2 x = 0 \tag{1-15}$$

的解.

解 求出所给函数(1-14)的导数

$$\frac{dx}{dt} = -kC_1 \sin kt + kC_2 \cos kt, \tag{1-16}$$

$$\frac{d^2 x}{dt^2} = -k^2 C_1 \cos kt - k^2 C_2 \sin kt = -k^2 (C_1 \cos kt + C_2 \sin kt)$$

把$\frac{d^2 x}{dt^2}$及 x 的表达式代入方程(1-15)得

$$-k^2 (C_1 \cos kt + C_2 \sin kt) + k^2 (C_1 \cos kt + C_2 \sin kt) \equiv 0$$

函数(1-14)及其导数代入方程(1-15)后成为一个恒等式，因此函数(1-14)是微分方程(1-15)的解.

例 4 已知函数(1-14)当 $k \neq 0$ 时是微分方程(1-15)的通解，求满足初值条件

$$x\Big|_{t=0} = A, \frac{dx}{dt}\Big|_{t=0} = 0$$

的特解.

解 将条件"$t=0$ 时，$x=A$"代入式(1-14)得 $C_1 = A$. 将条件"$t=0$ 时，$\frac{dx}{dt}=0$"代入式(1-16)得 $C_2 = 0$.

把 C_1, C_2 的值代入式(1-14)，就得所求的特解 $x = A\cos kt$.

习题 6-1

A 组

1. 指出下列微分方程的阶数.

(1) $(y')^3 + 2(y')^2 y + 2xy' = 0$；　　(2) $(y')^2 + 2(y'')^3 y + xy^4 = 0$；

(3) $xyy'' + x(y')^3 - y^4 y' = 0$；　　(4) $3x^3 dx + 3y^2 dy = 0$；

(5) $\frac{dy}{dx} = x^2 + y$；　　(6) $x\left(\frac{dy}{dx}\right)^2 - 2\frac{dy}{dx} + 4x = 0$；

(7) $x\frac{d^2 y}{dx^2} - 2\left(\frac{dy}{dx}\right)^3 + 5xy = 0$；　　(8) $\cos(y'') + \ln y = x + 1$.

2. 方程$\frac{d^3 y}{dx^3} + 2\frac{d^2 y}{dx^2} + \frac{dy}{dx} + y = 1$的通解中包含(　　)个相互独立的常数.

3. 验证 $y=\frac{C}{x}+3$ 为方程 $xy'+y=3$ 的通解.

4. 已知曲线过点(1,2)，且在该曲线上任意点(x,y)处的切线斜率为 $3x^2$，求此曲线方程.

B 组

1. 验证函数 $y=(x^2+C)\sin x$（C 为任意常数）是方程$\frac{\mathrm{d}y}{\mathrm{d}x}-y\cot x-2x\sin x=0$的通解，并求满足初始条件 $y\Big|_{x=\frac{\pi}{2}}=0$ 的特解.

2. 写出由下列条件确定的曲线所满足的微分方程.

(1) 曲线在点 $P(x,y)$ 处的法线与 x 轴的交点为Q，且线段 PQ 被 y 轴平分；

(2) 曲线在点$M(x,y)$处的切线与x 轴、y 轴的交点分别为P、Q，且线段PM被点Q平分，且曲线过点(3,1).

3. 设一物体的温度为 100℃，将其放置在空气温度为 20℃ 的环境中冷却. 根据冷却定律：物体温度的变化率与物体和当时空气温度之差成正比，设物体的温度 T 与时间t的函数关系为 $T=T(t)$，试建立函数 $T(t)$ 满足的微分方程.

4. 设一质量为 m 的物体只受重力的作用由静止开始自由垂直降落. 根据牛顿第二定律：物体所受的力 F 等于物体的质量m与物体运动的加速度α成正比，即 $F=m\alpha$，若取物体降落的铅垂线为x轴，其正向朝下，物体下落的起点为原点，并设开始下落的时间是$t=0$，物体下落的距离 x 与时间 t 的函数关系为 $x=x(t)$，试建立函数 $x(t)$ 满足的微分方程.

5. 如果设某商品在时刻 t 的售价为 P，社会对该商品的需求量和供给量分别是 P 的函数$D(P)$，$S(P)$，则在时刻t的价格$P(t)$对于时间t的变化率可认为与该商品在同时刻的超额需求量 $D(P)-S(P)$ 成正比，试建立函数 $P(t)$ 满足的微分方程.

第 2 节　可分离变量的微分方程

本节至第 4 节，将讨论一阶微分方程

$$y'=f(x,y) \tag{2-1}$$

的一些解法.

一阶微分方程可以写成如下形式：

一般方程：$F(x,y,y')=0$；

正规方程：$y'=f(x,y)$；

对称方程：$P(x,y)\mathrm{d}x+Q(x,y)\mathrm{d}y=0$.

在对称方程中，变量 x 与 y 是对称的. 若把 x 看作自变量，y 看作未知函数，则当 $Q(x,y)\neq 0$ 时，有$\frac{\mathrm{d}y}{\mathrm{d}x}=-\frac{P(x,y)}{Q(x,y)}$，若把 y 看作自变量，x 看作未知函数，则当 $P(x,y)\neq 0$ 时，

有$\frac{dx}{dy}=-\frac{P(x,y)}{Q(x,y)}$.

解一阶微分方程,通常会得到下列形式的解:

$y=y(x)$—— 显式解;

$y(x,y)=0$—— 隐式解;

$\begin{cases}x=\varphi(t)\\y=\psi(t)\end{cases}$—— 参数解.

一、可分离变量的微分方程

如果一个一阶微分方程能写成

$$g(y)dy=f(x)dx \text{ 或 } y'=\varphi(x)\varphi(y) \tag{2-2}$$

的形式,就是说,能把微分方程写成一端只含 y 的函数和 dy,另一端只含 x 的函数和 dx,那么原方程就称为可分离变量的微分方程.

例如:讨论下列方程中哪些是可分离变量的微分方程?

(1)$y'=2xy$ 是可分离变量的微分方程.因为方程可写成 $y^{-1}dy=2x\,dx$.

(2)$(x^2+y^2)dx-xydy=0$ 不是可分离变量的微分方程.

(3)$y'=1+x+y^2+xy^2$ 是可分离变量的微分方程,因为方程可写成$\frac{dy}{1+y^2}=(1+x)dx$.

二、可分离变量的微分方程的解法

第一步　分离变量,将方程写成 $g(y)dy=f(x)dx$ 的形式;

第二步　两端积分,$\int g(y)dy=\int f(x)dx$,设积分后得 $G(y)=F(x)+C$;

第三步　求出由 $G(y)=F(x)+C$ 所确定的隐函数 $y=\Phi(x)$ 或 $x=\psi(y)$.

$G(y)=F(x)+C$,$y=\Phi(x)$ 或 $x=\psi(y)$ 都是方程的通解,其中 $G(y)=F(x)+C$ 称为隐式(通)解.

例 1　求微分方程$\frac{dy}{dx}=2xy$ 的通解.

解　此方程为可分离变量方程,分离变量后得

$$\frac{1}{y}dy=2x\,dx,$$

两边积分得

$$\int\frac{1}{y}dy=\int 2x\,dx,$$

即

$$\ln|y|=x^2+C_1,$$

从而

$$y=\pm e^{x^2+C_1}=\pm e^{C_1}e^{x^2}.$$

因为$\pm e^{C_1}$是任意非零常数，又$y=0$也是方程的解，故所给方程的通解$y=Ce^{x^2}$，其中C为任意常数.

三、数学建模的步骤

我们可以按如下步骤来解决实际问题.

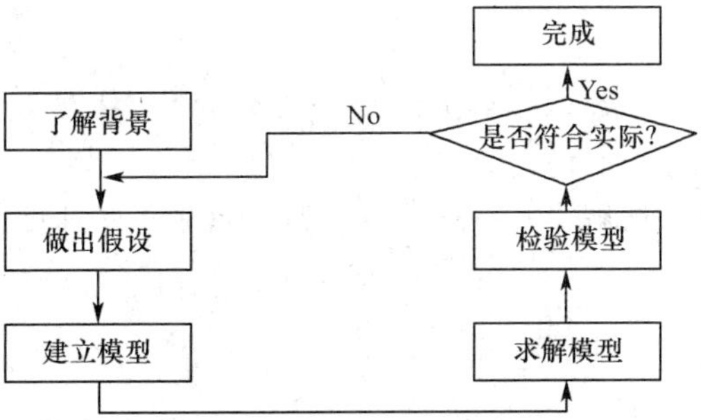

例 2　铀的衰变速度与当时未衰变的原子的含量M成正比. 已知$t=0$时铀的含量为M_0，求在衰变过程中铀含量$M(t)$随时间t变化的规律.

解　(1) 了解背景：铀的衰变速度就是$M(t)$对时间t的导数$\frac{dM}{dt}$，铀的衰变速度与其含量成正比.

(2) 做出假设，简化问题：假设存储条件稳定等.

(3) 建立模型：$\frac{dM}{dt}=-\lambda M$，初始条件为$M|_{t=0}=M_0$，其中$\lambda(\lambda>0)$是常数，λ前的符号表示当t增加时M单调减少，即$\frac{dM}{dt}<0$.

(4) 求解模型：将方程分离变量得$\frac{dM}{M}=-\lambda dt$. 两边积分得

$$\int\frac{dM}{M}=\int(-\lambda)dt,$$

即$\ln M=-\lambda t+\ln C$，也即$M=Ce^{-\lambda t}$，由初始条件得$M_0=Ce^0=C$，所以铀含量$M(t)$随时间t变化的规律$M=M_0e^{-\lambda t}$.

(5) 检验模型：铀含量随时间的增加而按指数规律衰减，符合实际.

例 3　设降落伞从跳伞塔下落后，所受空气阻力与速度成正比，并设降落伞离开跳伞塔时速度为零. 求降落伞下落速度与时间的函数关系

解　(1) 了解背景：力学问题，由牛顿运动定律$F=ma$求解.

(2) 做出假设，简化问题：忽略风力等次要因素.

(3) 建立模型：设降落伞下落速度为$v(t)$，降落伞所受外力为$F=mg=kv$(k为比例系

数). 根据牛顿第二运动定律 $F=ma$, 得函数 $v(t)$ 应满足的方程为 $m=\frac{\mathrm{d}v}{\mathrm{d}t}=mg-kv$, 初始条件为 $v|_{t=0}=0$.

(4) 求解模型: 方程分离变量, 得 $\frac{\mathrm{d}v}{mg-kv}=\frac{\mathrm{d}t}{m}$, 两边积分得

$$\int\frac{\mathrm{d}v}{mg-kv}=\int\frac{\mathrm{d}t}{m},$$

$$-\frac{1}{k}\ln(mg-kv)=\frac{t}{m}+C_1,$$

即

$$v=\frac{mg}{k}+C\mathrm{e}^{-\frac{k}{m}t}\quad\left(C=-\frac{\mathrm{e}^{-kC_1}}{k}\right),$$

将初始条件 $v|_{t=0}=0$ 代入通解得 $C=-\frac{mg}{k}$, 于是降落伞下落速度与时间的函数关系为 $v=\frac{mg}{k}(1-\mathrm{e}^{-\frac{k}{m}t})$.

(5) 检验模型: 由解可看出, 随时间的增大, 速度逐渐接近于常数 $\frac{mg}{k}$, 且不会超过 $\frac{mg}{k}$, 也就是说, 跳伞后开始阶段是加速运动, 但以后逐渐接近于等速运动, 符合实际.

习题 6-2

A 组

1. 求下列微分方程的通解.

(1) $\sec^2x\tan y\,\mathrm{d}x+\sec^2y\tan x\,\mathrm{d}y=0$;

(2) $(\mathrm{e}^{x+y}-\mathrm{e}^x)\mathrm{d}x+(\mathrm{e}^{x+y}+\mathrm{e}^y)\mathrm{d}y=0$;

(3) $(y+1)^2\frac{\mathrm{d}y}{\mathrm{d}x}+x^3=0$.

2. 求下列微分方程满足所给初始条件的特解.

(1) $\cos x\sin y\,\mathrm{d}y=\cos y\sin x\,\mathrm{d}x$, $y|_{x=0}=\frac{\pi}{4}$;

(2) $\cos y\,\mathrm{d}x+(1+\mathrm{e}^{-x})\sin y\,\mathrm{d}y=0$, $y|_{x=0}=\frac{\pi}{4}$.

B 组

1. 求下列微分方程的通解.

(1) $\frac{\mathrm{d}y}{\mathrm{d}x}=2x^2y$;　　　(2) $\mathrm{d}x+xy\,\mathrm{d}y=y^2\mathrm{d}x+y\,\mathrm{d}y$.

2. 求微分方程 $x(y^2-1)\mathrm{d}x+y(x^2-1)\mathrm{d}y=0$ 的通解.

第3节　齐次方程

一、齐次方程的形式

如果一阶微分方程 $y'=f(x,y)$ 中的函数 $f(x,y)$ 可写成 $\frac{y}{x}$ 的函数，即 $f(x,y)=\varphi\left(\frac{y}{x}\right)$，则称这方程为齐次方程. 例如

$$(x+y)\mathrm{d}x+(y-x)\mathrm{d}y=0$$

是齐次方程，因为其可化为

$$\frac{\mathrm{d}y}{\mathrm{d}x}=\frac{x+y}{x-y}=\frac{1+\frac{y}{x}}{1-\frac{y}{x}}.$$

二、齐次方程的解法

在齐次方程

$$\frac{\mathrm{d}y}{\mathrm{d}x}=\varphi\left(\frac{y}{x}\right) \tag{3-1}$$

中，引进新的未知函数 $u=\frac{y}{x}$，则 $y=ux$，于是

$$\frac{\mathrm{d}y}{\mathrm{d}x}=x\frac{\mathrm{d}u}{\mathrm{d}x}+u.$$

从而

$$x\frac{\mathrm{d}u}{\mathrm{d}x}+u=\varphi(u),\frac{\mathrm{d}u}{\mathrm{d}x}=\frac{\varphi(u)-u}{x},$$

这样就将式(3-1)中，x 为自变量，y 为未知函数的微分方程转化成了 x 为自变量，u 为未知函数的微分方程.

分离变量得
$$\frac{\mathrm{d}u}{\varphi(u)-u}=\frac{\mathrm{d}x}{x}$$

两端积分得
$$\int\frac{\mathrm{d}u}{\varphi(u)-u}=\int\frac{\mathrm{d}x}{x}$$

求出积分后，再用 $\frac{y}{x}$ 代替 u，便得所给齐次方程的通解.

例 1　解方程 $xy'=y(1+\ln y-\ln x)$.

解　原式可化为 $\frac{\mathrm{d}y}{\mathrm{d}x}=\frac{y}{x}\left(1+\ln\frac{y}{x}\right)$，令 $u=\frac{y}{x}$，则 $\frac{\mathrm{d}y}{\mathrm{d}x}=x\frac{\mathrm{d}u}{\mathrm{d}x}+u$，于是

$$x\frac{\mathrm{d}u}{\mathrm{d}x}+u=u(1+\ln u)$$

分离变量 $$\frac{\mathrm{d}u}{u\ln u}=\frac{\mathrm{d}x}{x}$$

两端积分得 $$\ln\ln|u|=\ln|x|+\ln C$$

$$\ln|u|=Cx$$

即 $u=\mathrm{e}^{Cx}$. 故方程通解为 $y=x\mathrm{e}^{Cx}$.

例 2 解方程 $y^2+x^2\frac{\mathrm{d}y}{\mathrm{d}x}=xy\frac{\mathrm{d}y}{\mathrm{d}x}$.

解 $\frac{\mathrm{d}y}{\mathrm{d}x}=\frac{y^2}{xy-x^2}=\frac{\left(\frac{y}{x}\right)^2}{\frac{y}{x}-1}$,令 $u=\frac{y}{x}$,则

$$\frac{\mathrm{d}y}{\mathrm{d}x}=x\frac{\mathrm{d}u}{\mathrm{d}x}+u \text{ 即 } x\frac{\mathrm{d}u}{\mathrm{d}x}+u=\frac{u}{u-1}$$

分离变量,得

$$\left(1-\frac{1}{u}\right)\mathrm{d}u=\frac{\mathrm{d}x}{x}$$

两端积分,得

$$u-\ln|u|+C=\ln|x|,$$

回代得

$$\ln|y|=\frac{y}{x}+C_1 \text{ 或 } y=C\mathrm{e}^{\frac{y}{x}}(C=\pm\mathrm{e}^{C_1}).$$

习题 6-3

A 组

1. 求下列微分方程的通解.

(1) $x\frac{\mathrm{d}y}{\mathrm{d}x}=y\ln\frac{y}{x}$;

(2) $(x^2+y^2)\mathrm{d}x-xy\mathrm{d}y=0$;

(3) $(x^3+y^3)\mathrm{d}x-3xy^2\mathrm{d}y=0$;

(4) $\left(2x\sin\frac{y}{x}+3y\cos\frac{y}{x}\right)\mathrm{d}x-3x\cos\frac{y}{x}\mathrm{d}y=0$.

2. 求下列微分方程满足所给初始条件的特解.

(1) $(y^2-3x^2)\mathrm{d}y+2xy\mathrm{d}x=0,y|_{x=0}=1$;

(2) $y'=\frac{x}{y}+\frac{y}{x},y|_{x=1}=2$.

B 组

1. 求下列微分方程的通解.

(1) $xy'-y-\sqrt{y^2-x^2}=0$; (2) $(1+2\mathrm{e}^{\frac{x}{y}})\mathrm{d}x+2\mathrm{e}^{\frac{x}{y}}\left(1-\frac{x}{y}\right)\mathrm{d}y=0$.

2. 求微分方程 $(x^2+2xy-y^2)\mathrm{d}x+(y^2+2xy-x^2)\mathrm{d}y=0$ 满足初始条件 $y\big|_{x=1}=1$ 的特解.

第4节 一阶线性微分方程

一、线性方程

定义 方程
$$\frac{\mathrm{d}y}{\mathrm{d}x}+P(x)y=Q(x) \tag{4-1}$$
叫作一阶线性微分方程.

特点 关于未知函数 y 及其导数 y' 是一次的.

若 $Q(x)\equiv 0$,称方程(4-1)为齐次的;

若 $Q(x)\neq 0$,称方程(4-1)为非齐次的.

如:(1) $y'+2xy=2xe^{-x^2}$;

(2) $y'-\dfrac{2y}{x+1}=(x+1)^{\frac{5}{2}}$ 均为一阶线性微分方程.

解法 当 $Q(x)\equiv 0$ 时,方程(4-1)为可分离变量的微分方程.

当 $Q(x)\neq 0$ 时,为求其解首先把 $Q(x)$ 换为 0,即
$$\frac{\mathrm{d}y}{\mathrm{d}x}+P(x)y=0 \tag{4-2}$$
称为对应于方程(4-1)的齐次微分方程,求得其解 $y=Ce^{-\int P(x)\mathrm{d}x}$. 为求方程(4-1)的解,利用**常数变易法**,用 $u(x)$ 代替 C,即
$$y=u(x)e^{-\int P(x)\mathrm{d}x} \tag{4-3}$$
于是,
$$\frac{\mathrm{d}y}{\mathrm{d}x}=u'e^{-\int P(x)\mathrm{d}x}+ue^{-\int P(x)\mathrm{d}x}[-P(x)] \tag{4-4}$$
代入方程(4-1),得
$$u=\int Q(x)e^{\int P(x)\mathrm{d}x}\mathrm{d}x+C$$
把上式代入式(4-3),便得非齐次线性方程(4-1)的通解
$$y=e^{-\int P(x)\mathrm{d}x}\left(\int Q(x)e^{\int P(x)\mathrm{d}x}\mathrm{d}x+C\right). \tag{4-5}$$

将式(4-5)改写成两项之和
$$y=Ce^{-\int P(x)\mathrm{d}x}+e^{-\int P(x)\mathrm{d}x}\int Q(x)e^{\int P(x)\mathrm{d}x}\mathrm{d}x,$$
上式右端第一项是对应的齐次线性方程(4-2)的通解,第二项是非齐次线性方程(4-1)的一个特解(在方程(4-1)的通解(4-5)中取 $C=0$ 便得到这个特解). 由此可知,一阶非齐次线性

方程的通解等于对应的齐次方程的通解与非齐次方程的一个特解之和.

例 1 求方程

$$y' - \frac{2y}{x+1} = (x+1)^{\frac{5}{2}} \tag{4-6}$$

的通解.

解 这是一个非齐次线性方程. 先求对应的齐次方程的通解.

常数变易法：$\frac{dy}{dx} - \frac{2y}{x+1} = 0, \frac{dy}{y} = \frac{2dx}{x+1}$,

$$\ln y = 2\ln(x+1) + \ln C,$$

$$y = C(x+1)^2$$

把 C 换成 $u = u(x)$，即令

$$y = u(x+1)^2, \tag{4-7}$$

则有

$$\frac{dy}{dx} = u'(x+1)^2 + 2u(x+1),$$

代入式(4-6) 中得

$$u' = (x+1)^{\frac{1}{2}},$$

两端积分，得

$$u = \frac{2}{3}(x+1)^{\frac{3}{2}} + C.$$

再代入式(4-7) 即得所求方程通解

$$y = (x+1)^2\left[\frac{2}{3}(x+1)^{\frac{3}{2}} + C\right].$$

公式法：我们可以直接应用式(4-5)

$$y = e^{-\int P(x)dx}\left(\int Q(x)e^{\int P(x)dx}dx + C\right)$$

得到方程的通解，其中，

$$P(x) = -\frac{2}{x+1}, Q(x) = (x+1)^{\frac{5}{2}}$$

代入积分同样可得方程通解

$$y = (x+1)^2\left[\frac{2}{3}(x+1)^{\frac{3}{2}} + C\right],$$

此法较为简便，因此，以后的解方程中，可以直接应用式(4-5) 求解.

二、利用变量代换解微分方程

例 2 解方程 $\frac{dy}{dx} = \frac{1}{x+y}$.

解法 1 $\frac{dx}{dy} = x + y$，即为一阶线性方程，可求通解.

解法 2　令 $x+y=u$ 则 $y=u-x$，$\frac{dy}{dx}=\frac{du}{dx}-1$ 代入原方程，得

$$\frac{du}{dx}-1=\frac{1}{u},\frac{du}{dx}=\frac{u+1}{u}$$

分离变量得

$$\frac{u}{u+1}du=dx$$

两端积分得

$$u-\ln|u+1|=x+C,$$

将 $x+y=u$ 代入上式，即得

$$y-\ln|x+y+1|=C$$

或

$$x=C_1e^y-y-1(C_1=\pm e^{-C}).$$

习题 6-4

A 组

1. 求下列微分方程的通解.

(1) $y'+y\cos x=e^{-\sin x}$；　(2) $y'+3y=e^{2x}$；

(3) $xy'=y-x^3$；　(4) $y'\cos x+y\sin x=1$.

2. 求下列微分方程满足所给初始条件的特解.

(1) $\frac{dy}{dx}+y\cot x=5e^{\cos x}$，$y\big|_{x=\frac{\pi}{2}}=-4$；

(2) $\frac{dy}{dx}+\frac{2-3x^2}{x^3}y=1$，$y\big|_{x=1}=0$.

B 组

1. 求方程 $y'+\frac{1}{x}y=\frac{\sin x}{x}$ 的通解.

2. 求方程 $\frac{dy}{dx}-\frac{2y}{x+1}=(x+1)^{5/2}$ 的通解.

3. 微分方程 $x\ln x\,dy+(y-\ln x)dx=0$，求满足所给初始条件 $y\big|_{x=e}=1$ 的特解.

4. 求解方程 $\frac{dy}{dx}+y\frac{d\varphi}{dx}=\varphi(x)\frac{d\varphi}{dx}$，$\varphi(x)$ 是 x 的已知函数.

5. 求方程 $y^3dx+(2xy^2-1)dy=0$ 的通解.

6. 设函数 $f(x)$ 可微且满足关系式 $\int_0^x[2f(t)-1]dt=f(x)-1$，求 $f(x)$.

第5节 二阶线性微分方程

在工程及物理问题中，遇到的高阶方程很多都是线性方程，或者可简化为线性方程. 二阶线性方程的一般形式为

$$y''+p(x)y'+q(x)y=f(x) \tag{5-1}$$

其中，$p(x)$，$q(x)$及 $f(x)$是已知函数，$p(x)$，$q(x)$叫作系数函数，$f(x)$叫作自由项. 线性体现在 y''，y'，y 均为一次幂.

在方程(5-1)中，若 $f(x)\equiv 0$，则方程

$$y''+p(x)y'+q(x)y=0 \tag{5-2}$$

叫作二阶线性齐次微分方程. 相应的 $f(x)\neq 0$ 时，方程(5-1)叫作二阶线性非齐次微分方程. 以上两个方程简称线性齐次方程和线性非齐次方程.

一、二阶线性微分方程解的结构

定理 1 设 y_1，y_2 是线性齐次方程(5-2)的解，则 $y=C_1y_1+C_2y_2$ 也是该方程的解，其中 C_1，C_2 为任意常数.

证明 因为 y_1，y_2 是方程(5-2)的解，所以有

$$y_1''+py_1''+qy_1=0,\quad y_2''+py_2''+qy_2=0$$

把 $y=C_1y_1+C_2y_2$ 代入式(5-2)可得

$$\begin{aligned}&(C_1y_1+C_2y_2)''+p(C_1y_1+C_2y_2)'+q(C_1y_1+C_2y_2)\\&=C_1(y_1''+py_1'+qy_1)+C_2(y_2''+py_2'+qy_2)\\&=C_1\cdot 0+C_2\cdot 0=0\end{aligned}$$

即 $y=C_1y_1+C_2y_2$ 是线性齐次方程(5-2)的解.

注意：定理 1 表明：若 y_1，y_2 是线性齐次方程的解，则它们的线性组合 $C_1y_1+C_2y_2$ 也是该线性齐次方程的解.

定理 2 若 y_1，y_2 是线性齐次方程(5-2)的两个线性无关解，即$\dfrac{y_1}{y_2}\neq C$(C 为常数)，则 $y=C_1y_1+C_2y_2$ 就是这个方程的通解(C_1，C_2 为任意常数).

注意：y_1，y_2 线性无关的假设是必要的，它可以保证 $y=C_1y_1+C_2y_2$ 中两个常数 C_1，C_2 是相互独立的，进而可保证 $y=C_1y_1+C_2y_2$ 构成线性齐次微分方程的通解.

注意：定理 2 表明：求线性齐次微分方程的通解，只要求得它的两个线性无关解即可.

定理 3 设 y^* 是线性非齐次方程(5-1)的一个特解，Y 是相对应的线性齐次方程(5-2)的通解，则 $y=Y+y^*$ 也是方程(5-1)的通解.

证明 因为 y^*,Y 分别为方程(5-1),方程(5-2)的解,所以应有

$$(y^*)''+p(y^*)'+qy^*=f(x)$$

$$Y''+pY'+qY=0$$

将 $y=Y+y^*$ 代入方程(5-1)有

$$\begin{aligned}&(Y+y^*)''+p(Y+y^*)'+q(Y+y^*)\\=&(Y''+pY'+qY)+[(y^*)''+p(y^*)'+qy^*]\\=&0+f(x)=f(x)\end{aligned}$$

所以 $y=Y+y^*$ 是线性非齐次方程(5-1)的解.

由于对应的齐次方程(5-2)的通解 $Y=C_1y_1+C_2y_2$ 中含有两个任意常数,所以 $y=Y+y^*$ 中也含有两个任意常数,从而它就是二阶非齐次线性方程(5-1)的通解.

注意:求线性非齐次方程的通解,只要求得相应的线性齐次方程的通解,再求出线性非齐次方程的一个特解即可.

定理 4 设非齐次线性方程(5-1)的右端 $f(x)$ 是两个函数之和,即

$$y''+p(x)y'+q(x)y=f_1(x)+f_2(x) \tag{5-3}$$

而 y_1^* 与 y_2^* 分别是方程

$y''+p(x)y'+q(x)y=f_1(x)$

$y''+p(x)y'+q(x)y=f_2(x)$

的特解,则 $y_1^*+y_2^*$ 就是原方程的特解.

这个定理通常称为线性微分方程解的叠加原理.

例 1 验证 $y_1=\sin x$,$y_2=\cos x$ 是方程 $y''+y=0$ 的两个解,并写出方程的通解.

解 因为 $y_1'=\cos x$,$y_1''=-\sin x$,所以 $y_1''+y_1=0$,即 $y_1=\sin x$ 是方程 $y_1''+y_1=0$ 的解.

同理可知:$y_2=\cos x$ 也是该方程的一个解.又

$$\frac{y_1}{y_2}=\frac{\sin x}{\cos x}\neq 常数$$

所以 y_1 与 y_2 线性无关,由定理 2 可知

$$y=C_1\sin x+C_2\cos x$$

是 $y''+y=0$ 的通解(C_1,C_2 为任意常数).

例 2 验证 $y^*=e^{-2x}$ 是方程 $y''+y=5e^{-2x}$ 的一个特解,并求该方程的通解.

解 因为 $(y^*)'=-2e^{-2x}$,$(y^*)''=4e^{-2x}$,所以

$$(y^*)''+y^*=4e^{-2x}+e^{-2x}=5e^{-2x}$$

即 $y^*=e^{-2x}$ 是方程 $y''+y=5e^{-2x}$ 的一个特解.

由于 $y''+y=5e^{-2x}$ 的相应齐次方程为 $y''+y=0$,由例 1 及定理 3 可知

$$y=C_1\sin x+C_2\cos x+e^{-2x}$$

是所求方程的通解.

二、二阶常系数齐次线性微分方程

在二阶齐次线性微分方程(5-2)中,如果 y',y 的系数 $p(x)$、$q(x)$ 均为常数,即式(5-2)

成为

$$y''+py'+qy=0 \tag{5-4}$$

其中 p、q 是常数,那么称式(5-4)为二阶常系数齐次线性微分方程.

由定理 2 可知,要求出微分方程(5-4)的通解,可以先求出它的两个解 y_1、y_2,如果它们之比不为常数,即 y_1 与 y_2 线性无关,那么 $y=C_1y_1+C_2y_2$ 就是方程(5-4)的通解.

观察方程(5-4)的左端结构,以及指数函数导数的特点,我们可设想方程有形如 $y=e^{rx}$ 形式的解,将它代入方程并整理可得

$$e^{rx}(r^2+pr+q)=0$$

因为 $e^{rx}\neq0$,故必有

$$r^2+pr+q=0 \tag{5-5}$$

由此可知,当 r 是一元二次方程(5-5)的根时,$y=e^{rx}$ 就是方程(5-4)的一个解.

我们称方程(5-5)是方程(5-4)的特征方程,它的根叫作方程(5-4)的特征根.

下面将通过特征方程的根的不同情形,给出二阶常系数线性齐次微分方程的通解表达式.

(1)若 $p^2-4q>0$,设 r_1,r_2 是方程(5-5)的两个实根,则 $r_1\neq r_2$.此时 $y_1=e^{r_1x}$,$y_2=e^{r_2x}$ 都是方程(5-4)的解,且 $y_1/y_2=e^{(r_1-r_2)x}\neq C$($C$ 为常数),所以方程(5-4)的通解表达式为

$$y=C_1e^{r_1x}+C_2e^{r_2x}$$

C_1,C_2 为任意常数.

(2)若 $p^2-4q=0$,设 $r_1=r_2=r$ 是方程(5-5)的根.即 r 是特征方程的重根.

此时 $y_1=e^{rx}$ 是方程(5-4)的解.为求其通解,可设 y_2 与 y_1 线性无关,即 $y_2=C(x)y_1$ 也是方程(5-4)的一个解,将其代入方程(5-4)并整理可得

$$e^{rx}[C''(x)+(2r+p)C'(x)+(r^2+pr+q)C(x)]=0$$

因为 $e^{rx}\neq0$,注意 r 是方程(5-5)的重根,故有 $r^2+pr+q=0$,$2r+p=0$,因此可得 $C''(x)=0$.

取 $C(x)=x$,可知 $y_2=xe^{rx}$ 也是方程(5-4)的解,且与 $y_1=e^{rx}$ 线性无关.此时方程(5-4)的通解表达式为

$$y=(C_1+C_2x)e^{rx}.$$

(3)若 $p^2-4q<0$,设 $r=\alpha+\beta i$ 是特征方程(5-5)的根,则 $\beta\neq0$,此时,$y=e^{(\alpha+\beta i)x}$ 是方程(5-4)的解.由欧拉公式 $e^{\beta i}=\cos\theta+i\sin\beta x$,此时可化为

$$y=e^{\alpha x}[\cos\beta x+i\sin\beta x]$$

令 $y_1=e^{\alpha x}\cos\beta x$,$y_2=e^{\alpha x}\sin\beta x$,将 $y=y_1+iy_2$ 代入方程(5-4)应有

$$(y_1''+py_1'+qy_1)+i(y_2''+py_2'+qy_2)=0$$

因 y_1,y_2 是实函数,故 $y_1''+py_1'+qy_1$ 与 $y_2''+py_2'+qy_2$ 必都为实数,由复数的性质应有

$$y_1''+py_1'+qy_1=0$$

$$y_2''+py_2'+qy_2=0$$

以上说明,$y_1=e^{\alpha x}\cos\beta x$,$y_2=e^{\alpha x}\sin\beta x$ 都是线性齐次方程(5-4)的解,且 $y_2/y_1=\tan\beta x$,因 $\beta\neq0$,所以 y_1 与 y_2 线性无关,从而可知,此时方程(5-4)的通解表达式为

$$y=e^{\alpha x}[C_1\cos\beta x+C_2\sin\beta x].$$

根据上述讨论，求二阶常系数线性齐次方程通解的步骤如下：

第一步：写出对应的特征方程；

第二步：求出特征根；

第三步：由特征根的不同情形，按照下列表格写出微分方程(5-4)的通解：

特征方程 $r^2+pr+q=0$ 的两个根 r_1,r_2	微分方程 $y''+py'+qy=0$ 的通解
两个不相等的实根 r_1,r_2	$y=C_1e^{r_1x}+C_2e^{r_2x}$
两个相等的实根 $r_1=r_2$	$y=(C_1+C_2x)e^{rx}$
一对共轭复根 $r_{1,2}=\alpha\pm\beta i$	$y=e^{\alpha x}[C_1\cos\beta x+C_2\sin\beta x]$

例 3　求微分方程 $y''-3y'+2y=0$ 的通解.

解　所给方程的特征方程是 $r^2-3r+2=0$，解得特征根为 $r_1=1,r_2=2$，所以，原微分方程的通解是 $y=C_1e^x+C_2e^{2x}$.

例 4　求方程 $y''-4y'+4y=0$ 满足初始条件$y|_{x=0}=1,y'|_{x=0}=1$ 的一个特解.

解　所给方程的特征方程为 $r^2-4r+4=0$，特征根为 $r_1=r_2=2$，所以微分方程的通解是

$$y=(C_1+C_2x)e^{2x}.$$

将$y|_{x=0}=1$ 代入得 $C_1=1$；对上式求导有

$$y'=(2C_1+2C_2x+C_2)e^{2x}$$

将$y'|_{x=0}=1$ 代入得 $2C_1+C_2=1,C_2=-1$. 所以原微分方程的特解为 $y=(1-x)e^{2x}$.

例 5　求方程 $y''-2y'+5y=0$ 的通解.

解　特征方程为 $r^2-2r+5=0$，特征根 $r=1\pm 2i$，因 $\alpha=1,\beta=2$，故所给微分方程的通解是

$$y=e^x(C_1\cos 2x+C_2\sin 2x).$$

三、二阶常系数非齐次线性微分方程

二阶常系数非齐次线性微分方程的一般形式是

$$y''+py'+qy=f(x) \tag{5-6}$$

其中 p、q 是常数.

由定理 3 可知，求二阶常系数非齐次线性微分方程的通解，归结为求对应的齐次方程(5-4)的通解和非齐次方程(5-6)本身的一个特解. 由于二阶常系数齐次线性微分方程的通解的求法已经解决，所以这里只需讨论二阶常系数非齐次线性微分方程的一个特解 y^* 的方法.

本节只介绍当方程(5-6)中的 $f(x)$取两种常见形式时求 y^* 的方法. 这种方法的特点是不用积分就可求出 y^* 来，它叫作待定系数法. $f(x)$的两种形式如下：

(1) $f(x)=P_n(x)e^{\lambda x}$，其中 λ 是常数，$P_n(x)$是 x 的一个 n 次多项式：$P_n(x)=a_0x^m+a_1x^{m-1}+\cdots+a_{m-1}x+a_m$；

(2) $f(x)=e^{\lambda x}[P_l^{(1)}(x)\cos\omega x+P_n^{(2)}(x)\sin\omega x]$，其中 λ、ω 是常数，$\omega\neq 0$，$P_l^{(1)}(x)$、

$P_n^{(2)}(x)$分别是 x 的 l 次、n 次多项式，且仅有一个可为零.

下面分别介绍 $f(x)$为上述两种形式时 y^* 的求法.

1. $f(x)=P_n(x)e^{\lambda x}$ 型

怎样的函数能使

$$y''+py'+qy=P_n(x)e^{\lambda x} \tag{5-7}$$

成为恒等式呢？因为式(5-7)右端是多项式 $P_n(x)$与指数函数 $e^{\lambda x}$ 的乘积，而多项式与指数函数乘积的导数仍然是多项式与指数函数的乘积，因此，我们推测 $y^*=Q(x)e^{\lambda x}$(其中 $Q(x)$是某个多项式)可能是方程(5-7)的特解. 将其代入方程(5-7)并化简整理可得

$$Q''+(2\lambda+p)Q'+(\lambda^2+p\lambda+q)Q=P_n(x) \tag{5-8}$$

上式为恒等式，左端必为 n 次多项式，因此可分为下列三种情况，来确定 $Q(x)$的次数及系数.

(1)当 λ 不是特征方程 $r^2+pr+q=0$ 的根时，$Q(x)$必为 n 次多项式，此时可设

$$y^*=Q_n(x)e^{\lambda x}$$

为方程(5-7)的一个特解，$Q_n(x)$必满足方程(5-7). 将 $Q_n(x)$代入式(5-7)即可确定出 $Q_n(x)$的系数.

(2)当 λ 是特征根，且为单根时，由于 $\lambda^2+p\lambda+q=0$，但 $2\lambda+p\neq0$，所以 $Q'(x)$必为 n 次多项式，从而 $Q(x)$为 $n+1$ 次多项式. 此时可设

$$y^*=xQ_n(x)e^{\lambda x}$$

为方程(5-7)的一个特解，将 $Q(x)=xQ_n(x)$代入式(5-7)即可确定 $Q_n(x)$的系数.

(3)当 λ 是特征根，且是重根，由于 $\lambda^2+p\lambda+q=0$ 且 $2\lambda+p=0$，所以 $Q''(x)$必为 n 次多项式，从而 $Q(x)$为 $n+2$ 次多项式. 此时可设

$$y^*=x^2Q_n(x)e^{\lambda x}.$$

综上所述，我们有如下结论：

二阶常系数非齐次线性微分方程(5-7)的特解可设为

$$y^*=x^kQ_n(x)e^{\lambda x} \tag{5-9}$$

$$k=\begin{cases}0 & \lambda \text{ 不是特征根}\\ 1 & \lambda \text{ 是单根}\\ 2 & \lambda \text{ 是重根}\end{cases}$$

其中 $Q_n(x)$是与 $P_n(x)$同次(n 次)的多项式.

例 6 求方程 $y''-2y'-3y=3x+1$ 的一个特解.

解 特征方程为 $r^2-2r-3=0$，其特征根为 $r_1=-1$，$r_2=3$. 由于 $\lambda=0$ 不是特征根，且 $P_n(x)=3x+1$ 为一次多项式，故可设原方程的特解为

$$y^*=ax+b$$

将其代入原方程有

$$-2a-3ax-3b=3x+1$$

比较两边系数得

$$\begin{cases}-3a=3\\ -2a-3b=1\end{cases}$$

解得 $a=-1, b=\frac{1}{3}$. 于是所求方程的特解为 $y^*=-x+\frac{1}{3}$.

例 7 求 $y''-5y'+6y=xe^{2x}$ 的通解.

解 特征方程为 $r^2-5r+6=0$,其特征根为 $r_1=2, r_2=3$. 因 $\lambda=2$ 是特征方程的单根,故设方程的特解为

$$y^*=x(b_0x+b_1)e^{2x}$$

把它代入方程得 $b_0=-\frac{1}{2}, b_1=-1$,所以原方程的一个特解为

$$y^*=x\left(-\frac{1}{2}x-1\right)e^{2x}$$

通解为 $y=C_1e^{2x}+C_2e^{3x}-\frac{1}{2}(x^2+2x)e^{2x}$.

通过以上两例可得出二阶常系数线性非齐次微分方程中,自由项 $f(x)=P_n(x)e^{\lambda x}$ 中当 λ 为实数时,其特解的求解步骤如下:

第一步:写出特征方程,并求出特征根;

第二步:判明 λ 是否为特征根,据此设出特解 $y^*=Q(x)e^{\lambda x}$;

第三步:将多项式 $Q(x)$ 代入式(5-8)确定其系数($y^*=Q(x)$ 或 $y^*=Ae^{\lambda x}$ 时代入原方程即可);

第四步:写出原方程的特解.

2. $f(x)=e^{\lambda x}[P_l^{(1)}(x)\cos\omega x+P_n^{(2)}(x)\sin\omega x]$型

设特解为 $$y^*=x^ke^{\lambda x}[R_m^{(1)}(x)\cos\omega x+R_m^{(2)}(x)\sin\omega x]$$

$R_m^{(1)}(x)$、$R_m^{(2)}(x)$是 m 次多项式,$m=\max\{l,n\}$,而 k 按 $\lambda+i\omega$(或 $\lambda-i\omega$)不是特征方程的根,或是特征方程的单根依次取 0 或 1.

例 8 求方程 $y''+y=x\cos 2x$ 的一个特解.

解 特征方程为 $r^2+1=0$,其特征根为 $r=\pm i$. 因 $\lambda+i\omega=2i$ 不是特征方程的根,又由 $f(x)=e^{0\cdot x}[x\cos 2x+0\sin 2x]$可知 $\lambda=0, \omega=2$,故可设方程的特解为

$$y^*=(ax+b)\cos 2x+(cx+d)\sin 2x,$$

比较系数应有 $$\begin{cases}-3a=1\\-3b+4c=0\\-3c=0\\-3d-4a=0\end{cases}$$

从而解得 $$a=-\frac{1}{3}, b=0, c=0, d=\frac{4}{9}$$

所以原方程的特解为

$$y^*=-\frac{1}{3}x\cos 2x+\frac{4}{9}\sin 2x.$$

例 9 求方程 $y''-y=e^x\cos 2x$ 的一个特解.

解 特征方程为 $r^2-1=0$,其特征根为 $r=\pm 1$. 因 $\lambda+i\omega=1+2i$ 不是特征方程的根,故可设方程的特解为

$$y^*=e^x(a\cos 2x+b\sin 2x)$$

将其代入原方程可得

$$4e^x[(-a+b)\cos 2x-(a+b)\sin 2x]=e^x\cos 2x$$

比较系数应有
$$\begin{cases}-a+b=\dfrac{1}{4}\\ a+b=0\end{cases}$$

从而解得
$$a=-\frac{1}{8},b=\frac{1}{8}$$

所以原方程的特解为

$$y^*=\frac{1}{8}e^x(\sin 2x-\cos 2x).$$

习题 6-5

A 组

1. 求下列微分方程的通解.

(1) $y''+y'-2y=0$；　　(2) $y''+y=0$；

(3) $4\dfrac{d^2x}{dt^2}-20\dfrac{dx}{dt}+25x=0$；　　(4) $y''-y'+y=0$.

2. 求下列微分方程满足所给初值条件的特解.

(1) $y''-4y'+3y=0,y|_{x=0}=6,y'|_{x=0}=10$；

(2) $4y''+4y'+y=0,y|_{x=0}=2,y'|_{x=0}=0$.

3. 求下列微分方程的通解.

(1) $2y''+y'-y=2e^x$；　　(2) $2y''+5y'=5x^2-2x-1$；

(3) $y''+3y'+2y=3xe^{-x}$；　　(4) $y''-2y'+5y=e^x\sin 2x$.

4. 求下列各微分方程满足已给初值条件的特解.

(1) $y''+y'+\sin 2x=0,y|_{x=\pi}=1,y'|_{x=\pi}=1$；

(2) $y''-y=4xe^x,y|_{x=0}=0,y'|_{x=0}=1$.

B 组

1. 已知 $y=1,y=x,y=x^2$ 是某二阶非齐次线性微分方程的三个解，求该方程的通解.

2. 设 $y=(C_1+C_2x)e^{2x}$ 是某个二阶常系数线性微分方程的通解，求对应方程.

3. 假设对一切实数 x，函数 $f(x)$ 满足等式 $f(x)=x^2+\int_0^x f(t)dt$，且 $f(0)=2$，求函数 $f(x)$.

第 6 节　差分方程

迄今为止，我们所研究的变量基本上属于连续变化的类型. 但在经济管理或其他实际问题中，大多数变量是以定义在整数集上的数列形式变化的，银行中的定期存款按所设定的时间等间隔计息，国家财政预算按年制定等. 通常称这类变量为**离散型变量**. 对这类变量，我们可以得到在不同取值点上的各离散变量之间的关系，如递推关系等. 描述各离散变量之间关系的数学模型称为离散型模型. 求解这类模型就可以得到各离散型变量的运行规律. 本节将介绍在经济学和管理科学中最常见的一种离散型数学模型——**差分方程**.

一、差分的概念与性质

一般地，在连续变化的时间范围内，变量 y 关于时间 t 的变化率用 $\frac{\mathrm{d}y}{\mathrm{d}t}$ 来刻画；对离散型的变量 y，我们常取在规定的时间区间上的差商 $\frac{\Delta y}{\Delta t}$ 来刻画变量 y 的变化率. 如果选择 $\Delta t=1$，则

$$\Delta y=y(t+1)-y(t)$$

可以近似表示变量 y 的变化率. 由此我们给出差分的定义.

定义 1　设函数 $y_t=y(t)$，称改变量 $y_{t+1}-y_t$ 为函数 y_t 的**差分**，也称为函数 y_t 的**一阶差分**，记为 Δy_t，即

$$\Delta y_t=y_{t+1}-y_t \text{或} \Delta y(t)=y(t+1)-y(t).$$

一阶差分的差分称为**二阶差分**，记为 $\Delta^2 y_t$，即

$$\begin{aligned}\Delta^2 y_t&=\Delta(\Delta y_t)=\Delta y_{t+1}-\Delta y_t=(y_{t+2}-y_{t+1})-(y_{t+1}-y_t)\\&=y_{t+2}-2y_{t+1}+y_t.\end{aligned}$$

类似可定义三阶差分，四阶差分，……

记为

$$\Delta^3 y_t=\Delta(\Delta^2 y_t),\Delta^4 y_t=\Delta(\Delta^3 y_t),\cdots\cdots$$

一般地，函数 y_t 的 $n-1$ 阶差分的差分称为 n **阶差分**，记为 $\Delta^n y_t$，即

$$\Delta^n y_t=\Delta^{n-1}y_{t+1}-\Delta^{n-1}y_t=\sum_{i=0}^{n}(-1)^i \mathrm{C}_n^i y_{t+n-i}$$

二阶及二阶以上的差分统称为**高阶差分**.

差分的性质：

(1) $\Delta(Cy_t)=C\Delta y_t$　（C 为常数）；

(2) $\Delta(y_t\pm z_t)=\Delta y_t\pm\Delta z_t$；

(3) $\Delta(y_t\cdot z_t)=z_t\Delta y_t+y_{t+1}\Delta z_t$；

(4) $\Delta\left(\frac{y_t}{z_t}\right)=\frac{z_t\Delta y_t-y_t\Delta z_t}{z_{t+1}\cdot z_t}$　$(z_t\neq 0)$.

例 1　设 $y_t=t^2$，求 $\Delta y_t,\Delta^2(y_t),\Delta^3(y_t)$.

解　$\Delta y_t=y_{t+1}-y_t=(t+1)^2-t^2=2t+1$；

$\Delta^2(y_t)=\Delta(2t+1)=[2(t+1)+1]-(2t+1)=2$；

$\Delta^3(y_t)=\Delta(\Delta^2(y_t))=2-2=0$.

例 2　设 $y_t=t^2+2t$，求 $\Delta y_t,\Delta^2(y_t),\Delta^3(y_t)$.

解　$\Delta y_t=y_{t+1}-y_t=[(t+1)^2+2(t+1)]-(t^2+2t)=2t+3$；

$\Delta^2(y_t)=\Delta(\Delta(y_t))=\Delta(2t+3)=2\Delta t+\Delta(3)=2\times 1=2$；

$\Delta^3(y_t)=\Delta(\Delta^2(y_t))=\Delta(2)=0$.

二、差分方程的概念

定义 2　含有未知函数 y_t 的差分的方程为**差分方程**.

差分方程的一般形式：

$$F(t,y_t,\Delta y_t,\Delta^2 y_t,\cdots,\Delta^n y_t)=0$$

其中 F 是 $t,y_t,\Delta y_t,\Delta^2 y_t,\cdots,\Delta^n y_t$ 的已知函数，且 $\Delta^n y_t$ 一定要在方程中出现，差分方程中所含未知函数差分的最高阶数称为该**差分方程的阶**.

或

$$G(t,y_t,y_{t+1},y_{t+2},\cdots,y_{t+n})=0$$

其中 G 是 $t,y_t,y_{t+1},y_{t+2},\cdots,y_{t+n}$ 的已知函数，且 $y_t,y_{t+1},y_{t+2},\cdots,y_{t+n}$ 中至少有两个一定要在方程中出现. 未知函数的最大下标与最小下标的差称为该**差分方程的阶**.

定义 3　满足差分方程的函数称为该**差分方程的解**. 如果差分方程的解中含有相互独立的任意常数的个数恰好等于方程的阶数，则称这个解为该差分方程的**通解**.

我们往往要根据系统在初始时刻所处的状态对差分方程附加一定的条件，这种附加条件称为**初始条件**，满足初始条件的解称为**特解**.

定义 4　若差分方程中所含未知函数及未知函数的各阶差分均为一次的，则称该差分方程为**线性差分方程**.

线性差分方程的一般形式是

$$y_{t+n}+a_1(t)y_{t+n-1}+\cdots+a_{n-1}(t)y_{t+1}+a_n(t)y_t=f(t)$$

其特点是 $y_{t+n},y_{t+n-1},\cdots,y_t$ 都是一次的.

例 3　试确定下列差分方程的阶.

(1) $y_{t+3}-y_{t-2}+y_{t-4}=0$；　　(2) $5y_{t+5}+3y_{t+1}=7$.

解　(1) 由于方程中未知函数下标的最大差为 7，因此方程的阶为 7；

(2) 由于方程中未知函数下标的最大差为 4，因此方程的阶为 4；

三、一阶常系数线性差分方程

一阶常系数线性差分方程的一般形式为

$$y_{t+1}-ay_t=f(t) \tag{6-1}$$

其中，a 为非零常数，$f(t)$ 为已知函数. 如果 $f(t)=0$，则方程变为

$$y_{t+1}-ay_t=0 \tag{6-2}$$

方程(6-2)称为**一阶常系数线性齐次差分方程**，相应地，方程(6-1)称为**一阶常系数线性非齐次差分方程**.

1. 一阶常系数线性齐次差分方程的通解

对于一阶常系数线性齐次差分方程(6-2)，通常有两种求解方法.

(1)迭代法

将齐次方程(6-2)改写为 $y_{t+1}=ay_t$.

若 y_0 已知,则依次得出 $y_1=ay_0, y_2=ay_1=a^2y_0, y_3=ay_2=a^3y_0, \cdots, y_t=a^ty_0$. 令 $y_0=C$ 为任意常数,则齐次方程的通解为 $y_t=Ca^t$.

(2)特征根法

由于齐次方程 $y_{t+1}-ay_t=0$ 等同于 $\Delta y_t+(1-a)y_t=0$,可以看出 y_t 的形式一定为指数函数. 于是,设 $y_t=\lambda^t(\lambda\neq 0)$代入方程得:$\lambda^{t+1}-a\lambda^t=0$,即

$$\lambda-a=0 \tag{6-3}$$

得 $\lambda=a$. 因此 $y_t=a^t$ 是齐次方程的一个解,从而 $y_t=Ca^t$ 是齐次方程的通解. 称方程(6-3)为齐次方程(6-2)的**特征方程**,而 $\lambda=a$ 为**特征根**.

例 4　求差分方程 $y_{t+1}-3y_t=0$ 的通解.

解　特征方程为 $\lambda-3=0$,特征根为 $\lambda=3$,于是原方程的通解为 $y_t=C3^t$.

例 5　求差分方程 $2y_{t+1}+y_t=0$ 满足初始条件 $y_0=3$ 的解.

解　特征方程为 $2\lambda+1=0$,特征根为 $\lambda=-\frac{1}{2}$,于是原方程的通解为 $y_t=C\left(-\frac{1}{2}\right)^t$.

将初始条件 $y_0=3$ 代入,得出 $C=3$,故所求解为 $y_t=3\left(-\frac{1}{2}\right)^t$.

2. 一阶常系数线性非齐次差分方程的通解

定理 1　设 $\overline{y}_t$ 为方程(6-2)的通解,y_t^* 为方程(6-1)的一个特解,则 $y_t=\overline{y}_t+y_t^*$ 为方程(6-1)的通解.

该定理表明,若要求非齐次差分方程的通解,则只需求出其对应齐次方程的通解,再找出非齐次方程的一个特解,然后相加即可.

如前所述,对应齐次方程的通解已经解决,因此非齐次差分方程(6-1)的解的结构为 $y_t=Ca^t+y_t^*$.

现讨论非齐次方程(6-1)的一个特解 y_t^* 的求法. 当非齐次方程 $y_{t+1}-ay_t=f(t)$的右端是下列特殊形式的函数时,可采用待定系数法求出 y_t^*.

(1)$f(t)=k$ 型(k 为非零常数)

此时方程变为 $y_{t+1}-ay_t=k$.

当 $a\neq 1$ 时,设 $y_t^*=A$(待定系数),代入方程得 $A-aA=k$,从而 $A=\frac{k}{1-a}$,即 $y_t^*=\frac{k}{1-a}$.

当 $a=1$ 时,设 $y_t^*=At$,代入方程得 $A(t+1)-At=k$,从而 $A=k$,$y_t^*=kt$.

(2)$f(t)=P_n(t)$型($P_n(t)$为 t 的 n 次多项式)

此时方程变为 $y_{t+1}-ay_t=P_n(t)$.

由 $\Delta y_t=y_{t+1}-y_t$,上式可改写为 $\Delta y_t+(1-a)y_t=P_n(t)$.

设 y_t^* 为其特解,代入上式得 $\Delta y_t^*+(1-a)y_t^*=P_n(t)$.

因为 $P_n(t)$为多项式,因此 y_t^* 也应该为多项式. 显然,当 y_t^* 为 t 次多项式时,Δy_t^* 为

$(t-1)$次多项式，以下分两种情况讨论：

当 $a\neq1$ 时，设 y_t^* 必为 n 次多项式，于是可设

$$y_t^*=A_0+A_1t+\cdots+A_nt^n,$$

代入原方程确定常数.

当 $a=1$ 时，有 $\Delta y_t^*=P_n(t)$，则 y_t^* 必为$(n+1)$次多项式，于是可设

$$y_t^*=t(A_0+A_1t+\cdots+A_nt^n),$$

代入原方程确定常数.

例 6 求差分方程 $y_{t+1}-3y_t=-4$ 的通解.

解 由于 $a=3,k=-4$，令 $y_t^*=A$(待定系数)，代入方程 $A-3A=-4$，从而 $A=2$，即 $y_t^*=2$，故原方程的通解为 $y_t=C3^t+2$.

例 7 求差分方程 $y_{t+1}-2y_t=t^2$ 的通解.

解 设 $y_t^*=A_0+A_1t+A_2t^2$ 为原方程的解，将 y_t^* 代入原方程并整理，可得

$$(-A_0+A_1+A_2)+(-A_1+2A_2)t-A_2t^2=t^2.$$

比较同次幂系数得

$$A_0=-3,A_1=-2,A_2=-1.$$

从而

$$y_t^*=-(3+2t+t^2).$$

故原方程的通解为

$$y_t=-(3+2t+t^2)+C2^t.$$

(3) $f(t)=k\cdot b^t$ 型(k,b 为非零常数且 $b\neq1$)

试设 $y_t^*=Ab^t$ 代入原方程得

$$Ab^{t+1}-aAb^t=kb^t.$$

约去 b^t 得到 $A(b-a)=k$，因此，当 $a\neq b$ 时，令 $y_t^*=Ab^t$，解得 $A=\dfrac{k}{b-a}$，从而 $y_t^*=\dfrac{k}{b-a}b^t$；当 $a=b$ 时，令 $y_t^*=Atb^t$，解得 $A=\dfrac{k}{b}$，从而 $y_t^*=ktb^{t-1}$.

例 8 求差分方程 $y_{t+1}-3y_t=3\cdot2^t$ 在初始条件 $y_0=5$ 时的特解.

解 由 $a=3,k=3,b=2$，令原方程有一个特解为 $y_t^*=A\cdot2^t$，解得 $A=\dfrac{3}{2-3}=-3$. 于是原方程的通解为 $y_t=-3\cdot2^t+C3^t$.

将 $y_0=5$ 代入通解，得 $C=8$. 故所求原方程的特解为 $y_t=-3\cdot2^t+8\cdot3^t$.

(4) $f(t)=t^n\cdot b^t$ 型(n 为正整数，b 为非零常数且 $b\neq1$)

从以上讨论易知：

当 $a\neq b$ 时，可设 $y_t^*=(A_0+A_1t+\cdots+A_nt^n)b^t$；

当 $a=b$ 时，可设 $y_t^*=t(A_0+A_1t+\cdots+A_nt^n)b^t$.

代入原方程确定常数.

例 9 求差分方程 $y_{t+1}-3y_t=t\cdot2^t$ 的通解.

解 显然原方程对应的齐次方程的通解为 $y_t=C3^t$，由 $a=3,b=2$，可设原方程有一个

特解为 $y_t^*=(A_0+A_1t)\cdot 2^t$，代入原方程：

$$[A_0+A_1(t+1)]\cdot 2^{t+1}-3(A_0+A_1t)\cdot 2^t=t\cdot 2^t$$

即
$$-A_0+2A_1-A_1t=t.$$

解得
$$A_0=-2, A_1=-1.$$

故原方程的通解为
$$y_t=-(2+t)2^t+C3^t.$$

习题 6-6

A 组

求下列函数的一阶差分和二阶差分.

(1) $y_t=t(t-1)(t-2)\cdots(t-n)$；

(2) $y_t=3^t+\left(\frac{1}{3}\right)^t$；

(3) $y_t=3^t\sin t$；

(4) $y_t=t\ln t$.

B 组

求下列差分方程的特解.

(1) $y_t+y_{t-1}=t-1, y_0=1$；

(2) $\Delta y_t-4y_t=t^2, y_0=2$；

(3) $y_{t+1}-9y_t=t^2+1, y_0=9$；

(4) $y_{t+1}-y_t=2t+3, y_0=3$.

第7节 微分方程与差分方程知识拓展

一、可降阶的高阶微分方程

二阶及二阶以上的微分方程统称为高阶微分方程. 高阶微分方程在工程技术有着广泛的应用. 高阶微分方程的求解问题一般比一阶微分方程复杂，能够求解的类型也不多. 下面介绍三种可降阶的微分方程的解法.

1. $y^{(n)}=f(x)$ 型

方程

$$y^{(n)}=f(x) \tag{7-1}$$

的解可通过逐次积分得到. 下面仅以一例加以说明.

例 1 解方程 $y'''=x+e^{2x}$.

解 对方程两边逐次积分：

$$y''=\frac{1}{2}x^2+\frac{1}{2}e^{2x}+C_1$$

$$y'=\frac{1}{6}x^3+\frac{1}{4}e^{2x}+C_1x+C_2$$

$$y=\frac{1}{24}x^4+\frac{1}{8}e^{2x}+\frac{1}{2}C_1x^2+C_2x+C_3$$

或
$$y=\frac{1}{24}x^4+\frac{1}{8}e^{2x}+C_1'x^2+C_2x+C_3\quad \left(C_1'=\frac{1}{2}C_1\right)$$

2. $y''=f(x,y')$ 型

方程
$$y''=f(x,y') \tag{7-2}$$
中不显含未知函数 y，此方程只要做变换 $y'=p$，则 $y''=p'$. 将其代入式(7-2)可得 $\frac{dp}{dx}=f(x,p)$.

此为以 p 为未知函数的一阶微分方程，若可求得其解为 $p=\varphi(x,C_1)$，即 $y'=\varphi(x,C_1)$，则原方程的通解为
$$y=\int\varphi(x,C_1)dx+C_2.$$

例 2 解方程 $y''=\frac{2xy'}{1+x^2}$.

解 设 $y'=p$，则 $y''=p'$，将其代入方程后可得
$$p'=\frac{2xp}{1+x^2}$$
此方程为可分离变量方程，分离变量得
$$\frac{dp}{p}=\frac{2x}{1+x^2}dx$$
解得其通解为
$$p=C_1(1+x^2)$$
从而有 $y'=C_1(1+x^2)$，再积分可得原方程的通解为
$$y=C_1\left(x+\frac{1}{3}x^3\right)+C_2$$

3. $y''=f(y,y')$ 型

方程
$$y''=f(y,y') \tag{7-3}$$
中右端不显含 x，若做变换 $y'=p$，则
$$y''=\frac{dp}{dx}=\frac{dp}{dy}\cdot\frac{dy}{dx}=\frac{dp}{dy}\cdot p$$
将其代入式(7-3)可得一阶微分方程
$$p\frac{dp}{dy}=f(y,p)$$

若可求得通解 $p=\varphi(y,C_1)$，则由 $p=\frac{dy}{dx}$ 可得 $\frac{dy}{dx}=\varphi(y,C_1)$，即
$$\frac{dy}{\varphi(y,C_1)}=dx$$
因此原方程的通解为
$$x=\int\frac{dy}{\varphi(y,C_1)}+C_2$$

例 3　解方程 $2yy''+(y')^2=0$，其中 $y>0$.

解　令 $y'=p$，则 $y''=p\dfrac{\mathrm{d}p}{\mathrm{d}y}$，代入方程后有

$$2yp\frac{\mathrm{d}p}{\mathrm{d}y}+p^2=0$$

或

$$p\left(2y\frac{\mathrm{d}p}{\mathrm{d}y}+p\right)=0.$$

由 $p=0$ 得 $y'=0$，此时可解得 $y=C$；

由 $2y\dfrac{\mathrm{d}p}{\mathrm{d}y}+p=0$，可得 $\dfrac{\mathrm{d}p}{p}=-\dfrac{\mathrm{d}y}{2y}$，两边积分后有

$$\ln|p|=-\frac{1}{2}\ln|y|+\ln C_1$$

从而 $p=\dfrac{C_1}{\sqrt{y}}$.

因为 $p=\dfrac{\mathrm{d}y}{\mathrm{d}x}$，所以有 $\dfrac{\mathrm{d}y}{\mathrm{d}x}=\dfrac{C_1}{\sqrt{y}}$. 由此可解得 $y^{\frac{3}{2}}=C_1x+C_2$，即 $y=(C_1x+C_2)^{\frac{2}{3}}$.

因此，原方程的通解为 $y=C$ 和 $y=(C_1x+C_2)^{\frac{2}{3}}$.

注意：此方程的通解有两个表达式，且它们不可相互取代.

二、高阶线性微分方程

1. *n* 阶齐次线性方程的通解结构

n 阶齐次线性方程

$$y^{(n)}+p_1(x)y^{(n-1)}+\cdots+p_{n-1}(x)y'+p_n(x)y=0 \tag{7-4}$$

通解为

$$Y=C_1y_1+C_2y_2+\cdots+C_ny_n$$

其中，$y_1,y_2,\cdots,y_n$ 是方程(7-4)的 n 个线性无关特解，$C_1,C_2,\cdots,C_n$ 为任意常数.

注意：n 个函数 $y_1,y_2,\cdots,y_n$ 线性无关 $\Leftrightarrow$ 当 $k_1,k_2,\cdots,k_n$ 全为 0 时，$k_1y_1+k_2y_2+\cdots+k_ny_n=0$ 才成立.

2. *n* 阶非齐次线性方程的通解结构

n 阶非齐次线性方程

$$y^{(n)}+p_1(x)y^{(n-1)}+\cdots+p_{(n-1)}(x)y'+p_n(x)y=f(x) \tag{7-5}$$

通解为 $y=Y+y^*$. 其中，y^* 是方程(7-5)的一个特解，Y 是对应的齐次线性方程(7-4)的通解.

3. *n* 阶常系数齐次线性方程

$$y^{(n)}+p_1y^{(n-1)}+\cdots+p_{(n-1)}y'+p_ny=0\quad(p_1,p_2,\cdots,p_n\text{ 为常数}) \tag{7-6}$$

特征方程为

$$r^{(n)}+p_1r^{(n-1)}+\cdots+p_{(n-1)}r+p_n=0 \tag{7-7}$$

根据特征方程(7-7)的根，可以写出其对应的微分方程(7-6)的解如下：

特征方程的根	微分方程通解中的对立项
单实根 r	Ce^{rx}（一项）
k 重实根 r	$(C_1+C_2x+\cdots+C_kx^{k-1})e^{rx}$（$k$ 项）
一对单复根 $\alpha\pm i\beta$	$e^{\alpha x}[C_1\cos\beta x+C_2\sin\beta x]$（二项）
一对 k 重复根 $\alpha\pm i\beta$	$e^{\alpha x}[(C_1+C_2x+\cdots+C_kx^{k-1})\cos\beta x+(D_1+D_2x+\cdots+D_kx^{k-1})\sin\beta x]$（$2k$ 项）

表中右端共有 n 项，将它们相加即得方程(7-6)的通解：

$$Y=C_1y_1+C_2y_2+\cdots+C_ny_n.$$

例 4 求方程 $y^{(4)}-2y'''+5y''=0$ 的通解.

解 特征方程为

$$r^4-2r^3+5r^2=0$$

即

$$r^2(r^2-2r+5)=0$$

它的根是 $r_1=r_2=0$ 和 $r_{3,4}=1\pm 2i$. 因此所给微分方程的通解为

$$y=C_1+C_2x+e^x(C_3\cos 2x+C_4\sin 2x).$$

三、典型题选解

例 5 设 $f(x)$ 是连续可导的函数，且 $f(0)=1$，则满足方程 $\int_0^x f(x)dx=xf(x)-x^2$ 的函数 $f(x)=($　　$)$.

分析 所给方程中不仅有 $f(x)$，还有 $\int_0^x f(x)dx$，要把积分号去掉需要两边同时求导.

解 两边求导，得 $f(x)=f(x)+xf'(x)-2x$ 即 $xf'(x)=2x$，解得 $f(x)=2x+C$，又 $f(0)=1=C$，故 $f(x)=2x+1$.

例 6 设 $y=e^x(C_1\sin x+C_2\cos x)$（$C_1$、$C_2$ 为任意常数）为某二阶常系数线性齐次微分方程的通解，则该方程为(　　).

分析 求解二阶常系数线性齐次微分方程的通解时，先写特征方程，通过特征根写成通解. 而此题恰好是其逆运算，通过通解找出特征根，再通过特征根写出微分方程.

解 易知 $1\pm i$ 为所求微分方程的特征方程根，从而特征方程为 $r^2-2r+2=0$，故所求方程为 $y''-2y'+2y=0$.

本题也可由通解消去常数 C_1、C_2 得到所求方程. 由 $y=e^x(C_1\sin x+C_2\cos x)$，两边对 x 求一阶及二阶导数，得

$$y'=e^x(C_1\sin x+C_2\cos x)+e^x(C_1\cos x-C_2\sin x),$$

$$y''=2e^x(C_1\cos x-C_2\sin x).$$

由上述三式消去 C_1、C_2，得 $y''-2y'+2y=0$.

例 7 求方程 $y'=\sin^2(x-y+1)$ 的通解.

分析 此题不是我们常见的一阶微分方程的形式，我们可以试着做变换转化为常见一阶微分方程的形式.

解　令 $u=x-y+1$，则 $\frac{du}{dx}=1-\frac{dy}{dx}$. 于是原方程化为 $1-\frac{du}{dx}=\sin^2 u$，即 $\frac{du}{dx}=\cos^2 u$，$\frac{du}{\cos^2 u}=dx$. 积分得 $\tan u=x+C$，即 $\tan(x-y+1)=x+C$ 为原方程通解.

例 8　设 $y=f(x)$是方程 $y''-2y'+4y=0$ 的一个解，若 $f(x_0)>0$，且 $f'(x_0)=0$，则函数 $f(x)$在点 x_0(　　).

A. 取得极大值　　　　B. 取得极小值

C. 某个邻域内单调增加　　　　D. 某个邻域内单调减少

解　因为 $f'(x_0)=0$，所以 $x=x_0$ 为 $f(x)$ 的驻点. 又 $f''(x_0)-2f'(x_0)+4f(x_0)=0$，$f(x_0)>0$，所以 $f''(x_0)=-4f(x_0)<0$，故 $x=x_0$ 是 $f(x)$ 的极大值点，选(A).

例 9　已知曲线 $y=y(x)$过原点，且在原点处的切线平行于直线 $x-y+6=0$；又 $y=y(x)$满足微分方程$(y'')^2=1-y'^2$，则此曲线方程是(　　).

A. $-\sin x$　　　　B. $-\cos x$

C. $\sin x$　　　　D. $\cos x$

解　$y=y(x)$依题意，满足 $\begin{cases} y''=\sqrt{1-y'^2} \\ y|_{x=0}=0, y'|_{x=0}=1 \end{cases}$. 令 $y'=p$，$y''=\frac{dp}{dx}$代入原方程得 $\frac{dp}{dx}=\sqrt{1-p^2}$，$\frac{dp}{\sqrt{1-p^2}}=dx$；

$$\arcsin p=x+C, p=\sin(x+C).$$

即 $y'=\sin(x+C)$，由 $y'|_{x=0}=1$，得 $C=\frac{\pi}{2}$. 故

$$y'=\sin\left(x+\frac{\pi}{2}\right)=\cos x,$$

因此 $y=\sin x+C$，由 $y|_{x=0}=0$，得 $C=0$. 故所求曲线方程为 $y=\sin x$，选(C).

四、应用举例

例 10　汽艇以 27 km/h 的速度，在静止的海面上行驶，现在突然关闭其动力系统，它就在静止的海面上做直线滑行. 设已知水对汽艇运动的阻力与汽艇运动的速度成正比，并已知在关闭其动力后 20 s 汽艇的速度将为 10.8 km/h. 试问它最多能滑行多远?

解　设汽艇的质量为 m kg，关闭动力系统后 t s，汽艇滑行了 x m，根据牛顿第二定律，有 $m\frac{d^2x}{dt^2}=-k\frac{dx}{dt}$，即 $x''(t)+\mu x'(t)=0$，它的特征方程是 $r^2+\mu r=0$，其根 $r_1=0$，$r_2=-\mu$，是两个不相等的实根，因此所求通解为 $x=C_1+C_2e^{-\mu t}$.

根据初始条件 $x(0)=0$，$x'(t)=\frac{27000}{3600}=7.5$，可确定 $x=\frac{7.5}{\mu}(1-e^{-\mu t})$.

根据条件 $x'(20)=\frac{10800}{3600}=3$，即 $3=7.5e^{-\mu t}$，可确定 $\mu=\frac{\ln 2.5}{20}$.

对应地有 $x=\frac{150}{\ln 2.5}(1-\mathrm{e}^{-\frac{\ln 2.5}{20}t})$，由于任何时刻都有 $\frac{\mathrm{d}x}{\mathrm{d}t}=7.5\mathrm{e}^{-\frac{\ln 2.5}{20}t}>0$，从理论上说，这艘汽艇是永远也不会停下来的，但是由于

$$\lim_{t\to\infty}\frac{150}{\ln 2.5}(1-\mathrm{e}^{-\mu t})=\frac{150}{\ln 2.5}\approx 163.7(\mathrm{m}),$$

所以，可得最大滑行距离为 163.7 m.

例 11 设载有质量为 m 物体的火箭，由地面以初速度 v_0 垂直向上发射，如果不计空气阻力，试求物体的速度与高度的关系. 并问 v_0 至少取何值时，才能使物体永远飞离地球成为人造卫星？

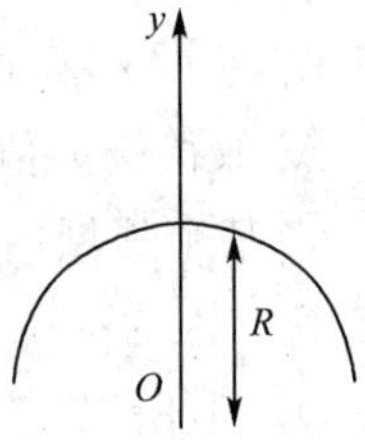

图 6-7-1

解 如图 6-7-1 所示，建立直角坐标系，取连接地球中心与物体的重心的直线为 y 轴，铅直向上为正，地球中心为原点 O. 设在时刻 t 物体的高度为 $y=y(t)$，物体在运动过程中受到的万有引力为 $F=k\frac{mM}{y^2}$，其中 M 为地球的质量，k 为万有引力常数. 由牛顿第二定律得

$$m\frac{\mathrm{d}^2y}{\mathrm{d}t^2}=-k\frac{mM}{y^2}$$

即 $\frac{\mathrm{d}^2y}{\mathrm{d}t^2}=-k\frac{M}{y^2}$，若设地球半径为 R，则初始条件为 $y(0)=R$，$y'(0)=v_0$.

令 $\frac{\mathrm{d}y}{\mathrm{d}t}=v$，则 $\frac{\mathrm{d}^2y}{\mathrm{d}t^2}=v\frac{\mathrm{d}v}{\mathrm{d}y}$，原方程变为 $v\frac{\mathrm{d}v}{\mathrm{d}y}=-k\frac{M}{y^2}$，求解此方程得 $\frac{1}{2}v^2=\frac{kM}{y}+C$. 由 $y(0)=R$，$v(0)=y'(0)=v_0$，得 $C=\frac{1}{2}v_0^2-\frac{kM}{R}$，于是

$$\frac{1}{2}v^2=\frac{kM}{y}+\frac{1}{2}v_0^2-\frac{kM}{R} \tag{7-8}$$

由于在地面上重力加速度为 g，故当 $y=R$ 时，由 $F=k\frac{mM}{y^2}$ 有 $g=\frac{kM}{R^2}$，即 $k=\frac{gR^2}{M}$，代入式(7-8)，得

$$v^2=\frac{2gR^2}{y}+(v_0^2-2gR) \tag{7-9}$$

从式(7-9)可以看出，当 $v_0\geqslant\sqrt{2gR}$ 时，物体的运动速度 v 始终是正的，从而物体可以摆脱地球的万有引力，永远飞离地球. 我们把其最小初速度 $v_0=\sqrt{2gR}$ 称为**第二宇宙速度**.

因 $g=9.8\ \mathrm{m/s^2}$，$R=6.3\times10^6$ m，所以 $v_0=\sqrt{2\times9.8\times6.3\times10^6}\approx11.2$ km/s.

例 12（**贷款模型**） 某人购买一套新房，向银行申请 10 年期的贷款 20 万元，现约定贷款的月利率为 0.4%，试问此人需要每月还银行多少钱？

解 设此人需要每月还银行 x 元，贷款总额为 y_0，月利率为 r，则

第 1 个月后还需偿还的贷款为

$$y_1=y_0-x+ry_0=(1+r)y_0-x;$$

第 2 个月后还需偿还的贷款为

$$y_2=y_1-x+ry_1=(1+r)y_1-x;$$

……

第 $t+1$ 个月后还需偿还的贷款为

$$y_{t+1}=(1+r)y_t-x;$$

即
$$y_{t+1}-(1+r)y_t=-x.$$

这是一个一阶常系数线性非齐次差分方程,其对应的齐次方程的特征根为 $\lambda=1+r\neq 1$,设差分方程有特解 $y_t^*=A$,代入得到 $A=\dfrac{x}{r}$,于是有通解

$$y_t=C(1+r)^t+\frac{x}{r}.$$

代入初始条件 y_0,得 $C=y_0-\dfrac{x}{r}$,于是非齐次差分方程的通解为

$$y_t=\left(y_0-\frac{x}{r}\right)(1+r)^t+\frac{x}{r}.$$

现计划 n 年还清贷款,故 $y_{12n}=0$,代入上式得

$$0=\left(y_0-\frac{x}{r}\right)(1+r)^{12n}+\frac{x}{r}.$$

从上面的等式解得

$$x=y_0r\cdot\frac{(1+r)^{12n}}{(1+r)^{12n}-1}.$$

由 $y_0=200000$,$r=0.004$,$n=10$,可得到 $x=2101.81$ 元,即此人需要每月还银行 2101.81 元.

总习题 6

A 组

一、填空题

1. 微分方程 $(y'')^2-2y'^3=2\tan y'-y^7$ 的阶数是________.

2. 微分方程 $\dfrac{dy}{dx}=-\dfrac{y}{x}$ 的通解为________.

3. 微分方程 $xy'+y=3$ 的通解为________.

4. 已知 $y=(C_1+C_2x)e^{3x}$ 是某二阶常系数齐次线性微分方程的通解,则该微分方程为________.

5. 微分方程 $y''+y'=x$ 的一个特解应设为________.

二、选择题

1. 微分方程 $y'=-y+xe^{-x}$ 是(　　)方程.

A. 可分离变量　　B. 齐次

C. 一阶非齐次线性　　D. 一阶齐次线性

2. 在整个数轴上线性相关的一组函数是(　　).

A. $x^2, x-1$　　B. $\sin 2x, \cos 2x$

C. $\ln x, x\ln x$　　D. e^{2-x}, e^{3-x}

3. 若 $y_2(x)$ 是线性非齐次方程 $y'+P(x)y=Q(x)$ 的解，$y_1(x)$ 是对应的齐次方程 $y'+P(x)y=0$ 的解，则下列函数也是 $y'+P(x)y=Q(x)$ 的解的是(　　).

A. $y=Cy_1(x)+y_2(x)$　　B. $y=y_1(x)+Cy_2(x)$

C. $y=C[y_1(x)+y_2(x)]$　　D. $y=Cy_1(x)-y_2(x)$

4. 微分方程 $yy''=y'+(y')^2$ 的通解是(　　).

A. $y=C_2\mathrm{e}^{C_1x}+C_1$　　B. $y=C_2\mathrm{e}$

C. $y=\dfrac{C_2}{C_1}\mathrm{e}^{C_1x}+\dfrac{1}{C_1}$　　D. $y=\dfrac{C_2}{C_1}\mathrm{e}^{C_1x}+C_1$

5. 具有特定特解形式为 $y=A_1x+A_2+B_1\mathrm{e}^x$ 的微分方程是(　　).

A. $y''+y'-2y=2x+\mathrm{e}^x$　　B. $y''-y'-2y=4x-2\mathrm{e}^x$

C. $y''-2y'+y=x+\mathrm{e}^x$　　D. $y''-2y'=4+2\mathrm{e}^x$

三、计算题

1. 求微分方程 $\dfrac{\mathrm{d}y}{\mathrm{d}x}=1+x+y^2+xy^2$ 的通解.

2. 求微分方程 $(x-2)\dfrac{\mathrm{d}y}{\mathrm{d}x}=y+2(x-2)^3$ 的通解.

3. 求微分方程 $\dfrac{\mathrm{d}y}{\mathrm{d}x}=\dfrac{y}{x}+\tan\dfrac{y}{x}$ 的通解.

4. 求微分方程 $y'''=\mathrm{e}^{2x}\cos x$ 的通解.

5. 求方程 $y''+2y'+y=0$ 满足初始条件 $y|_{x=0}=4, y'|_{x=0}=-2$ 的特解.

6. 求微分方程 $y''+y=0$ 满足初始条件 $y_{(0)}=1, y'_{(0)}=2$ 的特解.

7. 求微分方程 $y''-2y'-3y=3x+1$ 的一个特解.

8. 设函数 $f(x)$ 在 $(0,+\infty)$ 内连续，$f(1)=\dfrac{5}{2}$，且对所有 $x,t\in(0,+\infty)$，满足条件 $\int_1^{xt}f(u)\mathrm{d}u=t\int_1^x f(u)\mathrm{d}u+x\int_1^t f(u)\mathrm{d}u$，求 $f(x)$.

B 组

一、填空题

1. 微分方程 $y''+2y'+3y=0$ 的通解为________.

2. 设函数 $f(x)$ 满足 $f(x+\Delta x)-f(x)=2xf(x)\Delta x+o(\Delta x)$，且 $f(0)=2$，则 $f(1)=$________.

3. 以 $y=x^2-\mathrm{e}^x$ 和 $y=x^2$ 为特解的一阶非齐次线性微分方程为________.

4. 微分方程 $xy'+y(\ln x-\ln y)=0$ 满足条件 $y(1)=\mathrm{e}^3$ 的特解为________.

5. 已知 $\cos x$ 与 $\sin x$ 是二阶齐次线性方程 $y''+a(x)y'+b(x)y=0$ 的解，则 $b(x)=$________.

二、选择题

1. 方程 $y''-y=0$ 满足初值条件 $y'|_{x=0}=2, y|_{x=0}=0$ 的解为(　　).

A. $\mathrm{e}^x-\mathrm{e}^{-x}$　　B. $\mathrm{e}^x+\mathrm{e}^{-x}$　　C. $2\mathrm{e}^x-\mathrm{e}^{-x}$　　D. $\mathrm{e}^x-2\mathrm{e}^{-x}$

2. 已知微分方程 $y''+ay'+by=c\mathrm{e}^x$ 的通解为 $y=(C_1+C_2x)\mathrm{e}^{-x}+\mathrm{e}^x$，则 a,b,c 分别

为(　　).

A. 1,0,1　　B. 1,0,2　　C. 2,1,3　　D. 2,1,4

3. 微分方程 $y''-4y'+8y=e^{2x}(1+\cos 2x)$ 的特解可设为 $y^*=$(　　).

A. $Ae^{2x}+e^{2x}(B\cos 2x+C\sin 2x)$　　B. $Axe^{2x}+e^{2x}(B\cos 2x+C\sin 2x)$

C. $Ae^{2x}+xe^{2x}(B\cos 2x+C\sin 2x)$　　D. $Axe^{2x}+xe^{2x}(B\cos 2x+C\sin 2x)$

4. 若 $y=\varphi_1(x)$, $y=\varphi_2(x)$ 是一阶线性非齐次微分方程的两个不同特解,则该方程的通解可用这两个解表示为(　　).

A. $\varphi_1(x)-\varphi_2(x)$　　B. $\varphi_1(x)+\varphi_2(x)$

C. $C(\varphi_1(x)-\varphi_2(x))+\varphi_1(x)$　　D. $C\varphi_1(x)+\varphi_2(x)$

5. 微分方程 $y(x)=1+\int_0^x 3t^2y(t)\mathrm{d}t$ 的解为(　　).

A. $y=1$　　B. $y=e^{x^3}$　　C. $y=e^{x^2}$　　D. $y=e^x$

三、计算题

1. 求微分方程 $y''-3y'+2y=2xe^x$ 的通解.

2. 设函数 $y(x)$ 是微分方程 $y'-xy=\frac{1}{2\sqrt{x}}e^{\frac{x^2}{2}}$ 满足条件 $y(1)=\sqrt{e}$ 的特解,求 $y(x)$.

3. 已知微分方程 $y'+y=f(x)$,其中 $f(x)$ 是 R 上的连续函数.

(1)若 $f(x)=x$,求方程的通解;

(2)若 $f(x)$ 是周期为 T 的函数,证明:方程存在唯一的以 T 为周期的解.

4. 已知 $y_1=xe^x+e^{2x}$, $y_2=xe^x-e^{-x}$, $y_3=xe^x+e^{2x}-e^{-x}$ 是某二阶非齐次线性微分方程的三个特解:

(1)求此方程的通解;

(2)写出此微分方程;

(3)求此微分方程满足 $y(0)=7$, $y'(0)=6$ 的特解.

5. 如果对任意 $x>0$,曲线 $y=y(x)$ 上的点 $(x,y(x))$ 处的切线在 y 轴上的截距等于 $\frac{1}{x}\int_0^x y(t)\mathrm{d}t$,求函数 $y=y(x)$ 的表达式.

6. 某公司研制出一项新技术在行业内进行推广,新技术的推广是通过已掌握技术的人传播的. 设该行业的总人数为 N,在 $t=0$ 时刻已掌握新技术的人数为 y_0,在任意时刻 t 已掌握新技术的人数为 $y(t)$,其变化率与已掌握新技术的人数和未掌握新技术的人数之积成正比,比例系数 $\lambda>0$,求 $y(t)$.

7. 已知高温物体置于低温介质中,任意时刻该物体温度对时间的变化率与该时刻物体和介质的温差成正比. 现将一初始温度为 120°的物体在 20°恒温介质中冷却,30 min 后该物体的温度降至 30°,若要将该物体的温度继续降至 21°,还需冷却多长时间?

第7章

多元函数微分学

前面讨论了一元函数微积分，但在许多自然现象和实际问题中，往往是多因素相互制约，反映到数学上就表现为一个变量依赖于多个变量的情形，这就提出了多元函数以及多元函数的微分和积分问题. 本章将在一元函数微分学的基础上，讨论多元函数的微分法及其应用. 讨论中我们以二元函数为主，但所得到的概念、性质和结论都可以自然推广到一般的多元函数中去.

第1节 多元函数

一、多元函数的概念

例1 圆柱体的体积 V 与其底面半径 r、高 h 之间的关系为 $V=\pi r^2 h$.

当变量 r,h 在一定范围内($r>0,h>0$)取一对定值(r,h)时，V 有确定的值与其对应，V 的值依赖于 r,h 两个变量.

例2 一定量的理想气体，其体积 V，压强 p，热力学温度 T 之间具有下面的依赖关系

$$p=\frac{RT}{V}\quad (R\text{ 是常数})$$

这一问题中有三个变量 p,V,T，当 V 和 T 每取一组值时，按照上面的关系，就有一个确定的压强值 p 与之对应. 若考虑等温过程，即 T 保持不变，则 p 只随 V 的变化而变化，此时压强 p 是体积 V 的一元函数.

例3 电流产生的热量 Q 与电压 U、电流强度 I 以及时间 t 之间的关系为 $Q=IUt$. 这里 Q 随着 I,U,t 的变化而变化.

1. 二元函数的定义

定义1 设 D 是平面上的一个非空点集，如果对于 D 内的任一点(x,y)，按照某种法则 f，都有唯一确定的实数 z 与之对应，则称 f 是 D 上的二元函数，它在(x,y)处的函数值记为 $f(x,y)$，即 $z=f(x,y)$，其中 x,y 称为自变量，z 称为因变量. 点集 D 称为该函数的定义域，数集$\{z\,|\,z=f(x,y),(x,y)\in D\}$称为该函数的值域.

类似地，可定义三元及三元以上函数. 当 $n\geqslant 2$ 时，n 元函数统称为多元函数.

2. 二元函数的定义域

与一元函数类似，讨论用解析式表示的二元函数时，其定义域 D 是使该式有确定的 z 值的那些自变量 (x,y) 所构成的点集. 二元函数的定义域通常是由平面上一条或几条光滑曲线所围成的平面区域.

围成区域的曲线称为区域的边界，边界上的点称为边界点. 包括边界在内的区域称为闭区域，不包括边界在内的区域称为开区域. 区域内任意两点间距离的最大值称为区域的直径.

常见的区域有矩形域：$D=\{(x,y)\mid a<x<b,c<y<d\}$ 及圆域：$D=\{(x,y)\mid(x-x_0)^2+(y-y)^2+(z-z_0)^2<\delta^2(\delta>0)\}$. 圆域一般又称作平面上点 $P_0(x_0,y_0,z_0)$ 的 δ 邻域，记作 $U(P_0,\delta)$，而称不包含 P_0 点的邻域为空心邻域，记作 $\mathring{U}(P,\delta)$.

如果区域 D 可以被包含在以原点为圆心的某一邻域内，则称 D 为有界区域，否则称为无界区域.

例 4　求二元函数 $z=\ln(x+y)$ 的定义域.

解　自变量 x,y 所取的值必须满足不等式 $x+y>0$，即定义域

$$D=\{(x,y)\mid x+y>0\}$$

点集 D 在 xOy 面上表示一个在直线上方的半平面(不包含边界 $x+y=0$)，此时 D 为无界开区域.

例 5　求二元函数 $z=\ln(x^2+y^2-1)+\sqrt{9-x^2-y^2}$ 的定义域.

解　该函数由 $\ln(x^2+y^2-1)$ 与 $\sqrt{9-x^2-y^2}$ 两部分组成，所以要使函数有意义，x,y 应同时满足

$$\begin{cases}x^2+y^2-1>0\\9-x^2-y^2\geqslant 0\end{cases}$$

即 $1<x^2+y^2\leqslant 9$，故函数的定义域为

$$D=\{(x,y)\mid 1<x^2+y^2\leqslant 9\}$$

点集 D 表示 xOy 平面上以原点为圆心，以 1 和 3 为半径的两个圆围成的圆环域，它包含边界曲线外圆 $x^2+y^2=9$，但不包含边界曲线内圆 $x^2+y^2=1$.

例 6　求二元函数 $f(x,y)=\dfrac{\arcsin(3-x^2-y^2)}{\sqrt{x-y^2}}$ 的定义域.

解　要使函数有意义，x,y 应同时满足 $\begin{cases}-1\leqslant 3-x^2-y^2\leqslant 1\\x-y^2>0\end{cases}$. 故函数的定义域为 $D=\{(x,y)\mid 2\leqslant x^2+y^2\leqslant 4,\text{且 } x>y^2\}$.

点集 D 表示 xOy 平面上以原点为圆心，以 $\sqrt{2}$ 和 2 为半径的两个圆围成的圆环域与抛物线 $x=y^2$ 所围成的区域在第一、第四象限的部分，包含圆环的边界，但不包含抛物线的边界.

3. 二元函数的几何意义

一元函数一般表示平面上的一条曲线，二元函数 $z=f(x,y)$ 在空间直角坐标系中一般表示曲面.

二、二元函数的极限与连续性

1. 二元函数的极限

定义 2 对于二元函数 $z=f(x,y)$，如果点 (x,y) 以任意方式趋向点 (x_0,y_0) 时，$f(x,y)$ 总趋向于一个确定的常数 A，那么就称 A 是二元函数 $f(x,y)$ 当 $(x,y)\to(x_0,y_0)$ 时的极限，记作

$$\lim_{(x,y)\to(x_0,y_0)} f(x,y)=A \text{ 或} \lim_{\substack{x\to x_0\\ y\to y_0}} f(x,y)=A$$

注意：(1)二元函数的极限也叫二重极限，注意定义中 $(x,y)\to(x_0,y_0)$ 的方式是任意的. 确定极限不存在的方法是通常找两种不同趋近方式，若二元函数的极限不相等，则可断言 $f(x,y)$ 在点 (x_0,y_0) 处极限不存在.

(2)二元函数的极限也有与一元函数类似的运算法则.

例 7 证明 $\lim\limits_{\substack{x\to 0\\ y\to 0}} \dfrac{xy}{x^2+y^2}$ 不存在.

解 任意 (x,y) 沿 $y=x$ 趋于 $(0,0)$ 时 $\lim\limits_{x\to 0}\dfrac{x^2}{2x^2}=\dfrac{1}{2}$；任意 (x,y) 沿 $y=2x$ 趋于 $(0,0)$ 时 $\lim\limits_{x\to 0}\dfrac{2x^2}{5x^2}=\dfrac{2}{5}$，沿两条不同的路径趋于 $(0,0)$ 时，函数趋于不同的值，进而 $\lim\limits_{\substack{x\to 0\\ y\to 0}} \dfrac{xy}{x^2+y^2}$ 不存在.

2. 二元函数的连续性

定义 3 设函数 $z=f(x,y)$ 在点 $P_0(x_0,y_0)$ 的某邻域内有定义，如果

$$\lim_{\substack{x\to x_0\\ y\to y_0}} f(x,y)=f(x_0,y_0)$$

则称二元函数 $z=f(x,y)$ 在点 $P_0(x_0,y_0)$ 处连续. 如果 $f(x,y)$ 在区域 D 内每一点处都连续，则称 $f(x,y)$ 在区域 D 内连续，或称 $f(x,y)$ 是 D 内的连续函数.

如果函数 $z=f(x,y)$ 在点 $P_0(x_0,y_0)$ 处不连续，则称 $P_0(x_0,y_0)$ 为函数 $f(x,y)$ 的不连续点或间断点.

与一元函数类似，二元连续函数经过四则运算和复合运算后仍为二元连续函数. 由 x 和 y 的基本初等函数经过有限次的四则运算和复合所构成的可用一个式子表示的二元函数称为二元初等函数. 所有二元初等函数在其定义区域内都是连续的. 这里定义区域是指包含在定义域内的区域或闭区域. 利用这个结论，当要求某个二元初等函数在其定义区域内一点的极限时，只要算出函数在该点的函数值即可.

特别地，在有界闭区域 D 上连续的二元函数也有类似于一元连续函数在闭区间上所满足的定理. 下面我们不加证明地列出这些定理.

定理 1(最大值和最小值定理) 在有界闭区域 D 上的二元连续函数，存在最大值和最小值.

定理 2(有界性定理) 在有界闭区域 D 上的二元连续函数在 D 上一定有界.

定理 3(介值定理) 在有界闭区域 D 上的二元连续函数，若在 D 上取得两个不同的函数值，则它在 D 上取得介于这两值之间的任何值.

习题 7-1

A 组

1. 设 $f(u,v)=u^v$，求 $f(x,x^2)$ 及 $f\left(\frac{1}{y},x-y\right)$.

2. 求二元函数 $z=\frac{\sqrt{4x-y^2}}{\ln(1-x^2-y^2)}$ 的定义域.

3. 求 $\lim\limits_{\substack{x\to 0\\y\to 2}}\frac{\sin(xy)}{x}$.

4. 求 $z=\frac{x^2+y^2}{x-y}$ 的间断点.

B 组

1. 求下列函数的定义域.

(1) $z=\frac{\arccos(5-x^2-y^2)}{\sqrt{x-y^2}}$；

(2) $z=\arcsin\frac{x^2+y^2}{4}+\frac{1}{\sqrt{\ln(x^2+y^2)}}$；

(3) $f(x,y)=\frac{1}{\ln(x^2+y^2+1)}$；

(4) $z=\frac{1}{\sqrt{\ln(x+y)}}$.

2. 求下列二元函数的极限.

(1) $\lim\limits_{\substack{x\to 0\\y\to 0}}(x^2+y^2)\sin\frac{1}{x^2+y^2}$；

(2) $\lim\limits_{\substack{x\to 0\\y\to 0}}\frac{\sin(x^2y)}{x^2+y^2}$；

(3) $\lim\limits_{\substack{x\to 0\\y\to 1}}\frac{e^x+y}{x+y}$；

(4) $\lim\limits_{\substack{x\to 0\\y\to 1}}\left[\ln(y-x)+\frac{y}{\sqrt{1-x^2}}\right]$.

3. 证明 $\lim\limits_{\substack{x\to 0\\y\to 0}}\frac{x^3y}{x^6+y^2}$ 不存在.

4. 讨论二元函数 $f(x,y)=\begin{cases}\frac{x^3+y^3}{x^2+y^2}, & (x,y)\neq(0,0)\\ 0, & (x,y)=(0,0)\end{cases}$ 在 $(0,0)$ 处的连续性.

第2节 偏导数

一、偏导数的概念

1. 偏导数的定义

定义 设函数 $z=f(x,y)$ 在点 (x_0,y_0) 的某一邻域内有定义，当 y 固定在 y_0，而 x 在 x_0 处有改变量 Δx 时，相应地函数有改变量 $f(x_0+\Delta x,y_0)-f(x_0,y_0)$，如果极限

$$\lim_{\Delta x\to 0}\frac{f(x_0+\Delta x,y_0)-f(x_0,y_0)}{\Delta x}$$

存在，则称此极限值为函数 $z=f(x,y)$ 在点 (x_0,y_0) 处对 x 的偏导数，记为

$$\left.\frac{\partial z}{\partial x}\right|_{\substack{x=x_0\\y=y_0}},\text{或}\left.\frac{\partial f}{\partial x}\right|_{\substack{x=x_0\\y=y_0}},\left.z'_x\right|_{\substack{x=x_0\\y=y_0}},f'_x(x_0,y_0)$$

类似地，当 x 固定在 x_0 而 y 在 y_0 处有改变量 Δy，如果极限

$$\lim_{\Delta y\to 0}\frac{f(x_0,y_0+\Delta y)-f(x_0,y_0)}{\Delta y}$$

存在，则称此极限为函数 $z=f(x,y)$ 在点 (x_0,y_0) 处对 y 的偏导数，记为

$$\left.\frac{\partial z}{\partial y}\right|_{\substack{x=x_0\\y=y_0}},\text{或}\left.\frac{\partial f}{\partial y}\right|_{\substack{x=x_0\\y=y_0}},\text{或 }\left.z'_y\right|_{\substack{x=x_0\\y=y_0}},f'_y(x_0,y_0)$$

如果函数 $z=f(x,y)$ 在区域 D 内每一点 (x,y) 处对 x 的偏导数都存在，这个偏导数仍是 x,y 的函数，称为函数 $z=f(x,y)$ 对自变量 x 的偏导函数，简称偏导数，记为

$$\frac{\partial z}{\partial x},\text{或}\frac{\partial f}{\partial x},z'_x,f'_x(x,y)$$

类似地，可定义 z 对 y 的偏导函数.

注意：对偏导数的记号 $\frac{\partial z}{\partial x}$ 和 $\frac{\partial z}{\partial y}$ 不能理解为 ∂z 与 ∂x 或 ∂y 的商，它与一元函数的导数 $\frac{\mathrm{d}y}{\mathrm{d}x}$ 可看成是两个微分 $\mathrm{d}y$ 与 $\mathrm{d}x$ 之商是不同的，这是一个整体记号.

2. 偏导数的求法

从偏导数的定义可以看出，偏导数的实质就是把一个自变量固定，而将二元函数 $z=f(x,y)$ 看成是只有一个自变量的一元函数的导数. 因此，求二元函数的偏导数不需引进新的方法，只需用一元函数的微分法，把一个自变量视为常数，而对另一个自变量进行一元函数的求导即可.

例 1 求函数 $z=x^2\sin 2y$ 在点 $\left(1,\frac{\pi}{8}\right)$ 处的两个偏导数.

解 把 y 看作常量，对 x 求导数得

$$\frac{\partial z}{\partial x}=2x\sin 2y,\left.\frac{\partial z}{\partial x}\right|_{\left(1,\frac{\pi}{8}\right)}=2\sin\frac{\pi}{4}=\sqrt{2},$$

把 x 看作常量，对 y 求导数得

$$\frac{\partial z}{\partial y}=2x^2\cos 2y,\left.\frac{\partial z}{\partial y}\right|_{\left(1,\frac{\pi}{8}\right)}=2\cos\frac{\pi}{4}=\sqrt{2}.$$

例 2 求函数 $z=x^y$ 的偏导数.

解 把 y 看作常量，对 x 求导数得 $z'_x=yx^{y-1}$，把 x 看作常量，对 y 求导数得 $z'_y=x^y\ln x$.

例 3 求函数 $z=\ln(1+x^2+y^2)$ 在点 $(1,2)$ 处的偏导数.

解 先求偏导数

$$\frac{\partial z}{\partial x}=\frac{2x}{1+x^2+y^2},\frac{\partial z}{\partial y}=\frac{2y}{1+x^2+y^2},$$

所以

$$\left.\frac{\partial z}{\partial x}\right|_{(1,2)}=\frac{1}{3},\left.\frac{\partial z}{\partial y}\right|_{(1,2)}=\frac{2}{3}.$$

二元函数偏导数的定义和求法可以推广到三元和三元以上的函数.

例 4　在由 R_1,R_2 组成的一个并联电路中,若 $R_1>R_2$,问改变哪一个电阻才能使总电阻 R 的变化更大?

解　因 R_1,R_2 并联,所以

$$\frac{1}{R}=\frac{1}{R_1}+\frac{1}{R_2}$$

即

$$R=\frac{R_1R_2}{R_1+R_2}$$

而 $\frac{\partial R}{\partial R_1}=\frac{R_2^2}{(R_1+R_2)^2},\frac{\partial R}{\partial R_2}=\frac{R_1^2}{(R_1+R_2)^2}$,因为 $R_1>R_2$,所以 $\frac{\partial R}{\partial R_1}<\frac{\partial R}{\partial R_2}$. 因此,在并联电路中改变电阻值较小的电阻 R_2 使总电阻 R 的变化更大.

二、高阶偏导数

若二元函数 $z=f(x,y)$ 在区域 D 内的两个偏导数 $\frac{\partial z}{\partial x},\frac{\partial z}{\partial y}$ 存在,则 $\frac{\partial z}{\partial x},\frac{\partial z}{\partial y}$ 在 D 内仍是 x,y 的函数. 如果这两个函数的偏导数存在,则称它们是函数 $z=f(x,y)$ 的二阶偏导数. 按对变量的求导次序的不同有下列四个二阶偏导数,分别表示为

$$\frac{\partial}{\partial x}\left(\frac{\partial z}{\partial x}\right)=\frac{\partial^2 z}{\partial x^2}=f''_{xx}(x,y),\frac{\partial}{\partial y}\left(\frac{\partial z}{\partial x}\right)=\frac{\partial^2 z}{\partial x\partial y}=f''_{xy}(x,y)$$

$$\frac{\partial}{\partial x}\left(\frac{\partial z}{\partial y}\right)=\frac{\partial^2 z}{\partial y\partial x}=f''_{yx}(x,y),\frac{\partial}{\partial y}\left(\frac{\partial z}{\partial y}\right)=\frac{\partial^2 z}{\partial y^2}=f''_{yy}(x,y)$$

其中第二、第三两个偏导数称为混合偏导数. 它们求偏导数的先后次序不同,前者先对 x 后对 y 求导,后者是先对 y 后对 x 求导. 类似可以定义三阶、四阶、…、n 阶偏导数. 二阶及二阶以上的偏导数都称为高阶偏导数.

例 5　设 $z=x^3y+2xy^2-3y^3$,求其二阶偏导数.

解

$$\frac{\partial z}{\partial x}=3x^2y+2y^2,\frac{\partial z}{\partial y}=x^3+4xy-9y^2$$

$$\frac{\partial^2 z}{\partial x^2}=6xy,\frac{\partial^2 z}{\partial x\partial y}=3x^2+4y,$$

$$\frac{\partial^2 z}{\partial y\partial x}=3x^2+4y,\frac{\partial^2 z}{\partial y^2}=4x-18y.$$

定理　如果函数 $z=f(x,y)$ 的两个二阶混合偏导数 $\frac{\partial^2 z}{\partial x\partial y},\frac{\partial^2 z}{\partial y\partial x}$ 在区域 D 内连续,则在区域 D 内有

$$\frac{\partial^2 z}{\partial x\partial y}=\frac{\partial^2 z}{\partial y\partial x}$$

注意:这个定理告诉我们,二阶混合偏导数在连续的情况下与求导次序无关.

例 6　设 $z=\arctan\frac{y}{x}$,求 $\frac{\partial^2 z}{\partial x^2},\frac{\partial^2 z}{\partial x\partial y},\frac{\partial^2 z}{\partial y^2}$.

解 $\frac{\partial z}{\partial x}=\frac{y\cdot\left(-\frac{1}{x^2}\right)}{1+\left(\frac{y}{x}\right)^2}=\frac{-y}{x^2+y^2}$，$\frac{\partial z}{\partial y}=\frac{\frac{1}{x}}{1+\left(\frac{y}{x}\right)^2}=\frac{x}{x^2+y^2}$

$$\frac{\partial^2 z}{\partial x^2}=\frac{\partial}{\partial x}\left(-\frac{y}{x^2+y^2}\right)=\frac{2xy}{(x^2+y^2)^2}$$

$$\frac{\partial^2 z}{\partial x\partial y}=\frac{\partial}{\partial y}\left(-\frac{y}{x^2+y^2}\right)=\frac{y^2-x^2}{(x^2+y^2)^2}$$

$$\frac{\partial^2 z}{\partial y^2}=\frac{\partial}{\partial y}\left(\frac{x}{x^2+y^2}\right)=\frac{-2xy}{(x^2+y^2)^2}$$

例 7 证明 $T(x,t)=e^{-ab^2t}\sin bx$ 满足热传导方程 $\frac{\partial T}{\partial t}=a\frac{\partial^2 T}{\partial x^2}$，其中 a 为正常数，b 为任意常数.

证明 因为

$$\frac{\partial T}{\partial t}=-ab^2e^{-ab^2t}\sin bx, \frac{\partial T}{\partial x}=be^{-ab^2t}\cos bx, \frac{\partial^2 T}{\partial x^2}=-b^2e^{-ab^2t}\sin bx$$

所以

$$a\frac{\partial^2 T}{\partial x^2}=-ab^2e^{-ab^2t}\sin bx=\frac{\partial T}{\partial t},$$

等式成立.

习题 7-2

A 组

1. 求下列函数的偏导数.

(1) $z=\sin\frac{y}{x}$；　　(2) $z=(1+xy)^y$；

(3) $z=xy+\frac{x}{y}$；　　(4) $z=e^{xy}$.

2. 求函数 $z=\sin(x+y)e^{xy}$ 在点 $(1,-1)$ 处的偏导数.

3. 求下列函数的二阶偏导数 $\frac{\partial^2 z}{\partial x^2}$，$\frac{\partial^2 z}{\partial y^2}$，$\frac{\partial^2 z}{\partial x\partial y}$.

(1) $z=xy^3+2xy^2-3x^3$；　　(2) $z=x\ln(xy)$；

(3) $z=xy+x^2\sin y$.

4. 设 $z=xy+xe^{\frac{y}{x}}$，证明 $x\frac{\partial z}{\partial x}+y\frac{\partial z}{\partial y}=xy+z$.

B 组

1. 求三元函数 $u=\sin(x+y^2-e^z)$ 的偏导数.

2. 求 $r=\sqrt{x^2+y^2+z^2}$ 的偏导数.

3. 证明:函数 $f(x,y)=\begin{cases}\dfrac{xy}{x^2+y^2}, & (x,y)\neq(0,0)\\ 0, & (x,y)=(0,0)\end{cases}$ 的偏导数 $f_x(0,0)$,$f_y(0,0)$存在,但 $f(x,y)$在(0,0)点不连续.

4. 证明函数 $u(x,y)=\ln\sqrt{x^2+y^2}$ 满足 Laplace 方程$\dfrac{\partial^2 u}{\partial x^2}+\dfrac{\partial^2 u}{\partial y^2}=0$.

5. 证明函数 $u=\dfrac{1}{r}$满足 Laplace 方程$\dfrac{\partial^2 u}{\partial x^2}+\dfrac{\partial^2 u}{\partial y^2}+\dfrac{\partial^2 u}{\partial z^2}=0$,其中 $r=\sqrt{x^2+y^2+z^2}$.

6. 设 $f(x,y)=\begin{cases}xy\dfrac{x^2-y^2}{x^2+y^2}, & (x,y)\neq(0,0)\\ 0, & (x,y)=(0,0)\end{cases}$,试求 $f_{xy}(0,0)$及 $f_{yx}(0,0)$.

7. 设 $z=f(x,y)=e^{xy}\sin\pi y+(x-1)\arctan\dfrac{x}{y}$,试求 $f_x(1,1)$及 $f_y(1,1)$.

第 3 节 全微分及其应用

一、全微分的概念

定义 若函数 $z=f(x,y)$在点(x_0,y_0)处的全增量 $\Delta z=f(x_0+\Delta x,y_0+\Delta y)-f(x_0,y_0)$可以表示为

$$\Delta z=A\Delta x+B\Delta y+\alpha$$

其中 A,B 与 Δx,Δy 无关,α 是$\rho=\sqrt{(\Delta x)^2+(\Delta y)^2}$的高阶无穷小,则称 $A\Delta x+B\Delta y$ 为函数 $z=f(x,y)$在点(x_0,y_0)处的全微分,记作 dz,即

$$dz=A\Delta x+B\Delta y$$

这时也称函数 $z=f(x,y)$在点(x_0,y_0)处可微.

如果函数 $z=f(x,y)$在区域 D 内处处可微,则称函数 $z=f(x,y)$在区域 D 内可微.

注意:如果函数 $z=f(x,y)$在点(x_0,y_0)处可微,则函数在该点必连续;如果函数在点(x_0,y_0)处不连续,则函数在该点必不可微.

定理 1(可微的必要条件) 若函数 $z=f(x,y)$在点(x_0,y_0)处可微,则函数 $z=f(x,y)$在点(x_0,y_0)处的两个偏导数存在,且有

$$A=\left.\frac{\partial z}{\partial x}\right|_{(x_0,y_0)},B=\left.\frac{\partial z}{\partial y}\right|_{(x_0,y_0)}$$

由此定理可知,若函数 $z=f(x,y)$在点(x_0,y_0)处可微,则全微分为

$$dz=\left.\frac{\partial z}{\partial x}\right|_{(x_0,y_0)}\Delta x+\left.\frac{\partial z}{\partial y}\right|_{(x_0,y_0)}\Delta y$$

与一元函数一样,规定 $\Delta x=dx$,$\Delta y=dy$,则

$$dz=\left.\frac{\partial z}{\partial x}\right|_{(x_0,y_0)}dx+\left.\frac{\partial z}{\partial y}\right|_{(x_0,y_0)}dy$$

定理 2(**可微的充分条件**)　若函数 $z=f(x,y)$ 在点 (x_0,y_0) 的某邻域内偏导数连续，则函数 $z=f(x,y)$ 在该点一定可微.

例 1　求 $z=\sin(x^2+y^2)$ 的全微分.

解

$$\frac{\partial z}{\partial x}=2x\cos(x^2+y^2),\frac{\partial z}{\partial y}=2y\cos(x^2+y^2)$$

于是全微分为

$$\begin{aligned}dz&=\frac{\partial z}{\partial x}dx+\frac{\partial z}{\partial y}dy=2x\cos(x^2+y^2)dx+2y\cos(x^2+y^2)dy\\&=2\cos(x^2+y^2)(xdx+ydy).\end{aligned}$$

例 2　求 $z=x^2y^2$ 在点(2,−1)处的全微分.

解　$\frac{\partial z}{\partial x}=2xy^2,\frac{\partial z}{\partial y}=2x^2y$

$$\left.\frac{\partial z}{\partial x}\right|_{\substack{x=2\\y=-1}}=2\times2\times(-1)^2=4,$$

$$\left.\frac{\partial z}{\partial y}\right|_{\substack{x=2\\y=-1}}=2\times2^2\times(-1)=-8.$$

于是函数在点(2,−1)的全微分为 $dz=4dx-8dy$.

二元以上函数的全微分类似于二元函数的全微分，例如函数 $u=u(x,y,z)$ 的全微分 $du=\frac{\partial u}{\partial x}dx+\frac{\partial u}{\partial y}dy+\frac{\partial u}{\partial z}dz$.

例 3　设 $u=xe^{xy+2z}$，求 u 的全微分.

解　$\frac{\partial u}{\partial x}=e^{xy+2z}+xe^{xy+2z}\cdot y=(1+xy)e^{xy+2z}$

$\frac{\partial u}{\partial y}=xe^{xy+2z}\cdot x=x^2e^{xy+2z}$

$\frac{\partial u}{\partial z}=xe^{xy+2z}\cdot 2=2xe^{xy+2z}$

于是

$$\begin{aligned}du&=\frac{\partial u}{\partial x}dx+\frac{\partial u}{\partial y}dy+\frac{\partial u}{\partial z}dz\\&=(1+xy)e^{xy+2z}dx+x^2e^{xy+2z}dy+2xe^{xy+2z}dz\\&=e^{xy+2z}[(1+xy)dx+x^2dy+2xdz].\end{aligned}$$

二、全微分在近似计算中的应用

若函数 $z=f(x,y)$ 在点 (x,y) 处可微，则当 $|\Delta x|$ 与 $|\Delta y|$ 都较小时，其全微分 $dz=f'_x(x,y)dx+f'_y(x,y)dy=f'_x(x,y)\Delta x+f'_y(x,y)\Delta y$，而且其全增量 $\Delta z=f(x+\Delta x,y+\Delta y)-f(x,y)$ 与全微分 dz 之差是一个 $\rho=\sqrt{(\Delta x)^2+(\Delta y)^2}$ 的高阶无穷小. 因此，当 $|\Delta x|,|\Delta y|$ 都较小时，全增量可以近似地用全微分代替，于是有

$$f(x+\Delta x,y+\Delta y)-f(x,y)\approx f'_x(x,y)\Delta x+f'_y(x,y)\Delta y$$

或

$$f(x+\Delta x,y+\Delta y)\approx f(x,y)+f'_x(x,y)\Delta x+f'_y(x,y)\Delta y.$$

例 4 利用全微分近似计算$(0.98)^{2.03}$.

解 设函数$z=f(x,y)=x^y$，取$x=1,y=2,\Delta x=-0.02,\Delta y=0.03$，则要计算的值就是函数$z=x^y$在$x+\Delta x=0.98,y+\Delta y=2.03$处的函数值$f(0.98,2.03)$.

由公式

$$f(x+\Delta x,y+\Delta y)\approx f(x,y)+f'_x(x,y)\Delta x+f'_y(x,y)\Delta y$$

得

$$\begin{aligned}f(0.98,2.03)&=f(1-0.02,2+0.03)\\&\approx f(1,2)+f'_x(1,2)(-0.02)+f'_y(1,2)(0.03)\end{aligned}$$

而

$$f(1,2)=1,f'_x(x,y)=yx^{y-1},f'_x(1,2)=2$$

$$f'_y(x,y)=x^y\ln x,f'_y(1,2)=0$$

所以

$$(0.98)^{2.03}\approx 1+2\times(-0.02)+0\times 0.03=0.96$$

例 5 为制造轴承，需对1000个半径为4 mm，高为10 mm的圆柱体钢材镀厚度为0.1 mm的铬，问大约需多少铬？(已知铬的密度$\rho=7.1\ \text{g/cm}^3$)

解 圆柱体体积$V=\pi r^2h$，镀层的体积为

$$\Delta V\approx \mathrm{d}V=\frac{\partial V}{\partial r}\mathrm{d}r+\frac{\partial V}{\partial h}\mathrm{d}h=2\pi rh\Delta r+\pi r^2\Delta h$$

将$r=4,h=10,\Delta r=0.1,\Delta h=0.2$代入上式得

$$\begin{aligned}\Delta V&\approx 2\pi\times 4\times 10\times 0.1+\pi\times 4^2\times 0.2\\&=11.2\pi\ \text{mm}^3\approx 0.0352\ \text{cm}^3\end{aligned}$$

$$W=\Delta V\cdot\rho\times 1000\approx 7.1\times 0.0352\times 1000\approx 249.8\ \text{g}$$

因此，大约需要铬249.8 g.

习题 7-3

A 组

1. 求下列函数的全微分.

(1)$z=e^{\frac{y}{x}}$；　　(2)$u=x^{yz}$；

(3)$z=\sin(x+y^2)$；　　(4)$z=\arctan\dfrac{x}{y}+e^x$.

2. 设$z=\dfrac{1}{2}\ln(1+x^2+y^2)$，求$\mathrm{d}z$及$\mathrm{d}z|_{(1,1)}$.

B 组

1. 求函数$z=4xy^3+5x^2y^6$的全微分.
2. 计算函数$z=e^{xy}$在点$(2,1)$处的全微分.
3. 求函数$u=x+\sin\dfrac{y}{2}+e^{yz}$的全微分.
4. 求函数$u=x^{y^z}$的微分.

5. 计算$(1.04)^{2.02}$的近似值.

6. 测得长方体盒子的边长为 75 cm、60 cm 以及 40 cm,且可能的最大测量误差为 0.02 cm. 试用全微分估计利用这些测量值计算盒子体积时可能带来的最大误差.

第 4 节 多元复合函数微分法

一、复合函数微分法

设函数$z=f(u,v)$,而u,v都是x,y的函数,$u=\varphi(x,y)$,$v=\psi(x,y)$,于是$z=f[\varphi(x,y),\psi(x,y)]$是$x,y$的函数,称函数$z=f[\varphi(x,y),\psi(x,y)]$为$z=f(u,v)$与$u=\varphi(x,y)$,$v=\psi(x,y)$的复合函数.

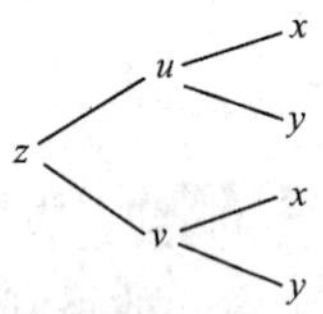

图 7-4-1

二元复合函数有下列的微分法则,称为锁链法则或链法则. 如图 7-4-1 所示.

定理 1 设$u=\varphi(x,y)$,$v=\psi(x,y)$在点(x,y)处有偏导数,$z=f(u,v)$在相应点(u,v)有连续偏导数,则复合函数$z=f[\varphi(x,y),\psi(x,y)]$在点$(x,y)$处有偏导数

$$\frac{\partial z}{\partial x}=\frac{\partial z}{\partial u}\frac{\partial u}{\partial x}+\frac{\partial z}{\partial v}\frac{\partial v}{\partial x},\frac{\partial z}{\partial y}=\frac{\partial z}{\partial u}\frac{\partial u}{\partial y}+\frac{\partial z}{\partial v}\frac{\partial v}{\partial y} \tag{4-1}$$

证明略.

例 1 设$z=\ln(u^2+v)$,$u=e^{x+y^2}$,$v=x^2+y$,求$\frac{\partial z}{\partial x},\frac{\partial z}{\partial y}$.

解 因为$\frac{\partial u}{\partial x}=e^{x+y^2}$,$\frac{\partial v}{\partial x}=2x$,$\frac{\partial u}{\partial y}=2ye^{x+y^2}$,$\frac{\partial v}{\partial y}=1$,

$\frac{\partial z}{\partial u}=\frac{2u}{u^2+u}$,$\frac{\partial z}{\partial v}=\frac{1}{u^2+v}$,所以

$$\frac{\partial z}{\partial x}=\frac{\partial z}{\partial u}\frac{\partial u}{\partial x}+\frac{\partial z}{\partial v}\frac{\partial v}{\partial x}=\frac{2u}{u^2+v}\cdot e^{x+y^2}+\frac{1}{u^2+v}\cdot 2x$$

$$=\frac{2}{e^{2x+2y^2}+x^2+y}(e^{2x+2y^2}+x)$$

$$\frac{\partial z}{\partial y}=\frac{\partial z}{\partial u}\frac{\partial u}{\partial y}+\frac{\partial z}{\partial v}\frac{\partial v}{\partial y}=\frac{2u}{u^2+v}\cdot 2ye^{x+y^2}+\frac{1}{u^2+v}\cdot 1$$

$$=\frac{1}{e^{2x+2y^2}+x^2+y}(4ye^{2x+2y^2}+1)$$

例 2 求$z=(x^2+y^2)^{xy}$的偏导数.

解 令$u=x^2+y^2$,$v=xy$,则$z=u^v$,因为

$$\frac{\partial u}{\partial x}=2x,\frac{\partial v}{\partial x}=y,\frac{\partial u}{\partial y}=2y,\frac{\partial v}{\partial y}=x,\frac{\partial z}{\partial u}=vu^{v-1},\frac{\partial z}{\partial v}=u^v\ln u$$

所以

$$\frac{\partial z}{\partial x}=\frac{\partial z}{\partial u}\frac{\partial u}{\partial x}+\frac{\partial z}{\partial v}\frac{\partial v}{\partial x}$$
$$=vu^{v-1}\cdot 2x+(u^v\ln u)y$$
$$=(x^2+y^2)^{xy}\left[\frac{2x^2y}{x^2+y^2}+y\ln(x^2+y^2)\right]$$

根据函数 $z=(x^2+y^2)^{xy}$ 关于 x,y 的对称性，可相应写出

$$\frac{\partial z}{\partial y}=(x^2+y^2)^{xy}\left[\frac{2xy^2}{x^2+y^2}+x\ln(x^2+y^2)\right]$$

多元复合函数的复合关系多种多样，但根据锁链法则，我们可以灵活掌握复合函数的求导法则. 下面讨论几种情形.

1. 只有一个自变量

设 $z=f(u,v)$，$u=\varphi(x)$，$v=\psi(x)$，则复合函数 $z=f[\varphi(x),\psi(x)]$ 的导数为

$$\frac{\mathrm{d}z}{\mathrm{d}x}=\frac{\partial z}{\partial u}\frac{\mathrm{d}u}{\mathrm{d}x}+\frac{\partial z}{\partial v}\frac{\mathrm{d}v}{\mathrm{d}x} \tag{4-2}$$

这里 $z=f(u,v)$ 是 u,v 的二元函数，而 u,v 都是 x 的一元函数，则 $z=f[\varphi(x),\varphi(x)]$ 是 x 的一元函数，这时复合函数对 x 的导数 $\frac{\mathrm{d}z}{\mathrm{d}x}$ 称为全导数. 如图 7-4-2 所示.

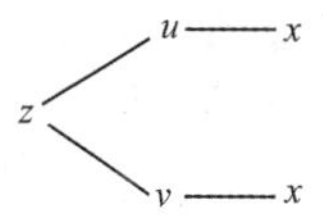

图 7-4-2

例 3　设 $z=\mathrm{e}^{u-2v}$，$u=\sin x$，$v=x^2$，求 $\frac{\mathrm{d}z}{\mathrm{d}x}$.

解　$$\frac{\mathrm{d}z}{\mathrm{d}x}=\frac{\partial z}{\partial u}\frac{\mathrm{d}u}{\mathrm{d}x}+\frac{\partial z}{\partial v}\frac{\mathrm{d}v}{\mathrm{d}x}$$
$$=\mathrm{e}^{u-2v}\cos x+\mathrm{e}^{u-2v}(-2)\cdot 2x$$
$$=\mathrm{e}^{\sin x-2x^2}(\cos x-4x).$$

2. 中间变量和自变量多于两个的情形

若 $u=\varphi(x,y,z)$，$v=\psi(x,y,z)$，如图 7-4-3 所示，则复合函数 $w=f(u,v)=f[\varphi(x,y,z),\psi(x,y,z)]$ 的偏导数为

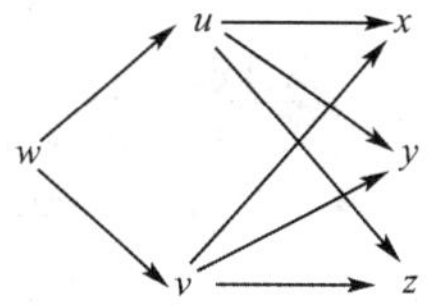

图 7-4-3

$$\frac{\partial w}{\partial x}=\frac{\partial w}{\partial u}\frac{\partial u}{\partial x}+\frac{\partial w}{\partial v}\frac{\partial v}{\partial x}$$
$$\frac{\partial w}{\partial y}=\frac{\partial w}{\partial u}\frac{\partial u}{\partial y}+\frac{\partial w}{\partial v}\frac{\partial v}{\partial y}$$
$$\frac{\partial w}{\partial z}=\frac{\partial w}{\partial u}\frac{\partial u}{\partial z}+\frac{\partial w}{\partial v}\frac{\partial v}{\partial z} \tag{4-3}$$

若 $w=f(u,v,t)$，而 $u=u(x,y)$，$v=v(x,y)$，$t=t(x,y)$，如图 7-4-4 所示，则复合函数 $w=f[u(x,y),v(x,y),t(x,y)]$ 的偏导数为

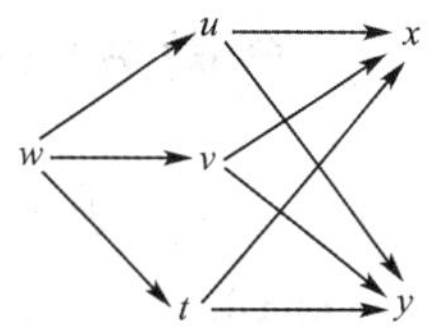

图 7-4-4

$$\frac{\partial w}{\partial x}=\frac{\partial w}{\partial u}\frac{\partial u}{\partial x}+\frac{\partial w}{\partial v}\frac{\partial v}{\partial x}+\frac{\partial w}{\partial t}\frac{\partial t}{\partial x}$$
$$\frac{\partial w}{\partial y}=\frac{\partial w}{\partial u}\frac{\partial u}{\partial y}+\frac{\partial w}{\partial v}\frac{\partial v}{\partial y}+\frac{\partial w}{\partial t}\frac{\partial t}{\partial y}$$

例 4 设 $w=f(x^2,xy,xyz)$，求 $\frac{\partial w}{\partial x},\frac{\partial w}{\partial y},\frac{\partial w}{\partial z}$.

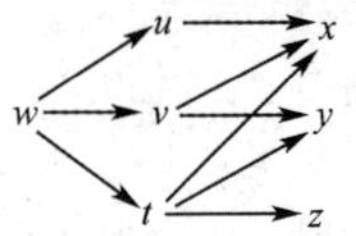

图 7-4-5

解 设 $u=x^2,v=xy,t=xyz$，函数关系如图 7-4-5，则

$$\frac{\partial w}{\partial x}=\frac{\partial w}{\partial u}\frac{\partial u}{\partial x}+\frac{\partial w}{\partial v}\frac{\partial v}{\partial x}+\frac{\partial w}{\partial t}\frac{\partial t}{\partial x}=2x\frac{\partial w}{\partial u}+y\frac{\partial w}{\partial v}+yz\frac{\partial w}{\partial t}$$

$$\frac{\partial w}{\partial y}=\frac{\partial w}{\partial u}\frac{\partial u}{\partial y}+\frac{\partial w}{\partial v}\frac{\partial v}{\partial y}+\frac{\partial w}{\partial t}\frac{\partial t}{\partial y}=x\frac{\partial w}{\partial v}+xz\frac{\partial w}{\partial t}$$

$$\frac{\partial w}{\partial z}=\frac{\partial w}{\partial u}\frac{\partial u}{\partial z}+\frac{\partial w}{\partial v}\frac{\partial v}{\partial z}+\frac{\partial w}{\partial t}\frac{\partial t}{\partial z}=xy\frac{\partial w}{\partial t}$$

3. 自变量也充当中间变量的情形

若 $z=f(u,x,y)$，$u=\varphi(x,y)$，则复合函数 $z=f[\varphi(x,y),x,y]$ 可看作是 $v=x,t=y$ 的特殊情形，此时 x,y 既是自变量，同时又与 u 一起形成中间变量 u,x,y. 因此 $\frac{\partial v}{\partial x}=1,\frac{\partial t}{\partial x}=0,\frac{\partial v}{\partial y}=0,\frac{\partial t}{\partial y}=1$. 故

$$\frac{\partial z}{\partial x}=\frac{\partial f}{\partial u}\frac{\partial u}{\partial x}+\frac{\partial f}{\partial x},\quad \frac{\partial z}{\partial y}=\frac{\partial f}{\partial u}\frac{\partial u}{\partial y}+\frac{\partial f}{\partial y}$$

在上式中 $\frac{\partial z}{\partial x}\left(\text{或}\frac{\partial z}{\partial y}\right)$ 表示复合函数 $z=f[\varphi(x,y),x,y]$ 对自变量 x（或 y）的偏导数（此时把自变量 y（或 x）看成常数）；而 $\frac{\partial f}{\partial x}\left(\text{或}\frac{\partial f}{\partial y}\right)$ 表示函数 $z=f(u,x,y)$ 对中间变量 x（或 y）的偏导数，此时 u,x,y 皆为中间变量. 求 $\frac{\partial f}{\partial x}\left(\text{或}\frac{\partial f}{\partial y}\right)$ 时，把中间变量 u,y（或 x）看成常数，所以 $\frac{\partial z}{\partial x}\left(\text{或}\frac{\partial z}{\partial y}\right)$ 与 $\frac{\partial f}{\partial x}\left(\text{或}\frac{\partial f}{\partial y}\right)$ 的意义是不同的，不可混淆.

例 5 设 $z=f(x,x\cos y)$，求 $\frac{\partial z}{\partial x},\frac{\partial z}{\partial y}$.

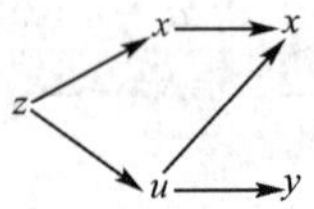

图 7-4-6

解 设 $u=x\cos y$，函数关系如图 7-4-6，则

$$\frac{\partial z}{\partial x}=\frac{\partial f}{\partial u}\frac{\partial u}{\partial x}+\frac{\partial f}{\partial x}\frac{\mathrm{d}x}{\mathrm{d}x}=\cos y\frac{\partial f}{\partial u}+\frac{\partial f}{\partial x}$$

$$\frac{\partial z}{\partial y}=\frac{\partial f}{\partial u}\frac{\partial u}{\partial y}=-x\sin y\frac{\partial f}{\partial u}.$$

二、全微分的形式不变性

根据复合函数求导的链式法则，可得到重要的全微分形式不变性. 以二元函数为例，设 $z=f(u,v)$，$u=u(x,y)$，$v=v(x,y)$ 是可微函数，则由全微分定义和链式法则，有

$$\mathrm{d}z=\frac{\partial z}{\partial x}\mathrm{d}x+\frac{\partial z}{\partial y}\mathrm{d}y=\left(\frac{\partial z}{\partial u}\cdot\frac{\partial u}{\partial x}+\frac{\partial z}{\partial v}\cdot\frac{\partial v}{\partial x}\right)\mathrm{d}x+\left(\frac{\partial z}{\partial u}\cdot\frac{\partial u}{\partial y}+\frac{\partial z}{\partial v}\cdot\frac{\partial v}{\partial y}\right)\mathrm{d}y$$

$$=\frac{\partial z}{\partial u}\left(\frac{\partial u}{\partial x}\mathrm{d}x+\frac{\partial u}{\partial y}\mathrm{d}y\right)+\frac{\partial z}{\partial v}\left(\frac{\partial v}{\partial x}\mathrm{d}x+\frac{\partial v}{\partial y}\mathrm{d}y\right)$$

$$=\frac{\partial z}{\partial u}\mathrm{d}u+\frac{\partial z}{\partial v}\mathrm{d}v.$$

由此可见，尽管现在的 u,v 是中间变量，但全微分 $\mathrm{d}z$ 与 x、y 是自变量时的表达式在形式上完全一致. 这个性质称为全微分形式不变性. 适当应用这个性质，会收到很好的效果.

习题 7-4

A 组

1. 设 $z=\mathrm{e}^u\sin v$，而 $u=x^2+y^2$，$v=\frac{y}{x}$，求 $\frac{\partial z}{\partial x}$，$\frac{\partial z}{\partial y}$.

2. $z=\mathrm{e}^{x-2y}$，$x=\sin t$，$y=t^3$，求 $\frac{\mathrm{d}z}{\mathrm{d}t}$.

3. 设 $z=xyf\left(\frac{x}{y},\frac{y}{x}\right)$，求 $\frac{\partial z}{\partial x}$.

4. 求下列函数的一阶偏导数(其中 f 具有一阶连续偏导数).

(1) $z=f(x^2-y^2)$； (2) $u=f\left(\frac{x}{y},\frac{y}{z}\right)$； (3) $u=f(x,xy\cdot xyz)$.

B 组

1. 设 $z=uv+\sin t$，而 $u=\mathrm{e}^t$，$v=\cos t$，求导数 $\frac{\mathrm{d}z}{\mathrm{d}t}$.

2. 设 $z=\mathrm{e}^u\sin v$，而 $u=xy$，$v=x+y$，求 $\frac{\partial z}{\partial x}$ 和 $\frac{\partial z}{\partial y}$.

3. 求 $z=(3x^2+y^2)^{4x+2y}$ 的偏导数.

4. 设 $u=f(x,y,z)=\mathrm{e}^{x^2+y^2+z^2}$，$z=x^2\sin y$，求 $\frac{\partial u}{\partial x}$ 和 $\frac{\partial u}{\partial y}$.

5. 设 $z=xy+u$，$u=\varphi(x,y)$，求 $\frac{\partial z}{\partial x}$，$\frac{\partial^2 z}{\partial x^2}$，$\frac{\partial^2 z}{\partial x\partial y}$.

6. 设 $z=f(\mathrm{e}^{xy},x^2-y^2)$，其中 $f(\xi,\eta)$ 具有连续的二阶偏导数，求 $\frac{\partial z}{\partial y}$，$\frac{\partial^2 z}{\partial y^2}$.

7. 设 $w=f(x+2y+3z,xyz)$，其中函数 f 具有二阶连续偏导数，求 $\frac{\partial w}{\partial x}$，$\frac{\partial^2 w}{\partial x\partial z}$.

8. $f(u,v)$ 满足 $f\left(x+y,\frac{y}{x}\right)=x^2-y^2$，求 $\left.\frac{\partial f}{\partial u}\right|_{\substack{u=1\\v=1}}$，$\left.\frac{\partial f}{\partial v}\right|_{\substack{u=1\\v=1}}$.

第5节 隐函数的微分法

在一元微分学中，我们曾引入了隐函数的概念，并介绍了不经过显化而直接由方程

$$F(x,y)=0 \tag{5-1}$$

来求它所确定的隐函数的导数的方法 这里将进一步从理论上阐明隐函数的存在性，并通过

多元复合函数求导的链式法则建立隐函数的求导公式，给出一套所谓的"隐式"求导法.

定理 1 设函数 $F(x,y)$ 在点 $P(x_0,y_0)$ 的某一邻域内具有连续的偏导数，且 $F_y(x_0,y_0)\neq 0$，$F(x_0,y_0)=0$，则方程 $F(x,y)=0$ 在点 $P(x_0,y_0)$ 的某一邻域内恒能唯一确定一个连续且具有连续导数的函数 $y=f(x)$，它满足 $y_0=f(x_0)$，并有

$$\frac{\mathrm{d}y}{\mathrm{d}x}=-\frac{F_x}{F_y} \tag{5-2}$$

例 1 设 $\dfrac{x^2}{a^2}+\dfrac{y^2}{b^2}=1$，$a,b$ 为常数，求 $\dfrac{\mathrm{d}y}{\mathrm{d}x}$.

解法 1 令 $F(x,y)=\dfrac{x^2}{a^2}+\dfrac{y^2}{b^2}-1$，$F'_x=\dfrac{2x}{a^2}$，$F'_y=\dfrac{2y}{b^2}$，所以根据公式 $\dfrac{\mathrm{d}y}{\mathrm{d}x}=-\dfrac{F'_x}{F'_y}=-\dfrac{b^2x}{a^2y}$.

解法 2 方程两边同时对 x 求导

$$\frac{2x}{a^2}+\frac{2y}{b^2}\frac{\mathrm{d}y}{\mathrm{d}x}=0$$

解得 $\dfrac{\mathrm{d}y}{\mathrm{d}x}=-\dfrac{b^2x}{a^2y}$.

定理 2 设函数 $F(x,y,z)$ 在点 $P(x_0,y_0,z_0)$ 的某一邻域内有连续的偏导数，且 $F(x_0,y_0,z_0)=0$，$F_z(x_0,y_0,z_0)\neq 0$，则方程 $F(x,y,z)=0$ 在点 $P(x_0,y_0,z_0)$ 的某一邻域内恒能唯一确定一个连续且具有连续偏导数的函数 $z=f(x,y)$，它满足条件 $z_0=f(x_0,y_0)$，并有

$$\frac{\partial z}{\partial x}=-\frac{F'_x}{F'_z},\frac{\partial z}{\partial y}=-\frac{F'_y}{F'_z} \tag{5-3}$$

例 2 设 $x^2+2y^2+3z^2=4x$，求 $\dfrac{\partial z}{\partial x},\dfrac{\partial z}{\partial y},\dfrac{\partial^2 z}{\partial x\partial y}$.

解法 1 令 $F(x,y,z)=x^2+2y^2+3z^2-4x$，则，$F'_x=2x-4$，$F'_y=4y$，$F'_z=6z$，故根据公式可得

$$\frac{\partial z}{\partial x}=-\frac{F'_x}{F'_z}=-\frac{2x-4}{6z}=\frac{2-x}{3z},\frac{\partial z}{\partial y}=-\frac{F'_y}{F'_z}=-\frac{4y}{6z}=-\frac{2y}{3z}$$

解法 2 方程两边分别对 x、y 求偏导得

$$2x+6z\frac{\partial z}{\partial x}=4,4y+6z\frac{\partial z}{\partial y}=0$$

解得 $\dfrac{\partial z}{\partial x}=\dfrac{2-x}{3z},\dfrac{\partial z}{\partial y}=-\dfrac{2y}{3z}$.

解法 3 方程两边同时取全微分得

$$\mathrm{d}(x^2+2y^2+3z^2)=\mathrm{d}4x$$
$$2x\mathrm{d}x+4y\mathrm{d}y+6z\mathrm{d}z=4\mathrm{d}x$$

整理得

$$\mathrm{d}z=\frac{2-x}{3z}\mathrm{d}x-\frac{2y}{3z}\mathrm{d}y$$

由全微分计算公式可知 $\dfrac{\partial z}{\partial x}=\dfrac{2-x}{3z},\dfrac{\partial z}{\partial y}=-\dfrac{2y}{3z}$

$$\frac{\partial^2 z}{\partial x\partial y}=\frac{\partial}{\partial y}\left(\frac{2-x}{3z}\right)=\frac{2-x}{3}\left(\frac{1}{z}\right)_y'=\frac{2-x}{3}\left(-\frac{1}{z^2}\right)\frac{\partial z}{\partial y}=-\frac{2-x}{3z^2}\left(-\frac{2y}{3z}\right)=\frac{2(2-x)y}{9z^3}$$

注意：利用一阶偏导数的四则运算法则求隐函数二阶偏导数.

习题 7-5

A 组

1. 验证方程 $x^2+y^2-1=0$ 在点(0,1)的某邻域内能唯一确定一个有连续导数、当 $x=0$ 时 $y=1$ 的隐函数 $y=f(x)$，求这个函数的一阶和二阶导数在 $x=0$ 的值.

2. 设 $\cos x+\sin y=e^{xy}$，求 $\frac{dy}{dx}$.

3. 设函数 $e^z-xyz=0$，求 $\frac{\partial z}{\partial x}$ 及 $\frac{\partial^2 z}{\partial x\partial y}$.

4. 设函数 $z=y+\ln\frac{x}{z}$，求 $\frac{\partial z}{\partial x}$ 及 $\frac{\partial^2 z}{\partial x\partial y}$.

B 组

1. 已知 $e^{-xy}-2z+e^z=0$，求 $\frac{\partial z}{\partial x}$ 和 $\frac{\partial z}{\partial y}$.

2. 求由方程 $xy-e^x+e^y=0$ 所确定的隐函数 y 的导数 $\frac{dy}{dx}$，$\left.\frac{dy}{dx}\right|_{x=0}$.

3. 求由方程 $\frac{x}{z}=\ln\frac{z}{y}$ 所确定的隐函数 $z=f(x,y)$ 的偏导数 $\frac{\partial z}{\partial x}$，$\frac{\partial z}{\partial y}$.

4. 求由方程 $z^3-3xyz=a^3$（a 是常数）所确定的隐函数 $z=f(x,y)$ 的偏导数 $\frac{\partial z}{\partial x}$ 和 $\frac{\partial z}{\partial y}$.

5. 设 $x^2+y^2+z^2-4z=0$，求 $\frac{\partial^2 z}{\partial x^2}$.

6. 设方程 $x+y+z=e^z$ 确定了隐函数 $z=z(x,y)$，求 $\frac{\partial^2 z}{\partial x^2}$，$\frac{\partial^2 z}{\partial x\partial y}$，$\frac{\partial^2 z}{\partial y^2}$.

7. 设 $\frac{x}{z}=\varphi\left(\frac{y}{z}\right)$，其中 φ 为可微函数，证明：$x\frac{\partial z}{\partial x}+y\frac{\partial z}{\partial y}=z$.

第 6 节　偏导数的应用

一、多元函数的极值

1. 二元函数的极值

例 1　曲面 $z=\sqrt{x^2+y^2}$ 在点(0,0)有极小值 $z=0$，如图 7-6-1.

例 2　曲面 $z=4-4x^2-y^2$ 在点(0,0)有极大值 $z=4$，如图 7-6-2.

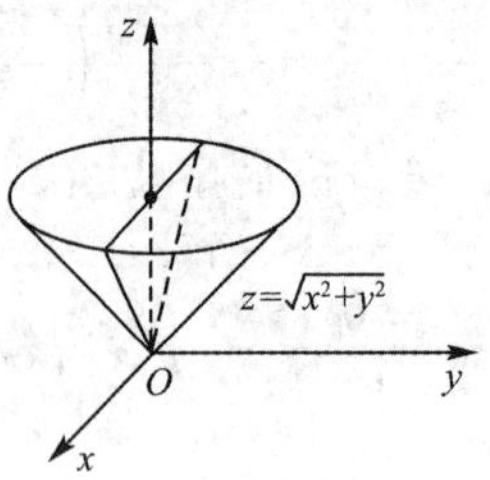

图 7-6-1

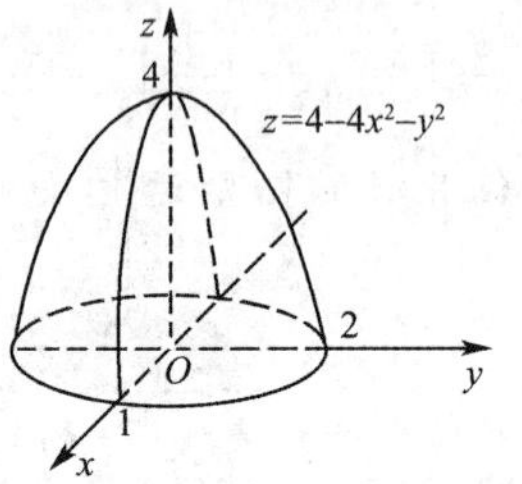

图 7-6-2

与一元函数极值类似,多元函数的极值也是相对某个邻域而言的,是一个局部概念.

定义 1 设函数 $z=f(x,y)$ 在点 (x_0,y_0) 的某个邻域内有定义,若对该邻域内任一点 (x,y) 都有

$$f(x,y)\leqslant f(x_0,y_0) \text{ 或 } f(x,y)\geqslant f(x_0,y_0)$$

则称函数 $z=f(x,y)$ 在点 (x_0,y_0) 有极大值(或极小值) $f(x_0,y_0)$. 而称点 (x_0,y_0) 为函数 $z=f(x,y)$ 的极大(或极小)值点. 极大值点与极小值点统称极值点.

2. 极值存在的条件

定理 1 **(必要条件)** 设函数 $z=f(x,y)$ 在点 (x_0,y_0) 处有极大值,且在该点的偏导数存在,则必有 $f'_x(x_0,y_0)=0, f'_y(x_0,y_0)=0$.

证明 不妨设 $z=f(x,y)$ 在点 (x_0,y_0) 处有极大值,根据极值定义,对 (x_0,y_0) 的某一邻域内的任一点 (x,y),有

$$f(x,y)\leqslant f(x_0,y_0)$$

在点 (x_0,y_0) 的邻域内,也有 $f(x,y_0)\leqslant f(x_0,y_0)$,这表明一元函数 $f(x,y_0)$ 在 $x=x_0$ 处取得极大值. 因此,有

$$f'_x(x_0,y_0)=0$$

同理可证

$$f'_y(x_0,y_0)=0$$

与一元函数类似,使一阶偏导数 $f'_x(x_0,y_0)=0, f'_y(x_0,y_0)=0$ 的点 (x,y) 称为函数 $z=f(x,y)$ 的驻点. 由定理 1 及例 1,例 2 可以看出:二元函数的极值点必然是驻点或一阶偏导数不存在的点.

定理 2 **(充分条件)** 设函数 $z=f(x,y)$ 在定义域内的一点 (x_0,y_0) 处有二阶连续偏导数,且 $f'_x(x_0,y_0)=0, f'_y(x_0,y_0)=0$. 记 $f''_{xx}(x_0,y_0)=A, f''_{xy}(x_0,y_0)=B, f''_{yy}(x_0,y_0)=C$,则

(1)当 $B^2-AC<0$ 且 $A>0$ 时,函数 $f(x,y)$ 在点 (x_0,y_0) 处有极小值 $f(x_0,y_0)$;

当 $B^2-AC<0$ 且 $A<0$ 时,函数 $f(x,y)$ 在点 (x_0,y_0) 处有极大值 $f(x_0,y_0)$;

(2)当 $B^2-AC>0$ 时,函数 $f(x,y)$ 在点 (x_0,y_0) 处无极值;

(3)当 $B^2-AC=0$ 时,函数 $f(x,y)$ 在点 (x_0,y_0) 处可能有极值,也可能无极值.

综上可得,具有连续二阶偏导数的函数 $z=f(x,y)$,其极值求法如下:

(1)先求出偏导数 $f'_x, f'_y, f''_{xx}, f''_{yy}, f''_{xy}$;

(2)解方程组 $\begin{cases} f'_x(x,y)=0 \\ f'_y(x,y)=0 \end{cases}$,求出定义域内全部驻点;

(3)求出驻点处的二阶偏导数值: $A=f''_{xx}, B=f''_{xy}, C=f''_{yy}$,确定 $\Delta=B^2-AC$ 的符号,并判断 $f(x)$ 是否有极值,如果有,求出其极值.

例3　求函数 $f(x,y)=x^3+y^3-3xy$ 的极值.

解　先求偏导数

$$f'_x(x,y)=3x^2-3y, f'_y(x,y)=3y^2-3x$$
$$f''_{xx}=6x, f''_{xy}=-3, f''_{yy}=6y$$

解方程组 $\begin{cases}3x^2-3y=0\\3y^2-3x=0\end{cases}$，求得驻点为$(0,0)$，$(1,1)$. $A=f''_{xx}(0,0)=0$，$B=f''_{xy}(0,0)=-3$，$C=f''_{yy}(0,0)=0$.

在驻点$(0,0)$处，$B^2-AC=9>0$，于是$(0,0)$不是函数的极值点.

在驻点$(1,1)$处，$A=f''_{xx}(1,1)=6$，$B=f''_{xy}(1,1)=-3$，$C=f''_{yy}(1,1)=6$，$B^2-AC=-27<0$，且 $A=6>0$，所以点$(1,1)$是函数的极小值点，$f(1,1)=-1$ 为函数的极小值.

二、多元函数的最值

如果函数 $z=f(x,y)$在有界闭区域 D 上连续，则函数在 D 上一定取得最大值和最小值. 如果函数的最大值或最小值在区域 D 的内部取得，则最大值点或最小值点必为驻点. 因此，求驻点处的函数值及边界上函数的最大值和最小值，其中最大值便是函数在闭区域 D 上的最大值，最小值便是函数在闭区域 D 上的最小值. 具体问题中，常常通过分析已知函数的最大值或最小值存在，且在定义域内部取得，又知在定义域内只有唯一驻点，于是可以肯定驻点处的函数值便是函数的最大值或最小值.

例4　求函数 $f(x,y)=\sqrt{4-x^2-y^2}$ 在 $D: x^2+y^2\leqslant 1$ 上的最大值.

解　在 D 内$(x^2+y^2<1)$，由

$$f'_x=\frac{-x}{\sqrt{4-x^2-y^2}}=0, f'_y=\frac{-y}{\sqrt{4-x^2-y^2}}=0$$

解得驻点为$(0,0)$，$f(0,0)=2$.

在 D 的边界上$(x^2+y^2=1)$

$$f(x,y)=\sqrt{4-x^2-y^2}\Big|_{x^2+y^2=1}=\sqrt{3}<2$$

故函数在$(0,0)$处有最大值 $f(0,0)=2$.

例5　要做一容积为 a 的无盖长方体铁皮容器，问如何设计最省材料？

解　所谓最省材料，即无盖长方体表面积最小.

设该容器的长、宽、高分别为 x,y,z，表面积为 S，则有

$$xyz=a$$
$$S=xy+2xz+2yz$$

消去 z，得表面积函数

$$S=xy+\frac{2a}{y}+\frac{2a}{x}$$

其定义域为 $x>0, y>0$.

由$\begin{cases}S'_x=y-\dfrac{2a}{x^2}=0\\S'_y=x-\dfrac{2a}{y^2}=0\end{cases}$，求得驻点为$(\sqrt[3]{2a},\sqrt[3]{2a})$.

由于 D 为开区域，且该问题必有最小值存在，于是$(\sqrt[3]{2a},\sqrt[3]{2a})$必为 S 的最小值点，此时 $z=\dfrac{a}{xy}=\sqrt[3]{a/4}$，即长方体长、宽、高分别为$\sqrt[3]{2a}$，$\sqrt[3]{2a}$，$\sqrt[3]{a/4}$时，容器所需铁皮最少，其表面积为 $S(\sqrt[3]{a/2},\sqrt[3]{a/2},\sqrt[3]{a/4})=3\sqrt[3]{4a^2}$.

例 6 某公司每周生产 x 单位 A 产品和 y 单位 B 产品，其成本为

$$C(x,y)=x^2+2xy+2y^2+1000$$

产品 A，B 的单位售价分别为 200 元和 300 元. 假设两种产品均很畅销，试求使公司获得最大利润的这两种产品的生产水平及相应的最大利润.

解 依题意，公司的收益函数为

$$R(x,y)=200x+300y$$

因此，公司的利润函数为

$$P(x,y)=R(x,y)-C(x,y)=200x+300y-x^2-2xy-2y^2-1000$$

令$\begin{cases}P'_x(x,y)=200-2x-2y=0\\P'_y(x,y)=300-2x-4y=0\end{cases}$，得驻点$(50,50)$.

再求二阶偏导数 $P''_{xx}(x,y)=-2$，$P''_{xy}(x,y)=-2$，$P''_{yy}(x,y)=-4$，显然二阶偏导数在驻点$(50,50)$的值为 $A=-2$，$B=-2$，$C=-4$，$B^2-AC=-4<0$，$A=-2<0$. 由此可见，当产品 A，B 的周产量均为 50 个单位时，公司可获得最大利润，其最大利润为 $P(50,50)=11500$(元)

三、条件极值

如果函数的自变量除了限制在定义域内以外，再没有其他限制，这种极值问题称为无条件极值. 但在实际问题中，自变量经常会受到某些条件的约束，这种对自变量有约束条件的极值问题称为条件极值.

条件极值问题的解法有两种，一是将条件极值转化为无条件极值，如例 5 就是求 $S=xy+2xz+2yz$ 在自变量满足约束条件 $xyz=a$ 时的条件极值. 当我们从约束条件中解出 $z=\dfrac{a}{xy}$代入 S 中，得 $S=xy+\dfrac{2a}{y}+\dfrac{2a}{x}$，就成了无条件极值，于是可以求解. 但实际问题中的许多条件极值转化为无条件极值时，很复杂甚至是不可能的. 下面介绍条件极值的另外一种更一般的方法——拉格朗日乘数法.

设(x,y)是函数 $z=f(x,y)$在约束条件 $\varphi(x,y)=0$ 下的条件极值问题的极值点，如果函数 $f(x,y)$，$\varphi(x,y)$在点(x,y)的邻域内有连续偏导数(不妨设 $\varphi'_y(x,y)\neq 0$)，则一元函数 $z=f(x,y(x))=z(x)$在点 x 的导数$\dfrac{\mathrm{d}z}{\mathrm{d}x}=0$. 由复合函数微分法，有

$$f'_x(x,y)+f'_y(x,y)\frac{\mathrm{d}y}{\mathrm{d}x}=0$$

由于 $y=y(x)$是由 $\varphi(x,y)=0$ 所确定的，所以

$$\frac{\mathrm{d}y}{\mathrm{d}x}=-\frac{\varphi'_x(x,y)}{\varphi'_y(x,y)}$$

代入上式，消去$\frac{dy}{dx}$，得

$$f'_x(x,y)+f'_y(x,y)\left(-\frac{\varphi'_x(x,y)}{\varphi'_y(x,y)}\right)=0$$

即

$$f'_x(x,y)+\varphi'_x(x,y)\left(-\frac{f'_y(x,y)}{\varphi'_y(x,y)}\right)=0$$

令$-\frac{f'_y(x,y)}{\varphi'_y(x,y)}=\lambda$，则有

$$\begin{cases} f'_x(x,y)+\lambda\varphi'_x(x,y)=0 \\ f'_y(x,y)+\lambda\varphi'_y(x,y)=0 \\ \varphi(x,y)=0 \end{cases} \tag{6-1}$$

称满足方程组(6-1)的点(x,y)为可能的极值点.

我们构造一个函数

$$L(x,y,\lambda)=f(x,y)+\lambda\varphi(x,y)$$

则方程组(6-1)等价于

$$\begin{cases} L'_x(x,y,\lambda)=f'_x(x,y)+\lambda\varphi'_x(x,y)=0 \\ L'_y(x,y,\lambda)=f'_y(x,y)+\lambda\varphi'_y(x,y)=0 \\ L'_\lambda(x,y,\lambda)=\varphi(x,y)=0 \end{cases}$$

于是，用拉格朗日乘数法求解条件极值问题可归纳为以下步骤：

(1)构造拉格朗日函数$L(x,y,\lambda)=f(x,y)+\lambda\varphi(x,y)$，$\lambda$称为拉格朗日乘数；

(2)解方程组

$$\begin{cases} L'_x(x,y,\lambda)=f'_x(x,y)+\lambda\varphi'_x(x,y)=0 \\ L'_y(x,y,\lambda)=f'_y(x,y)+\lambda\varphi'_y(x,y)=0 \\ L'_\lambda(x,y,\lambda)=\varphi(x,y)=0 \end{cases}$$

得点(x,y)，为可能极值点；

(3)根据实际问题的性质，在可能极值点处求极值.

例7　求表面积为a^2而体积为最大的长方体的体积.

解　设长方体的三棱长为x,y,z，则问题就是在条件

$$\psi(x,y,z)=2xy+2yz+2xz-a^2=0 \tag{6-2}$$

下，求函数

$$V=xyz \quad (x>0,y>0,z>0)$$

的最大值. 构造拉格朗日函数

$$F(x,y,z)=xyz+\lambda(2xy+2yz+2xz-a^2)$$

求其对x、y、z的偏导数，并使之为零，得到

$$\begin{cases} yz+2\lambda(y+z)=0 \\ xz+2\lambda(x+z)=0 \\ xy+2\lambda(y+x)=0 \end{cases} \tag{6-3}$$

再与式(6-2)联立求解.

因x、y、z都不等于零，所以由式(6-3)可得

$$\frac{x}{y}=\frac{x+z}{y+z},\quad \frac{y}{z}=\frac{x+y}{x+z}.$$

由以上两式解得

$$x=y=z$$

将此代入式(6-2),便得

$$x=y=z=\frac{\sqrt{6}}{6}a.$$

这是唯一的驻点.由实际问题可知最大值一定存在,所以最大值就在这个可能的极值点处取得.也就是说,表面积为 a^2 的长方体中,以棱长为 $\frac{\sqrt{6}}{6}a$ 的正方体的体积为最大,最大体积 $V=\frac{\sqrt{6}}{36}a^3$.

习题 7-6

A 组

1.求下列函数的极值,并说明是极大值还是极小值.

(1) $z=x^2+y^2-2x-2y$;　　(2) $z=x^2+xy+y^2-3x-6y$;

(3) $z=3xy-x^3-y^3$;　　(4) $z=-x^2-y^2+4(x-y)$.

2.求函数 $z=x^2+y^2+1$ 在约束条件 $x+y=3$ 下极值.

3.求表面积为 16 m^2 而体积为最大的长方体的体积.

B 组

1.求函数 $u=xyz$ 在附加条件 $\frac{1}{x}+\frac{1}{y}+\frac{1}{z}=\frac{1}{a}(x>0,y>0,z>0,a>0)$ 下的极值.

2.要制造一个无盖的长方体水槽,已知底部造价为 18 元/m^2,侧面造价为 6 元/cm^2,设计的总造价为 216 元,问如何选择尺寸,才能使水槽容积最大?

3.在经济学中有个 Cobb-Douglas 生产函数模型 $f(x,y)=cx^a y^{1-a}$,式中 x 代表劳动力的数量,y 为资本数量(确切地说是 y 个单位资本),c 与 $a(0<a<1)$ 是常数,由各工厂的具体情形而定.函数值表示生产量.

现在已知某制造商的 Cobb-Douglas 生产函数是 $f(x,y)=100x^{\frac{3}{4}}y^{\frac{1}{4}}$,每个劳动力与每单位资本的成本分别是 150 元及 250 元.该制造商的总预算是 50000 元.问该如何分配这笔钱用于劳动力与资本,以使生产量最高.

4.设某电视机厂生产一台电视机的成本为 c,每台电视机的销售价格 p,销售量为 x.假设该厂的生产处于平衡状态,即电视机的生产量等于销售量.根据市场预测,销售量 x 与销售价格 p 之间有下面的关系:

$$x=M\mathrm{e}^{-ap}\quad (M>0,a>0)$$

其中 M 为市场最大需求量,a 是价格系数.同时,生产部门根据对生产环节的分析,对每台电视机的生产成本 c 有如下测算:

$$c=c_0-k\ln x\quad (k>0,x>1),$$

其中 c_0 是只生产一台电视机时的成本，k 是规模系数. 根据上述条件，应如何确定电视机的售价 p，才能使该厂获得最大利润？

5. 求 $u=x^2+y^2+z^2$，在约束条件 $x+y+z=4$ 下的最大值和最小值.

第 7 节　多元函数微分学知识拓展

一、平面点集

由平面解析几何知道，当在平面上引入了一个直角坐标系后，平面上的点 P 与有序二元实数组 (x,y) 之间就建立了一一对应. 于是，我们常把有序实数组 (x,y) 与平面上的点 P 视作是等同的. 这种建立了坐标系的平面称为坐标平面.

二元的有序实数组 (x,y) 的全体，即 $R^2=R\times R=\{(x,y)\mid x,y\in \mathbf{R}\}$ 就表示坐标平面.

1. 平面点集

坐标平面上具有某种性质 P 的点的集合，称为平面点集，记作 $E=\{(x,y)\mid(x,y)$ 具有性质 $P\}$.

例如，平面上以原点为中心、r 为半径的圆内所有点的集合是 $C=\{(x,y)\mid x^2+y^2<r^2\}$.

如果我们以点 P 表示 (x,y)，以 $|OP|$ 表示点 P 到原点 O 的距离，那么集合 C 可表示成 $C=\{P\mid |OP|<r\}$.

2. 邻域

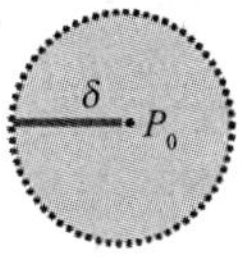

图 7-7-1

设 $P_0(x_0,y_0)$ 是 xOy 平面上的一个点，δ 是某一正数，与点 $P_0(x_0,y_0)$ 距离小于 δ 的点 $P(x,y)$ 的全体，如图 7-7-1 所示，称为点 P_0 的 δ 邻域，记为 $U(P_0,\delta)$，

$$U(P_0,\delta)=\{P\mid |PP_0|<\delta\}=\left\{(x,y)\mid \sqrt{(x-x_0)^2+(y-y_0)^2}<\delta\right\}.$$

点 P_0 的去心 δ 邻域，记为 $\mathring{U}(P_0,\delta)$，

$$\mathring{U}(P_0,\delta)=\{P\mid 0<|PP_0|<\delta\}=\left\{(x,y)\mid 0<\sqrt{(x-x_0)^2+(y-y_0)^2}<\delta\right\}.$$

3. 区域

内点：设 E 是平面上的一个点集，P 是平面上的一个点. 如果存在点 P 的某一邻域 $U(P)\subset E$，则称 P 为 E 的内点，E 的内点属于 E.

外点：若存在点 P 的某一邻域 $U(P)$，使得 $U(P)\cap E=\varnothing$，则称 P 为 E 的外点，E 的外点必不属于 E.

开集：若点集 E 的点都是内点，则称 E 为开集.

例如，$E_1=\{(x,y)\mid 1<x^2+y^2<4\}$ 即为开集.

边界点：如果点 P 的任一邻域内既有属于 E 的点，也有不属于 E 的点(点 P 本身可以属于 E，也可以不属于 E)，则称 P 为 E 的边界点，如图 7-7-2 所示. E 的边界点的全体称为 E 的边界，记为 ∂E.

设 D 是开集. 若对于 D 内任何两点，都可用折线连接起来，且该折线上的点都属于 D，

则称开集 D 是连通的，连通的开集称为区域或开区域，开区域连同它的边界一起称为闭区域.

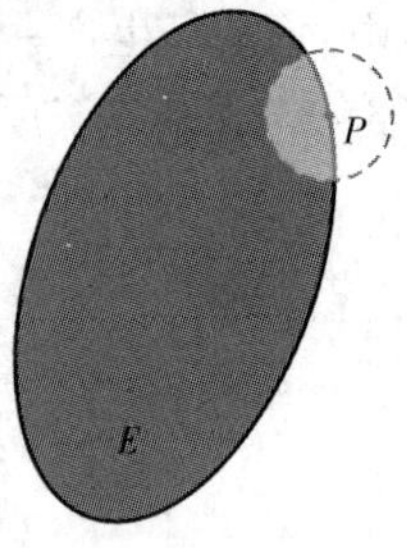

图 7-7-2

聚点：设 E 是平面上的一个点集，P 是平面上的一个点，如果点 P 的任何一个邻域内总有无限多个点属于点集 E，则称 P 为 E 的聚点.（对于 $\forall\delta>0$，点 P 的去心邻域 $\mathring{U}(P,\delta)$ 内总有 E 中的点，则称 P 为 E 的聚点）

注意：(1)内点一定是聚点；

(2)边界点可能是聚点；

(3)点集 E 的聚点可以属于 E，也可以不属于 E.

例如，$\{(x,y)\mid 0<x^2+y^2\leqslant 1\}$，$(0,0)$是聚点但不属于集合.

例如，$\{(x,y)\mid x^2+y^2=1\}$，边界上的点都是聚点也都属于集合.

二、空间直角坐标系

在平面解析几何中，我们建立了平面直角坐标系，并通过平面直角坐标系，把平面上的点与有序数组：即点的坐标(x,y)对应起来. 同样，为了把空间的任一点与有序数组对应起来，我们建立了空间直角坐标系. 过空间一定点 O，做三条相互垂直的数轴，依次记为 x 轴(横轴)、y 轴(纵轴)、z 轴(竖轴)，统称为坐标轴. 它们构成一个空间直角坐标系 $Oxyz$. 空间直角坐标系有右手系和左手系两种. 我们通常采用右手系，如图 7-7-3 所示.

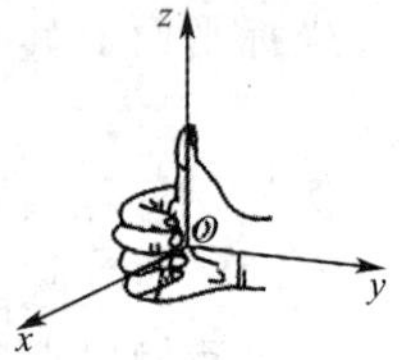

图 7-7-3

设 P 为空间一点，过点 P 分别做垂直于 x 轴、y 轴、z 轴的平面，顺次与 x 轴、y 轴、z 轴交于 P_x,P_y,P_z，这三点在各自的轴上对应的实数值 x,y,z 称为点 P 在 x 轴、y 轴、z 轴上的坐标，由此唯一确定有序的实数组(x,y,z)称为点 P 的坐标. 依次称 x 轴、y 轴、z 轴为点 P 的横坐标、纵坐标和竖坐标，通常记为 $P(x,y,z)$.

三、空间两点间的距离

$$M_1(x_1,y_1,z_1),M_2(x_2,y_2,z_2),|M_1M_2|=\sqrt{(x_2-x_1)^2+(y_2-y_1)^2+(z_2-z_1)^2}.$$

四、二元函数的几何意义

一元函数一般表示平面上的一条曲线，二元函数 $z=f(x,y)$在空间直角坐标系中一般表示曲面. 把自变量 x,y 及因变量 z 当作空间点的直角坐标，先在 xOy 平面内做出函数 $z=f(x,y)$的定义域 D，再过 D 中的任一点 $M(x,y)$做垂直于 xOy 平面的有向线段 MP，使 P 点的竖坐标为 $f(x,y)$. 当 M 点在 D 中变动时，对应的 P 点的轨迹就是函数 $z=f(x,y)$的几何图形，它通常是一张曲面，而其定义域 D 就是此曲面在平面 xOy 上的投影.

五、典型题选解

例 1 设复合函数 $z=f\left(2x+3y,\frac{x}{y}\right)$，其中 $f(u,v)$ 对 u,v 具有二阶连续偏导数，求$\frac{\partial^2 z}{\partial x\partial y}$.

解 $\frac{\partial z}{\partial x}=\frac{\partial z}{\partial u}\frac{\partial u}{\partial x}+\frac{\partial z}{\partial v}\frac{\partial v}{\partial x}=2f_1'+\frac{1}{y}f_2'$

$$\frac{\partial^2 z}{\partial x\partial y}=\frac{\partial}{\partial y}\left(2f_1'+\frac{1}{y}f_2'\right)=2\frac{\partial f_1'}{\partial y}+\frac{\partial}{\partial y}\left(\frac{1}{y}f_2'\right)$$

$$=2\left(f_{11}''\cdot 3+f_{12}''\left(-\frac{x}{y^2}\right)\right)-\frac{1}{y^2}f_2'+\frac{1}{y}\left(f_{21}''\cdot 3+f_{22}''\left(-\frac{x}{y^2}\right)\right)$$

$$=6f_{11}''-\frac{x}{y^3}f_{22}''+\frac{3y-2x}{y^2}f_{12}''-\frac{1}{y^2}f_2'$$

例 2 设复合函数 $w=f(x+y+z,xyz)$，且 f 具有二阶连续偏导数，求$\frac{\partial w}{\partial x}$，$\frac{\partial^2 w}{\partial x\partial z}$.

解 $\frac{\partial w}{\partial x}=f_1'+yzf_2'$

$$\frac{\partial^2 w}{\partial x\partial z}=f_{11}''+xyf_{12}''+yf_2'+yz(f_{21}''+f_{22}''xy)$$

$$=f_{11}''+xy^2zf_{22}''+(xy+yz)f_{21}''+yf_2'.$$

注意： (1)例题中"1"代表第一个中间变量，"2"代表第二个中间变量；

(2)一阶偏导数利用四则运算法则求二阶偏导数；

(3)f 与 f 的各阶导数结构一致.

例 3 设方程 $xu-yv=0$，$yu+xv=1$，求偏导数$\frac{\partial u}{\partial x}$，$\frac{\partial u}{\partial y}$，$\frac{\partial v}{\partial x}$，$\frac{\partial v}{\partial y}$.

解 将所给方程的两边对 x 求偏导数并移项，得

$$\begin{cases} x\frac{\partial u}{\partial x}-y\frac{\partial v}{\partial x}=-u \\ y\frac{\partial u}{\partial x}+x\frac{\partial v}{\partial x}=-v \end{cases}$$

在 $F=\begin{vmatrix} x & -y \\ y & x \end{vmatrix}=x^2+y^2\neq 0$ 条件下，

$$\frac{\partial u}{\partial x}=\frac{\begin{vmatrix} -u & -y \\ -v & x \end{vmatrix}}{x^2+y^2}=-\frac{xu+yv}{x^2+y^2};\frac{\partial v}{\partial x}=\frac{\begin{vmatrix} x & -u \\ y & -v \end{vmatrix}}{x^2+y^2}=\frac{yu-xv}{x^2+y^2}.$$

同理，方程的两边对 y 求偏导数，解方程组得

$$\frac{\partial u}{\partial y}=\frac{xv-yu}{x^2+y^2},\quad \frac{\partial v}{\partial y}=-\frac{xu+yv}{x^2+y^2}.$$

例 4 设 $x+y+z=0, x^2+y^2+z^2=1$，求 $\frac{\mathrm{d}y}{\mathrm{d}x}, \frac{\mathrm{d}z}{\mathrm{d}x}$.

解 方程 $x+y+z=0, x^2+y^2+z^2=1$ 两边对 x 求导，得

$$\begin{cases}1+\frac{\mathrm{d}y}{\mathrm{d}x}+\frac{\mathrm{d}z}{\mathrm{d}x}=0\\ 2x+2y\frac{\mathrm{d}y}{\mathrm{d}x}+2z\frac{\mathrm{d}z}{\mathrm{d}x}=0\end{cases}\Rightarrow\begin{cases}\frac{\mathrm{d}y}{\mathrm{d}x}+\frac{\mathrm{d}z}{\mathrm{d}x}=-1\\ y\frac{\mathrm{d}y}{\mathrm{d}x}+z\frac{\mathrm{d}z}{\mathrm{d}x}=-x\end{cases},$$

因为 $\begin{vmatrix}1 & 1\\ y & z\end{vmatrix}=z-y\neq 0$，于是

$$\frac{\mathrm{d}y}{\mathrm{d}x}=\frac{\begin{vmatrix}-1 & 1\\ -x & z\end{vmatrix}}{z-y}=\frac{z-x}{y-z},\quad \frac{\mathrm{d}z}{\mathrm{d}x}=\frac{\begin{vmatrix}1 & -1\\ y & -x\end{vmatrix}}{z-y}=\frac{x-y}{y-z}.$$

例 5 若函数 $z=F(u)$ 可微，又 $2u=\sin u+\int_1^{x+y}\varphi(t)\mathrm{d}t$，$\varphi$ 为连续函数，求 $\frac{\partial z}{\partial x}$.

解 因为 $\frac{\partial z}{\partial x}=F'(u)\frac{\partial u}{\partial x}$，又 $2\frac{\partial u}{\partial x}=\cos u\frac{\partial u}{\partial x}+\varphi(x+y)$，所以

$$\frac{\partial u}{\partial x}=\frac{\varphi(x+y)}{2-\cos u},$$

于是
$$\frac{\partial z}{\partial x}=F'(u)\frac{\varphi(x+y)}{2-\cos u},(2-\cos u\neq 0).$$

六、应用案例

例 6 从斜边长为 l 的一切直角三角形中求出有最大周长的直角三角形.

解 设直角三角形的二直角边分别为 x 和 y，则周长 $p=l+x+y$，且满足条件 $x^2+y^2=l^2$，及 $0<x<l, 0<y<l$.

令 $F=l+x+y+\lambda(x^2+y^2-l^2)$，有 $\begin{cases}F'_x=1+2\lambda x=0\\ F'_y=1+2\lambda y=0\\ F'_\lambda=x^2+y^2-l^2=0\end{cases}$，解得唯一驻点 $\left(\frac{l}{\sqrt{2}},\frac{l}{\sqrt{2}}\right)$，即为等腰直角三角形时，三角形具有最大周长.

例 7 欲建造一座长方形厂房，其体积为 9600 立方米，已知前墙和屋顶以外各墙的单位面积造价相等，而前墙和屋顶每单位面积造价分别是其他墙身造价的 3 倍和 1.5 倍，问前墙的长度和高度各为多少时，厂房造价最低.

解 设厂房前墙长、高为 x, z，侧墙长为 y，则厂房造价 $S=3xz+1.5xy+xz+2yz$，体积 $xyz=9600$，令 $F=3xz+1.5xy+xz+2yz+\lambda(xyz-9600)$，解得唯一驻点(40,8,30)即为所求.

例 8 某厂生产甲、乙两种产品，当甲的月产量为 x 千克，乙的月产量为 y 千克时，总成本为 $C(x,y)=4\sqrt{x}+10\sqrt{xy}+6\sqrt{y}+100$ 元，假设现在月产量为甲 900 千克，乙 400 千克，试求此时当甲的产量增加 1%，乙的产量减少 2%，总成本将如何变化.

解 此题是求全增量 ΔC，下面用微分求其近似值. 因

$$C'_x(x,y)=\frac{2}{\sqrt{x}}+\frac{5y}{\sqrt{xy}},C'_y(x,y)=\frac{5x}{\sqrt{xy}}+\frac{3}{\sqrt{y}}$$

可取 $x=900,\Delta x=900\times1\%=9,y=400,\Delta y=400\times2\%=8$，则

$$\Delta C\approx \mathrm{d}C=C'_x(900,400)\Delta x+C'_y(900,400)\Delta y=-30.6$$

即总成本减少了 30.6 元.

例 9　要做一个无盖的圆柱体容器，其内径为 2 米，高为 4 米，厚度为 0.01 米，求需用材料多少立方米？

解　以 r 为底半径，h 为高的圆柱体体积为 $V=\pi r^2h$，所以 $\Delta V\approx 2\pi rh\Delta r+\pi r^2\Delta h$，将 $r=2,h=4,\Delta r=\Delta h=0.01$ 代入得

$$\Delta V\approx 2\pi\times2\times4\times0.01+\pi\times2^2\times0.01=0.2\pi,$$

所以需用材料约为 0.2π 立方.

例 10　某公司在生产中使用 A 和 B 两种原料，已知 A 和 B 两种原料分别使用 x 单位和 y 单位可生产 $U(x,y)$ 单位的产品，这里

$$U(x,y)=8xy+32x+40y-4x^2-6y^2,$$

并且 A 原料每单位的价值为 10 美元，B 原料每单位的价值为 4 美元，产品每单位的售价为 40 美元，求公司的最大利润.

解　生产 $U(x,y)$ 单位的产品的总成本为 $10x+4y$，总收入为 $40U(x,y)$，从而利润函数为

$$P(x,y)=40U(x,y)-(10x+4y)=320xy+1270x+1596y-160x^2-240y^2,$$

令 $\begin{cases}\dfrac{\partial P}{\partial x}=320y+1270-320x=0\\ \dfrac{\partial P}{\partial y}=320x+1596-480y=0\end{cases}$，得驻点 $(21.88125,17.9125)$，由实际可知，这函数的最大值存在，而驻点唯一，则该驻点必为最大值点.

故 $P(x,y)$ 在 $(21.88125,17.9125)$ 点达到最大值，即公司的最大利润为

$$P(21.88125,17.9125)\approx 28189(\text{美元}).$$

例 11　在化工厂的生产过程中，反应罐内液体化工原料排出后在罐壁上留有 a 千克含有该化工原料浓度 c_0 的残液，现在用 b 千克的清水清洗，拟分三次进行，每次清洗后总还是在罐壁上留有 a 千克含该化工原料的残液，但浓度由 c_0 变为 c_1，由 c_1 变为 c_2，最后变为 c_3，试问应该如何分配三次的用水量，最终能使 c_3 为最小？

解　设三次的用水量分别为 x,y,z，则第一次清洗后残液浓度为 $c_1=\dfrac{ac_0}{a+x}$；

第二次清洗后残液浓度为 $c_2=\dfrac{ac_1}{a+y}=\dfrac{a^2c_0}{(a+x)(a+y)}$；

第三次清洗后残液浓度为 $c_3=\dfrac{ac_2}{a+z}=\dfrac{a^3c_0}{(a+x)(a+y)(a+z)}$；

问题就转化为求目标函数 $c_3=\dfrac{a^3c_0}{(a+x)(a+y)(a+z)}$ 在条件 $x+y+z=b$ 下的最小值，即要求目标函数 $u=(a+x)(a+y)(a+z)$ 在条件 $x+y+z=b$ 下的最大值，记

$$L=(a+x)(a+y)(a+z)+\lambda(x+y+z-b),$$

令$\begin{cases}\dfrac{\partial L}{\partial x}=0\\ \dfrac{\partial L}{\partial y}=0\\ \dfrac{\partial L}{\partial z}=0\\ x+y+z=b\end{cases}$，即$\begin{cases}(a+y)(a+z)+\lambda=0\\(a+x)(a+z)+\lambda=0\\(a+x)(a+y)+\lambda=0\\x+y+z-b=0\end{cases}$得 $x=y=z=\dfrac{b}{3}$，则当三次用水量相等时洗涤效果最好，此时$(c_3)_{\min}=\dfrac{c_0}{\left(1+\dfrac{b}{3a}\right)^3}$.

总习题 7

A 组

一、填空题

1. 二元函数 $f(x,y)=\sqrt{1-x^2}+\sqrt{y^2-1}$ 的定义域为________.

2. 设 $f(x,y)=\dfrac{xy}{x-y}$，则 $f\left(\dfrac{1}{y},\dfrac{1}{x}\right)=$________.

3. 设 $z=\sin\dfrac{x}{y}$，则$\dfrac{\partial^2 z}{\partial x\partial y}$________.

4. 函数 $f(x,y)=2(x-y)+x^2-y^2$ 的驻点为________.

5. 设 $z=\dfrac{y}{x}$，则 $\mathrm{d}z\big|_{(2,1)}=$________.

二、单项选择题

1. 函数 $z=\dfrac{1}{\sqrt{x^2+y^2-1}}$的定义域是(　　).

A. $\{(x,y)\mid x^2+y^2<1\}$　　B. $\{(x,y)\mid x^2+y^2>1\}$

C. $\{(x,y)\mid 0<x^2+y^2<1\}$　　D. $\{(x,y)\mid x^2+y^2\geqslant 1\}$

2. 设 $z=\cos x^2y$，则$\dfrac{\partial z}{\partial y}=$(　　).

A. $\sin x^2y$　　B. $x^2\sin x^2y$　　C. $-\sin x^2y$　　D. $-x^2\sin x^2y$

3. 设 $z=\mathrm{e}^x\sin y$，则 $\mathrm{d}z=$(　　).

A. $\mathrm{e}^x(\sin y\,\mathrm{d}x+\cos y\,\mathrm{d}y)$　　B. $\mathrm{e}^x\cos y\,\mathrm{d}x\,\mathrm{d}y$

C. $\mathrm{e}^x\sin y\,\mathrm{d}y$　　D. $\mathrm{e}^x\cos y\,\mathrm{d}y$

4. 若三个数之和为 8，且其乘积为最大，则这三个数为(　　).

A. (2,3,3)　　B. (5,2,1)　　C. $\left(\dfrac{8}{3},\dfrac{8}{3},\dfrac{8}{3}\right)$　　D. (4,2,2)

5. 设 $z=f(x,y)$ 在点(x_0,y_0)处自变量有增量 $\Delta x,\Delta y$，函数的全增量为 Δz，若函数在该点可微，则在点(x_0,y_0)处(　　).

A. $\Delta z=\mathrm{d}z$　　B. $\Delta z=f'_x(x_0,y_0)+f'_y(x_0,y_0)$

C. $\Delta z=f'_x(x_0,y_0)\Delta x+f'_y(x_0,y_0)\Delta y$　　D. $\Delta z=\mathrm{d}z+o(\rho)$，其中 $\rho=\sqrt{(\Delta x)^2+(\Delta y)^2}$

三、计算题

1. 设 $z=(2x+y)^{2x+y}$，求$\frac{\partial z}{\partial x}$与$\frac{\partial z}{\partial y}$.

2. 设$\frac{y}{z}=x+\frac{\ln z}{\ln x}$，求$\frac{\partial z}{\partial x}$与$\frac{\partial z}{\partial y}$.

3. 求 $f(x,y)=x^2+y^2+2y-2x$ 的极值.

4. 设 $z=\ln u\sin v$，而 $u=x^2+y^2+1$，$v=xy$，求$\frac{\partial z}{\partial x}$与$\frac{\partial z}{\partial y}$.

5. $u=f(x+y^2+3z,xyz)$，求$\frac{\partial u}{\partial x}$，$\frac{\partial u}{\partial y}$，$\frac{\partial u}{\partial z}$，$\frac{\partial^2 u}{\partial z\partial x}$.

四、应用题

1. 近似计算$(0.97)^{2.01}$.

2. 欲建造一个容积为32立方米的无盖长方体容器，问怎样设计才能使用料最省？

五、讨论题

有一个由四个电阻 R_1，R_2，R_3，R_4 组成的并联电路，设总电阻为 R，则有下列公式$\frac{1}{R}=\frac{1}{R_1}+\frac{1}{R_2}+\frac{1}{R_3}+\frac{1}{R_4}$，如果 $R_1>R_2>R_3>R_4$，问改变哪一个电阻对总电阻 R 影响最小？

B组

一、填空题

1. 函数 $z=\ln(y-x)+\frac{\sqrt{x}}{\sqrt{1-x^2-y^2}}$的定义域是________________.

2. 设函数 $f(x,y)$的驻点为(x_0,y_0)，$A=f''_{xx}(x_0,y_0)$，$B=f''_{xy}(x_0,y_0)$，$C=f''_{yy}(x_0,y_0)$，$\Delta=AC-B^2$，则(x_0,y_0)为 $f(x,y)$极小值点的充分条件是________.

3. $z=xye^{-xy}$，则 $z'_x(x,-x)=$________.

4. 设 $z=f(x,v)$，$v=v(x,y)$，其中 z，v 具有二阶连续偏导数. 则$\frac{\partial^2 z}{\partial y^2}=$________.

5. 设 $z=xy^x$，则$\left.\frac{\partial z}{\partial x}\right|_{(1,e)}=$________.

二、单项选择题

1. 已知函数 $f(x,y)$在点$(0,0)$的某个邻域内连续，且 $\lim\limits_{(x,y)\to(0,0)}\frac{f(x,y)-xy}{(x^2+y^2)^3}=1$，则下述四个选项中正确的是(　　).

A. 点$(0,0)$是 $f(x,y)$的极大值点

B. 点$(0,0)$是 $f(x,y)$的极小值点

C. 点$(0,0)$不是 $f(x,y)$的极值点

D. 根据所给条件无法判断点$(0,0)$是否为 $f(x,y)$的极值点

2. 已知函数 $u(x,y)=\varphi(x+y)+\varphi(x-y)+\int_{x-y}^{x+y}\psi(t)\,dt$，其中函数 φ 具有二阶导数，ψ 具有一阶导数，则必有(　　).

A. $\frac{\partial^2 u}{\partial x^2}=-\frac{\partial^2 u}{\partial y^2}$　　B. $\frac{\partial^2 u}{\partial x^2}=\frac{\partial^2 u}{\partial y^2}$

C. $\frac{\partial^2 u}{\partial x\partial y}=\frac{\partial^2 u}{\partial y^2}$　　D. $\frac{\partial^2 u}{\partial x\partial y}=\frac{\partial^2 u}{\partial x^2}$

3. 考虑二元函数 $f(x,y)$ 的下面 4 条性质：

①函数 $f(x,y)$ 在点 $v=\frac{y}{x}$ 处连续；

②函数 $f(x,y)$ 在点 $v=\frac{y}{x}$ 处两个偏导数连续；

③函数 $f(x,y)$ 在点 $u=e^x(y-z)$ 处可微；

④函数 $f(x,y)$ 在点 $xe^x-ye^y=ze^z$ 处两个偏导数存在.

则下面结论正确的是(　　).

A. ②⇒③⇒①　B. ③⇒②⇒①　C. ③⇒④⇒①　D. ③⇒①⇒④

4. 设函数 $f(x,y)=\begin{cases}\frac{x^2y}{x^4+y^2}, & x^2+y^2\neq 0\\ 0, & x^2+y^2=0\end{cases}$，则在(0,0)点处(　　).

A. 连续，偏导数存在　　B. 连续，偏导数不存在

C. 不连续，偏导数存在　　D. 不连续，偏导数不存在

5. 设 $z=f(x,y)$ 的全微分 $dz=xdx+ydy$，则点(0,0)是(　　).

A. 不是 $f(x,y)$ 连续点　　B. 不是 $f(x,y)$ 的极值点

C. 是 $f(x,y)$ 的极大值点　　D. 是 $f(x,y)$ 的极小值点

三、计算题

1. $\lim\limits_{\substack{x\to 0\\ y\to 0}}\frac{2-\sqrt{xy+4}}{xy}$.

2. 设函数 $e^z=xyz+3$，求 $\frac{\partial z}{\partial x}$ 与 $\frac{\partial^2 z}{\partial x\partial y}$.

3. 求函数 $f(x,y)=3x^2y+y^3-3x^2-3y^2+2$ 的极值.

4. 设 $z=\ln(u^2+v)$，$u=e^{x^2+y^2}$，$v=x^2+y$，求 $\frac{\partial z}{\partial x}$ 与 $\frac{\partial z}{\partial y}$.

5. 设 $u=\sin x+F(\sin y-\sin x)$，其中 F 是可微函数，求 $\frac{\partial u}{\partial x}$，$\frac{\partial u}{\partial y}$.

四、应用题

某工厂生产两种产品 A 与 B，出售单价分别为 10 元与 9 元，生产 x 单位的产品 A 与生产 y 单位的产品 B 的总费用是：

$$400+2x+3y+0.01(3x^2+xy+3y^2)\text{(元)}$$

求取得最大利润时，两种产品的产量各多少？

五、讨论题

讨论函数 $f(x,y)=\begin{cases}\frac{xy^2}{2x^2+3y^4}, & x^2+y^2\neq 0\\ 0, & x^2+y^2=0\end{cases}$ 在点(0,0)处函数的全微分是否存在？

第8章

二重积分

一元函数定积分是某种形式和式的极限,它在实际问题中有着广泛的应用.但由于其积分范围是数轴上的区间,因而只能用来计算与一元函数及其相应区间有关的某些量.然而在工程和科技领域中,往往需要计算定义在某一范围上的多元函数及平面区域有关的量,这就需要把定积分概念加以推广.当被积函数是二元函数、积分范围是平面区域时,这样的积分就是二重积分.本章讨论二重积分的概念、性质、计算方法和它们的一些应用.

第1节 二重积分的概念

一、两个引例

引例1 曲顶柱体的体积.

设有一个立体,它的底是 xOy 平面上的有界区域 D,它的侧面是以 D 的边界曲线为准线而母线平行 z 轴的柱面,它的顶部是定义在 D 区域二元函数 $z=f(x,y)$ 所表示的连续曲面,并设 $f(x,y)\geqslant 0$.这种柱体叫作曲顶柱体,如图 8-1-1 所示.

现在来求曲顶柱体的体积,如图 8-1-2 所示,把闭区域 D 任意分成 n 个小闭区域 σ_1,σ_2,$\cdots$,σ_n,它们的面积分别记作 $\Delta\sigma_k(k=1,2,\cdots,n)$,分别以这些小闭区域的边界曲线为准线,做母线平行于 z 轴的柱面,这些柱面把原来的曲顶柱体分成 n 个小曲顶柱体.在每个 σ_k 中任意取一点 $P_k(\xi_k,\eta_k)$,则以 $\Delta\sigma_k$ 为底,$f(\xi_k,\eta_k)$ 为高的小曲顶柱体的体积 $\Delta V_k\approx\Delta\sigma_k f(\xi_k,\eta_k)$,原来大曲顶柱体的体积 $V=\sum\limits_{k=1}^{n}\Delta V_k\approx\sum\limits_{k=1}^{n}\Delta\sigma_k f(\xi_k,\eta_k)$.当各个小闭区域的直径的最大值 $\lambda\to 0$ 时,和式的极限如果存在,此极限值就是所求曲顶柱体的体积.即:$V=\lim\limits_{\lambda\to 0}\sum\limits_{k=1}^{n}f(\xi_k,\eta_k)\Delta\sigma_k$.

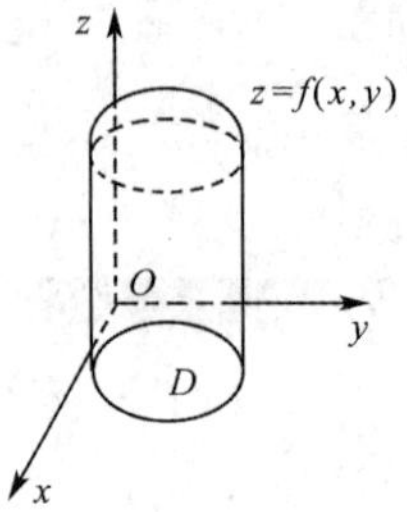

图 8-1-1

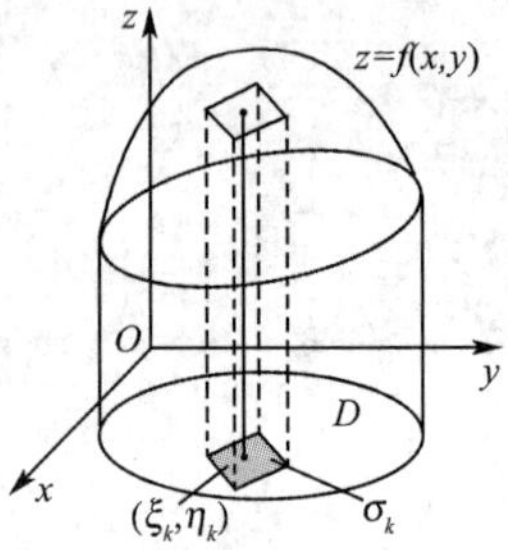

图 8-1-2

引例 2 平面薄板的质量.

设由质量非均匀分布的平面薄板,如图 8-1-3 所示,在 xOy 面上所占的区域为D,它的面密度为$\rho(x,y)$,其中$\rho(x,y)$在D上连续,求薄板的质量.

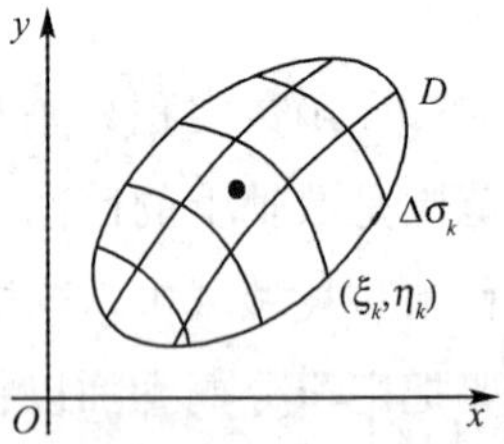

图 8-1-3

将区域D任意分成n个小闭区域$\sigma_1,\sigma_2,\cdots,\sigma_n$,它们的面积分别记作$\Delta\sigma_k(k=1,2,\cdots,n)$,在$\sigma_k$上任意取一点$P_k(\xi_k,\eta_k)$,该小闭区域对应的质量$\Delta m_k\approx\rho(\xi_k,\eta_k)\Delta\sigma_k$,薄板的质量$m\approx\sum_{k=1}^{n}\Delta\sigma_k\rho(\xi_k,\eta_k)$. 当各小闭区域的直径中的最大值$\lambda\to 0$时,和式的极限如果存在,此极限值就是所求平面薄板的质量,即$m=\lim_{\lambda\to 0}\sum_{k=1}^{n}\Delta\sigma_k\rho(\xi_k,\eta_k)$.

把上述体积问题以及许多类似的问题经过抽象,就形成了二重积分的概念.

二、二重积分的定义

定义 设$z=f(x,y)$为有界闭区域D上的有界函数.

(1) 把闭区域D任意分成n个小闭区域σ_k它们的面积分别记作$\Delta\sigma_k(k=1,2,\cdots,n)$.

(2) 在每个小闭区域σ_k中任意取一点$P_k(\xi_k,\eta_k)$.

(3) 做和$\sum_{k=1}^{n}f(\xi_k,\eta_k)\sigma_k$.

无论σ_k怎样划分,$P_k(\xi_k,\eta_k)$怎样取,当各小闭区域的直径中的最大值$\lambda\to 0$时,若和式的极限存在,则此极限值为函数$f(x,y)$在区域D上的二重积分,记作$\iint\limits_D f(x,y)\mathrm{d}\sigma$,即

$$\iint\limits_D f(x,y)\mathrm{d}\sigma=\lim_{\lambda\to 0}\sum_{k=1}^{n}f(\xi_k,\eta_k)\sigma_k.$$

式中,x,y称为积分变量;$f(x,y)$称为被积函数;D称为积分区域;$\mathrm{d}\sigma$称为面积元素;$f(x,y)\mathrm{d}\sigma$称为被积表达式.

注意:(1) 如果被积函数$f(x,y)$在闭区域D上的二重积分存在,则称$f(x,y)$在D上可积. $f(x,y)$在闭区域D上连续时,$f(x,y)$在D上一定可积. 以后总假定$f(x,y)$在D上连续.

(2) 二重积分与被积函数和积分区域有关,与积分变量的表示无关. 即

$$\iint_D f(x,y)\mathrm{d}x\mathrm{d}y = \iint_D f(u,v)\mathrm{d}u\mathrm{d}v.$$

(3) 二重积分的几何意义：若 $f(x,y) \geqslant 0$，二重积分表示以 $f(x,y)$ 为曲顶，以 D 为底的曲顶柱体的体积；若 $f(x,y) \leqslant 0$，二重积分表示曲顶柱体的体积的负值；若 $f(x,y)$ 有正、有负时，二重积分就等于这些部分区域上的柱体体积的代数和.

三、二重积分的性质

性质 1　如果在 D 上，$f(x,y)=1$，σ 为 D 的面积，那么

$$\iint_D 1\mathrm{d}\sigma = \sigma.$$

性质 1 的几何意义很明显，因为高为 1 的平顶柱体的体积在数值上就等于柱体的底面积.

性质 2　$\iint_D [f_1(x,y) \pm f_2(x,y)]\mathrm{d}\sigma = \iint_D f_1(x,y)\mathrm{d}\sigma \pm \iint_D f_2(x,y)\mathrm{d}\sigma.$

性质 3　$\iint_D kf(x,y)\mathrm{d}\sigma = k\iint_D f(x,y)\mathrm{d}\sigma$（$k$ 为常数）.

性质 4　若区域 D 分为两个部分区域 D_1，D_2，则

$$\iint_D f(x,y)\mathrm{d}\sigma = \iint_{D_1} f(x,y)\mathrm{d}\sigma + \iint_{D_2} f(x,y)\mathrm{d}\sigma.$$

性质 5　若在 D 上，$f(x,y) \leqslant \varphi(x,y)$，则有不等式

$$\iint_D f(x,y)\mathrm{d}\sigma \leqslant \iint_D \varphi(x,y)\mathrm{d}\sigma,$$

当且仅当 $f(x,y) \equiv \varphi(x,y)$ 时，等号成立.

特别地，由于 $-|f(x,y)| \leqslant f(x,y) \leqslant |f(x,y)|$，有

$$\left|\iint_D f(x,y)\mathrm{d}\sigma\right| = \iint_D |f(x,y)|\mathrm{d}\sigma.$$

性质 6　设 M 与 m 分别是 $f(x,y)$ 在闭区域 D 上的最大值和最小值，σ 是 M 的面积，则

$$m \cdot \sigma \leqslant \iint_D f(x,y)\mathrm{d}\sigma \leqslant M \cdot \sigma.$$

性质 7　设函数 $f(x,y)$ 在闭区域 D 上连续，σ 是 D 的面积，则在 D 上至少存在一点 (ξ,η)，使得

$$\iint_D f(x,y)\mathrm{d}\sigma \leqslant f(\xi,\eta) \cdot \sigma.$$

习题 8-1

A 组

1. 利用二重积分的性质解释 $\iint_D 3\mathrm{d}\sigma = 3\pi R^2$，其中 D 是以原点为中心，半径为 R 的圆形区域.

2. 设有质量非均匀分布的平面薄板在 xOy 面上所占的区域的面密度为 $\rho(x,y)$，其中 $\rho(x,y)$ 在 D 上连续，试用二重积分表示薄板的质量.

3. 在二重积分的定义中，最大的子域直径趋近于 0 能否改成最大的子域面积趋近于 0？

B 组

比较下列二重积分的大小.

(1) $\iint\limits_D (x+y)^2 \mathrm{d}\sigma$ 与 $\iint\limits_D (x+y)^3 \mathrm{d}\sigma$（其中积分区域 D 是由 x 轴 y 轴与直线 $x+y=1$ 所围）；

(2) $\iint\limits_D (x+y)^2 \mathrm{d}\sigma$ 与 $\iint\limits_D (x+y)^3 \mathrm{d}\sigma$（其中积分区域 D 是由圆周 $(x-2)^2+(y-1)^2=2$ 所围成）；

(3) $\iint\limits_D \ln(x+y) \mathrm{d}\sigma$ 与 $\iint\limits_D (x+y)^3 \mathrm{d}\sigma$（其中 D 是三角形闭区域，三角顶点分别为 $(1,0)$、$(1,2)$、$(2,0)$）；

(4) $\iint\limits_D \ln(x+y) \mathrm{d}\sigma$ 与 $\iint\limits_D (x+y)^3 \mathrm{d}\sigma$（其中 $D=\{(x,y)\mid 3\leqslant x\leqslant 5, 0\leqslant y\leqslant 1\}$）.

第 2 节 二重积分的计算

一、二重积分在平面直角坐标系下的计算

设二重积分 $\iint\limits_D f(x,y)\mathrm{d}\sigma$ 的被积函数 $f(x,y)$ 在积分区域 D 上连续，且 $f(x,y)\geqslant 0$，积分区域如图 8-2-1 所示. 由不等式：

$$y_1(x)\leqslant y\leqslant y_2(x), a\leqslant x\leqslant b$$

来表示.

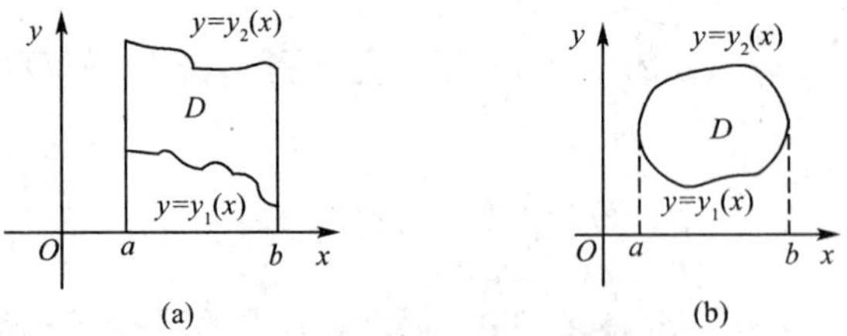

图 8-2-1

用平行截面法求曲顶柱体的体积.

先求平行截面的面积. 如图 8-2-2 所示，在区间 $[a,b]$ 上任意取定一个点 x_1，做平行于

yOz 面的平面 $x=x_1$，去截曲顶柱体，得到一个曲边梯形，曲边方程为：$\begin{cases} z=f(x,y) \\ x=x_1 \end{cases}$，把这一曲边梯形投影到 yOz 坐标平面上，得一以区间 $[y_1(x_1),y_2(x_1)]$ 为底，$z=f(x_1,y)$ 为曲边的曲边梯形，它的面积为：

$$S_1(x)=\int_{y_1(x_1)}^{y_2(x_1)} f(x_1,y)\mathrm{d}y$$

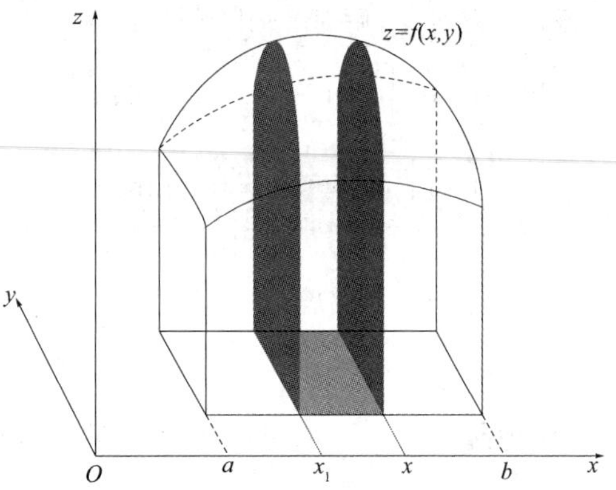

图 8-2-2

一般地，过区间 $[a,b]$ 上任一点，且平行于面 yOz 的平面，截曲顶柱体所得截面的面积为

$$S(x)=\int_{y_1(x)}^{y_2(x)} f(x,y)\mathrm{d}y$$

利用计算平行截面面积为已知的立体之体积的方法，该曲顶柱体的体积为：

$$V=\int_a^b S(x)\mathrm{d}x=\int_a^b \left[\int_{y_1(x)}^{y_2(x)} f(x,y)\mathrm{d}y\right]\mathrm{d}x.$$

根据二重积分的几何意义 $V=\iint\limits_D f(x,y)\mathrm{d}\sigma$，从而有

$$\iint\limits_D f(x,y)\mathrm{d}\sigma=\int_a^b \left[\int_{y_1(x)}^{y_2(x)} f(x,y)\mathrm{d}y\right]\mathrm{d}x=\int_a^b \mathrm{d}x\int_{y_1(x)}^{y_2(x)} f(x,y)\mathrm{d}y.$$

这就把二重积分化为先对 y，后对 x 的二次积分，也叫累次积分. 显然在 $\int_{y_1(x)}^{y_2(x)} f(x,y)\mathrm{d}y$ 中把 x 看作常数. 类似地，如果积分区域 D，如图 8-2-3 所示，由不等式

$$x_1(y)\leqslant x\leqslant x_2(y),c\leqslant y\leqslant d$$

来表示，则二重积分有下列计算公式

$$\iint\limits_D f(x,y)\mathrm{d}\sigma=\int_c^d \left[\int_{x_1(y)}^{x_2(y)} f(x,y)\mathrm{d}x\right]\mathrm{d}y=\int_c^d \mathrm{d}y\int_{x_1(y)}^{x_2(y)} f(x,y)\mathrm{d}x,$$

这是先对 x，后对 y 的二次积分.

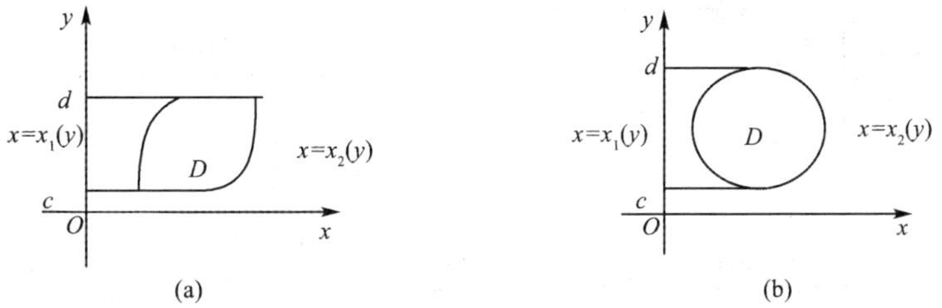

图 8-2-3

注意：如果 D 满足用平行于 x 轴（y 轴）的直线与 D 的边界相交多于两点，我们可以把 D 分成几个满足上面两种类型的区域.

例 1　求二重积分 $I=\iint\limits_D\left(1-\frac{x}{3}-\frac{y}{4}\right)\mathrm{d}\sigma$，其中 D：$-1\leqslant x\leqslant 1$，$-2\leqslant y\leqslant 2$，如图 8-2-4 所示.

解 先对 x，后对 y 积分

$$I=\int_{-2}^{2}\mathrm{d}y\int_{-1}^{1}\left(1-\frac{x}{3}-\frac{y}{4}\right)\mathrm{d}x$$

$$=\int_{-2}^{2}\left(x-\frac{x^2}{6}-\frac{xy}{4}\right)\Big|_{-1}^{1}\mathrm{d}y$$

$$=\int_{-2}^{2}\left(2-\frac{y}{2}\right)\mathrm{d}y$$

$$=8$$

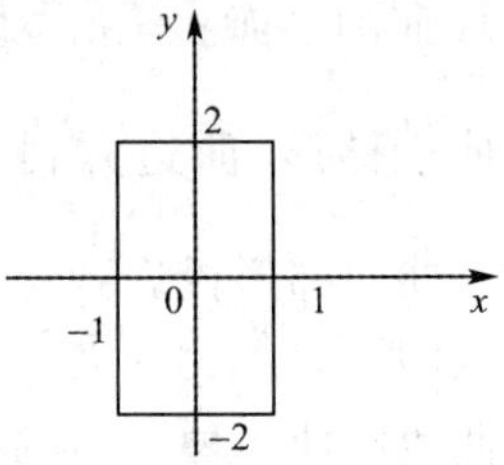

图 8-2-4

例 2 计算$\iint\limits_D xy\mathrm{d}\sigma$，式中 D 是由抛物线 $y^2=x$ 及直线：$y=x-2$ 所围成的区域，如图 8-2-5 所示.

解 先画出积分区域 D

$$D:-1\leqslant y\leqslant 2, y^2\leqslant x\leqslant y+2$$

$$\iint\limits_D xy\mathrm{d}\sigma=\int_{-1}^{2}\mathrm{d}y\int_{y^2}^{y+2}xy\mathrm{d}x=\int_{-1}^{2}\left[\frac{1}{2}x^2y\right]\Big|_{y^2}^{y+2}\mathrm{d}y$$

$$=\int_{-1}^{2}\frac{1}{2}[y(y+2)^2-y^5]\mathrm{d}y=\frac{45}{8}.$$

例 3 确定积分区域，并更换积分的次序 $I=\int_1^2\mathrm{d}x\int_{\frac{1}{x}}^{x}f(x,y)\mathrm{d}y$.

解 找边界曲线，画出积分区域 D，更换积分次序：先对 x，后对 y 积分，做辅助线 BK 将区域 D 分成两个区域，如图 8-2-6 所示.

$$D_1:\frac{1}{2}\leqslant y\leqslant 1,\frac{1}{y}\leqslant x\leqslant 2, D_2:1\leqslant y\leqslant 2, y\leqslant x\leqslant 2,$$

因此

$$I=\int_{\frac{1}{2}}^{1}\mathrm{d}y\int_{\frac{1}{y}}^{2}f(x,y)\mathrm{d}x+\int_1^2\mathrm{d}y\int_y^2 f(x,y)\mathrm{d}x.$$

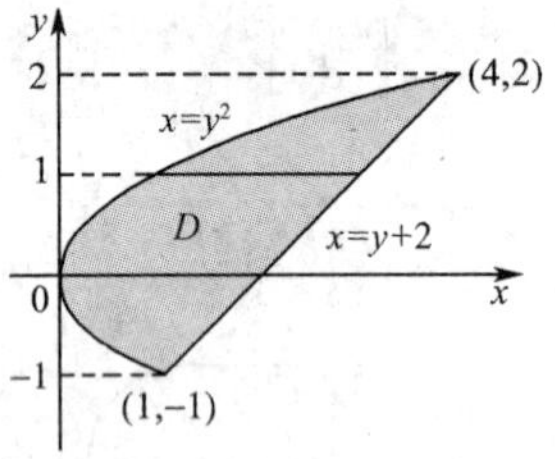

图 8-2-5

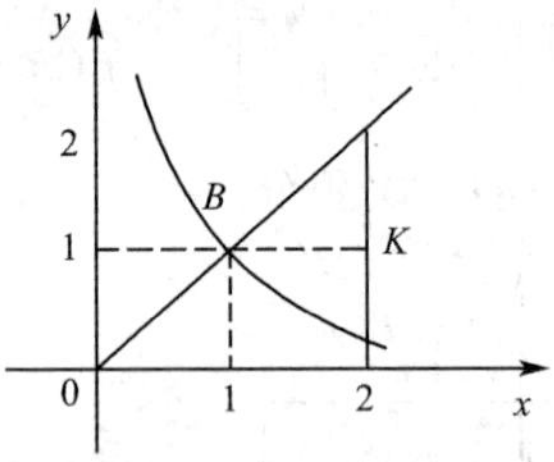

图 8-2-6

二、极坐标下二重积分的计算方法

有些二重积分，其积分区域的边界曲线用极坐标方程来表示比较方便，或被积函数用极坐标变量 r,θ 来表示比较简单，这时，我们就考虑用极坐标来计算.

假定从极点 O 出发且穿过区域 D 内部的射线与 D 的边界相交不多于两个，如图 8-2-7 所示. 在极坐标变换 $x=r\cos\theta, y=r\sin\theta$ 下，用以极点为中心的一族同心圆：$r=$常数，以及从极点出发的一族射线：$\theta=$常数，把 D 分成 n 个小区域. 此时，小区域的面积为：$\Delta\sigma_k\approx r\Delta r\Delta\theta$，所以面积元素 $\mathrm{d}\sigma=r\mathrm{d}r\mathrm{d}\theta$，而被积函数 $f(x,y)=f(r\cos\theta, r\sin\theta)$，于是将直角坐标

系下的二重积分计算问题转换为极坐标系下的二重积分计算公式：

$$\iint_D f(x,y)\mathrm{d}x\mathrm{d}y=\iint_D f(r\cos\theta,r\sin\theta)r\mathrm{d}r\mathrm{d}\theta.$$

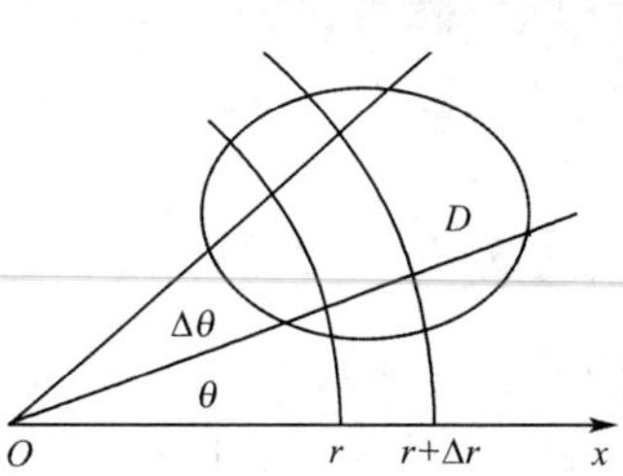

图 8-2-7

极坐标下二重积分化为二次积分的方法：

(1) 极点在区域 D 之外，如图 8-2-8 所示.

$$D:\alpha\leqslant\theta\leqslant\beta,r_1(\theta)\leqslant r\leqslant r_2(\theta).$$

$$\iint_D f(r\cos\theta,r\sin\theta)r\mathrm{d}r\mathrm{d}\theta=\int_\alpha^\beta\mathrm{d}\theta\int_{r_1(\theta)}^{r_2(\theta)}f(r\cos\theta,r\sin\theta)r\mathrm{d}r.$$

(2) 极点在区域 D 之内，如图 8-2-9 所示.

$$D:0\leqslant\theta\leqslant 2\pi,0\leqslant r\leqslant r(\theta).$$

$$\iint_D f(r\cos\theta,r\sin\theta)r\mathrm{d}r\mathrm{d}\theta=\int_0^{2\pi}\mathrm{d}\theta\int_0^{r(\theta)}f(r\cos\theta,r\sin\theta)r\mathrm{d}r.$$

(3) 极点在区域 D 的边界上，如图 8-2-10 所示.

$$D:\alpha\leqslant\theta\leqslant\beta,0\leqslant r\leqslant r(\theta)$$

$$\iint_D f(r\cos\theta,r\sin\theta)r\mathrm{d}r\mathrm{d}\theta=\int_\alpha^\beta\mathrm{d}\theta\int_0^{r(\theta)}f(r\cos\theta,r\sin\theta)r\mathrm{d}r.$$

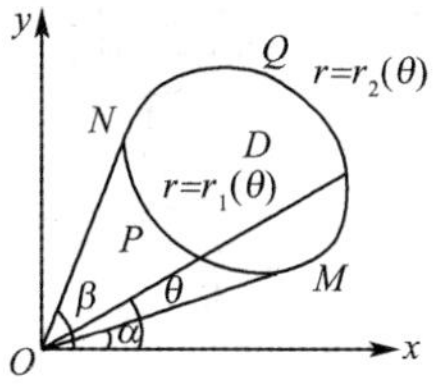

图 8-2-8

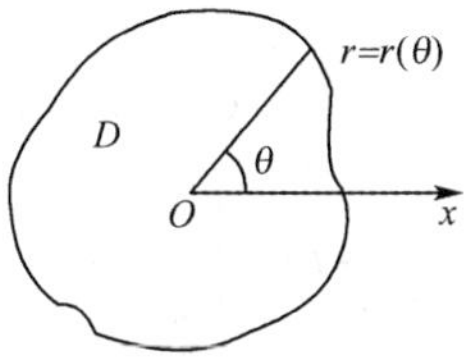

图 8-2-9

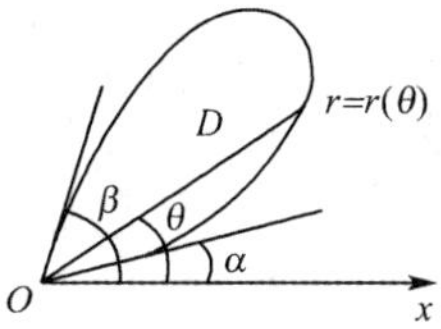

图 8-2-10

注意：极坐标适用范围：① 被积函数中自变量以 $x^2+y^2,x^2-y^2,xy,\dfrac{x}{y}$ 等形式出现；② 积分区域为以原点为中心的圆域，扇形域，或过原点中心坐标轴上的圆

例 4　求 $I=\iint_D\sqrt{a^2-x^2-y^2}\mathrm{d}\sigma$，其中 D 是圆域 $\{(x,y)\mid x^2+y^2\leqslant ax(a>0)\}$，如图 8-2-11 所示.

解　化为极坐标，以 $x=r\cos\theta,y=r\sin\theta,\mathrm{d}\sigma=r\mathrm{d}r\mathrm{d}\theta$，代入得 D 的边界方程 $r=a\cos\theta$. 因此表示为：$0\leqslant r\leqslant a\cos\theta,-\dfrac{\pi}{2}\leqslant\theta\leqslant\dfrac{\pi}{2}$.

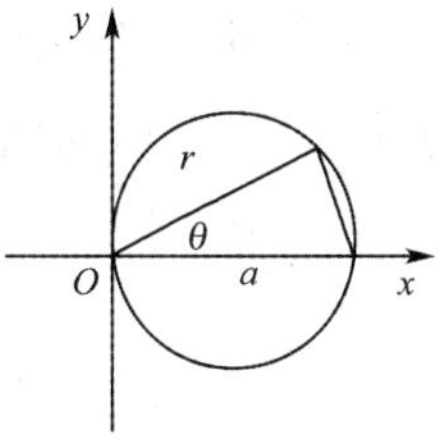

图 8-2-11

$$\begin{aligned}I&=\iint_D\sqrt{a^2-r^2}\,r\mathrm{d}r\mathrm{d}\theta=\int_{-\frac{\pi}{2}}^{\frac{\pi}{2}}\mathrm{d}\theta\int_0^{a\cos\theta}\sqrt{a^2-r^2}\,r\mathrm{d}r\\&=\int_{-\frac{\pi}{2}}^{\frac{\pi}{2}}\left[-\frac{1}{3}(a^2-r^2)^{\frac{3}{2}}\right]_0^{a\cos\theta}\mathrm{d}\theta\\&=\frac{2}{3}\int_0^{\frac{\pi}{2}}(a^3-a^3\sin^3\theta)\mathrm{d}\theta\end{aligned}$$

$$=\frac{1}{9}a^3(3\pi-4).$$

例 5 求 $I=\iint\limits_D x^2+y^2\mathrm{d}\sigma$，其中 D 是圆环形闭区域$\{(x,y)\mid a^2\leqslant x^2+y^2\leqslant b^2\}$，如图 8-2-12 所示.

解 在极坐标下区域可表示为：

$$D:\begin{cases}0\leqslant\theta\leqslant 2\pi\\ a\leqslant r\leqslant b\end{cases}$$

$$I=\iint\limits_D r^3\,\mathrm{d}r\,\mathrm{d}\theta=\int_0^{2\pi}\mathrm{d}\theta\int_a^b r^3\,\mathrm{d}r$$

$$=\int_0^{2\pi}\frac{r^4}{4}\Big|_a^b\,\mathrm{d}\theta=\frac{\pi}{2}(b^4-a^4)$$

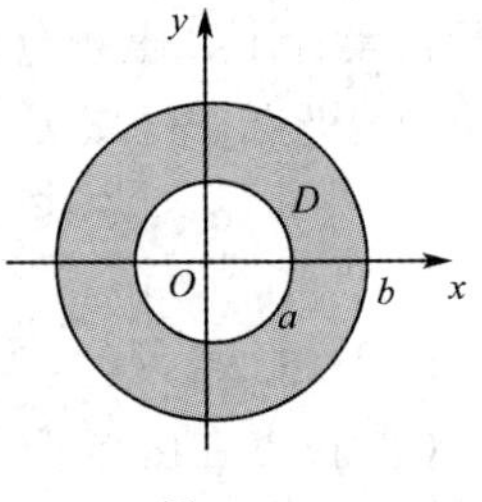

图 8-2-12

例 6 计算$\iint\limits_D \mathrm{e}^{-x^2-y^2}\,\mathrm{d}x\,\mathrm{d}y$(其中 D 是由中心在原点、半径为 a 的圆周所围成的闭区域)，如图 8-2-13 所示.

解 在极坐标系中，闭区域 D 可表示为

$$0\leqslant r\leqslant a\ (0\leqslant\theta\leqslant 2\pi).$$

于是

$$\iint\limits_D \mathrm{e}^{-x^2-y^2}\,\mathrm{d}x\,\mathrm{d}y=\iint\limits_D \mathrm{e}^{-r^2}r\,\mathrm{d}r\,\mathrm{d}\theta=\int_0^{2\pi}\left[\int_0^a \mathrm{e}^{-r^2}r\,\mathrm{d}r\right]\mathrm{d}\theta$$

$$=\int_0^{2\pi}\left[-\frac{1}{2}\mathrm{e}^{-r^2}\right]_0^a\mathrm{d}\theta=\frac{1}{2}(1-\mathrm{e}^{-a^2})\int_0^{2\pi}\mathrm{d}\theta$$

$$=\pi(1-\mathrm{e}^{-a^2}).$$

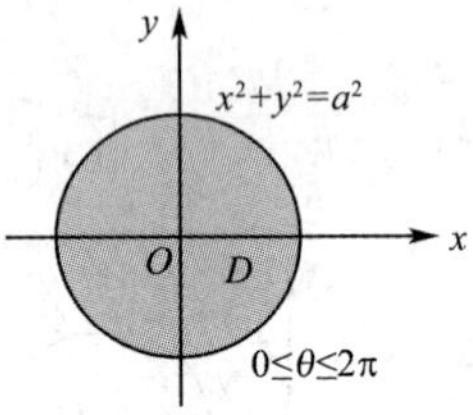

图 8-2-13

注意： 此处积分$\iint\limits_D \mathrm{e}^{-x^2-y^2}\,\mathrm{d}x\,\mathrm{d}y$ 也常写成 $\iint\limits_{x^2+y^2\leqslant a^2}\mathrm{e}^{-x^2-y^2}\,\mathrm{d}x\,\mathrm{d}y$.

利用 $\iint\limits_{x^2+y^2\leqslant a^2}\mathrm{e}^{-x^2-y^2}\,\mathrm{d}x\,\mathrm{d}y=\pi(1-\mathrm{e}^{-a^2})$ 计算广义积分$\int_0^{+\infty}\mathrm{e}^{-x^2}\,\mathrm{d}x$：

设 $D_1=\{(x,y)\mid x^2+y^2\leqslant R^2,x\geqslant 0,y\geqslant 0\}$，$D_2=\{(x,y)\mid x^2+y^2\leqslant 2R^2,x\geqslant 0,y\geqslant 0\}$，$S=\{(x,y)\mid 0\leqslant x\leqslant R,\mid 0\leqslant y\leqslant R\}$. 从图 8-2-14 可以看出：$D_1\subset S\subset D_2$. 由于 $\mathrm{e}^{-x^2-y^2}>0$，从则在这些闭区域上的二重积分之间有不等式

$$\iint\limits_{D_1}\mathrm{e}^{-x^2-y^2}\,\mathrm{d}x\,\mathrm{d}y<\iint\limits_S \mathrm{e}^{-x^2-y^2}\,\mathrm{d}x\,\mathrm{d}y<\iint\limits_{D_2}\mathrm{e}^{-x^2-y^2}\,\mathrm{d}x\,\mathrm{d}y.$$

因为 $\iint\limits_S \mathrm{e}^{-x^2-y^2}\,\mathrm{d}x\,\mathrm{d}y=\int_0^R \mathrm{e}^{-x^2}\,\mathrm{d}x\cdot\int_0^R \mathrm{e}^{-y^2}\,\mathrm{d}y=\left(\int_0^R \mathrm{e}^{-x^2}\,\mathrm{d}x\right)^2$.

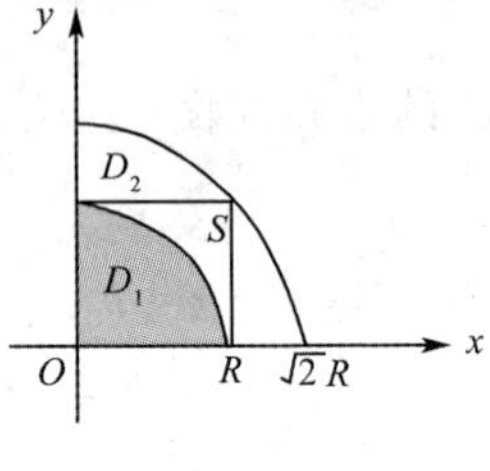

图 8-2-14

又应用上面已得的结果有

$$\iint\limits_{D_1}\mathrm{e}^{-x^2-y^2}\,\mathrm{d}x\,\mathrm{d}y=\frac{\pi}{4}(1-\mathrm{e}^{-R^2}),\iint\limits_{D_2}\mathrm{e}^{-x^2-y^2}\,\mathrm{d}x\,\mathrm{d}y=\frac{\pi}{4}(1-\mathrm{e}^{-2R^2}),$$

于是上面的不等式可写成

$$\frac{\pi}{4}(1-\mathrm{e}^{-R^2})<\left(\int_0^R \mathrm{e}^{-x^2}\,\mathrm{d}x\right)^2<\frac{\pi}{4}(1-\mathrm{e}^{-2R^2}).$$

令 $R\to+\infty$，上式两端趋于同一极限$\frac{\pi}{4}$，从而$\int_0^{+\infty}e^{-x^2}\mathrm{d}x=\frac{\sqrt{\pi}}{2}$. 这是工程领域常用的一个积分.

习题 8-2

A 组

1. 计算下列二重积分.

(1)$\iint\limits_D(x^2+y^2)\mathrm{d}\sigma$，其中 $D=\{(x,y)\mid |x|\leqslant 1,|y|\leqslant 1\}$；

(2)$\iint\limits_D(3x+2y)\mathrm{d}\sigma$，其中 D 是由两坐标轴及直线 $x+y=2$ 所围成的闭区域；

(3)$\iint\limits_D x\cos(x+y)\mathrm{d}\sigma$，其中 D 是顶点分别为 $(0,0)$、$(\pi,0)$ 和 (π,π) 的三角形闭区域；

(4)$\int_0^{2a}\mathrm{d}x\int_0^{\sqrt{2ax-x^2}}(x^2+y^2)\mathrm{d}y$；

(5)$\int_0^{a}\mathrm{d}x\int_0^{x}\sqrt{x^2+y^2}\,\mathrm{d}y$；

(6)$\int_0^{a}\mathrm{d}y\int_0^{\sqrt{a^2-y^2}}(x^2+y^2)\mathrm{d}x$.

2. 改换下列二次积分的积分次序.

(1)$\int_0^{1}\mathrm{d}y\int_0^{y}f(x,y)\mathrm{d}x$；

(2)$\int_0^{2}\mathrm{d}y\int_{y^2}^{2y}f(x,y)\mathrm{d}x$；

(3)$\int_0^{1}\mathrm{d}y\int_{-\sqrt{1-y^2}}^{\sqrt{1-y^2}}f(x,y)\mathrm{d}x$；

(4)$\int_1^{2}\mathrm{d}x\int_{2-x}^{\sqrt{2x-x^2}}f(x,y)\mathrm{d}y$；

(5)$\int_1^{\mathrm{e}}\mathrm{d}x\int_0^{\ln x}f(x,y)\mathrm{d}y$.

3. 画出积分区域，把积分$\iint\limits_D f(x,y)\mathrm{d}x\,\mathrm{d}y$ 表示为极坐标形式的二次积分，积分区域 D 如下情况.

(1)$\{(x,y)\mid x^2+y^2\leqslant a^2\}\ (a>0)$；

(2)$\{(x,y)\mid x^2+y^2\leqslant 2x\}$；

(3)$\{(x,y)\mid a^2\leqslant x^2+y^2\leqslant b^2\}\ (0<a<b)$；

(4)$\{(x,y)\mid 0\leqslant y\leqslant 1-x,0\leqslant x\leqslant 1\}$.

B 组

1. 画出积分区域，并计算下列二重积分.

(1)$\iint\limits_D x\sqrt{y}\,\mathrm{d}\sigma$，其中 D 是由两条抛物线 $y=\sqrt{x}$，$y=x^2$ 所围成的闭区域；

(2)$\iint\limits_D xy^2\mathrm{d}\sigma$，其中 D 是由圆周 $x^2+y^2=4$ 及 y 轴所围成的右半闭区域；

(3) $\iint\limits_D e^{x+y}d\sigma$，其中 $D=\{(x,y)\,|\,|x|+|y|\leqslant 1\}$；

(4) $\iint\limits_D (x^2+y^2-x)d\sigma$，其中 D 是由直线 $y=2$，$y=x$ 及 $y=2x$ 轴所围成的闭区域；

(5) $\iint\limits_D e^{x^2+y^2}d\sigma$，其中 D 是由圆周 $x^2+y^2=4$ 所围成的闭区域；

(6) $\iint\limits_D \ln(1+x^2+y^2)d\sigma$，其中 D 是由圆周 $x^2+y^2=4$ 及坐标轴所围成的在第一象限内的闭区域；

(7) $\iint\limits_D \arctan\dfrac{y}{x}d\sigma$，其中 D 是由圆周 $x^2+y^2=4$，$x^2+y^2=1$ 及直线 $y=0$，$y=x$ 所围成的在第一象限内的闭区域.

2. 化二重积分 $I=\iint\limits_D f(x,y)d\sigma$ 为二次积分(分别列出对两个变量先后次序不同的两个二次积分)，其中积分区域 D 是：

(1) 由直线 $y=x$ 及抛物线 $y^2=4x$ 所围成的闭区域；

(2) 由 x 轴及半圆周 $x^2+y^2=r^2(y\geqslant 0)$ 所围成的闭区域；

3. 设 $f(x,y)$ 在 D 上连续，其中 D 是由直线 $y=x$，$y=a$ 及 $x=b(b>a)$ 围成的闭区域，证明：$\int_a^b dx\int_a^x f(x,y)dy=\int_a^b dy\int_y^b f(x,y)dx$.

4. 设平面薄片所占的闭区域 D 由直线 $x+y=2$，$y=x$ 和 x 轴所围成，它的面密度为 $\mu(x,y)=x^2+y^2$，求该薄片的质量.

5. 选用适当的坐标计算下列各题：

(1) $\iint\limits_D \dfrac{x^2}{y^2}dxdy$，其中 D 是由直线 $y=x$，$x=2$ 及曲线 $xy=1$ 所围成的闭区域；

(2) $\iint\limits_D \sqrt{\dfrac{1-x^2-y^2}{1+x^2+y^2}}d\sigma$，其中 D 是由圆周 $x^2+y^2=1$ 及坐标轴所围成的在第一象限内的闭区域；

(3) $\iint\limits_D (x^2+y^2)d\sigma$，其中 D 是由直线 $y=x$，$y=x+a$，$y=a$，$y=3a(a>0)$ 所围成的闭区域；

(4) $\iint\limits_D \sqrt{x^2+y^2}d\sigma$，其中 D 是圆环形闭区域 $D=\{(x,y)\,|\,a^2\leqslant x^2+y^2\leqslant b^2\}$.

6. 设平面薄片所占的闭区域 D 由螺线 $\rho=2\theta$ 上一段弧 $\left(0\leqslant\theta\leqslant\dfrac{\pi}{2}\right)$ 与直线 $\theta=\dfrac{\pi}{2}$ 所围成，它的面密度为 $\mu(x,y)=x^2+y^2$. 求这薄片的质量.

7. 计算以 xOy 平面上圆域 $x^2+y^2=ax$ 围成的闭区域为底，而以曲面 $z=x^2+y^2$ 为顶的曲顶柱体的体积.

第3节 二重积分知识拓展

一、利用对称性计算二重积分

利用被积函数的奇偶性及积分区域 D 的对称性，常会大大化简二重积分的计算. 如同在处理关于原点对称的区间上的奇(偶)函数的定积分一样，在利用这一方法时，要同时兼顾到被积函数 $f(x,y)$ 的奇偶性和积分区域 D 的对称性两方面. 为应用方便，我们总结如下：

1. 如果积分区域 D 关于 y 轴对称，则

(1) 当 $f(-x,y)=-f(x,y)((x,y)\in D)$ 时，有 $\iint\limits_D f(x,y)\mathrm{d}x\mathrm{d}y=0$.

(2) 当 $f(-x,y)=f(x,y)((x,y)\in D)$ 时，有 $\iint\limits_D f(x,y)\mathrm{d}x\mathrm{d}y=2\iint\limits_{D_1} f(x,y)\mathrm{d}x\mathrm{d}y$，其中 $D_1=\{(x,y)\mid(x,y)\in D,x\geqslant 0\}$.

2. 如果积分区域 D 关于 x 轴对称，则

(1) 当 $f(x,-y)=-f(x,y)((x,y)\in D)$ 时，有 $\iint\limits_D f(x,y)\mathrm{d}x\mathrm{d}y=0$.

(2) 当 $f(x,-y)=f(x,y)((x,y)\in D)$ 时，有 $\iint\limits_D f(x,y)\mathrm{d}x\mathrm{d}y=2\iint\limits_{D_2} f(x,y)\mathrm{d}x\mathrm{d}y$，其中 $D_2=\{(x,y)\mid(x,y)\in D,y\geqslant 0\}$.

3. 如果积分区域 D 关于原点对称，则

(1) 当 $f(-x,-y)=-f(x,y)((x,y)\in D)$ 时，有 $\iint\limits_D f(x,y)\mathrm{d}x\mathrm{d}y=0$.

(2) 当 $f(-x,-y)=f(x,y)((x,y)\in D)$ 时，有 $\iint\limits_D f(x,y)\mathrm{d}x\mathrm{d}y=2\iint\limits_{D_3} f(x,y)\mathrm{d}x\mathrm{d}y$，其中 $D_3=\{(x,y)\mid(x,y)\in D,y\geqslant 0\}$.

4. 如果积分区域 D 关于 $y=x$ 轴对称，则

(1) 当 $f(y,x)=-f(x,y)((x,y)\in D)$ 时，有 $\iint\limits_D f(x,y)\mathrm{d}x\mathrm{d}y=0$.

(2) 当 $f(y,x)=f(x,y)((x,y)\in D)$ 时，有 $\iint\limits_D f(x,y)\mathrm{d}x\mathrm{d}y=2\iint\limits_{D_4} f(x,y)\mathrm{d}x\mathrm{d}y$，其中 $D_4=\{(x,y)\mid(x,y)\in D,y\geqslant x\}$.

5. 如果积分区域 D 关于 $y=-x$ 轴对称，则

(1) 当 $f(-y,-x)=-f(x,y)((x,y)\in D)$ 时，有 $\iint\limits_D f(x,y)\mathrm{d}x\mathrm{d}y=0$.

(2) 当 $f(-y,-x)=f(x,y)((x,y)\in D)$ 时，有 $\iint\limits_D f(x,y)\mathrm{d}x\mathrm{d}y=2\iint\limits_{D_5} f(x,y)\mathrm{d}x\mathrm{d}y$，其中 $D_5=\{(x,y)\mid(x,y)\in D,y\geqslant -x\}$.

例 1 计算$\iint\limits_D y[1+xf(x^2+y^2)]\mathrm{d}x\,\mathrm{d}y$，其中积分区域$D$由曲线$y=x^2$与$y=1$所围成.

解 积分区域关于y轴对称，则$\iint\limits_D xyf(x^2+y^2)\,\mathrm{d}x\,\mathrm{d}y=0$，则

$$\iint\limits_D y+xyf(x^2+y^2)\,\mathrm{d}x\,\mathrm{d}y=\iint\limits_D y\,\mathrm{d}x\,\mathrm{d}y=\frac{4}{5}.$$

例 2 计算$I=\iint\limits_D (xy+1)\mathrm{d}x\,\mathrm{d}y$，其中$D$：$4x^2+y^2\leqslant 4$.

解 积分区域关于y轴对称，$\iint\limits_D xy\,\mathrm{d}x\,\mathrm{d}y=0$，则

$$\iint\limits_D (xy+1)\,\mathrm{d}x\,\mathrm{d}y=\iint\limits_D \mathrm{d}x\,\mathrm{d}y=2\pi.$$

二、二重积分的应用

1. 曲面的面积

设曲面S由方程$z=f(x,y)$给出，D为曲面S在xOy面上的投影区域，如图 8-3-1 所示，函数$f(x,y)$在D上具有连续偏导数$f_x(x,y)$和$f_y(x,y)$，现计算曲面S的面积A.

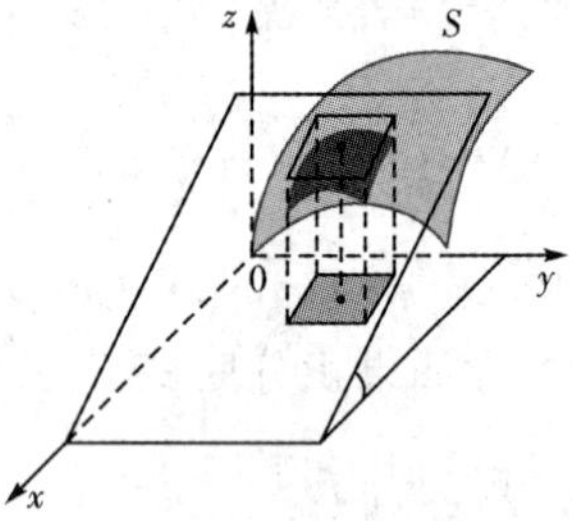

图 8-3-1

在闭区域D上任取一直径很小的闭区域$\mathrm{d}\sigma$（它的面积也记作$\mathrm{d}\sigma$），在$\mathrm{d}\sigma$内取一点$P(x,y)$，对应着曲面S上一点$M(x,y,f(x,y))$，曲面S在点M处的切平面设为T. 以小区域$\mathrm{d}\sigma$的边界为准线做母线平行于z轴的柱面，该柱面在曲面S上截下一小片曲面，在切平面T上截下一小片平面，由于$\mathrm{d}\sigma$的直径很小，那一小片平面面积近似地等于那一小片曲面面积.

曲面S在点M处的法线向量(指向朝上的那个）为

$$\boldsymbol{n}=\{-f_x(x,y),-f_y(x,y),1\}$$

它与z轴正向所成夹角γ的方向余弦为

$$\cos\gamma=\frac{1}{\sqrt{1+f_x^2(x,y)+f_y^2(x,y)}}$$

$$\mathrm{d}A=\frac{\mathrm{d}\sigma}{\cos\gamma},$$

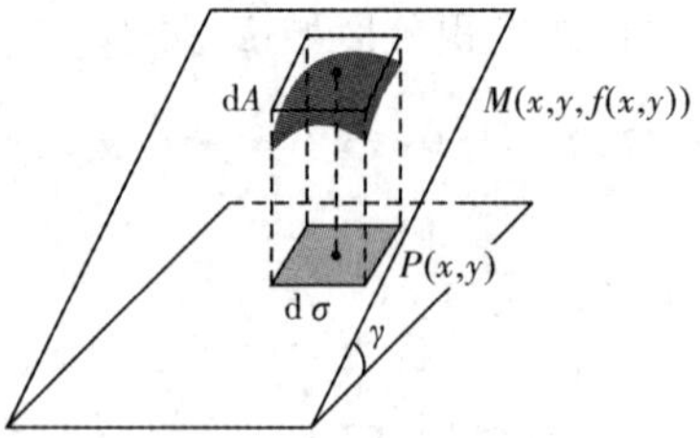

图 8-3-2

如图 8-3-2 所示，所以

$$\mathrm{d}A=\sqrt{1+f_x^2(x,y)+f_y^2(x,y)}\,\mathrm{d}\sigma,$$

这就是曲面S的面积元素，故

$$A=\iint\limits_D \sqrt{1+\left(\frac{\partial z}{\partial x}\right)^2+\left(\frac{\partial z}{\partial y}\right)^2}\,\mathrm{d}x\,\mathrm{d}y,$$

这就是计算曲面面积的公式.

设曲面的方程为 $x=g(y,z)$ 或 $y=h(z,x)$，可分别把曲面投影到 yOz 面上或 zOx 面上，类似地可得

$$A=\iint\limits_{D}\sqrt{1+\left(\frac{\partial x}{\partial y}\right)^2+\left(\frac{\partial x}{\partial z}\right)^2}\,\mathrm{d}y\,\mathrm{d}z \text{ 或 } A=\iint\limits_{D}\sqrt{1+\left(\frac{\partial y}{\partial x}\right)^2+\left(\frac{\partial y}{\partial z}\right)^2}\,\mathrm{d}x\,\mathrm{d}z.$$

例 3　求球面 $x^2+y^2+z^2=a^2$ 的表面积.

解　由对称性，先考虑上半球面 $z=\sqrt{a^2-x^2-y^2}$，则它在 xOy 面上的投影区域 $D=\{(x,y)\mid x^2+y^2\leqslant a^2\}$.

$$z'_x=-\frac{x}{\sqrt{a^2-x^2-y^2}},z'_y=-\frac{y}{\sqrt{a^2-x^2-y^2}},\sqrt{1+(z'_x)^2+(z'_y)^2}=\frac{a}{\sqrt{a^2-x^2-y^2}}.$$

因为这个函数在闭区域 D 上无界，我们不能直接应用曲面面积公式. 所以先取区域 $D_1=\{(x,y)\mid x^2+y^2\leqslant b^2\}(0<b<a)$ 为积分区域，算出相应于 D_1 上的球面面积 A_1 后，令 $b\to a$ 取 A_1 的极限就得半球面的面积.

$$\begin{aligned}A_1&=\iint\limits_{D_1}\sqrt{1+(z'_x)^2+(z'_y)^2}\,\mathrm{d}\sigma=\iint\limits_{D_1}\frac{a}{\sqrt{a^2-x^2-y^2}}\mathrm{d}\sigma\\&=a\int_0^{2\pi}\mathrm{d}\theta\int_0^b\frac{\rho\,\mathrm{d}\rho}{\sqrt{a^2-\rho^2}}=2\pi a(a-\sqrt{a^2-b^2}).\end{aligned}$$

于是
$$\lim_{b\to a}A_1=\lim_{b\to a}2\pi a(a-\sqrt{a^2-b^2})=2\pi a^2,$$

所以 $A=2A_1=4\pi a^2$.

2. 质心

设 xOy 面上有 n 个质点，分别位于点 $(x_1,y_1),(x_2,y_2),\cdots,(x_n,y_n)$，质量分别为 $m_1,m_2,\cdots,m_n$，由力学知识可知，质点系对 x 轴和 y 轴的力矩分别为：

$$M_x=\sum_{i=}^{n}m_iy_i,M_y=\sum_{i=}^{n}m_ix_i,$$

总质量为 $M=\sum\limits_{i=1}^{n}m_i$，则薄片的质心坐标为

$$\overline{x}=\frac{M_y}{M}=\frac{\iint\limits_{D}x\mu(x,y)\mathrm{d}\sigma}{\iint\limits_{D}\mu(x,y)\mathrm{d}\sigma},\overline{y}=\frac{M_x}{M}=\frac{\iint\limits_{D}y\mu(x,y)\mathrm{d}\sigma}{\iint\limits_{D}\mu(x,y)\mathrm{d}\sigma}$$

特别地，如果薄片是均匀的，即面密度为常量，则

$$\overline{x}=\frac{1}{A}\iint\limits_{D}x\,\mathrm{d}\sigma,\overline{y}=\frac{1}{A}\iint\limits_{D}y\,\mathrm{d}\sigma,\tag{3-1}$$

其中 $A=\iint\limits_{D}\mathrm{d}\sigma$ 为闭区域 D 的面积. 这时薄片的质心完全由闭区域 D 的形状所决定. 我们把均匀平面薄片的质心叫作这平面薄片所占的平面图形的形心. 因此，平面图形 D 的形心的坐标，就可用公式(3-1) 计算.

例 4　求位于两圆 $\rho=2\sin\theta$ 和 $\rho=4\sin\theta$ 之间的均匀薄片的质心.

解　因为闭区域 D 对称于 y 轴，所以质心 $C(\overline{x},\overline{y})$ 必位于 y 轴上，于是 $\overline{x}=0$. 又因 $A=$

3π.

$$\iint_D y\,d\sigma=\iint_D \rho^2\sin\theta\,d\rho\,d\theta=\int_0^\pi \sin\theta\,d\theta\int_{2\sin\theta}^{4\sin\theta}\rho^2\,d\rho$$

$$=\frac{56}{3}\int_0^\pi \sin^4\theta\,d\theta=7\pi.$$

因此，$\overline{y}=\frac{7\pi}{3\pi}=\frac{7}{3}$，所求质心是 $C\left(0,\frac{7}{3}\right)$.

3. 转动惯量

设 xOy 平面上有 n 个质点，它们分别位于 $(x_1,y_1),(x_2,y_2),\cdots,(x_n,y_n)$ 处，质量分别为 $m_1,m_2,\cdots,m_n$. 则该质点系对于 x 轴和 y 轴的转动惯量依次为

$$I_x=\sum_{i=1}^n m_i y_i^2,\quad I_y=\sum_{i=1}^n m_i x_i^2.$$

设有一平面薄片，占有 xOy 面上的闭区域 D，在点 (x,y) 处的面密度为 $\mu(x,y)$，假定 $\mu(x,y)$ 在 D 上连续，平面薄片对于 x 轴和 y 轴的转动惯量为

$$I_x=\iint_D y^2\mu(x,y)\,d\sigma,\ I_y=\iint_D x^2\mu(x,y)\,d\sigma.$$

例 5 求半径为 a 的均匀半圆薄片（面密度为常量 μ）对于其直径边的转动惯量.

解 取坐标系如图 8-3-3 所示，则薄片所占闭区域

$$D=\{(x,y)\mid x^2+y^2\leqslant a^2,y\geqslant 0\},$$

$$I_x=\iint_D y^2\mu\,d\sigma=\mu\iint_D \rho^3\sin^2\theta\,d\rho\,d\theta=\mu\int_0^\pi d\theta\int_0^a \rho^3\sin^2\theta\,d\rho$$

$$=\mu\cdot\frac{a^4}{4}\int_0^\pi \sin^2\theta\,d\theta=\frac{1}{4}\mu a^4\cdot\frac{\pi}{2}=\frac{1}{4}Ma^2,$$

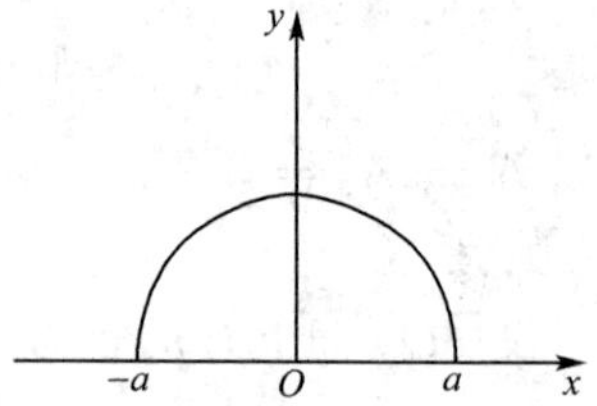

图 8-3-3

其中 $M=\frac{\pi}{2}a^2\mu$ 为半圆薄片的质量.

三、典型题选讲

例 6 计算以 xOy 面上的圆周 $x^2+y^2=1$ 围成的闭区域 D 为底，以上半球面 $z=\sqrt{4-x^2-y^2}$ 为顶的曲顶柱体的体积.

解 利用二重积分的几何意义可知

$$V=\iint_D \sqrt{4-x^2-y^2}\,dx\,dy=\int_0^{2\pi}d\theta\int_0^1 r\sqrt{4-r^2}\,dr$$

$$=2\pi\left[-\frac{1}{2}\int_0^1\sqrt{4-r^2}\,d(4-r^2)\right]$$

$$=-\pi\cdot\frac{2}{3}(4-r^2)^{\frac{3}{2}}\Big|_0^1=\frac{2}{3}\pi(8-\sqrt{27}).$$

例 7 设平面薄片所占的闭区域 D 由曲线 $x^2+y^2=4$ 围成，它的面密度 $\rho(x,y)=x^2+4y^2+9$，求该薄片的质量 M.

解　由本章第 1 节引例 2 可知

$$M=\iint_D \rho(x,y)\mathrm{d}\sigma=\iint_{x^2+y^2\leqslant 4}(x^2+4y^2+9)\mathrm{d}x\mathrm{d}y$$
$$=\int_0^{2\pi}\mathrm{d}\theta\int_0^2(r^2\cos^2\theta+4r^2\sin^2\theta)r\mathrm{d}r+36\pi$$
$$=20\pi+36\pi=56\pi.$$

例 8　求 $\int_{\frac{1}{4}}^{\frac{1}{2}}\mathrm{d}y\int_{\frac{1}{2}}^{\sqrt{y}}\mathrm{e}^{\frac{y}{x}}\mathrm{d}x+\int_{\frac{1}{2}}^{1}\mathrm{d}y\int_{y}^{\sqrt{y}}\mathrm{e}^{\frac{y}{x}}\mathrm{d}x$.

分析　$\int \mathrm{e}^{\frac{y}{x}}\mathrm{d}x$ 直接积分不出来，故考虑交换积分次序.

解　原式 $=\iint_D \mathrm{e}^{\frac{y}{x}}\mathrm{d}x\mathrm{d}y=\int_{\frac{1}{2}}^{1}\mathrm{d}x\int_{x^2}^{x}\mathrm{e}^{\frac{y}{x}}\mathrm{d}y=\int_{\frac{1}{2}}^{1}x(\mathrm{e}-\mathrm{e}^x)\mathrm{d}x=\frac{3}{8}\mathrm{e}-\frac{1}{2}\sqrt{\mathrm{e}}$.

例 9　$f(x,y)$ 为连续函数，有 $f(x,y)=xy+2\iint_D f(x,y)\mathrm{d}\sigma$，其中 D 由 $y=0$，$y=x^2$ 及 $x=1$ 所围成，求 $f(x,y)$.

解　设 $\iint_D f(x,y)\mathrm{d}\sigma=A$（因为二重积分是一个数），则

$$A=\iint_D f(x,y)\mathrm{d}\sigma=\iint_D(xy+2A)\mathrm{d}\sigma$$
$$=\int_0^1\mathrm{d}x\int_0^{x^2}xy\mathrm{d}y+2A\int_0^1\mathrm{d}x\int_0^{x^2}\mathrm{d}y=\frac{1}{12}+\frac{2A}{3}.$$

所以 $A=\frac{1}{4}\Rightarrow f(x,y)=xy+\frac{1}{2}$.

例 10　计算 $\iint_D x[1+yf(x^2+y^2)]\mathrm{d}\delta$，其中 D 是由 $y=x^3$，$y=1$ 及 $x=-1$ 所围成的区域，$f(u)$ 为连续函数.

解　为了消去 $f(x^2+y^2)$（积不出），注意到 $x[1+yf(x^2+y^2)]$ 关于 x 是奇函数，故做辅助线 $y=-x^3$，如图 8-3-4 所示，则 D_2 关于 Oy 轴对称，

$$\iint_{D_2}x[1+yf(x^2+y^2)]\mathrm{d}\delta=0.$$

而 D_1 关于 Ox 轴对称，$xyf(x^2+y^2)$ 关于 y 为奇函数，所以 $\iint_{D_1}xyf(x^2+y^2)\mathrm{d}\delta=0$. 因此，

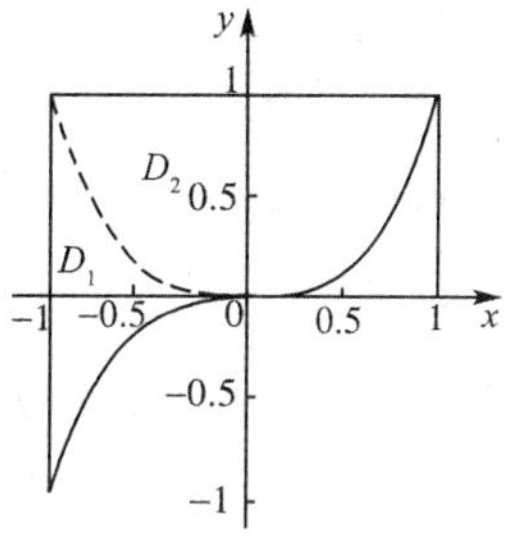

图 8-3-4

$$原式=\iint_{D_1}x\mathrm{d}\delta=2\int_{-1}^{0}\mathrm{d}x\int_0^{-x^3}x\mathrm{d}y=-\frac{2}{5}.$$

例 11　计算 $\iint_D\left(\frac{x^2}{a^2}+\frac{y^2}{b^2}\right)\mathrm{d}x\mathrm{d}y$，$D$：$x^2+y^2\leqslant R^2$.

解　圆域 D 关于直线 $y=x$ 对称，由轮换性知

$$\iint\limits_D x^2\mathrm{d}x\,\mathrm{d}y=\iint\limits_D y^2\mathrm{d}x\,\mathrm{d}y=\frac{1}{2}\iint\limits_D(x^2+y^2)\mathrm{d}x\,\mathrm{d}y=\frac{1}{2}\int_0^{2\pi}\mathrm{d}\theta\int_0^R r^3\mathrm{d}r=\frac{\pi R^4}{4},$$

$$原式=\frac{1}{a^2}\iint\limits_D x^2\mathrm{d}x\,\mathrm{d}y+\frac{1}{b^2}\iint\limits_D y^2\mathrm{d}x\,\mathrm{d}y=\frac{1}{a^2}\cdot\frac{\pi R^4}{4}+\frac{1}{b^2}\cdot\frac{\pi R^4}{4}=\frac{\pi R^4}{4}\left(\frac{1}{a^2}+\frac{1}{b^2}\right).$$

总习题 8

A 组

一、填空题

1. $\iint\limits_D(xy+1)\mathrm{d}x\,\mathrm{d}y=$________，其中 $D:4x^2+y^2\leqslant 4$.

2. 若空间几何体是以 $z=f(x,y)$ 为曲顶，以区域 D 为底的曲顶柱体，则其体积 $V=$________.

3. 将二重积分 $\int_0^2\mathrm{d}y\int_0^{\sqrt{2y-y^2}}f(x,y)\,\mathrm{d}x$ 化为极坐标下的累次积分为________.

4. $\iint\limits_D\mathrm{d}x\,\mathrm{d}y=$________，其中 D 是圆域 $x^2+y^2\leqslant r^2$.

5. 已知 $\int_0^x f(y)\mathrm{d}y=\dfrac{x}{1+x^2}$，则 $\int_{-1}^1\mathrm{d}x\int_0^x f(y)\mathrm{d}y=$________.

二、单项选择题

1. 当积分区域 D 为(　　)时，二重积分 $\iint\limits_D\mathrm{d}x\,\mathrm{d}y=1$.

A. $D=\{(x,y)\mid 0\leqslant x\leqslant 1,0\leqslant y\leqslant 1\}$

B. $D=\left\{(x,y)\,\middle|\,0\leqslant x\leqslant\frac{1}{2},0\leqslant y\leqslant\frac{1}{2}\right\}$

C. $D=\{(x,y)\mid -1\leqslant x\leqslant 1,-1\leqslant y\leqslant 1\}$

D. $D=\{(x,y)\mid 0\leqslant x\leqslant 1,0\leqslant y\leqslant x\}$

2. 设区域 $D=\{(x,y)\mid x^2+y^2\leqslant 1,0\leqslant x,0\leqslant y\}$，则在极坐标系下，二重积分 $\iint\limits_D \mathrm{e}^{\sqrt{x^2+y^2}}\mathrm{d}x\,\mathrm{d}y$ 可表示为(　　).

A. $\int_0^{\pi}\mathrm{d}\theta\int_0^1\mathrm{e}^r\mathrm{d}r$　　B. $\int_0^{\pi}\mathrm{d}\theta\int_0^1\mathrm{e}^r r\,\mathrm{d}r$

C. $\int_0^{\frac{\pi}{2}}\mathrm{d}\theta\int_0^1\mathrm{e}^r r\,\mathrm{d}r$　　D. $\int_0^{\frac{\pi}{2}}\mathrm{d}\theta\int_0^1\mathrm{e}^r\mathrm{d}r$

3. 设 $I=\iint\limits_D\sqrt{4-x^2-y^2}\,\mathrm{d}x\,\mathrm{d}y$，其中 $D=\{(x,y)\mid x^2+y^2\leqslant 1\}$，则必有(　　).

A. $I=0$　　B. $I>0$

C. $I<0$　　D. $I\neq 0$ 但符号不能确定

4. 设 $D=\left\{(x,y)\,\middle|\,\frac{1}{2}\leqslant x^2+y^2\leqslant 1\right\}$，若 $I_1=\iint\limits_D\ln(x^2+y^2)\,\mathrm{d}x\,\mathrm{d}y$，$I_2=$

$\iint\limits_D \frac{1}{x^2+y^2}\mathrm{d}x\,\mathrm{d}y$，$I_3=\iint\limits_D (x^2+y^2)\,\mathrm{d}x\,\mathrm{d}y$，则 I_1,I_2,I_3 之间的大小顺序为（　　）.

A. $I_1<I_3<I_2$　　B. $I_2<I_1<I_3$

C. $I_2<I_3<I_1$　　D. $I_3<I_1<I_2$

5. 设 $f(x,y)$ 是闭区域 $x^2+y^2\leqslant a^2$ 上的连续函数，则 $\lim\limits_{a\to 0}\frac{1}{\pi a^2}\iint\limits_D f(x,y)\,\mathrm{d}x\,\mathrm{d}y$ =（　　）.

A. 0　　B. ∞　　C. $f(0,0)$　　D. 1

三、计算题

1. 计算 $I=\iint\limits_D \mathrm{e}^{x^2+y^2}\mathrm{d}x\,\mathrm{d}y$，其中 $D=\{(x,y)\mid x^2+y^2\leqslant R^2\}$.

2. 计算 $I=\iint\limits_D (x+y)\,\mathrm{d}x\,\mathrm{d}y$，其中 D 是两坐标轴及直线 $x+y=2$ 所围成的区域.

3. 更换累次积分次序 $\int_0^1 \mathrm{d}y\int_{1-y}^1 f(x,y)\,\mathrm{d}x$.

4. 计算 $I=\iint\limits_D \frac{\sin y}{y}\mathrm{d}x\,\mathrm{d}y$，其中积分区域 D 如图 8-4-1 所示.

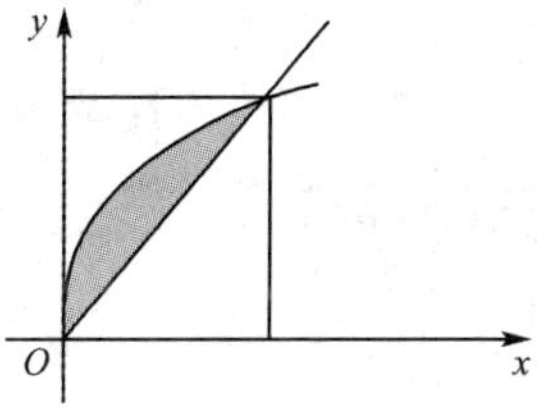

图 8-4-1

四、解答题

计算 $I=\int_0^a f(x)\mathrm{d}x$，其中 $f(x)=\int_0^{a-x}\mathrm{e}^{y(2a-y)}\mathrm{d}y$，$(a>0)$.

五、应用题

求以 xOy 面上的圆周 $x^2+y^2=x$ 围成的闭区域为底，而以 $z=x^2+y^2$ 为顶的曲顶柱体的体积.

B 组

一、填空题

1. 设 D：$x^2+y^2\leqslant 4, y\geqslant 0$，则二重积分 $\iint\limits_D \sin(x^3y^2)\,\mathrm{d}\sigma=$________.

2. 设 $f(x,y)$ 是连续函数，则二次积分 $\int_0^1 \mathrm{d}y\int_y^{\sqrt{y}} f(x,y)\mathrm{d}x$ 交换积分次序后为________.

3. 设 D 为 $x^2+y^2\leqslant a^2$，且 $\iint\limits_D \sqrt{a^2-x^2-y^2}\,\mathrm{d}x\,\mathrm{d}y=\pi$，则 $a=$________.

4. 把二重积分 $\int_0^a \mathrm{d}y\int_0^{\sqrt{a^2-y^2}} f(x,y)\,\mathrm{d}x$ 化为极坐标形式为________.

5. $\iint\limits_D f(x,y)\,\mathrm{d}\sigma=\lim\limits_{\lambda\to 0}\sum\limits_{i=1}^{n} f(\xi_i,\eta_i)\,\Delta\sigma_i$ 中 λ 表示________.

二、单项选择题

1. 设 $I_1=\iint\limits_D [\ln(x+y)]^7\,\mathrm{d}x\,\mathrm{d}y$，$I_2=\iint\limits_D (x+y)^7\,\mathrm{d}x\,\mathrm{d}y$，$I_3=\iint\limits_D \sin^7(x+y)\,\mathrm{d}x\,\mathrm{d}y$，其中 D

是由 $x=0, y=0, x+y=\frac{1}{2}, x+y=1$ 所围成的区域，则 I_1, I_2, I_3 的大小顺序是(　　).

A. $I_1<I_2<I_3$　　B. $I_3<I_2<I_1$　　C. Ω　　D. $z=4$

2. 估计二重积分 $I=\iint\limits_{|x|+|y|\leqslant 10} \frac{1}{100+\cos^2 x+\sin^2 y} \mathrm{d}\sigma$ 的值(　　).

A. $0 \leqslant I \leqslant 1$　　B. $0 \leqslant I \leqslant 2$

C. $\frac{100}{51} \leqslant I \leqslant 2$　　D. $1 \leqslant I \leqslant \frac{100}{51}$

3. 把二次积分 $\int_0^1 \mathrm{d}x \int_{-\sqrt{1-x^2}}^{\sqrt{1-x^2}} \mathrm{e}^{x^2+y^2} \mathrm{d}y$ 化为极坐标形式的二次积分(　　).

A. $\int_0^{2\pi} \mathrm{d}\theta \int_0^1 r \mathrm{e}^{r^2} \mathrm{d}r$　　B. $\int_{-\frac{\pi}{2}}^{\frac{\pi}{2}} \mathrm{d}\theta \int_0^1 r \mathrm{e}^{r^2} \mathrm{d}r$

C. $\int_{-\frac{\pi}{2}}^{\frac{\pi}{2}} \mathrm{d}\theta \int_0^1 \mathrm{e}^{r^2} \mathrm{d}r$　　D. $\int_0^{2\pi} \mathrm{d}\theta \int_0^1 \mathrm{e}^{r^2} \mathrm{d}r$

4. 设 $f(x)$ 为连续函数，$F(t)=\int_1^t \mathrm{d}y \int_y^t f(x) \mathrm{d}x$，则 $F'(2)=$(　　).

A. $2f(2)$　　B. $f(2)$　　C. $-f(2)$　　D. 0

5. 当 D 是(　　)围成的区域时，$\iint\limits_D \mathrm{d}x \mathrm{d}y=1$.

A. x 轴，y 轴及 $2x+y-2=0$　　B. $|x|=\frac{1}{2}, y=\frac{1}{3}$

C. x 轴，y 轴及 $x=4, y=3$　　D. $|x+y|=1, |x-y|=1$

三、计算题

1. 计算 $\iint\limits_D |x^2+y^2-2| \mathrm{d}\sigma$，其中 $D: x^2+y^2 \leqslant 3$.

2. 计算 $\iint\limits_D y\sqrt{1+x^2-y^2} \mathrm{d}\sigma$，其中 D 是由直线 $y=x$、$x=-1$ 和 $y=1$ 所围成的闭区域.

3. 改变累次积分的次序(要求画出积分区域)：$\int_1^2 \mathrm{d}x \int_{\frac{1}{x}}^x f(x,y) \mathrm{d}y$.

4. 计算 $\iint\limits_D \mathrm{e}^{x^2} \mathrm{d}x \mathrm{d}y$，其中 D 由 $y=x$，$x=1$ 及 x 轴所围.

四、应用题

设平面薄片所占的闭区域 D 由螺线 $\rho=2\theta$ 上一段弧 $\left(0 \leqslant \theta \leqslant \frac{\pi}{2}\right)$ 与直线 $\theta=\frac{\pi}{2}$ 所围成，它的面密度为 $\mu(x,y)=x^2+y^2$. 求这薄片的质量.

五、证明题

设 $f(x,y)$ 是连续函数，证明 $\int_0^a \mathrm{d}y \cdot \int_0^y \mathrm{e}^{m(a-x)} f(x) \mathrm{d}x=\int_0^a (a-x) \mathrm{e}^{m(a-x)} f(x) \mathrm{d}x$，其中 a, m 为常数，且 $a>0$.

第九章

无穷级数

无穷级数的理论在高等数学中具有非常重要的地位，是研究微积分理论及其应用的强有力工具. 研究无穷级数，是研究数列的另一种形式，尤其在研究极限的存在性及计算极限方面显示出很大的优越性. 它在表示函数、研究函数的性质、计算函数值以及求解微分方程等方面都有重要的应用. 另外，在经济、管理、电学以及振动理论等诸多领域也有广泛应用.

无穷级数的理论几乎与微积分同时诞生，牛顿就曾把二项式级数作为研究微积分的工具. 为了解决微积分诞生时混乱的逻辑基础，拉格朗日也曾试图用无穷级数重建微积分理论，但由于当时对无穷级数认识的粗糙性，均未获得成功. 无穷级数之所以难以捉摸是由于它与无穷（或无限）纠缠在一起，当时的数学家也尽量避免无限. 直到 19 世纪中叶，才由数学家柯西揭开了无限的面纱，建立起无穷级数的严格理论.

本章首先介绍无穷级数的概念和基本性质，然后重点讨论常数项级数的概念、性质及其敛散性的判别法，在此基础上介绍函数项级数的相关内容，以及将函数展开成幂级数的条件和方法.

第 1 节　常数项级数的概念和性质

引例 1【芝诺(zeno)悖论】　芝诺是古希腊著名哲学家，他曾提出了一个非常著名的悖论，即“阿基里斯追不上乌龟”. 阿基里斯是古希腊神话中善跑的英雄，假设乌龟在阿基里斯前面 10 米，乌龟每秒跑 0.1 米，阿基里斯每秒跑 10 米. 现在阿基里斯和乌龟同时出发往前跑，阿基里斯要追上乌龟，要跑 10 米，等他跑了 10 米后，乌龟往前跑了 0.1 米；阿基里斯要追上乌龟，又要跑 0.1 米，等他跑了 0.1 米后，乌龟又往前跑了 0.001 米；…如此下去，我们得到阿基里斯追上乌龟所走的路程为

$$10+0.1+0.001+\cdots.$$

引例 2【无理数 e 的精确值】　自然对数的底 e 是一个既很奇妙又很常用的无理数，它的近似值为 2.71828……，而它的精确值可以表示为

$$e=1+1+\frac{1}{2!}+\frac{1}{3!}+\cdots+\frac{1}{n!}+\cdots.$$

在前面的两个引例中都出现了无穷多个数依次相加的式子，在物理、化学、经济等许多学科中，常能遇到这种无穷多个数依次相加的情形，下面给出其严格的定义.

一、相关概念

定义 1 若给定一个数列

$$u_1,u_2,u_3,\cdots,u_n,\cdots,$$

则由这个数列构成的表达式

$$u_1+u_2+u_3+\cdots+u_n+\cdots \tag{1-1}$$

叫作(常数项)无穷级数，简称(常数项)级数，记作 $\sum\limits_{n=1}^{\infty}u_n$，即

$$\sum_{n=1}^{\infty}u_n=u_1+u_2+u_3+\cdots+u_n+\cdots$$

其中第 n 项 u_n 叫作级数的一般项或通项.

注意： 级数简单地说就是无穷多个数相加.

有限个数相加有和，无穷多个数相加也有和吗？

为研究无穷多项相加的情况，先来研究有限项相加，观察它们的变化趋势.

定义 2 做级数 $\sum\limits_{n=1}^{\infty}u_n$ 的前 n 项之和

$$s_n=u_1+u_2+u_3+\cdots+u_n=\sum_{i=1}^{n}u_i \tag{1-2}$$

称 s_n 为级数(1-1)的部分和.

当 n 依次取 $1,2,3,\cdots,n,\cdots$ 时，它们构成一个新数列

$$s_1=u_1,s_2=u_1+u_2,s_3=u_1+u_2+u_3,\cdots,s_n=u_1+u_2+u_3+\cdots+u_n,\cdots$$

称此数列为级数 $\sum\limits_{n=1}^{\infty}u_n$ 的部分和数列.

根据部分和数列是否有极限，我们给出级数收敛与发散的概念.

定义 3 如果级数 $\sum\limits_{n=1}^{\infty}u_n$ 的部分和数列 $\{s_n\}$ 有极限 s，即 $\lim\limits_{n\to\infty}s_n=s$，则称级数 $\sum\limits_{n=1}^{\infty}u_n$ 收敛，这时极限 s 叫作级数的和，并记作

$$s=\sum_{n=1}^{\infty}u_n=u_1+u_2+u_3+\cdots+u_n+\cdots;$$

如果部分和数列 $\{s_n\}$ 没有极限，则称级数 $\sum\limits_{n=1}^{\infty}u_n$ 发散.

级数的收敛性和发散性统称为级数的敛散性. 由定义可知，级数(1-1)与其部分和数列 $\{s_n\}$ 具有相同的敛散性.

显然，当级数收敛时，其部分和 s_n 是级数的和 s 的近似值，它们之间的差值

$$r_n=s-s_n=u_{n+1}+u_{n+2}+\cdots$$

叫作级数的余项. 用近似值 s_n 代替和 s 所产生的误差是这个余项的绝对值，即误差是 $|r_n|$.

例 1 无穷级数

$$\sum_{k=0}^{\infty} aq^k = a + aq + aq^2 + \cdots + aq^k + \cdots (a \neq 0) \tag{1-3}$$

叫作等比级数（又称为几何级数），其中 q 叫作级数的公比. 试讨论级数(1-3)的敛散性.

解 若 $q \neq 1$，则部分和为

$$s_n = \sum_{k=0}^{n} aq^k = a + aq + aq^2 + \cdots + aq^{n-1} = \frac{a - aq^n}{1-q},$$

(1) 当 $|q| < 1$ 时，$\lim\limits_{n\to\infty} q^n = 0$，故 $\lim\limits_{n\to\infty} s_n = \dfrac{a}{1-q}$，等比级数收敛，且和为 $\dfrac{a}{1-q}$；

(2) 当 $|q| > 1$ 时，$\lim\limits_{n\to\infty} q^n = \infty$，从而 $\lim\limits_{n\to\infty} s_n = \infty$，等比级数发散；

(3) 当 $|q| = 1$ 时，若 $q = 1$，则

$$s_n = \sum_{k=0}^{n-1} a \cdot 1^k = a + a + a + \cdots + a = n \cdot a \to \infty (n \to \infty)$$

若 $q = -1$，则

$$s_n = \sum_{k=0}^{n-1} (-1)^k \cdot a = a - a + a - a + \cdots + (-1)^{n-2} a + (-1)^{n-1} a = \begin{cases} 0 & n \text{ 为偶数} \\ a & n \text{ 为奇数} \end{cases},$$

因此 $\lim\limits_{n\to\infty} s_n$ 不存在，即当 $|q| = 1$ 时，等比级数发散.

综上有

$$\sum_{k=0}^{\infty} aq^n = \begin{cases} \text{收敛}, & s = \dfrac{a}{1-q}, & |q| < 1 \\ \text{发散}, & \text{无和}, & |q| \geqslant 1 \end{cases}.$$

例 2 判断无穷级数 $\dfrac{1}{1\cdot 2} + \dfrac{1}{2\cdot 3} + \cdots + \dfrac{1}{n\cdot(n+1)} + \cdots$ 的敛散性.

解 $u_n = \dfrac{1}{n(n+1)} = \dfrac{1}{n} - \dfrac{1}{n+1}$. 因此

$$s_n = \frac{1}{1\cdot 2} + \frac{1}{2\cdot 3} + \cdots + \frac{1}{n(n+1)} = \left(1 - \frac{1}{2}\right) + \left(\frac{1}{2} - \frac{1}{3}\right) + \cdots + \left(\frac{1}{n} - \frac{1}{n+1}\right) = 1 - \frac{1}{n+1},$$

当 $n \to \infty$ 时，$s_n \to 1$，所以级数收敛，且 $\sum\limits_{n=1}^{\infty} \dfrac{1}{n(n+1)} = 1$.

例 3 试把循环小数 $0.\dot{5}\dot{1}$ 写成分数形式.

解 $0.\dot{5}\dot{1} = 0.51 + 0.0051 + 0.000051 + \cdots = \dfrac{0.51}{1-0.01} = \dfrac{0.51}{0.99} = \dfrac{51}{99}$.

二、收敛级数的基本性质

性质 1 若级数 $\sum\limits_{n=1}^{\infty} u_n$ 收敛于和 s，那么级数 $\sum\limits_{n=1}^{\infty} ku_n$ 也收敛，且其和为 ks.

证明 设 $\sum\limits_{n=1}^{\infty} u_n$ 与 $\sum\limits_{n=1}^{\infty} ku_n$ 的部分和分别为 s_n 与 σ_n，则

$$\lim_{n\to\infty}\sigma_n=\lim_{n\to\infty}(ku_1+ku_2+\cdots+ku_n)=k\lim_{n\to\infty}(u_1+u_2+\cdots+u_n)=k\lim_{n\to\infty}s_n=ks.$$

这表明级数 $\sum\limits_{n=1}^{\infty}ku_n$ 收敛，且和为 ks.

由关系式 $\sigma_n=ks_n$ 知道，如果 $\{s_n\}$ 没有极限且 $k\neq 0$，那么 $\{\sigma_n\}$ 也不可能有极限. 因此我们得到如下结论：级数的每一项同乘一个不为零的常数后，它的收敛性不会改变.

性质 2 若级数 $\sum\limits_{n=1}^{\infty}u_n$，$\sum\limits_{n=1}^{\infty}v_n$ 分别收敛于 s，σ，则级数 $\sum\limits_{n=1}^{\infty}(u_n\pm v_n)$ 也收敛，且其和为 $s\pm\sigma$.

证明 设级数 $\sum\limits_{n=1}^{\infty}u_n$、$\sum\limits_{n=1}^{\infty}v_n$、$\sum\limits_{n=1}^{\infty}(u_n\pm v_n)$ 的部分和分别为 s_n、σ_n、τ_n，则

$$\begin{aligned}\lim_{n\to\infty}\tau_n&=\lim_{n\to\infty}[(u_1\pm v_1)+(u_2\pm v_2)+\cdots+(u_n\pm v_n)]\\&=\lim_{n\to\infty}[(u_1+u_2+\cdots+u_n)\pm(v_1+v_2+\cdots+v_n)]\\&=\lim_{n\to\infty}(s_n\pm\sigma_n)=s\pm\sigma.\end{aligned}$$

性质 2 也可说成：两个收敛级数可以逐项相加或逐项相减.

注意：若级数 $\sum\limits_{n=1}^{\infty}u_n$ 收敛，$\sum\limits_{n=1}^{\infty}v_n$ 发散，则级数 $\sum\limits_{n=1}^{\infty}(u_n\pm v_n)$ 也发散.

若级数 $\sum\limits_{n=1}^{\infty}u_n$ 发散，$\sum\limits_{n=1}^{\infty}v_n$ 发散，则级数 $\sum\limits_{n=1}^{\infty}(u_n\pm v_n)$ 不一定发散.

例如：$\sum\limits_{n=1}^{\infty}u_n=1+1+\cdots+1+\cdots$ 发散

$\sum\limits_{n=1}^{\infty}v_n=-1-1-\cdots-1-\cdots$ 发散

但 $\sum\limits_{n=1}^{\infty}(u_n+v_n)=(1-1)+(1-1)+\cdots$ 收敛

性质 3 在级数中去掉、加上或改变有限项，不会改变级数的敛散性.

比如，级数 $\frac{1}{1\cdot 2}+\frac{1}{2\cdot 3}+\frac{1}{3\cdot 4}+\cdots+\frac{1}{n(n+1)}+\cdots$ 是收敛的，加上一项 10000 后，级数 $10000+\frac{1}{1\cdot 2}+\frac{1}{2\cdot 3}+\frac{1}{3\cdot 4}+\cdots+\frac{1}{n(n+1)}+\cdots$ 也是收敛的，删去一项 $\frac{1}{1\cdot 2}$ 后，级数 $\frac{1}{3\cdot 4}+\frac{1}{4\cdot 5}+\cdots+\frac{1}{n(n+1)}+\cdots$ 也是收敛的.

不过在收敛时，一般来说级数的和是要改变的.

性质 4 如果级数 $\sum\limits_{n=1}^{\infty}u_n$ 收敛，则对这个级数的项任意加括号后所成的级数

$$(u_1+u_2+\cdots+u_{n_1})+(u_{n_1+1}+u_{n_1+2}+\cdots+u_{n_2})+\cdots+(u_{n_{k-1}+1}+\cdots+u_{n_k})+\cdots$$

仍收敛，且其和不变.

注意：如果加括号后所成的级数收敛，则不能断定去括号后原来的级数也收敛. 例如 $(1-1)+(1-1)+\cdots$ 收敛于零，但级数 $1-1+\cdots-1+\cdots$ 却是发散的.

推论 如果加括号后所成的级数发散，则原来的级数也发散.

性质 5 （级数收敛的必要条件）级数 $\sum\limits_{n=1}^{\infty} u_n$ 收敛的必要条件是 $\lim\limits_{n\to\infty} u_n = 0$.

证明　设级数 $\sum\limits_{n=1}^{\infty} u_n$ 的部分和为 s_n，且 $\lim\limits_{n\to\infty} s_n = s$，则

$$\lim_{n\to\infty} u_n = \lim_{n\to\infty}(s_n - s_{n-1}) = \lim_{n\to\infty} s_n - \lim_{n\to\infty} s_{n-1} = s - s = 0.$$

注意：级数的一般项趋向于零并不是级数收敛的充分条件. 有些级数虽然一般项趋于零，但仍然是发散的. 例如，调和级数

$$\sum_{n=1}^{\infty} \frac{1}{n} = 1 + \frac{1}{2} + \frac{1}{3} + \cdots + \frac{1}{n} + \cdots \tag{1-4}$$

虽然它的一般项 $\lim\limits_{n\to\infty} u_n = \lim\limits_{n\to\infty} \frac{1}{n} = 0$，但是它是发散的. 现在我们用反证法证明如下：

假若级数(1-4)收敛，设它的部分和为 s_n，且 $\lim\limits_{n\to\infty} s_n = s$，显然对级数(1-4)的部分和 s_{2n}，也有 $\lim\limits_{n\to\infty} s_{2n} = s$. 于是

$$\lim_{n\to\infty}(s_{2n} - s_n) = s - s = 0.$$

但另一方面

$$s_{2n} - s_n = \frac{1}{n+1} + \frac{1}{n+2} + \cdots + \frac{1}{2n} > \underbrace{\frac{1}{2n} + \frac{1}{2n} + \cdots + \frac{1}{2n}}_{n\text{项}} = \frac{1}{2},$$

则

$$\lim_{n\to\infty}(s_{2n} - s_n) \neq 0$$

与假设级数(1-4)收敛矛盾. 这矛盾说明级数(1-4)必定发散.

例 4　判别级数 $\sum\limits_{n=1}^{\infty} \frac{2+(-1)^{n-1}}{3^n}$ 的敛散性，若收敛，求其和.

解　级数 $\sum\limits_{n=1}^{\infty} \frac{2}{3^n}$ 是公比 $q = \frac{1}{3}$ 的等比级数，由例 1 可知，它是收敛的，且和为

$$\frac{\frac{2}{3}}{1-\frac{1}{3}} = 1,$$

级数 $\sum\limits_{n=1}^{\infty} \frac{(-1)^{n-1}}{3^n}$ 是公比 $q = -\frac{1}{3}$ 的等比级数，且和为

$$\frac{\frac{1}{3}}{1-\left(-\frac{1}{3}\right)} = \frac{1}{4},$$

所以由性质 2 可知级数 $\sum\limits_{n=1}^{\infty} \frac{2+(-1)^{n-1}}{3^n}$ 收敛，其和为

$$\sum_{n=1}^{\infty} \frac{2+(-1)^{n-1}}{3^n} = \sum_{n=1}^{\infty} \frac{2}{3^n} + \sum_{n=1}^{\infty} \frac{(-1)^{n-1}}{3^n} = \frac{5}{4}.$$

例 5　判别级数 $\sum\limits_{n=1}^{\infty} \sin\frac{n\pi}{2}$ 的敛散性.

解 级数通项 $u_n=\sin\frac{n\pi}{2}$，当 $n\to\infty$ 时，极限不存在，由级数收敛必要条件可知，该级数发散.

习题 9-1

A 组

1. 写出下列级数的一般项.

(1) $1+\frac{1}{3}+\frac{1}{5}+\frac{1}{7}+\cdots$； (2) $\frac{2}{1}-\frac{3}{2}+\frac{4}{3}-\frac{5}{4}+\cdots$； (3) $\frac{a^2}{3}-\frac{a^3}{5}+\frac{a^4}{7}-\frac{a^5}{9}+\cdots$.

2. 判断下列级数的敛散性，并求收敛级数的和.

(1) $\sum\limits_{n=1}^{\infty}(\sqrt{n+1}-\sqrt{n})$； (2) $\frac{1}{1\times3}+\frac{1}{3\times5}+\frac{1}{5\times7}+\cdots+\frac{1}{(2n-1)(2n+1)}+\cdots$；

(3) $\sin\frac{\pi}{6}+\sin\frac{2\pi}{6}+\sin\frac{3\pi}{6}+\cdots+\sin\frac{n\pi}{6}+\cdots$； (4) $\sum\limits_{n=1}^{\infty}\ln\left(1+\frac{1}{n}\right)$.

B 组

1. 计算 $0.9+0.099+0.00999+0.0009999+\cdots$.

2. 一皮球自高 60 cm 处落下，每次反弹高度为前一次落下高度的 $\frac{2}{3}$，求此皮球从落下到静止时所经过的总距离.

第 2 节 常数项级数的审敛法

一、正项级数及其审敛法

一般的常数项级数，它的各项可以是正数、负数或零. 现在我们先讨论各项都是正数或零的级数，这种级数称为正项级数. 这种级数特别重要，以后将看到许多级数的收敛性问题可归结为正项级数的收敛性问题.

设级数

$$u_1+u_2+u_3+\cdots+u_n+\cdots \tag{2-1}$$

是一个正项级数($u_n\geqslant0$)，它的部分和数列 $\{s_n\}$ 显然是一个单调增加数列：$s_1\leqslant s_2\leqslant s_3\leqslant\cdots\leqslant s_n\leqslant\cdots$，如果数列 $\{s_n\}$ 有界，根据单调有界数列必有极限的准则，级数(2-1)必收敛于和 s. 反之，如果正项级数(2-1)收敛于和 s，根据收敛数列的性质可知数列 $\{s_n\}$ 有界.

定理 1 正项级数 $\sum\limits_{n=1}^{\infty}u_n$ 收敛的充分必要条件是：它的部分和数列 $\{s_n\}$ 有界.

推论 如果正项级数 $\sum\limits_{n=1}^{\infty}u_n$ 发散，则它的部分和数列 $s_n\to+\infty(n\to\infty)$.

定理 2(比较审敛法)　设 $\sum_{n=1}^{\infty} u_n$ 与 $\sum_{n=1}^{\infty} v_n$ 都是正项级数，且满足 $u_n \leqslant v_n (n=1,2,\cdots)$

(1) 若级数 $\sum_{n=1}^{\infty} v_n$ 收敛，则级数 $\sum_{n=1}^{\infty} u_n$ 收敛；

(2) 若级数 $\sum_{n=1}^{\infty} u_n$ 发散，则级数 $\sum_{n=1}^{\infty} v_n$ 发散.

证明　设级数 $\sum_{n=1}^{\infty} v_n$ 收敛于和 σ，则级数 $\sum_{n=1}^{\infty} u_n$ 的部分和

$$s_n = u_1 + u_2 + \cdots + u_n \leqslant v_1 + v_2 + \cdots + v_n \leqslant \sigma \quad (n=1,2,\cdots)$$

即部分和数列 $\{s_n\}$ 有界，由定理 1 知级数 $\sum_{n=1}^{\infty} u_n$ 收敛.

反之，设级数 $\sum_{n=1}^{\infty} u_n$ 发散，则级数 $\sum_{n=1}^{\infty} v_n$ 必发散. 因为若级数 $\sum_{n=1}^{\infty} v_n$ 收敛，由上面已证明的结论，将有级数 $\sum_{n=1}^{\infty} u_n$ 也收敛，与假设矛盾.

因为级数的每一项同乘不为零的常数 k，以及去掉级数前面部分有限项不会影响级数的收敛性，我们可得如下推论.

推论　设 $\sum_{n=1}^{\infty} u_n$ 与 $\sum_{n=1}^{\infty} v_n$ 都是正项级数，存在正整数 N

(1) 当 $n \geqslant N$ 时有 $u_n \leqslant kv_n (k>0)$ 成立，若级数 $\sum_{n=1}^{\infty} v_n$ 收敛，则级数 $\sum_{n=1}^{\infty} u_n$ 收敛；

(2) 当 $n \geqslant N$ 时有 $u_n \geqslant kv_n (k>0)$ 成立，若级数 $\sum_{n=1}^{\infty} v_n$ 发散，则级数 $\sum_{n=1}^{\infty} u_n$ 发散.

例 1　讨论 p-级数 $\sum_{n=1}^{\infty} \frac{1}{n^p}$ 的敛散性，其中 $p>0$.

解　(1) 当 $p=1$ 时，为调和级数，级数发散；

(2) 当 $0<p<1$ 时，由于 $\frac{1}{n^p} > \frac{1}{n} > 0$，而 $\sum_{n=1}^{\infty} \frac{1}{n}$ 发散，根据比较审敛法可知 $\sum_{n=1}^{\infty} \frac{1}{n^p}$ 发散；

(3) 当 $p>1$ 时，与下列级数 $1+\frac{1}{2^p}+\frac{1}{2^p}+\frac{1}{4^p}+\frac{1}{4^p}+\frac{1}{4^p}+\frac{1}{4^p}+\cdots$ 比较 $1=1, \frac{1}{2^p}=\frac{1}{2^p}$, $\frac{1}{3^p}<\frac{1}{2^p}, \frac{1}{4^p}=\frac{1}{4^p}, \frac{1}{5^p}<\frac{1}{4^p}, \frac{1}{6^p}<\frac{1}{4^p}, \frac{1}{7^p}<\frac{1}{4^p}, \cdots$ 即 $\sum_{n=1}^{\infty} \frac{1}{n^p}$ 的每一项都不大于正项级数的对应项，而正项级数加括号后变成

$$1+\left(\frac{1}{2^p}+\frac{1}{2^p}\right)+\left(\frac{1}{4^p}+\frac{1}{4^p}+\frac{1}{4^p}+\frac{1}{4^p}\right)+\cdots$$

$$=1+\frac{1}{2^{p-1}}+\left(\frac{1}{2^{p-1}}\right)^2+\left(\frac{1}{2^{p-1}}\right)^3+\cdots$$

它是公比 $q=\frac{1}{2^{p-1}}<1$ 的等比级数，因此级数收敛，所以 $\sum_{n=1}^{\infty} \frac{1}{n^p}$ 收敛.

例 2　判断级数(1) $\sum_{n=1}^{\infty} \frac{1}{\sqrt{n(n+1)}}$，(2) $\sum_{n=1}^{\infty} \frac{1}{n(n+1)(n+2)}$ 的敛散性.

解 (1) 由于$\frac{1}{\sqrt{n(n+1)}}>\frac{1}{n+1}$,而$\sum\limits_{n=1}^{\infty}\frac{1}{n+1}$是发散的级数,根据比较审敛法可知$\sum\limits_{n=1}^{\infty}\frac{1}{\sqrt{n(n+1)}}$也是发散的.

(2) 由于$0<\frac{1}{n(n+1)(n+2)}\leqslant\frac{1}{n^3}$,$n=1,2,\cdots$,而$p=3>1$的$p-$级数$\sum\limits_{n=1}^{\infty}\frac{1}{n^3}$收敛,根据比较审敛法可知$\sum\limits_{n=1}^{\infty}\frac{1}{n(n+1)(n+2)}$收敛.

定理3(比较审敛法的极限形式) 设$\sum\limits_{n=1}^{\infty}u_n$和$\sum\limits_{n=1}^{\infty}v_n$都是正项级数,如果$\lim\limits_{n\to\infty}\frac{u_n}{v_n}=l$,$(0<l<\infty)$,则$\sum\limits_{n=1}^{\infty}u_n$和$\sum\limits_{n=1}^{\infty}v_n$具有相同的敛散性.

结论:(1)$l=1$,$u_n\sim v_n$,则$\sum\limits_{n=1}^{\infty}u_n$和$\sum\limits_{n=1}^{\infty}v_n$具有相同的敛散性;

(2)$l=0$,则$\sum\limits_{n=1}^{\infty}v_n$收敛,$\sum\limits_{n=1}^{\infty}u_n$也收敛;

(3)$l=+\infty$,则$\sum\limits_{n=1}^{\infty}v_n$发散,$\sum\limits_{n=1}^{\infty}u_n$也发散.

用比较审敛法审敛时,需要适当地选取一个已知其收敛性的级数$\sum\limits_{n=1}^{\infty}v_n$作为比较的基准.最常选用作为基准级数的是等比级数和p级数.比如选用p级数作为基准,则有:

应用:(1)$\lim\limits_{n\to\infty}n^p u_n=l$,$(0<l<+\infty)$,如果$p>1$,则$\sum\limits_{n=1}^{\infty}u_n$收敛,如果$p\leqslant 1$,则$\sum\limits_{n=1}^{\infty}u_n$发散;

(2)$\lim\limits_{n\to\infty}n^p u_n=0$,$p>1$时,$\sum\limits_{n=1}^{\infty}u_n$收敛;

(3)$\lim\limits_{n\to\infty}n^p u_n=+\infty$,$p\leqslant 1$时,$\sum\limits_{n=1}^{\infty}u_n$发散.

例3 判断级数$\sum\limits_{n=1}^{\infty}\sin\frac{1}{n}$的敛散性.

解 因为$\lim\limits_{n\to\infty}\sin\frac{1}{n}\Big/\frac{1}{n}=1$,而$\sum\limits_{n=1}^{\infty}\frac{1}{n}$发散,根据定理3知级数$\sum\limits_{n=1}^{\infty}\sin\frac{1}{n}$发散.

例4 判断级数$\sum\limits_{n=1}^{\infty}\ln\left(1+\frac{1}{n^2}\right)$的敛散性.

解 $\lim\limits_{n\to\infty}\ln\left(1+\frac{1}{n^2}\right)\Big/\frac{1}{n^2}=\lim\limits_{n\to\infty}\dfrac{\frac{1}{n^2}}{\frac{1}{n^2}}=1$,而$\sum\limits_{n=1}^{\infty}\frac{1}{n^2}$收敛,根据定理3知级数$\sum\limits_{n=1}^{\infty}\ln\left(1+\frac{1}{n^2}\right)$收敛.

定理 4（比值审敛法，达朗贝尔判别法）　设 $\sum_{n=1}^{\infty} u_n$ 为正项级数，且 $\lim_{n\to\infty}\frac{u_{n+1}}{u_n}=\rho$，则

(1) 当 $\rho<1$ 时，级数 $\sum_{n=1}^{\infty} u_n$ 收敛；

(2) 当 $\rho>1$ 或 $\rho=+\infty$ 时，级数 $\sum_{n=1}^{\infty} u_n$ 发散；

(3) 当 $\rho=1$ 时，级数 $\sum_{n=1}^{\infty} u_n$ 可能收敛也可能发散.

例 5　判断级数 $\sum_{n=1}^{\infty}\frac{n!}{n^n}$ 的敛散性.

解　$\lim_{n\to\infty}\frac{(n+1)!}{(n+1)^{n+1}}\Big/\frac{n!}{n^n}=\lim_{n\to\infty}\left(\frac{n}{n+1}\right)^n=\frac{1}{e}<1$，根据比值审敛法可知所给级数收敛.

例 6　判定级数 $\sum_{n=1}^{\infty}\frac{5^n}{n^5}$ 的敛散性.

解　$\lim_{n\to\infty}\frac{5^{n+1}}{(n+1)^5}\Big/\frac{5^n}{n^5}=\lim_{n\to\infty}5\left(\frac{n}{n+1}\right)^5=5>1$，根据比值审敛法可知所给级数发散.

例 7　判定级数 $\sum_{n=1}^{\infty}\frac{5^n}{n!}$ 的敛散性.

解　$\lim_{n\to\infty}\frac{5^{n+1}}{(n+1)!}\Big/\frac{5^n}{n!}=\lim_{n\to\infty}\frac{5}{n+1}=0<1$，根据比值审敛法可知级数收敛.

定理 5（根值审敛法，柯西判别法）　设 $\sum_{n=1}^{\infty} u_n$ 为正项级数，如果 $\lim_{n\to\infty}\sqrt{u_n}=\rho$，则

(1) 当 $\rho<1$ 时，级数 $\sum_{n=1}^{\infty} u_n$ 收敛；

(2) 当 $\rho>1$ 或 $\rho=+\infty$ 时，级数 $\sum_{n=1}^{\infty} u_n$ 发散；

(3) 当 $\rho=1$ 时，级数 $\sum_{n=1}^{\infty} u_n$ 可能收敛也可能发散.

例 8　判定 $\sum_{n=1}^{\infty}\left(\frac{n}{2n+1}\right)^n$ 的敛散性.

解　因为

$$\lim_{n\to\infty}\sqrt{u_n}=\lim_{n\to\infty}\frac{n}{2n+1}=\frac{1}{2}<1,$$

由根植审敛法可知所给级数收敛.

注意：正项级数 $\sum_{n=1}^{\infty} u_n$ 敛散性的判别法相对较多，且在实际应用中各有优劣，在应用这些判别法时，可以按以下顺序进行：

第一步　判定 $\lim_{n\to\infty}u_n$ 是否为零，若不是，则级数发散；若是，则进行下一步；

第二步　观察级数是否为 p 级数或等比级数或其他常见的级数，若不是，则进行下一步；

第三步　用比值法或根植法进行判别，若失效，则进行下一步；

第四步　用比较判别法或其极限形式进行判别，难点在于选取比较级数 $\sum_{n=1}^{\infty} v_n$. 若用极限形式的比较判别法，通常利用通项 u_n 的特点选其等价无穷小作为 v_n，此时 $\sum_{n=1}^{\infty} u_n$ 与 $\sum_{n=1}^{\infty} v_n$ 同敛散.

二、交错级数及其审敛法

形如 $\sum_{n=1}^{\infty}(-1)^{n-1}u_n$ 或 $\sum_{n=1}^{\infty}(-1)^n u_n(u_n>0)$ 的级数称为交错级数.

定理 6(莱布尼茨审敛法)　如果交错级数 $\sum_{n=1}^{\infty}(-1)^{n-1}u_n$ 满足条件：

(1) $u_n \geqslant u_{n+1}$（其中 $u_n>0, n=1,2,\cdots$）；

(2) $\lim\limits_{n\to\infty}u_n=0$，则级数 $\sum_{n=1}^{\infty}(-1)^{n-1}u_n$ 收敛，其和 $s\leqslant u_1$，且余项 r_n 的绝对值 $|r_n|\leqslant u_{n+1}$.

证明　先证前 $2n$ 项的和 S_{2n} 的极限存在. 为此把 S_{2n} 写成如下两种形式：

$$S_{2n}=(u_1-u_2)+(u_3-u_4)+\cdots+(u_{2n-1}-u_{2n})$$

根据条件(1) 知道所有括号中的差都是非负的，可见数列 $\{S_{2n}\}$ 是单调递增的；又

$$S_{2n}=u_1-(u_2-u_3)-(u_4-u_5)-\cdots-(u_{2n-2}-u_{2n-1})-u_{2n},$$

可见 $S_{2n}<u_1$. 于是，根据单调有界数列必有极限的准则知道，

$$\lim_{n\to\infty}S_{2n}=S\leqslant u_1.$$

再证前 $2n+1$ 项的和 S_{2n+1} 的极限也是 S. 事实上，我们有

$$S_{2n+1}=S_{2n}+u_{2n+1}.$$

由条件(2) 知 $\lim\limits_{n\to\infty}u_{2n+1}=0$，因此

$$\lim_{n\to\infty}S_{2n+1}=\lim_{n\to\infty}(S_{2n}+u_{2n+1})=S$$

故 $\lim\limits_{n\to\infty}S_n=S\leqslant u_1$.

最后，不难看出余项 r_n 可以写成

$$r_n=\pm(u_{n+1}-u_{n+2}+\cdots)$$

其绝对值 $|r_n|=u_{n+1}-u_{n+2}+\cdots$，上式右端也是一个交错级数，它也满足收敛的两个条件，所以其和小于级数的第一项，也就是说 $|r_n|\leqslant u_{n+1}$.

证明完毕.

例 9　判断级数 $\sum_{n=1}^{\infty}(-1)^{n-1}\frac{1}{n}$ 的敛散性.

解　$\sum_{n=1}^{\infty}(-1)^{n-1}\frac{1}{n}$ 是交错级数，因为 $u_n=\frac{1}{n}>\frac{1}{n+1}=u_{n+1}$，且 $\lim\limits_{n\leftarrow\infty}\frac{1}{n}=0$，所以级数 $\sum_{n=1}^{\infty}(-1)^{n-1}\frac{1}{n}$ 是收敛的，且其和 $S<1$. 如果取前 n 项的和

$$S_n=1-\frac{1}{2}+\frac{1}{3}-\cdots+(-1)^{n-1}\frac{1}{n}$$

作为 S 的近似值，所产生的误差 $|r_n| \leqslant \frac{1}{n+1}(=u_{n+1})$.

三、绝对收敛与条件收敛

现在我们讨论一般的级数 $\sum_{n=1}^{\infty} u_n = u_1 + u_2 + \cdots + u_n + \cdots$ 它的各项为任意实数，将其各项取绝对值构成一个正项级数 $\sum_{n=1}^{\infty} |u_n|$.

定理 7 若 $\sum_{n=1}^{\infty} |u_n|$ 收敛，则 $\sum_{n=1}^{\infty} u_n$ 收敛.

证明 令 $v_n = \frac{1}{2}(|u_n| + u_n)$，则 $v_n \geqslant 0$，即 $\sum_{n=1}^{\infty} v_n$ 是正项级数，因为 $v_n \leqslant |u_n|$ 而 $\sum_{n=1}^{\infty} |u_n|$ 收敛，从而 $\sum_{n=1}^{\infty} 2v_n$ 收敛，又 $2v_n - |u_n| = u_n$，由基本性质，知 $\sum_{n=1}^{\infty} u_n$ 收敛.

注意：此定理的逆定理不成立. 例如：交错级数 $\sum_{n=1}^{\infty} (-1)^{n-1} \frac{1}{n}$ 是收敛的，但 $\sum_{n=1}^{\infty} \left| (-1)^{n-1} \frac{1}{n} \right| = \sum_{n=1}^{\infty} \frac{1}{n}$ 是发散的.

如果级数 $\sum_{n=1}^{\infty} |u_n|$ 收敛，则称级数 $\sum_{n=1}^{\infty} u_n$ 为**绝对收敛**；如果级数 $\sum_{n=1}^{\infty} u_n$ 收敛，而级数 $\sum_{n=1}^{\infty} |u_n|$ 发散，则称 $\sum_{n=1}^{\infty} u_n$ 为**条件收敛**.

定理 7 说明，对于一般的级数 $\sum_{n=1}^{\infty} u_n$，如果用正项级数的审敛法判定级数 $\sum_{n=1}^{\infty} |u_n|$ 收敛，那么此级数收敛. 这就使得一大类级数的收敛性判定问题，转化成为正项级数的收敛性判定问题.

一般说来，如果级数 $\sum_{n=1}^{\infty} |u_n|$ 发散，我们不能断定级数 $\sum_{n=1}^{\infty} u_n$ 也发散. 但是，如果我们用比值审敛法或根植审敛法根据 $\lim_{n\to\infty} \left| \frac{u_{n+1}}{u_n} \right| = \rho > 1$ 或 $\lim_{n\to\infty} \sqrt{|u_n|} = \rho > 1$ 判定级数 $\sum_{n=1}^{\infty} |u_n|$ 发散，那么可以断定级数 $\sum_{n=1}^{\infty} u_n$ 必定发散. 这是因为从 $\rho > 1$ 可推知 $\lim_{n\to\infty} |u_n| \neq 0$，从而 $\lim_{n\to\infty} u_n \neq 0$，因此级数 $\sum_{n=1}^{\infty} u_n$ 是发散的.

例 10 判断 $\sum_{n=1}^{\infty} \frac{\sin n\alpha}{n^2}$ 的敛散性.

解 该级数为任意级数，因为 $\left| \frac{\sin n\alpha}{n^2} \right| \leqslant \frac{1}{n^2}$，而级数 $\sum_{n=1}^{\infty} \frac{1}{n^2}$ 收敛，由正项级数的比较审敛法可知级数 $\sum_{n=1}^{\infty} \left| \frac{\sin n\alpha}{n^2} \right|$ 收敛，即级数 $\sum_{n=1}^{\infty} \frac{\sin n\alpha}{n^2}$ 是绝对收敛的.

例 11 判断 $\sum_{n=1}^{\infty}(-1)^n \frac{1}{2^n}\left(1+\frac{1}{n}\right)^{n^2}$ 的敛散性.

解 这是交错级数. 记 $u_n=\frac{1}{2^n}\left(1+\frac{1}{n}\right)^{n^2}$，有

$$\lim_{n\to\infty}\sqrt[n]{u_n}=\lim_{n\to\infty}\frac{1}{2}\left(1+\frac{1}{n}\right)^n=\frac{e}{2}>1,$$

因此所给级数发散.

习题 9-2

A 组

1. 用比较审敛法或极限形式的比较审敛法判定下列级数的收敛性.

(1) $1+\frac{1}{3}+\frac{1}{5}+\cdots+\frac{1}{(2n-1)}+\cdots$；

(2) $1+\frac{1+2}{1+2^2}+\frac{1+3}{1+3^2}+\cdots+\frac{1+n}{1+n^2}+\cdots$；

(3) $\frac{1}{2\cdot 5}+\frac{1}{3\cdot 6}+\cdots+\frac{1}{(n+1)(n+4)}+\cdots$；

(4) $\sin\frac{\pi}{2}+\sin\frac{\pi}{2^2}+\sin\frac{\pi}{2^3}+\cdots+\sin\frac{\pi}{2^n}+\cdots$.

2. 用比值审敛法判定下列级数的收敛性.

(1) $\frac{3}{1\cdot 2}+\frac{3^2}{2\cdot 2^2}+\frac{3^3}{3\cdot 2^3}+\cdots+\frac{3^n}{n\cdot 2^n}+\cdots$；

(2) $\sum_{n=1}^{\infty}\frac{n^2}{3^n}$；

(3) $\sum_{n=1}^{\infty}\frac{n}{e^n}$；

(4) $\sum_{n=1}^{\infty}n\tan\frac{\pi}{2^{n+1}}$.

3. 判定下列级数是否收敛？如果收敛，是绝对收敛还是条件收敛？

(1) $1-\frac{1}{\sqrt{2}}+\frac{1}{\sqrt{3}}-\frac{1}{\sqrt{4}}+\cdots$；

(2) $\sum_{n=1}^{\infty}(-1)^{n-1}\frac{n}{3^{n-1}}$；

(3) $\frac{1}{3}\cdot\frac{1}{2}-\frac{1}{3}\cdot\frac{1}{2^2}+\frac{1}{3}\cdot\frac{1}{2^3}-\frac{1}{3}\cdot\frac{1}{2^4}+\cdots$；

(4) $\sum_{n=1}^{\infty}\frac{(-1)^{n-1}\sqrt{n}}{n+1}$.

B 组

判断下列级数的收敛性.

(1) $\sum_{n=1}^{\infty}\frac{n^2+1}{2^n(2n^2-1)}$；

(2) $\sum_{n=1}^{\infty}\frac{\left(1+\frac{1}{n}\right)^n}{e^n}$；

(3) $\sum_{n=1}^{\infty}\frac{n+1}{n^k+2}$（$k$ 为正整数）；

(4) $\sum_{n=1}^{\infty}\frac{x^n}{n^2}$.

第3节　幂级数

一、函数项级数的概念

定义1　设有定义在区间 I 上的函数列 $u_1(x),u_2(x),\cdots,u_n(x),\cdots$ 由此函数列构成的表达式

$$\sum_{n=1}^{\infty}u_n(x)=u_1(x)+u_2(x)+\cdots+u_n(x)+\cdots \tag{3-1}$$

称为定义在 I 上的(函数项)无穷级数,简称(**函数项**)**级数**.

定义2　对于每一个确定的值 $x_0\in I$,函数项级数(3-1)成为常数项级数

$$\sum_{n=1}^{\infty}u_n(x_0)=u_1(x_0)+u_2(x_0)+\cdots+u_n(x_0)+\cdots \tag{3-2}$$

若级数(3-2)收敛,则称点 x_0 是函数项级数(3-1)的**收敛点**;
若级数(3-2)发散,则称点 x_0 是函数项级数(3-1)的**发散点**;
函数项级数的所有收敛点的全体称为它的**收敛域**,所有发散点的全体称为它的**发散域**.

定义3　对于函数项级数收敛域内任意一点 x,函数项级数成为收敛的常数项级数,因而有一确定的和 S.这样,在收敛域上,函数项级数的和是 x 的函数 $S(x)$,通常称 $S(x)$ 为函数项级数的**和函数**,它的定义域就是级数的收敛域,并写成

$$S(x)=u_1(x)+u_2(x)+\cdots+u_n(x)+\cdots$$

若将函数项级数(3-1)的前 n 项之和(部分和)记作 $S_n(x)$,则在收敛域上有 $\lim\limits_{n\to\infty}S_n(x)=S(x)$.

记 $r_n(x)=S(x)-S_n(x)$,$r_n(x)$ 叫作函数项级数的**余项**(当然,只有 x 在收敛域上 $r_n(x)$ 才有意义),并有 $\lim\limits_{n\to\infty}r_n(x)=0$.

二、幂级数及其收敛性

1.幂级数定义

定义4　函数项级数中简单而常见的一类级数就是各项都是常数乘幂函数的函数项级数,即所谓的**幂级数**,它的形式是

$$a_0+a_1x+a_2x^2+\cdots+a_nx^n+\cdots \tag{3-3}$$

或

$$a_0+a_1(x-x_0)+a_2(x-x_0)^2+\cdots+a_n(x-x_0)^n+\cdots \tag{3-4}$$

其中常数称作幂级数系数.

式(3-4)是幂级数的一般形式,做变量代换 $t=x-x_0$ 可以把它化为式(3-3)的形式.因此,在下述讨论中,如不做特殊说明,我们用幂级数(3-3)作为讨论的对象.

下面我们来讨论:对于一个给定的幂级数,它的收敛域与发散域是怎样的?即取数轴上哪些点时幂级数收敛,取哪些点时幂级数发散?这就是幂级数的收敛性问题.

先看一个例子,考察等比级数(显然也是幂级数)

$$1+x+x^2+x^3+\cdots+x^n+\cdots$$

的收敛性.

由前面所学可知,当 $|x|<1$ 时,该级数收敛于和 $\frac{1}{1-x}$;当 $|x|\geqslant 1$ 时,该级数发散.因此,该幂级数的收敛域是开区间 $(-1,1)$,发散域是 $(-\infty,1)$ 及 $(1,+\infty)$.并有

$$\frac{1}{1-x}=1+x+x^2+x^3+\cdots+x^n+\cdots$$

由此例,我们观察到,这个幂级数的收敛域是一个区间.事实上,这一结论对一般的幂级数也是成立的,我们有如下定理.

定理 1(阿贝尔定理)

(1) 若 $x=x_0(\neq 0)$ 时,幂级数 $\sum_{n=0}^{\infty}a_nx^n$ 收敛,则适合不等式 $|x|<|x_0|$ 的一切 x 均使幂级数绝对收敛;

(2) 若 $x=x_0(x\neq 0)$ 时,幂级数 $\sum_{n=0}^{\infty}a_nx^n$ 发散,则适合不等式 $|x|>|x_0|$ 的一切 x 均使幂级数发散.

阿贝尔定理揭示了幂级数的收敛域与发散域的结构:

对于幂级数 $\sum_{n=0}^{\infty}a_nx^n$

若在 $x=x_0(\neq 0)$ 处收敛,则在开区间 $(-|x_0|,|x_0|)$ 之内,它亦收敛;

若在 $x=x_0(\neq 0)$ 处发散,则在开区间 $(-|x_0|,|x_0|)$ 之外,它亦发散;

这表明,幂级数的发散点不可能位于原点与收敛点之间.

证明 先设 x_0 是幂级数(3-3)的收敛点,即级数

$$a_0+a_1x_0+a_2x_0^2+\cdots+a_nx_0^n+\cdots$$

收敛.则有 $\lim\limits_{n\to\infty}a_nx_0^n=0$,于是存在一个常数 M,使得 $|a_nx_0^n|\leqslant M(n=0,1,2\cdots)$,则

$$|a_nx^n|=\left|a_nx_0^n\cdot\frac{x^n}{x_0^n}\right|=|a_nx_0^n|\cdot\left|\frac{x}{x_0}\right|^n\leqslant M\left|\frac{x}{x_0}\right|^n.$$

因为当 $|x|<|x_0|$ 时,等比级数 $\sum_{n=0}^{\infty}M\left|\frac{x}{x_0}\right|^n$ 收敛(公比 $\left|\frac{x}{x_0}\right|<1$),所以级数 $\sum_{n=0}^{\infty}|a_nx^n|$ 收敛,也就是级数 $\sum_{n=0}^{\infty}a_nx^n$ 绝对收敛.

反之,假设幂级数(3-3)在 $x=x_0$ 处发散.若存在 x_1 满足 $|x_1|>|x_0|$,且使得 $\sum_{n=0}^{\infty}a_nx_1^n$ 收敛,则由前面的证明知 $\sum_{n=0}^{\infty}a_nx_0^n$ 收敛,这与假设 $\sum_{n=0}^{\infty}a_nx_0^n$ 发散相矛盾.因此,如果幂级数(3-3)当 $x=x_0$ 时发散,则满足不等式 $|x|>|x_0|$ 的一切 x 使这个幂级数发散.

推论 如果幂级数 $\sum_{n=0}^{\infty}a_nx^n$ 不是仅在 $x=0$ 一点收敛,也不是在整个数轴上都收敛,则必有一个确定的正数 R 存在,使得

(1) 当 $|x|<R$ 时,幂级数绝对收敛;

(2) 当 $|x|>R$ 时,幂级数发散;

(3) 当 $x=\pm R$ 时,幂级数可能收敛,也可能发散.

正数 R 通常称为幂级数的收敛半径.开区间 $(-R,R)$ 叫作幂级数(3-3)的收敛区间.再由幂级数在 $x=\pm R$ 处的敛散性就可决定它的收敛域是区间 $(-R,R)$, $[-R,R)$, $(-R,R]$ 或 $[-R,R]$ 这四个区间之一.

特别地,如果幂级数只在 $x=0$ 处收敛,则规定收敛半径 $R=0$;如果幂级数对一切 x 都收敛,则规定收敛半径 $R=+\infty$.

2. 幂级数的收敛半径的求法

考察幂级数(3-3)的各项绝对值所成的级数

$$|a_0|+|a_1x|+|a_2x^2|+\cdots+|a_nx^n|+\cdots$$

相邻两项之比 $\left|\dfrac{a_{n+1}x^{n+1}}{a_nx^n}\right|=\left|\dfrac{a_{n+1}}{a_n}\right||x|$,由比值审敛法,级数收敛时

$$\lim_{n\to\infty}\left|\frac{a_{n+1}x^{n+1}}{a_nx^n}\right|=\lim_{n\to\infty}\left|\frac{a_{n+1}}{a_n}\right||x|<1,$$

可得下面定理.

定理 2　设有幂级数 $\sum\limits_{n=0}^{\infty}a_nx^n$,且

$$\lim_{n\to\infty}\left|\frac{a_{n+1}}{a_n}\right|=\rho\ (a_{n+1},a_n\ \text{是幂级数相邻两项的系数})$$

那么这个幂级数的收敛半径

$$R=\begin{cases}\dfrac{1}{\rho}, & \rho\neq 0\\ +\infty, & \rho=0,\\ 0, & \rho=+\infty\end{cases}.$$

注意:由定理推导过程可知求收敛半径 R 的方法如下:

方法 1　解不等式 $\lim\limits_{n\to\infty}\left|\dfrac{a_{n+1}x^{n+1}}{a_nx^n}\right|<1$ 或 $\lim\limits_{n\to\infty}\sqrt[n]{|a_nx^n|}<1$.

方法 2　对 $\sum\limits_{n=0}^{\infty}a_nx^n$(不缺项)

$$R=\lim_{n\to\infty}\left|\frac{a_n}{a_{n+1}}\right|,\text{绝对收敛区间}(-R,R).$$

例 1　求幂级数 $\sum\limits_{n=1}^{\infty}n!\,x^n$ 的收敛半径.

解　该级数不缺项,可用方法 2.

$$R=\lim_{n\to\infty}\left|\frac{a_n}{a_{n+1}}\right|=\lim_{n\to\infty}\left|\frac{n!}{(n+1)!}\right|=\lim_{n\to\infty}\left|\frac{1}{(n+1)}\right|=0,$$

所以收敛半径 $R=0$,即级数仅在 x_0 处收敛.

例 2 求幂级数 $1+x+\frac{x^2}{2!}+\cdots+\frac{x^n}{n!}+\cdots$ 的收敛域.

解 $R=\lim\limits_{n\to\infty}\left|\frac{a_n}{a_{n+1}}\right|=\lim\limits_{n\to\infty}\left|\frac{\frac{1}{n!}}{\frac{1}{(n+1)!}}\right|=\lim\limits_{n\to\infty}|n+1|=+\infty$,所以收敛半径 $R=+\infty$,收敛域是 $(-\infty,+\infty)$.

例 3 求幂级数 $x-\frac{x^2}{2}+\frac{x^3}{3}-\cdots+(-1)^{n-1}\frac{x^n}{n}+\cdots$ 的收敛半径与收敛域.

解 $R=\lim\limits_{n\to\infty}\left|\frac{a_n}{a_{n+1}}\right|=\lim\limits_{n\to\infty}\left|\frac{\frac{(-1)^{n-1}}{n}}{\frac{(-1)^n}{n+1}}\right|=\lim\limits_{n\to\infty}\left|\frac{n+1}{n}\right|=1$,在左端点 $x=-1$,幂级数成为

$$-1-\frac{1}{2}-\frac{1}{3}-\cdots-\frac{1}{n}-\cdots,$$

它是发散的;
在右端点 $x=1$ 处,幂级数成为

$$1-\frac{1}{2}+\frac{1}{3}-\frac{1}{4}+\cdots+(-1)^{n-1}\frac{1}{n}+\cdots$$

它是收敛的,因此原级数的收敛域为 $(-1,1]$.

注意:求级数的收敛域:先求收敛区间,再讨论端点的敛散性.

例 4 求幂级数 $\sum\limits_{n=1}^{\infty}\frac{(2n)!}{(n!)^2}x^{2n}$ 的收敛半径.

解 该级数缺少奇次幂的项,不能用方法 2.根据方法 1

$$\lim_{n\to\infty}\left|\frac{[2(n+1)]!}{[(n+1)!]^2}x^{2(n+1)}\Big/\frac{(2n)!}{(n!)^2}x^{2n}\right|=4|x|^2$$

当 $4|x|^2<1$,即 $|x|<\frac{1}{2}$ 时级数收敛,$|x|>\frac{1}{2}$ 时级数发散,所以级数的收敛半径为 $R=\frac{1}{2}$.

例 5 求幂级数 $\sum\limits_{n=1}^{\infty}\frac{(x-1)^n}{2^n\cdot n}$ 的收敛域.

解 令 $t=x-1$,则级数变为 $\sum\limits_{n=1}^{\infty}\frac{t^n}{2^n\cdot n}$.因为

$$R=\lim_{n\to\infty}\left|\frac{a_n}{a_{n+1}}\right|=\lim_{n\to\infty}\frac{2^{n+1}(n+1)}{2^n\cdot n}=2,$$

收敛区间为 $|t|<2$,即 $-1<x<3$.

当 $x=3$ 时,级数成为 $\sum\limits_{n=1}^{\infty}\frac{1}{n}$,级数发散;当 $x=-1$ 时,级数成为 $\sum\limits_{n=1}^{\infty}\frac{(-1)^n}{n}$,级数收敛.因此原级数的收敛域为 $[-1,3)$.

三、幂级数的运算

1. 四则运算

设$\sum_{n=0}^{\infty} a_n x^n$ 和 $\sum_{n=0}^{\infty} b_n x^n$ 分别在$(-R,R)$及$(-R',R')$内收敛，

(1) 加减法 $\sum_{n=0}^{\infty}(a_n \pm b_n)x^n$ 在$(-R,R)$及$(-R',R')$中较小的区间内成立.

(2) 乘法(两幂级数的柯西乘积)

$$(a_0+a_1x+a_2x^2+\cdots+a_nx^n+\cdots)\cdot(b_0+b_1x+b_2x^2+\cdots+b_nx^n+\cdots)$$
$$=a_0b_0+(a_0b_1+a_1b_0)x+(a_0b_2+a_1b_1+a_2b_0)x_2+\cdots+$$
$$(a_0b_n+a_1b_{n-1}+\cdots+a_nb_0)x^n+\cdots.$$

可以证明上式在$(-R,R)$与$(-R',R')$中较小的区间内成立.

(3) 除法：$\dfrac{a_0+a_1x+a_2x^2+\cdots a_nx^n+\cdots}{b_0+b_1x+b_2x^2+\cdots b_nx^n+\cdots}=c_0+c_1x+c_2x^2+\cdots+c_nx_n+\cdots$,

这里设$b_0\neq 0$. 为决定系数$c_0,c_1,c_2,\cdots,c_n,\cdots$，可将$\sum_{n=0}^{\infty} b_nx_n$与$\sum_{n=0}^{\infty} c_nx_n$相乘，并令乘积中各项的系数分别等于级数$\sum_{n=0}^{\infty} a_nx_n$中同次幂的系数，即得：

$$a_0=b_0c_0,$$
$$a_1=b_1c_0+b_0c_1,$$
$$a_2=b_2c_0+b_1c_1+b_0c_2,\cdots$$

由这些方程就可以顺序地求出$c_0,c_1,c_2,\cdots,c_n,\cdots$.

相除后所得$\sum_{n=0}^{\infty} c_nx_n$的收敛区间可能比原来两级数的收敛区间小得多.

2. 幂级数的和函数性质

性质 1 幂级数$\sum_{n=0}^{\infty} a_nx_n$和函数$S(x)$在其收敛域上连续.

性质 2 幂级数$\sum_{n=0}^{\infty} a_nx_n$和函数$S(x)$在收敛区间$(-R,R)$内是可导的，且有逐项求导公式

$$S'(x)=\left(\sum_{n=0}^{\infty} a_nx^n\right)'=\sum_{n=0}^{\infty}(a_nx^n)'=\sum_{n=1}^{\infty} na_nx^{n-1},$$

逐项求导后所得到的幂级数和原级数有相同的收敛半径.

反复应用上述结论：$S(x)$在收敛区间$(-R,R)$内具有任意阶导数.

性质 3 幂级数$\sum_{n=0}^{\infty} a_nx_n$和函数$S(x)$在收敛域上是可积的，且有逐项积分公式

$$\int_0^x S(x)\mathrm{d}x=\int_0^x\left[\sum_{n=0}^{\infty} a_nx^n\right]\mathrm{d}x=\sum_{n=0}^{\infty}\int_0^x a_nx^n\mathrm{d}x=\sum_{n=0}^{\infty}\frac{a_n}{n+1}x^{n+1},$$

逐项积分后所得到的幂级数和原级数有相同的收敛半径.

例 6 在收敛区间 $(-1,1)$ 内求幂级数 $\sum\limits_{n=0}^{\infty}\dfrac{x^n}{n+1}$ 的和函数.

解 设和函数 $S(x)=\sum\limits_{n=0}^{\infty}\dfrac{x^n}{n+1}$，显然 $S(0)=1$，$xS(x)=\sum\limits_{n=0}^{\infty}\dfrac{x^{n+1}}{n+1}$ 并由

$$\frac{1}{1-x}=\sum_{n=0}^{\infty}x^n,(-1<x<1)$$

$$xS(x)=\int_0^x\frac{1}{1-x}\mathrm{d}x=-\ln(1-x).$$

当 $x\neq 0$ 时，有 $S(x)=-\dfrac{1}{x}\ln(1-x)$. 从而

$$S(x)=\begin{cases}-\dfrac{1}{x}\ln(1-x), & 0<|x|<1\\ 1, & x=0\end{cases}.$$

注意：求和函数经常与求等比级数的和相联系. 一般地，若 u_n 是 n 的整式函数，先逐项积分化为等比级数求和，再逐项求导得和函数；若 u_n 是关于 n 的分式函数时，先逐项求导化为等比级数求和，再逐项积分得和函数.

习题 9-3

A 组

1. 求下列幂级数的收敛区间.

(1) $\sum\limits_{n=1}^{\infty}(-1)^n\dfrac{x^n}{n^2}$；　　(2) $\sum\limits_{n=1}^{\infty}\dfrac{2^n}{n^2+1}x^n$；

(3) $\sum\limits_{n=1}^{\infty}\dfrac{x^{2n-1}}{2^n}$；　　(4) $\sum\limits_{n=1}^{\infty}\dfrac{(x-1)^n}{n\cdot 2^n}$；

2. 求下列幂级数的收敛域.

(1) $\sum\limits_{n=0}^{\infty}\dfrac{2n+1}{n!}x^n$；　　(2) $\sum\limits_{n=1}^{\infty}\dfrac{x^n}{n\cdot 3^n}$；

(3) $\sum\limits_{n=1}^{\infty}\dfrac{x^{2n+1}}{2n+1}$；　　(4) $\sum\limits_{n=1}^{\infty}\dfrac{(x-5)^n}{\sqrt{n}}$.

B 组

1. 若 $\sum\limits_{n=1}^{\infty}a_n(x-1)^n$ 在 $x=-1$ 处收敛，则此级数在 $x=2$ 处(　　).

A. 条件收敛　　B. 绝对收敛　　C. 发散　　D. 敛散性不定

2. 若 $\sum\limits_{n=1}^{\infty}a_nx^n$ 在 $x=3$ 处发散，则级数 $\sum\limits_{n=1}^{\infty}a_n\left(x-\dfrac{1}{2}\right)^n$ 在 $x=-3$ 处(　　).

A. 条件收敛　　B. 绝对收敛　　C. 发散　　D. 敛散性不定

3. 求下列幂级数的和函数.

(1) $\sum_{n=0}^{\infty}(-1)^{n-1}nx^{n-1}$；　　(2) $\sum_{n=0}^{\infty}\frac{x^n}{n\cdot 4^n}$.

第 4 节 函数展开成幂级数

前面讨论了幂级数的收敛域及其和函数的性质，但在许多应用中我们遇到的却是相反的问题：给定函数 $f(x)$，是否存在这样一个幂级数，它在某区间内收敛，且其和恰好就是给定的函数 $f(x)$. 如果能够找到这样的幂级数，就说 $f(x)$ 在该区间内可展开成幂级数，即 $f(x)=\sum_{n=0}^{\infty}a_nx^n$. 解决这个问题有很重要的应用价值，因为它给出了函数 $f(x)$ 的一种新的表达方式，并使我们可以用简单函数——多项式来逼近一般函数 $f(x)$. 既然将函数用幂级数来表示有这么重要的作用，我们便有下列几个问题：

(1) 如果函数能展成幂级数，a_n 是多少？

(2) 展开式是否唯一？

(3) 在什么条件下才能展成幂级数？

这节课我们就来解决这些问题.

一、泰勒级数

1. 回忆泰勒公式

在第三章中我们已经学过泰勒公式：若函数 $f(x)$ 在点 x_0 的某一邻域内具有直到 $(n+1)$ 阶的导数，则在该邻域内 $f(x)$ 的 n 阶泰勒公式：

$$f(x)=f(x_0)+f'(x_0)(x-x_0)+\frac{f''(x_0)}{2!}(x-x_0)^2+\cdots+\frac{f^{(n)}(x_0)}{n!}(x-x_0)^n+R_n(x) \tag{4-1}$$

成立，其中 $R_n(x)$ 为拉格朗日型余项.

$$R_n(x)=\frac{f^{(n+1)}}{(n+1)!}(x-x_0)^{n+1}，(\xi\text{ 在 }x_0\text{ 与 }x\text{ 之间}).$$

如果令 $x_0=0$，就得到麦克劳林公式：

$$f(x)=f(0)+f'(0)x+\frac{f''(0)}{2!}x^2+\cdots+\frac{f^{(n)}}{n!}x^n+R_n(x), \tag{4-2}$$

此时，$R_n(x)=\frac{f^{(n+1)}(\theta x)}{(n+1)!}x^{n+1}\ (0<\theta<1)$，公式说明，任一函数只要有直到 $n+1$ 阶的导数，就可等于某个 n 次多项式与一个余项的和.

2. 泰勒级数定义

若函数 $f(x)$ 在点 $x=x_0$ 的某一邻域内具有任意阶的导数 $f'(x)$，$f''(x)$，…，$f^n(x)$…，则称级数

$$f(x_0)+\frac{f'(x_0)}{1!}(x-x_0)+\frac{f''(x_0)}{2!}(x-x_0)^2+\cdots+\frac{f^{(n)}(x_0)}{n!}(x-x_0)^n+\cdots \tag{4-3}$$

为 $f(x)$ 在 $x=x_0$ 处的**泰勒级数**.

当 $x_0=0$ 则有**麦克劳林级数**

$$f(x)=f(0)+\frac{f'(0)}{1!}x+\frac{f''(0)}{2!}x^2+\cdots+\frac{f^n(0)}{n!}x^n+\cdots \tag{4-4}$$

3. 泰勒级数收敛定理

定理 如果函数 $f(x)$ 在 $x=x_0$ 的某邻域 $U(x_0)$ 内具有各阶导数,则 $f(x)$ 在该邻域内能展成泰勒级数的充要条件是:在该邻域内 $f(x)$ 的泰勒公式中的余项 $\lim\limits_{n\to\infty}R_n(x)=0$.

若令麦克劳林级数(4-3)的前 $n+1$ 项和为 $S_{n+1}(x)$,即

$$S_{n+1}(x)=f(x_0)+\frac{f'(x_0)}{1!}(x-x_0)+\frac{f''(x_0)}{2!}(x-x_0)^2+\cdots+\frac{f^{(n)}(x_0)}{n!}(x-x_0)^n$$

那么,级数(4-3)收敛于函数 $f(x)$ 的条件为

$$\lim_{n\to\infty}S_{n+1}(x)=f(x).$$

由泰勒公式与泰勒级数的关系,可知

$$f(x)=S_{n+1}(x)+R_n(x)$$

于是,当 $\lim\limits_{n\to\infty}R_n(x)=0$ 时,有 $\lim\limits_{n\to\infty}S_{n+1}(x)=f(x)$.

反之,若 $\lim\limits_{n\to\infty}S_{n+1}(x)=f(x)$,必有 $\lim\limits_{n\to\infty}R_n(x)=0$.

这表明,泰勒级数(4-3)以 $f(x)$ 为和函数的充要条件是泰勒公式(4-1)中的余项 $R_n(x)\to 0$(当 $n\to\infty$ 时).

4. 系数唯一性

如果

$$f(x)=f(x_0)+\frac{f'(x_0)}{1!}(x-x_0)+\frac{f''(x_0)}{2!}(x-x_0)^2+\cdots+\frac{f^{(n)}(x_0)}{n!}(x-x_0)^n+\cdots$$

它就是函数 $f(x)$ 的幂级数表达式.也就是说,函数的幂级数展开式是唯一的.事实上,假设函数 $f(x)$ 可以表示为幂级数

$$f(x)=\sum_{n=0}^{\infty}a_n(x-x_0)^n$$

那么,根据幂级数在收敛域内可逐项求导的性质,再令 $x=x_0$,就易得到:

$$a_0=f(x_0),a_1=f'(x_0),a_2=\frac{f''(x_0)}{2!},\cdots,\ a_n=\frac{f^{(n)}(x_0)}{n!},\cdots$$

二、函数展开成幂级数的方法

1. 直接展开法

第一步:求 $f(x)$ 的各阶导数,如果在 $x=0$ 处某阶导数不存在,说明 $f(x)$ 不能展开成 x 的幂级数;

第二步：求系数 $a_n=\dfrac{f^{(n)}(0)}{n!}$；

第三步：写出 $f(x)=f(0)+\dfrac{f'(0)}{1!}x+\dfrac{f''(0)}{2!}x+\cdots+\dfrac{f^{n}(0)}{n!}x^{n}+\cdots$
并求出收敛半径 R；

第四步：判断 x 在区间 $(-R,R)$ 内 $\lim\limits_{n\to\infty}R_n(x)$ 是否为零，若 $\lim\limits_{n\to\infty}R_n(x)=0$，则

$$f(x)=\sum_{n=0}^{\infty}\frac{f^{n}(0)}{n!}x^{n}=f(0)+\frac{f'(0)}{1!}x+\frac{f''(0)}{2!}x+\cdots+\frac{f^{n}(0)}{n!}x^{n}+\cdots.$$

我们先来求几个基本初等函数的幂级数展开式.

例 1 将函数 $f(x)=e^{x}$ 展开成 x 的幂级数.

解 所给函数的各阶导数为 $f^{(n)}(x)=e^{x}(n=1,2,\cdots)$
因此 $f^{(n)}(0)=1(n=1,2,\cdots)$，这里 $f^{(n)}(0)=f(0)$. 于是得级数

$$1+x+\frac{x^{2}}{2!}+\cdots+\frac{x^{n}}{n!}+\cdots,$$

它的收敛半径 $R=+\infty$.

对于任何有限的数 ξ（ξ 在 0 和 x 之间），余项的绝对值为

$$|R_n(x)|=\left|\frac{e^{\xi}}{(n+1)!}x^{n+1}\right|<e^{|x|}\cdot\frac{|x|^{n+1}}{(n+1)!}$$

因 $e^{|x|}$ 有限，而 $\dfrac{|x|^{n+1}}{(n+1)!}$ 是收敛级数 $\sum\limits_{n=0}^{\infty}\dfrac{|x|^{n+1}}{(n+1)!}$ 的一般项，所以当 $n\to\infty$ 时，$e^{|x|}\cdot\dfrac{|x|^{n+1}}{(n+1)!}\to 0$，即当 $n\to\infty$ 时，有 $|R_n(x)|\to 0$.
于是得展开式：

$$e^{x}=1+x+\frac{x^{2}}{2!}+\cdots+\frac{x^{n}}{n!}+\cdots\quad(-\infty<x<+\infty).\tag{4-5}$$

例 2 将函数 $f(x)=\sin x$ 展开成 x 的幂级数.

解 所给函数的各阶导数为

$$f^{(n)}=\sin\left(x+n\cdot\frac{\pi}{2}\right)\quad(n=1,2,\cdots)$$

$f^{(n)}(0)$ 顺序循环地取 $0,1,0,-1,\cdots(n=0,1,2,3,\cdots)$，于是得级数

$$x-\frac{x^{3}}{3!}+\frac{x^{5}}{5!}-\cdots+(-1)^{n-1}\frac{x^{2n-1}}{(2n-1)!}+\cdots,$$

它的收敛半径 $R=+\infty$.

对于任何有限的数 ξ（ξ 在 0 和 x 之间），余项的绝对值当 $n\to\infty$ 时的极限值为零：

$$|R_n(x)|=\left|\frac{\sin\left[\xi+\frac{(n+1)\pi}{2}\right]}{(n+1)!}x^{n+1}\right|\leqslant\frac{|x|^{n+1}}{(n+1)!}\to 0\quad(n\to\infty)$$

因此得展开式：

$$\sin x=x-\frac{x^{3}}{3!}+\frac{x^{5}}{5!}-\cdots+(-1)^{n-1}\frac{x^{2n-1}}{(2n-1)!}+\cdots\quad(-\infty<x<+\infty).\tag{4-6}$$

常用函数的幂级数展开式：

(1) $\frac{1}{1-x}=1+x+x^2+\cdots+x^n+\cdots=\sum_{n=0}^{\infty}x^n, x\in(-1,1)$；

(2) $\frac{1}{1+x}=1-x+x^2-\cdots+(-1)^n x^n+\cdots=\sum_{n=0}^{\infty}(-1)^n x^n, x\in(-1,1)$；

(3) $\ln(1+x)=x-\frac{x^2}{2}+\frac{x^3}{3}-\frac{x^4}{4}+\cdots=\sum_{n=1}^{\infty}\frac{(-1)^{n-1}}{n}x^n, x\in(-1,1]$；

(4) $e^x=1+x+\frac{x^2}{2!}+\cdots+\frac{x^n}{n!}+\cdots=\sum_{n=0}^{\infty}\frac{x^n}{n!}, x\in(-\infty,+\infty)$；

(5) $\sin x=x-\frac{x^3}{3!}+\frac{x^5}{5!}-\cdots=\sum_{n=0}^{\infty}(-1)^n\frac{x^{2n+1}}{(2n+1)!}, x\in(-\infty,+\infty)$；

(6) $\cos x=1-\frac{x^2}{2!}+\frac{x^4}{4!}-\cdots=\sum_{n=0}^{\infty}(-1)^n\frac{x^{2n}}{(2n)!}, x\in(-\infty,+\infty)$.

这种运用麦克劳林公式将函数展开成幂级数的方法，运算常常过于烦琐，因此人们普遍采用下面比较简便的展开法.

2. 间接展开法

在此之前我们已经得到了函数 $\frac{1}{1-x}$，e^x 及 $\sin x$ 的幂级数展开式，运用这几个已知的展开式，通过幂级数的运算，可以求得许多函数的幂级数展开式. 这样做不但计算简单，而且可以避免研究余项. 这种求函数的幂级数展开式的方法称为**间接展开法**.

例 3 将函数 $\cos x$ 展开成 x 的幂级数.

解 本题可按例 2 直接方法展开，但如果应用间接方法，则比较简便. 事实上，对常用函数的幂级数展开式(5) 逐项求导得：

$$\cos x=1-\frac{x^2}{2!}+\frac{x^4}{4!}-\cdots+(-1)^n\frac{x^{2n}}{(2n)!}+\cdots\quad(-\infty<x<+\infty).$$

例 4 将函数 $f(x)=\ln(1+x)$ 展开成 x 的幂级数.

解 注意到 $\ln(1+x)=\int_0^x\frac{1}{1+x}dx$，而函数 $\frac{1}{1+x}$ 的展开式可通过 $\frac{1}{1-x}$ 的幂级数展开式中的 x 改写成 $-x$ 得到.

$$\frac{1}{1+x}=1-x+x^2-\cdots+(-1)^n x^n+\cdots\quad(-1<x<1)$$

将上式两边同时积分得：

$$\ln(1+x)=x-\frac{1}{2}x^2+\frac{1}{3}x^3-\cdots+(-1)^n\frac{x^{n+1}}{n+1}+\cdots.$$

因为幂级数逐项积分后收敛半径不变，所以上式右端级数的收敛半径仍为 $R=1$；而当 $x=-1$ 时该级数发散，当 $x=1$ 时，该级数收敛. 故收敛域为 $(-1,1]$.

例 5 将函数 $\sin x$ 在 $x=\frac{\pi}{4}$ 处展开成幂级数.

解 因为在 $x=\frac{\pi}{4}$ 处展开即是展开成 $\left(x-\frac{\pi}{4}\right)$ 的幂级数，又

$$\sin x=\sin\left[\frac{\pi}{4}+\left(x-\frac{\pi}{4}\right)\right]$$

$$=\sin\frac{\pi}{4}\cos\left(x-\frac{\pi}{4}\right)+\cos\frac{\pi}{4}\sin\left(x-\frac{\pi}{4}\right)$$

$$=\frac{1}{\sqrt{2}}\left[\cos\left(x-\frac{\pi}{4}\right)+\sin\left(x-\frac{\pi}{4}\right)\right]$$

$$\cos\left(x-\frac{\pi}{4}\right)=1-\frac{\left(x-\frac{\pi}{4}\right)^2}{2!}+\frac{\left(x-\frac{\pi}{4}\right)^4}{4!}+\cdots\quad(-\infty<x<+\infty)$$

$$\sin\left(x-\frac{\pi}{4}\right)=\left(x-\frac{\pi}{4}\right)-\frac{\left(x-\frac{\pi}{4}\right)^3}{3!}+\frac{\left(x-\frac{\pi}{4}\right)^5}{5!}+\cdots\quad(-\infty<x<+\infty)$$

所以

$$\sin x=\frac{1}{\sqrt{2}}\left[1+\left(x-\frac{\pi}{4}\right)-\frac{\left(x-\frac{\pi}{4}\right)^2}{2!}-\frac{\left(x-\frac{\pi}{4}\right)^3}{3!}+\cdots\right]\quad(-\infty<x<+\infty)$$

例 6　将 $f(x)=\dfrac{1}{x^2-4x+3}$ 展开成 $(x+1)$ 的幂级数.

解　由于 $f(x)=\dfrac{1}{x^2-4x+3}=\dfrac{1}{(x-1)(x-3)}=\dfrac{1}{2}\left(\dfrac{1}{x-3}-\dfrac{1}{x-1}\right)$

$$=\frac{1}{2}\left[-\frac{1}{4}\cdot\frac{1}{1-\frac{x+1}{4}}+\frac{1}{2}\cdot\frac{1}{1-\frac{x+1}{2}}\right]$$

$$=\frac{1}{4}\cdot\frac{1}{1-\frac{x+1}{2}}-\frac{1}{8}\cdot\frac{1}{1-\frac{x+1}{4}}$$

而

$$\frac{1}{1-\frac{x+1}{2}}=\sum_{n=0}^{\infty}\left(\frac{x+1}{2}\right)^n\quad(-3<x<1)$$

$$\frac{1}{1-\frac{x+1}{4}}=\sum_{n=0}^{\infty}\left(\frac{x+1}{4}\right)^n\quad(-5<x<3)$$

所以　$f(x)=\dfrac{1}{x^2-4x+3}=\displaystyle\sum_{n=0}^{\infty}\left(\frac{1}{2^{n+2}}-\frac{1}{2^{2n+3}}\right)(x+1)^n\quad(-3<x<1).$

习题 9-4

A 组

1. 将下列函数展开成 x 的幂级数,并求展开式成立的区间.

(1) $\ln(a+x),(a>0)$；　　(2) a^x；

(2) $(1+x)\ln(1+x)$；　　(4) $\dfrac{e^x-e^{-x}}{2}$.

2. 将下列函数展开成$(x-1)$的幂级数,并求展开式成立的区间.

(1) $\sqrt{x^3}$;　　(2) $\lg x$.

3. 将函数 $f(x)=\cos x$ 展开成$\left(x+\dfrac{\pi}{3}\right)$的幂级数.

4. 将函数 $f(x)=\dfrac{1}{x}$ 展开成$(x-3)$的幂级数.

5. 将函数 $f(x)=\dfrac{1}{x^2+3x+2}$ 展开成$(x+4)$的幂级数.

B 组

1. 将函数 $f(x)=\dfrac{x}{2+x-x^2}$ 展开成 x 的幂级数.

2. 将函数 $f(x)=\ln(1-x-2x^2)$ 展开成 x 的幂级数.

第 5 节　无穷级数知识拓展

一、傅里叶级数

1. 三角级数的概念

简单的周期运动,如:单摆振动、音叉振动等可用正弦型函数

$$f(t)=A\sin(\omega t+\varphi)$$

来表示(称为**简谐振动**).其中称$|A|$为**振幅**,ω 称为**角频率**,φ 称为**初相位**.简谐振动的周期是 $T=\dfrac{2\pi}{\omega}$.

假设非正弦型函数可以在某种条件下转化为一系列正弦型函数的和,即

$$f(t)=A_0+\sum_{n=1}^{\infty}A_n\sin(\omega_n t+\varphi_n)$$

其中 A_0,A_n,φ_n 都是常数.

为了便于讨论,将正弦函数 $A_n\sin(\omega_n t+\varphi_n)$ 按三角公式变形得

$$A_n\sin(\omega_n t+\varphi_n)=A_n\sin\varphi_n\cos n\omega t+A_n\cos\varphi_n\sin n\omega t,$$

并且令 $\dfrac{a_0}{2}=A,a_n=A_n\sin\varphi_n,b_n=A_n\cos\varphi_n,x=\omega t$.

则有
$$f(x)=\frac{a_0}{2}+\sum_{n=1}^{\infty}(a_n\cos nx+b_n\sin nx)$$

一般地,形如上式的级数称为**三角级数**,其中 $a_0,a_n,b_n(n=1,2,\cdots)$ 都是常数.

2. 三角函数系的正交性

函数系

$$1,\cos x,\sin x,\cos 2x,\sin 2x,\cdots,\cos nx,\sin nx,\cdots$$

称为三角函数系，它们有两个性质：

性质 1 三角函数系中任意两个不同函数的乘积在区间$[-\pi,\pi]$上的积分为零，即

$$\int_{-\pi}^{\pi} 1 \cdot \sin nx \, dx = 0, (n = 1,2,3,\cdots);$$

$$\int_{-\pi}^{\pi} 1 \cdot \cos nx \, dx = 0, (n = 1,2,3,\cdots);$$

$$\int_{-\pi}^{\pi} \sin kx \cdot \cos nx \, dx = 0, (k, n = 1,2,3,\cdots);$$

$$\int_{-\pi}^{\pi} \sin kx \cdot \sin nx \, dx = 0, (k \neq n; k, n = 1,2,3,\cdots);$$

$$\int_{-\pi}^{\pi} \cos kx \cdot \cos nx \, dx = 0, (k \neq n; k, n = 1,2,3,\cdots);$$

这个性质叫作三角函数系在区间$[-\pi,\pi]$上的**正交性**.

性质 2 三角函数系中任何一个函数(常数 1 除外)的平方在区间$[-\pi,\pi]$上的积分都等于π，即

$$\int_{-\pi}^{\pi} \sin^2 nx \, dx = \int_{-\pi}^{\pi} \cos^2 nx = \pi, (n = 1,2,3,\cdots).$$

3. 周期为 2π 的周期函数展开成傅里叶级数

设 $f(x)$ 是周期为 2π 的周期函数，且可展开成三角级数

$$f(x) = \frac{a_0}{2} + \sum_{n=1}^{\infty} (a_n \cos nx + b_n \sin nx)$$

我们利用三角函数系的性质来确定 a_0, a_n, b_n：

两边同乘以 $\cos nx$ 在$[-\pi,\pi]$上积分，得

$$\int_{-\pi}^{\pi} f(x)\cos nx \, dx + \frac{a_0}{2}\int_{-\pi}^{\pi} \cos nx \, dx + \sum_{k=1}^{n} \left[a_k \int_{-\pi}^{\pi} \cos kx \cdot \cos nx \, dx + b_k \int_{-\pi}^{\pi} \cos nx \cdot \sin kx \, dx\right]$$

根据三角函数的正交性，右端除 $n = k$ 外，其余各项均为 0. 于是

$$\int_{-\pi}^{\pi} f(x)\cos nx \, dx = a_n \int_{-\pi}^{\pi} \cos^2 nx \, dx = a_n \pi.$$

即

$$a_n = \frac{1}{\pi}\int_{-\pi}^{\pi} f(x)\cos nx \, dx, (n = 1,2,\cdots).$$

当 $n = 0$ 时，右端只留下第一项，其余各项为零，得

$$a_0 = \frac{1}{\pi}\int_{-\pi}^{\pi} f(x) \, dx.$$

类似地，两端同乘以 $\sin nx$，再积分，可得

$$b_n = \frac{1}{\pi}\int_{-\pi}^{\pi} f(x)\sin nx \, dx, (n = 1,2,\cdots)$$

把上面所求的系数 $a_0, a_n, b_n (n=1,2,\cdots)$ 称为函数 $f(x)$ 的**傅里叶系数**. 从而得三角级数

$$\frac{a_0}{2} + \sum_{n=1}^{\infty} (a_n \cos nx + b_n \sin nx)$$

称为函数 $f(x)$ 的傅里叶级数，简称**傅氏级数**.

一个周期函数 $f(x)$ 具备什么条件，它的傅里叶级数才能收敛于 $f(x)$？有以下定理.

定理 （**狄利克雷收敛定理**）设 $f(x)$ 是周期为 2π 的周期函数，如果它满足：

(1) 在一个周期内连续或只有有限个第一类间断点；

(2) 在一个周期内至多只有有限个极值点，则 $f(x)$ 的傅里叶级数收敛，并且

当 x 是 $f(x)$ 的连续点时，级数收敛于 $f(x)$；

当 x 是 $f(x)$ 的间断点时，级数收敛于 $\frac{1}{2}[f(x^-)+f(x^+)]$.

定理表明，只要以 2π 为周期的函数 $f(x)$ 在 $[-\pi,\pi]$ 上，至多有有限个第一类间断点，且只有有限个极值点时，除了有限个间断点外均收敛于函数 $f(x)$ 自身. 这时 $f(x)$ 就可以展开成傅里叶级数.

4. 应用举例

例 1 振幅为 1，周期为 2π 的一种矩形脉冲，如图 9-5-1 所示，在一个周期的表达式为 $f(x)=\begin{cases}1, & 0\leqslant x\leqslant\pi \\ 0, & -\pi\leqslant x\leqslant 0\end{cases}$，试将 $f(x)$ 展开成傅里叶级数.

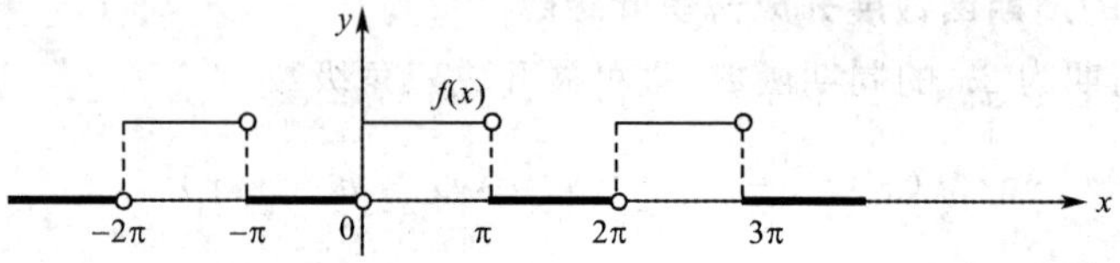

图 9-5-1

解 函数 $f(x)$ 满足收敛定理条件，据傅里叶公式，得

$$a_0=\frac{1}{\pi}\int_{-\pi}^{\pi}f(x)\mathrm{d}x=\frac{1}{\pi}\int_0^{\pi}1\mathrm{d}x=1;$$

$$a_n=\frac{1}{\pi}\int_{-\pi}^{\pi}f(x)\cos nx\,\mathrm{d}x=\frac{1}{\pi}\int_0^{\pi}\cos nx\,\mathrm{d}x=0;\quad(n=1,2,\cdots)$$

$$b_n=\frac{1}{\pi}\int_{-\pi}^{\pi}f(x)\sin nx\,\mathrm{d}x=\frac{1}{\pi}\int_0^{\pi}\sin nx\,\mathrm{d}x$$

$$\frac{1}{n\pi}(1-\cos n\pi)=\begin{cases}0, & n\text{ 为偶数} \\ \dfrac{2}{n\pi}, & n\text{ 为奇数}\end{cases}.\quad(n=1,2,\cdots)$$

再由收敛定理，在 $f(x)$ 的连续点，即 $x\neq 0,\pm\pi,\pm 2\pi,\cdots$ 处，$f(x)$ 可展开成傅里叶级数

$$f(x)=\frac{1}{2}+\frac{2}{\pi}\left(\sin x+\frac{1}{3}\sin 3x+\frac{1}{5}\sin 5x+\cdots\right),(-\infty<x<+\infty;x\neq 0,\pm\pi,\pm 2\pi,\cdots)$$

在 $f(x)$ 的间断点处，如在 $x=0$ 处，右端的傅里叶级数虽然也收敛，但并不收敛于 $f(0)$，而是收敛于 $\frac{f(0^+)+f(0^-)}{2}$. 其中 $f(0^+)=\lim\limits_{x\to 0^+}f(x)=1$，$f(0^-)=\lim\limits_{x\to 0^-}f(x)=0$. 故收敛于 $\frac{1}{2}$.

注意：例 1 说明，矩形波可以分解为角频率不同的正弦波之和.

二、典型题选讲

例 2 级数$\sum_{n=1}^{\infty}\frac{1}{1+a^n}(a>0)$敛散情况是(   ).

分析 级数的一般项中含有参数 a，应对参数 a 进行讨论.

解 当$0<a\leqslant 1$时，$\frac{1}{1+a^n}\geqslant\frac{1}{2}$，级数$\sum_{n=1}^{\infty}\frac{1}{1+a^n}(a>0)$发散；当$a>1$时，$\frac{1}{1+a^n}<\frac{1}{a^n}$，因级数$\sum_{n=1}^{\infty}\frac{1}{a^n}(a>1)$收敛，由比较判别法知，此时原级数收敛.

例 3 判断级数$\sum_{n=1}^{\infty}\frac{2^n\cdot n!}{n^n}$的敛散性.

解 $\lim\limits_{n\to\infty}\frac{2^{n+1}\cdot(n+1)!}{(n+1)^{n+1}}\cdot\lim\limits_{n\to\infty}\frac{n^n}{2^n\cdot n!}=2\lim\limits_{n\to\infty}\frac{n^n}{(n+1)^n}=2\lim\limits_{n\to\infty}\frac{1}{\left(1+\frac{1}{n}\right)^n}=\frac{2}{\mathrm{e}}<1$，

由比值判别法知原级数收敛.

例 4 判断级数$\sum_{n=1}^{\infty}\frac{(-1)^{n+1}}{\ln(n+1)}$是条件收敛还是绝对收敛.

解 一方面，$\lim\limits_{n\to\infty}\left|\frac{(-1)^{n+1}}{\ln(n+1)}\right|\Big/\frac{1}{n}=\infty>1$，因而级数$\sum_{n=1}^{\infty}\left|\frac{(-1)^{n+1}}{\ln(n+1)}\right|$发散.

另一方面，原交错级数满足$u_n=\frac{1}{\ln(n+1)}>\frac{1}{\ln(n+2)}=u_{n+1}$；$\lim\limits_{n\to\infty}u_n=0$，故知原级数收敛. 即得原级数条件收敛.

例 5 判断级数$\sum_{n=1}^{\infty}(-1)^{n-1}\frac{n\cos^2\frac{n\pi}{3}}{2^n}$是条件收敛还是绝对收敛.

解 $|u_n|=\frac{n\cos^2\frac{n\pi}{3}}{2^n}<\frac{n}{2^n}=v_n$，而$\lim\limits_{n\to\infty}\frac{v_{n+1}}{v_n}=\frac{1}{2}<1$，故$\sum_{n=1}^{\infty}v_n$收敛，由比较判别法知级数$\sum_{n=1}^{\infty}|u_n|$收敛，从而原级数绝对收敛.

三、应用举例

例 6 在单位边长的正三角形中，将每一条边三等分，再以每一条边的中间一段为边向外做等边三角形，然后再对每一条边重复这样的操作，如此下去产生的图形称为 Koch 雪花，如图 9-5-2 所示为操作完第二步后所得到的图形. 试讨论当边数趋于无穷大时，产生图形的周长和面积.

解 设做第 n 次操作后形成图形的周长为 P_n，面积 A_n. 于是有开始时 $P_0=3$，$A_0=\frac{\sqrt{3}}{4}$.

在做每一步操作时，我们不难发现下面规律：

(1) 每一条边生成4条新边；

(2) 新边长为原边长的$\frac{1}{3}$；

(3) 每个新产生的三角形面积为原三角形面积的$\frac{1}{9}$.

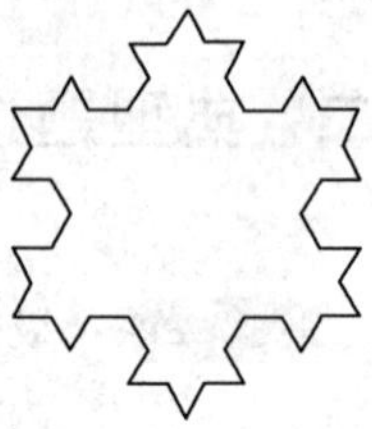

图 9-5-2

这样我们就可以得到：

$$P_n=3+3\cdot\frac{1}{3}+3\cdot4\cdot\left(\frac{1}{3}\right)^2+\cdots+3\cdot4^{n-1}\cdot\left(\frac{1}{3}\right)^n,$$

$$A_n=\frac{\sqrt{3}}{4}+3\cdot\left(\frac{1}{9}\right)\cdot\frac{\sqrt{3}}{4}+3\cdot4\cdot\left(\frac{1}{9}\right)^2\cdot\frac{\sqrt{3}}{4}+3\cdot4^2\cdot\left(\frac{1}{9}\right)^3\cdot\frac{\sqrt{3}}{4}+\cdots+3\cdot4^{n-1}\cdot\left(\frac{1}{9}\right)^n\cdot\frac{\sqrt{3}}{4}.$$

当n趋于无穷大时，把Koch雪花图形的周长P和面积A写成如下形式：

$$P=3+\sum_{n=0}^{\infty}\left(\frac{4}{3}\right)^n,$$

$$A=\frac{\sqrt{3}}{4}+\frac{1}{3}\cdot\frac{\sqrt{3}}{4}\sum_{n=0}^{\infty}\left(\frac{4}{9}\right)^n.$$

由于$\sum\limits_{n=0}^{\infty}\left(\frac{4}{3}\right)^n$和$\sum\limits_{n=0}^{\infty}\left(\frac{4}{9}\right)^n$分别是公比为$\frac{4}{3}(>1)$和$\frac{4}{9}(<1)$的正项级数，因此Koch雪花图形的周长$P$无限长，而面积$A$收敛，其值为$\frac{2\sqrt{3}}{5}$.

例7 计算π的近似值.

解 取$f(x)=\arctan x$，其麦克劳林展开式为

$$\arctan x=x-\frac{x^3}{3}+\frac{x^5}{5}-\cdots+(-1)^n\frac{x^{2n+1}}{2n+1}+\cdots,-1\leqslant x\leqslant1.$$

若令$x=1$，有$\frac{\pi}{4}=1-\frac{1}{3}+\frac{1}{5}-\cdots+\frac{(-1)^n}{2n+1}+\cdots$,

故
$$\pi=4\left(1-\frac{1}{3}+\frac{1}{5}-\cdots+\frac{(-1)^n}{2n+1}+\cdots\right).$$

由于误差$|R_n|=\frac{1}{2n+1}$，如果要精确到$\frac{1}{10^5}$，就要计算近5万项，这当然不太合适.因此我们在做近似计算时还要考虑收敛速度问题，也就是说要选择部分和接近其和数的速度较快的级数.对于函数$\arctan x$的展开式而言，当越小收敛越快，恰恰在端点$x=\pm1$处收敛最慢.

现取$x=\frac{\sqrt{3}}{3}$，这时$\arctan x=\frac{\pi}{6}$，则得π的展开式

$$\frac{\pi}{6}=\frac{1}{\sqrt{3}}-\frac{1}{3}\frac{1}{(\sqrt{3})^3}+\frac{1}{5}\frac{1}{(\sqrt{3})^5}-\frac{1}{7}\frac{1}{(\sqrt{3})^7}+\cdots,$$

故
$$\pi=2\sqrt{3}\left(1-\frac{1}{3}\cdot\frac{1}{3}+\frac{1}{5}\cdot\frac{1}{3^2}-\frac{1}{7}\cdot\frac{1}{3^3}+\cdots\right).$$

显然，这个级数收敛速度要快些.例如，在这个展开式中取9项，就有

$$\pi \approx 2\sqrt{3}\left(1-\frac{1}{3}\cdot\frac{1}{3}+\frac{1}{5}\cdot\frac{1}{3^2}-\frac{1}{7}\cdot\frac{1}{3^3}+\cdots+\frac{1}{17}\cdot\frac{1}{3^8}\right)\approx 3.141\ 63,$$

所产生的误差

$$|R_n|=\frac{2\sqrt{3}}{19\cdot 3^9}<10^{-5}.$$

总习题9

A组

一、填空题

1. 对级数 $\sum\limits_{n=1}^{\infty}u_n$，$\lim\limits_{n\to\infty}u_n=0$ 是它收敛的________条件，$\sum\limits_{n=1}^{\infty}u_n$ 收敛是 $\lim\limits_{n\to\infty}u_n=0$ 的________条件.

2. $\lim\limits_{n\to\infty}S_n$（$\{S_n\}$ 为级数 $\sum\limits_{n=1}^{\infty}u_n$ 的部分和数列）存在是 $\sum\limits_{n=1}^{\infty}u_n$ 收敛________条件.

3. 正项级数 $\sum\limits_{n=1}^{\infty}u_n$ 的部分和数列 $\{S_n\}$ 有界是其收敛的________条件.

4. 级数 $\sum\limits_{n=1}^{\infty}u_n$ 当 $\lim\limits_{n\to\infty}u_n\neq 0$ 时的敛散性是________.

5. 若级数 $\sum\limits_{n=1}^{\infty}u_n$ 收敛，而 $\sum\limits_{n=1}^{\infty}|u_n|$ 发散，则称级数 $\sum\limits_{n=1}^{\infty}u_n$ 是________收敛的.

二、单项选择题

1. 级数 $\sum\limits_{n=1}^{\infty}(-1)^{n+1}\dfrac{1}{n^p}(p>0)$ 的敛散性是________.

A. 当 $p>1$ 时绝对收敛，当 $p\leqslant 1$ 时条件收敛
B. 当 $p<1$ 时绝对收敛，当 $p\geqslant 1$ 时条件收敛
C. 当 $p\leqslant 1$ 时发散，当 $p>1$ 时收敛
D. 对任何 $p>0$ 收敛

2. 下列级数中条件收敛的是________.

A. $\sum\limits_{n=1}^{\infty}(-1)^n\dfrac{n}{n+1}$　　B. $\sum\limits_{n=1}^{\infty}(-1)^n\dfrac{1}{n^2}$

C. $\sum\limits_{n=1}^{\infty}(-1)^n\dfrac{1}{\sqrt{n}}$　　D. $\sum\limits_{n=1}^{\infty}(-1)^n\dfrac{1}{n\sqrt{n}}$

3. 交错级数 $\sum\limits_{n=1}^{\infty}(-1)^n u_n(u_n\geqslant 0,n=1,2,\cdots)$ 收敛的充分必要条件是________.

A. $\sum\limits_{n=1}^{\infty}u_n$ 收敛　　B. $\sum\limits_{n=1}^{\infty}u_n=0$

C. 部分和数列 $\{S_n\}$ 极限存在　　D. $u_n>u_{n+1}$

4. 幂级数 $\sum\limits_{n=1}^{\infty}(-1)^{n-1}\dfrac{x^n}{n}$ 的收敛域是________.

A. $(-1,1]$　　B. $[-1,1]$　　C. $(-1,1)$　　D. $[-1,1)$

5. 若级数 $\sum_{n=1}^{\infty} u_n$ 收敛，$\sum_{n=1}^{\infty} v_n$ 发散，则级数 $\sum_{n=1}^{\infty}(u_n+v_n)$ ________.

A. 条件收敛　　B. 绝对收敛

C. 发散　　D. 可能收敛也可能发散.

三、计算题

1. 判别级数 $\sum_{n=1}^{\infty} \frac{n+1}{n(n+10)}$ 的敛散性.

2. 判别级数 $\sum_{n=1}^{\infty} \frac{n!}{10^n}$ 的敛散性.

3. 判定级数 $\sum_{n=1}^{\infty}(-1)^n \frac{n}{4^{n-1}}$ 的敛散性.

4. 判断级数 $\sum_{n=1}^{\infty}(-1)^{n-1} \frac{\sqrt{n}}{n+1}$ 的敛散性，如果收敛，判断是条件收敛还是绝对收敛.

5. 求幂级数 $\sum_{n=1}^{\infty} \frac{(-x)^n}{3^{n-1} \cdot \sqrt{n}}$ 的收敛半径与收敛域.

6. 求幂级数 $\sum_{n=1}^{\infty} \frac{(x-3)^n}{\sqrt{n}}$ 的收敛域.

7. 将 $f(x)=\frac{1}{x^2+3x+2}$ 展开成 $x+4$ 的幂级数.

B 组

一、填空题

1. 级数 $\sum_{n=1}^{\infty} \frac{n+1}{3^n}$ 是________.（填收敛或发散）

2. 级数 $\sum_{n=0}^{\infty}\left(\frac{1}{2^n}+\frac{1}{3^n}\right)$ 的和为________.

3. 已知幂级数 $\sum_{n=0}^{\infty} a_n(x+2)^n$ 在 $x=0$ 处收敛，在 $x=-4$ 处发散，则幂级数 $\sum_{n=0}^{\infty} a_n(x-3)^n$ 的收敛域为________.

4. 幂级数 $\sum_{n=1}^{\infty} \frac{e^n-(-1)^n}{n^2} x^n$ 的收敛半径为________.

5. 若级数 $\sum_{n=0}^{\infty} a_n x^n$ 的收敛域是 $[-R,R)$，则级数 $\sum_{n=0}^{\infty} a_n x^{2n+1}$ 的收敛域是________.

二、单项选择题

1. 设 u_n 是单调增加的有界数列，则下列级数中收敛的是（　　）.

A. $\sum_{n=1}^{\infty} \frac{u_n}{n}$　　B. $\sum_{n=1}^{\infty}(-1)^n \frac{1}{u_n}$

C. $\sum_{n=1}^{\infty}\left(1-\frac{u_n}{u_{n+1}}\right)$　　D. $\sum_{n=1}^{\infty}(u_{n+1}^2-u_n^2)$

2. 若$\sum_{n=1}^{\infty} nu_n$绝对收敛，$\sum_{n=1}^{\infty} \frac{v_n}{n}$条件收敛，则（　　）.

A. $\sum_{n=1}^{\infty} u_n v_n$ 条件收敛　　B. $\sum_{n=1}^{\infty} u_n v_n$ 绝对收敛

C. $\sum_{n=1}^{\infty} (u_n + v_n)$ 收敛　　D. $\sum_{n=1}^{\infty} (u_n + v_n)$ 发散

3. 下列级数中发散的是________.

A. $\sum_{n=1}^{\infty} \frac{n}{3^n}$　　B. $\sum_{n=1}^{\infty} \frac{1}{\sqrt{n}} \ln\left(1 + \frac{1}{n}\right)$

C. $\sum_{n=1}^{\infty} \frac{(-1)^n + 1}{\ln n}$　　D. $\sum_{n=1}^{\infty} \frac{n!}{n^n}$

4. 若级数$\sum_{n=0}^{\infty} a_n^2$收敛，则级数$\sum_{n=0}^{\infty} a_n$ ________.

A. 条件收敛　　B. 绝对收敛

C. 发散　　D. 可能收敛也可能发散

5. 若级数$\sum_{n=0}^{\infty} a_n$条件收敛，则$x=\sqrt{3}$与$x=3$依次为幂级数$\sum_{n=1}^{\infty} na_n (x-1)^n$的________.

A. 收敛点，收敛点　　B. 收敛点，发散点

C. 发散点，收敛点　　D. 发散点，发散点

三、计算题

1. 判别级数$\sum_{n=1}^{\infty} \frac{5^n n^n}{n!}$的敛散性.

2. 判别级数$\sum_{n=1}^{\infty} \frac{1}{\pi^{n+1}} \sin \frac{\pi}{n+1}$的敛散性.

3. 判别级数$\sum_{n=1}^{\infty} (-1)^n (\sqrt{n+1} - \sqrt{n})$的敛散性.

4. 判断级数$\sum_{n=1}^{\infty} (-1)^n \frac{\ln(n+1)}{n+1}$是条件收敛？还是绝对收敛？

5. 求幂级数$\sum_{n=0}^{\infty} (n+1)(n+3)x^n$的收敛域.

6. 将函数$f(x) = \frac{x^2}{x-3}$展开成x的幂级数.

参考文献

[1] 同济大学数学科学学院.高等数学.8版.北京:高等教育出版社,2023.6.
[2] 陈秀,张霞.高等数学.北京:高等教育出版社,2011.2.
[3] 张天德,王伟等.高等数学.北京:人民邮电出版社,2020.5.
[4] 林伟初,郭安学.高等数学(经管类).上海:复旦大学出版社,2013.6.
[5] 宣立新等.微积分.北京:高等教育出版社,2020.5.